Reinhard Lampe
Moritz Bendit und die Kuranstalt Neufriedenheim

Studien zur Jüdischen
Geschichte und Kultur
in Bayern

Herausgegeben von
Michael Brenner und Andreas Heusler

Band 15

Reinhard Lampe

Moritz Bendit und die Kuranstalt Neufriedenheim

—

Der Psychiater Ernst Rehm und sein jüdischer Patient

Die Publikation wurde gedruckt mit freundlicher Unterstützung der Stark-Stiftung Neuried, des Vereins „Wir in Neuried e.V." und des Bezirks Oberbayern

ISBN 978-3-11-134087-6
e-ISBN (PDF) 978-3-11-134099-9
e-ISBN (EPUB) 978-3-11-134119-4

Library of Congress Control Number: 2023951317

Bibliografische Information der Deutschen Nationalbibliothek
Die Deutsche Nationalbibliothek verzeichnet diese Publikation in der Deutschen Nationalbibliografie; detaillierte bibliografische Daten sind im Internet über http://dnb.dnb.de abrufbar.

© 2024 Walter de Gruyter GmbH, Berlin/Boston.
Coverabbildung: Kuranstalt Neufriedenheim. Postkarte ca. 1941 unter Verwendung eines Fotos von ca. 1912. Aus dem Nachlass von Hilda und Leo Baumüller.
Satz: bsix information exchange GmbH, Braunschweig
Druck und Bindung: CPI books GmbH, Leck

www.degruyter.com

Vorwort

Der Anstoß zur intensiven Beschäftigung mit dem jüdischen Patienten und „Euthanasie"-Opfer Moritz Bendit ergab sich Anfang des Jahres 2021 indirekt aus einer Anfrage von Lutz Tietmann vom Stadtarchiv Ingolstadt. Über die private Nervenheilanstalt Neufriedenheim und deren Direktor Ernst Rehm hatte ich schon seit einigen Jahren recherchiert. Durch meine Tätigkeit als Archivar der Gemeinde Neuried war ich immer wieder auf Spuren des Geheimrats Dr. Rehm gestoßen. Tietmann, der an einem Projekt zur Erinnerung an die Ingolstädter Opfer des Nationalsozialismus arbeitet, erkundigte sich nach zwei aus Ingolstadt stammenden ehemaligen Patienten der Kuranstalt Neufriedenheim. Die Anfrage enthielt zusätzlich eine Information über die aus Ingolstadt stammende Schriftstellerin Marieluise Fleißer. Dass sich Fleißer im Jahre 1938 nach einem Nervenzusammenbruch drei Monate in Neufriedenheim behandeln ließ, war mir schon länger bekannt. Ich hatte aber nicht gewusst, dass sie ihren Aufenthalt mit großem zeitlichen Abstand im Jahr 1965 in einer Erzählung mit dem Titel „Die im Dunkeln" literarisch verarbeitet hat. Diese Erzählung hat mich sofort fasziniert, da sie Einblicke in das Innenleben von Neufriedenheim aus Sicht einer Patientin gewährt, die in dieser Ausprägung einmalig sind. Es handelt sich bei Fleißers Erzählung zwar um Literatur und nicht um einen Erlebnisbericht oder gar um Geschichtsschreibung, trotzdem rundet die Erzählung die bisher bekannten Erkenntnisse über die Kuranstalt Neufriedenheim in der NS-Zeit auf neue Weise ab. Die Erzählung „Die im Dunkeln" ist mit freundlicher Genehmigung des Suhrkamp Verlags im Anhang vollständig abgedruckt. Außerdem bin ich dem Vorsitzenden der Ingolstädter Fleißer-Gesellschaft, Andreas Betz, sehr dankbar für seine literaturwissenschaftlichen Anmerkungen, die ebenfalls in den Anhang aufgenommen wurden. Betz machte mich unabhängig von Tietmann auf Fleißers „Die im Dunkeln" aufmerksam. Ein Höhepunkt der Erzählung ist die Schilderung einer Begegnung mit einem jüdischen Patienten nachts im Kurpark von Neufriedenheim. Mir fiel sofort auf, dass verschiedene Details stark auf eine mögliche Begegnung mit Moritz Bendit hindeuten. Aber wer war Moritz Bendit?

Das Biographische Gedenkbuch der Münchner Juden enthält Kurzbiografien von ca. 5.000 Münchnern und Münchnerinnen, die als Opfer der NS-Herrschaft ermordet oder in den Tod getrieben wurden. Mit Hilfe der online verfügbaren Datenbank konnte ich bereits vor einigen Jahren etwa ein Dutzend Juden und Jüdinnen recherchieren, die in der NS-Zeit als Patienten in der Kuranstalt Neufriedenheim betreut wurden. Zu diesen gehörte auch Moritz Bendit, der von Ende 1898 bis zum September 1940 in Neufriedenheim lebte. Er war wahrscheinlich der Patient mit der längsten Verweildauer in der Kuranstalt. Im September 1940 wurde er im Alter von 77 Jahren auf eine Anordnung aus dem Bayerischen Innenministerium zusammen mit ca. 191 weiteren jüdischen Anstaltspatienten aus ganz Bayern in die Heil- und Pflegeanstalt Eglfing-Haar im Landkreis München verlegt. Von dort wurde er nach wenigen Tagen in die „Reichsanstalt" im Schloss Hartheim bei Linz deportiert und durch Giftgas ermordet. Nikolaus Braun, Leiter des Archivs des Bezirks Oberbayern, hat freundlicherweise die Besonderheiten des „jüdischen Sammeltransports" beschrieben. Sein Beitrag wurde in den Anhang aufgenommen. Außer im Biographischen Gedenkbuch der Münchner Juden taucht Moritz Bendit auch in dem Buch „Selektion in der Heilanstalt" von Gerhard Schmidt auf. Schmidt wurde kurz nach Ende des Zweiten Weltkriegs als Leiter der Heil- und Pflegeanstalt Eglfing-Haar eingesetzt und arbeitete in seinem Buch gegen große interne Widerstände die dunkle NS-Vergangenheit der Anstalt auf. Moritz Bendit wird bei Gerhard Schmidt unter den jüdischen „Euthanasie"-Opfern als ein „Herr B. aus Neufriedenheim" erwähnt.

Die Münchner Opfer der „Euthanasie"-Morde sind inzwischen gründlich erforscht und dokumentiert. Die Arbeitsgruppe „Psychiatrie und Fürsorge im Nationalsozialismus in München" legte im Jahr 2018 ein Gedenkbuch vor, in dem rund 2.000 Münchner „Euthanasie"-Opfer namentlich aufgeführt sind. Da Moritz Bendit aus Fürth stammte, steht er nicht auf dieser Liste. Er kommt aber in einem Kapitel über die Opfergruppe der jüdischen Patienten vor.

In Fürth hat sich Michael Müller um die Aufarbeitung und Dokumentation des Fürther Familienunternehmens Seligman Bendit & Söhne große Verdienste erworben. Moritz Bendit war ein Urenkel des Firmengründers. Eine wichtige Rolle für die Entstehung dieses Buches spielte nicht zuletzt das Arolsen Archiv. Moritz Bendit wird in einem Dokument der Fürther Juden aufgeführt, mit exakter Angabe des Aktenzeichens seiner Entmündigung vom Amtsgericht Fürth. Die umfangreiche Entmündigungsakte ist erhalten und befindet sich im Staatsarchiv Nürnberg. Sie gibt Auskunft über Bendits Entmündigung, über sein Vermögen, über die Entwicklung seiner Krankheit in Neufriedenheim und über die Lüge zu seinem angeblich natürlichen Tod in Polen, mit der seine Ermordung in Schloss Hartheim verschleiert werden sollte. Bevor Bendit nach Neufriedenheim kam, hatte er schon mehrere Aufenthalte in verschiedenen Anstalten hinter sich. Mit Hilfe der Anmerkungen im Entmündigungsbeschluss konnte die frühe Phase seiner Erkrankung nachvollzogen werden. Sogar eine Patientenakte von Moritz Bendit aus den Jahren 1892–1898 konnte ausfindig gemacht werden.

Das vorliegende Buch gliedert sich in drei Teile, die durch zahlreiche Anhänge ergänzt werden. Der erste Teil beschreibt den Werdegang des Psychiaters Ernst Rehm, seine Herkunft und sein familiäres Umfeld, sowie seine fachlichen und politischen Aktivitäten. Der zweite Teil befasst sich mit der Kuranstalt Neufriedenheim von ihrer Gründung bis zu ihrer Schließung und ihrem Verkauf. Die Ärztinnen und Ärzte sowie einige interessante Patienten aus Neufriedenheim werden benannt und zum Teil in Kurzbiografien vorgestellt. Mit diesen beiden Kapiteln wird die Geschichte der Kuranstalt Neufriedenheims und ihres Direktors Ernst Rehm erstmals ausführlich beschrieben. Insofern leistet das hier vorgelegte Buch auch einen Beitrag zur Münchner Psychiatriegeschichte mit vielen bisher unveröffentlichten Details.

Das dritte Kapitel enthält schließlich die Biografie von Moritz Bendit. Hauptquelle für Bendits Aufenthalt in Neufriedenheim ist seine Entmündigungsakte aus dem Staatsarchiv Nürnberg.

Außerdem konnte ich die Zeitzeugin Elisabeth Piloty (1924–2022) mehrere Male über Moritz Bendit, Ernst Rehm und die Kuranstalt Neufriedenheim befragen. Die Enkelin von Ernst Rehm ist in Neufriedenheim aufgewachsen. Zuletzt traf ich sie im Sommer 2021 im Alter von 97 Jahren in einem Münchner Altersheim, als die pandemiebedingten Besuchseinschränkungen gerade gelockert worden waren. Piloty erinnerte sich sehr lebhaft an Moritz Bendit, den sie im Teenager-Alter verbotenerweise öfters in seinem Krankenzimmer besucht hat. Besonders beeindruckt war sie auch von der jüdischen Patientin Julie Weiss, deren Schicksal in einem eigenen Unterkapitel beschrieben wird. Das Interview mit Elisabeth Piloty aus dem Sommer 2021 wurde ebenfalls in den Anhang aufgenommen. Die Herausgabe dieses Buches wird die belesene und geschichtlich interessierte letzte Rehm-Enkelin leider nicht mehr erleben.

Reinhard Lampe, im April 2023

Danksagung

Ohne die freundliche Unterstützung durch viele Personen aus der Familie von Ernst Rehm und Karl Ranke, aus zahlreichen Archiven, Vereinen und Institutionen wäre dieses Buch nicht möglich gewesen. Gegen Ende der Arbeiten stieß ich bei Recherchen im Internet völlig unverhofft auf zwei britische Urenkel von Moritz Bendits ältestem Bruder Siegfried Bendit, die mir Bilder von Moritz' Eltern und zweier Brüder zur Verfügung stellten. Mein außerordentlicher Dank gilt allen, die das vorliegende Resultat ermöglicht haben. Zu den Unterstützern gehören:

Dominik Baumüller, Markus Beetz, Paul Bendit, Andreas Betz, Robert Bierschneider, Nikolaus Braun, Astrid Brundke, Christa Bühl, Wolfgang Burgmair, Michael von Cranach, Josef Darchinger, Olivier Defrance, Peter Eigelsberger, Eva Faessler, Hans Förstl, Gunther Friedrich, Andre Geister, Phillip Große, Manuel Hagemann, Andreas Heusler, Matthias Hinghaus, Annette Hinz-Wessels, Gerhard Immler, Dirk Kaesler, Rolf Kamper, Matthias Klein, Christian König, Gerd Krüger, Johannes Lang, Gert-Ronald Langer, Matthias Märkle, Tom Maier, Canisia Maurer, Christine Maurer, Norbert Müller, Michael Müller, Uwe Henrik Peters, Elisabeth Piloty, Karin Pohl, Edith Raim, Verena Rapolder, Jaqueline Rehm, Daniel Rittenauer, Renate Rosenau, Hermann Sand jun., Dietrich Schabow, Andreas Schenker, Hans-Walter Schmuhl, Claudius Stein, Angela Stilwell, Sibylle von Tiedemann, Lutz Tietmann, Johannes Umbreit, Hartmut Vinçon, Peter Voswinckel, Ingo Wille, Doris Wittmann und Brigitte Zuber.

Mein besonderer Dank gilt der Gemeinde Neuried sowie dem Bezirk Oberbayern, der Stark-Stiftung Neuried und dem Verein „Wir in Neuried e. V." für die finanzielle Unterstützung zur Herausgabe dieses Buches.

Inhaltsverzeichnis

Vorwort —— V

Danksagung —— IX

Abbildungsverzeichnis —— XIII

Tabellenverzeichnis —— XV

Einleitung —— XVII

Einführung —— 1

1 Ernst Rehm —— 2
1.1 Ernst Rehm – Eltern und Geschwister —— 2
1.2 Medizinstudium —— 3
1.3 Die Familie von Ernst Rehm —— 3
1.4 Die Kreisirrenanstalt in München-Giesing —— 11
1.5 Die Betreuung von Prinz Otto —— 16
1.6 Die Königskatastrophe —— 25
1.7 Die Kreisirrenanstalt unter Hubert Grashey —— 27
1.8 Rehms Abschied von der Kreisirrenanstalt —— 32
1.9 Die fachlichen Aktivitäten Ernst Rehms —— 33
1.10 Die gesellschaftlichen und politischen Aktivitäten Dr. Rehms —— 42
1.11 Ernst Rehm als Geschäftsmann —— 55
1.12 Rehm privat —— 60
1.13 Ernst Rehms Tod —— 60

2 Die Kuranstalt Neufriedenheim —— 62
2.1 Die Gründung von Neufriedenheim —— 62
2.2 Die Übernahme der Heilanstalt Neufriedenheim durch Ernst Rehm —— 64
2.3 Ärzte unter Rehm an der Kuranstalt Neufriedenheim —— 79
2.4 Die Patienten in Neufriedenheim —— 108
2.5 Der Verkauf des Sanatoriums an die Nationalsozialistische Volkswohlfahrt —— 128
2.6 Neufriedenheim nach dem Verkauf an die NSV —— 139

3   Moritz Bendit – „Die Welt ist viel zu klein für mich" —— **147**
3.1   Herkunft und Geschwister —— 147
3.2   Vor der Einweisung nach Neufriedenheim —— 149
3.3   Die Zeit in Neufriedenheim bis zum Ersten Weltkrieg —— 161
3.4   Die Entwicklung im Ersten Weltkrieg —— 174
3.5   Die Zeit der Weimarer Republik —— 175
3.6   Die NS-Zeit —— 182
3.7   Nach Moritz Bendits Tod —— 225

Anhang —— **228**
A1   Stammbaum der Familie Rehm —— 228
A2   Familiengrab der Familie Rehm —— 231
A3   Berichte aus Schloss Fürstenried von Dr. Rehm an König Ludwig II. —— 233
A4   Antrag auf Genehmigung zum Abhalten der Psychiatrie-Vorlesung —— 238
A5   Briefe von Heinrich Dingler und Ernst Rehm an die Gemeinde Neuried 1930–1933 —— 240
A6   Der Suizid von Otto Wuth —— 248
A7   Leonhard Baumüllers Spruchkammerakte —— 250
A8   Familie Bendit —— 252
A9   Jüdische Patienten in Neufriedenheim in der NS-Zeit —— 254
A10   Marieluise Fleißer: Die im Dunkeln —— 256
A11   Literaturwissenschaftliche Anmerkungen (Andreas Betz) —— 274
A12   Besonderheiten des „jüdischen Sammeltransports" (Nikolaus Braun) —— 277
A13   Erinnerungen einer Rehm Enkelin an Moritz Bendit —— 280
A14   Neufriedenheim – Grundriss Obergeschoss und Bauabschnitte —— 285
A15   Die Verlegung von Rosa Hechinger nach Eglfing —— 288
A16   Der Tod von Jella Baer in der Nervenklinik der Universität München —— 293

Quellenverzeichnis —— **295**
Online-Quellen —— 295
Zeitungen —— 296
Archive —— 297

Literaturverzeichnis —— **298**

Personen- und Ortsregister —— **303**

Abbildungsverzeichnis

Abb. 1.1: Ausschnitt aus dem Titelblatt der Hochzeitszeitung.
Hochzeitszeitung von Ernst Rehm und Elisabeth Rehm geb. Otto; Hildesheim, 27. April 1889, Quelle: Nachlass Hilda und Leo Baumüller —— **4**

Abb. 1.2: Eugenie Piloty: Der 75-jährige Ernst Rehm.
Pastellbild 1935 von Eugenie Piloty, privat —— **7**

Abb. 1.3: Schloss Fürstenried. Foto R. Lampe, 27.02.2016 —— **16**

Abb. 1.4: Teilnehmer des III. Psychoanalytischen Kongresses in Weimar 1911.
Peglau: Ein Foto aus dem Jahr 1911 (online). Fotograf: Franz Vältl. Kongressfoto 1911, Kopie von Michael Schröter nach einem Originalabzug von Tina Joos-Bleuler. —— **35**

Abb. 1.5: Ernst Rehm mit NSDAP-Parteiabzeichen (Bild: „H28-024").
Quelle: Nachlass Hilda und Leo Baumüller —— **54**

Abb. 2.1: Fasching in Neufriedenheim.
Fotograf: Jakob Seiling, München ca. 1895, Quelle: Nachlass Hilda und Leo Baumüller —— **66**

Abb. 2.2: Luftbild von Neufriedenheim
Postkarte Nr. 593 der Flugphoto Verlagsgesellschaft München, ca. 1920. (Poststempel auf Rückseite: 25.03.1925), privat —— **67**

Abb. 2.3: Zwei Neufriedenheim-Flyer (ca. 1930 und ca. 1938).
Kuranstalt Neufriedenheim, Sanatorium Neufriedenheim, Quelle: Nachlass Hilda und Leo Baumüller —— **71**

Abb. 2.4: Aus der „Dienstesanweisung für das Pflegepersonal".
Heilanstalt Neufriedenheim: Dienstes-Anweisung für das Pflegepersonal. München 1898, Seite 3, „Grundsätzliches", Quelle: Nachlass Hilda und Leo Baumüller —— **73**

Abb. 2.5: Otto Wuth in seinem Benz.
Foto (wahrscheinlich) von Leo Baumüller (07.07.1924), Quelle: Nachlass Hilda und Leo Baumüller —— **87**

Abb. 2.6: Neufriedenheim-Werbung in der Bayerischen Ärztezeitung 1932.
Bayerische Ärztezeitung Nr. 49 vom 03.12.1932 —— **96**

Abb. 2.7: Patientenstatistik Neufriedenheim 1926/1936.
Daten: Laehr (8. Auflage) 1929 und Laehr (9. Auflage) 1937, Grafik: R. Lampe —— **113**

Abb. 2.8: Gruppenbild mit Ärzten und Patienten.
Foto (wahrscheinlich) von Leo Baumüller (1931), Quelle: Nachlass Hilda und Leo Baumüller —— **118**

Abb. 2.9: Bilder von Franz Hamminger aus der Sammlung Prinzhorn.
Sammlung Prinzhorn Nr. 2377 (rechts), 2378 (unten), 2380 (links) —— **122**

Abb. 2.10: Hedwig Rumpelt: Gartenansicht von Neufriedenheim.
Hedwig Rumpelt (vor 1911), Quelle: Nachlass Hilda und Leo Baumüller —— **124**

Abb. 2.11: Neufriedenheims Hauptfassade nach der Bombardierung.
September 1942. Quelle: Nachlass Hilda und Leo Baumüller —— **141**

Abb. 2.12: Die zerstörte Kuranstalt Obersendling.
September 1942. Staatsarchiv München: Polizeidirektion München 8282 —— **142**

Abb. 3.1: Fanny Bendit geb. Putzel (1834–1897) und Carl Bendit (1827–1899).
Quelle: Nachlass Siegfried Bendit —— **147**

https://doi.org/10.1515/9783111340999-203

Abb. 3.2: Louis Bendit (1862–1958) und Siegfried Bendit (1857–1924).
Quelle: Nachlass Siegfried Bendit —— **148**

Abb. 3.3: Moritz Bendit in Bendorf.
Fotos vom 23.04.1893/28.06.1893. Archiv des Landschaftsverbands Rheinland, ALVR 103.353 —— **158**

Abb. 3.4: Jubiläum der Firma Seligman Bendit & Söhne.
Porträttafel zum 100. Geschäftsjubiläum der Firma Seligman Bendit & Söhne im Jahre 1898, gestiftet vom Arbeiterpersonal. Müller 2006, Fürther Geschichtsblätter, Heft 2/2006 —— **160**

Abb. 3.5: Anstalts-Ball in Neufriedenheim 1928.
Quelle: Nachlass Hilda und Leo Baumüller —— **180**

Abb. 3.6: „Ausführliches Gesamturteil" mit Anmerkungen von Walter Schultze.
Bundesarchiv R 9361-II/1049445 —— **187**

Abb. 3.7: Die Hauptfassade von Neufriedenheim.
Foto ca. 1912. Quelle: Nachlass Hilda und Leo Baumüller —— **201**

Abb. 3.8: Moritz Bendits Kennkarten-Doppel (1939).
Stadtarchiv München: DE-1992-KKD-0232 —— **204**

Abb. 3.9: Liste der Geburtstagsgeschenke und Unterschriften (1892, 1940).
Staatsarchiv Nürnberg: AG Fürth Vormundschaftsakten V. V. 307/1899 —— **214**

Abb. 3.10: Quittung des Städtischen Rettungsdienstes München.
Staatsarchiv Nürnberg: AG Fürth Vormundschaftsakten V. V. 307/1899 —— **216**

Abb. A1: Die Rehm-Töchter mit ihren Familien in Neufriedenheim.
Foto: Eugenie Piloty (1930). Quelle: Nachlass Hilda und Leo Baumüller —— **230**

Abb. A2: Artikel: „Entlarvter Nazi begeht Selbstmord".
Quelle: Hochland-Bote, Garmisch-Partenkirchen vom 16.03.1946. Autor: „R. C." —— **246**

Abb. A3: Grundriss 1. Obergeschoss der Kuranstalt Neufriedenheim, ca. 1912.
Quelle: Nachlass Hilda und Leo Baumüller, Markierungen: R. Lampe —— **285**

Abb. A4: Lage von Moritz Bendits Zimmer.
Quelle: Nachlass Hilda und Leo Baumüller, Markierungen: R. Lampe —— **286**

Abb. A5: Bauabschnitte der Kuranstalt Neufriedenheim.
Quelle: Markus Beetz (2021) —— **287**

Tabellenverzeichnis

Tab. 1.1: Liste der „Prinzenärzte" —— **24**
Tab. 2.1: Patientenaufnahmen 1891–1911 – eigene Darstellung —— **111**
Tab. 2.2: Patientenaufnahmen nach Krankheitsformen (Männer) – eigene Darstellung —— **112**
Tab. 2.3: Patientenaufnahmen nach Krankheitsformen (Frauen) – eigene Darstellung —— **112**
Tab. A1: Die Eltern von Ernst Rehm —— **228**
Tab. A2: Die Geschwister von Ernst Rehm —— **228**
Tab. A3: Rehms Töchter und ihre Familien —— **229**
Tab. A4: Das Familiengrab auf dem Münchner Waldfriedhof —— **231**
Tab. A5: Moritz Bendit, seine Eltern und seine Geschwister —— **252**
Tab. A6: Unternehmertafel – Ausschnitt (nach Michael Müller) —— **252**
Tab. A7: Jüdische Patienten in Neufriedenheim in der NS-Zeit —— **254**
Tab. A8: Weitere jüdische Patienten Neufriedenheims (von den Nazis ermordet) —— **255**
Tab. A9: Entlassungen aus der Nervenklinik nach Haar-Eglfing (eigene Auswertung) —— **291**

Einleitung
von Andreas Heusler

Menschen, deren Gesundheit, Lebensführung und Herkunft in mehrerlei Hinsicht nicht mit den Vorgaben des NS-Regimes in Einklang zu bringen waren, hatten unter besonders verschärften und existenzbedrohenden Ausgrenzungs- und Verfolgungsmaßnahmen zu leiden. Am Schicksal von Moritz Bendit (1863–1940), einem aus einer wohlhabenden Fürther Familie stammenden jüdischen Kaufmann, der schon als junger Mann an Wahnvorstellungen und körperlichen Beeinträchtigungen litt, wird die unheilvolle Verdichtung von Lebensrisiken aufgrund rassistischer **und** gesundheitlicher Marginalisierung deutlich. Insgesamt verbrachte Bendit fast 42 Jahre als Patient in der bekannten Kuranstalt Neufriedenheim im Münchner Südwesten. Die vermeintliche Sicherheit des Lebens in einer renommierten Münchner Einrichtung endete für Moritz Bendit jedoch mit dem Jahr 1933. Seine letzte Lebensphase verbrachte er unter einem sich verheerend zuspitzenden Verfolgungsdruck, denn als Jude und dauerhaft Kranker war er gleich mehrfach akut gefährdet. Am 14. September 1940 wurde Moritz Bendit aus der Kuranstalt Neufriedenheim in die Heil- und Pflegeanstalt Eglfing-Haar verlegt. Eine knappe Woche später, am 20. September 1940 wurde er mit anderen jüdischen Patienten von Eglfing-Haar nach Schloß Hartheim bei Linz, eine der Tötungsanstalten der T4-Aktion, deportiert und noch am Ankunftstag mit Kohlenmonoxid ermordet.

In der Darstellung von Reinhard Lampe verbindet sich die individuelle Leidensgeschichte von Moritz Bendit mit einer Institutionengeschichte der Münchner Kuranstalt Neufriedenheim und ihrem leitenden Arzt, dem Psychiater Ernst Rehm. Diese als Doppelbiografie zu lesende Studie enthüllt nicht nur die strukturellen Mechanismen von gesundheitspolitischer Marginalisierung, sondern macht durch die Erzählung der Lebens- und Verfolgungsgeschichte eines einzelnen Betroffenen die dramatische Dimension von rassistischer und mörderischer Ausgrenzung sichtbar.

NS-Herrschaftstechniken und „Euthanasie" – der Kontext

Das NS-System war eine Gefälligkeitsdiktatur, so die Einschätzung von Götz Aly.[1] Es wurden Vergünstigungen und Geschenke an die nationalsozialistische „Volksge-

---

[1] Götz Aly: Hitlers Volksstaat. Raub, Rassenkrieg und nationaler Sozialismus. Frankfurt am Main 2005, S. 49ff.

meinschaft"[2] ausgereicht, um systemstabilisierende Bindungen zu schaffen und Loyalitäten zu festigen. Diese nationalsozialistischen Wohltaten stammten zu einem nicht unerheblichen Teil aus dem gestohlenen Eigentum verfolgter Minderheiten und – ab 1939 – aus einem gewaltigen Ressourcentransfer von den militärisch besetzten europäischen Gebieten ins Reich. Neben materiellen Gütern gehörte dazu auch die unfreiwillige Arbeitsleistung unzähliger ausländischer Männer und Frauen, die als weitgehend entrechtete landwirtschaftliche und industrielle Ersatzarmee zum Arbeitseinsatz in der deutschen Kriegswirtschaft gezwungen wurden.[3] Die Umverteilung von Vermögen und Ressourcen war nicht nur, wie Götz Aly bemerkt, „eine kontinuierliche sozialpolitische Bestechung"[4], sondern auch eine wichtige Lebensversicherung des Regimes, das mit diesen Maßnahmen vor allem während der Kriegsjahre die inneren Bindungskräfte stärkte und den Nährboden für Resistenz, Opposition und Widerstand austrocknete.

Privilegierung und Benachteiligung, Bevorzugung und Ausgrenzung, Inklusion und Exklusion waren zentrale Handlungselemente der nationalsozialistischen Herrschaftstechnik.[5] Wer das rassistische und an Leistungskriterien orientierte Anforderungsprofil der NS-Ideologen erfüllte, wer Zustimmung zu den herrschenden Verhältnissen signalisierte, indem er sein Leben und Handeln an das rigide nationalsozialistische Regelsystem anpasste, seinen Alltag unauffällig gestaltete und Unzufriedenheit und Kritik allenfalls im Schutzraum des Privaten artikulierte, blieb in der Regel unbehelligt und geriet nicht ins Fadenkreuz einer ausgeklügelten totalitären Überwachungs- und Disziplinierungsmaschinerie.[6] Dies gilt nicht für die vielen Betroffenen, die jenen Gruppen zugerechnet wurden, die in den Unterkategorien von „Volksgemeinschaft" nicht vorgesehen waren, insbesondere Jüdinnen und Juden, sogenannten Zigeunern, sozial Unangepassten, politisch Andersdenkenden, Pazifisten und einzelnen religiösen Gruppierungen wie den „Ernsten Bibelforschern", Homosexuellen, Menschen mit Behinderungen und mentalen Beeinträchtigungen. Für sie, die im politischen und sozialen Werterahmen des NS-Regimes keinen Platz hatten, die als „Überflüssige" und „Unwerte" abgestempelt wurden, änderte sich die Lebenssituation ab Frühjahr 1933 dramatisch.

---

[2] Dazu Frank Bajohr/Michael Wildt (Hg.): Volksgemeinschaft. Neue Forschungen zur Gesellschaft des Nationalsozialismus. Frankfurt am Main 2009.
[3] Andreas Heusler: Ausländereinsatz. Zwangsarbeit für die Münchner Kriegswirtschaft 1939–1945. München 1996.
[4] Aly: Volksstaat, S. 89.
[5] Dazu schon früh Andreas Kranig: Lockung und Zwang. Zur Arbeitsverfassung im Dritten Reich. Stuttgart 1983; aktuell: Nicole Kramer/Achim Nolzen (Hg.): Ungleichheiten im „Dritten Reich". Semantiken, Praktiken, Erfahrungen. Göttingen 2012.
[6] Elizabeth Harvey/Johannes Hürter/Maiken Umbach/Andreas Wirsching (Ed.): Private Life and Privacy in Nazi Germany. Cambridge 2019.

Der 30. Januar 1933 war nicht nur der Tag der Übergabe der Reichskanzlerschaft an den selbsternannten „Führer" der NSDAP, es war auch der Tag des Übergangs von der verbalen Drohgebärde zur administrativen Vollstreckung weitreichender menschenfeindlicher Zielsetzungen. Während in der Berliner Reichskanzlei Adolf Hitler die Macht übernahm, rückten in München ab März 1933 antisemitische Eiferer wie Karl Fiehler oder Christian Weber in Führungspositionen.[7] Beide hatten sich aufgrund ihres fragwürdigen Nimbus als „Alte Kämpfer" und wegen ihrer Nähe zu Hitler für lokale NS-Karrieren qualifiziert. Sie sorgten dafür, dass München – die Stadt, in der der Nationalsozialismus geboren wurde und die sich bald mit dem Ehrentitel einer „Hauptstadt der Bewegung" schmücken durfte – auf dem Gebiet der sogenannten Judenpolitik schon früh eine höchst zweifelhafte Vorbildfunktion für sich beanspruchen konnte: In der bayerischen Metropole wurden antijüdische Maßnahmen erdacht und umgesetzt, die für den Rest des Reiches Modellcharakter erhielten. Hier wurden die Demütigungen, Ausgrenzungen und Entrechtungen von Juden mit besonderem Eifer und mit perfider Konsequenz vorangetrieben, lange bevor sie auf Reichsebene Realität wurden. In der Münchner NS-Elite vertrat man die Überzeugung, dass gerade die „Hauptstadt der Bewegung" bei der Erfindung und Umsetzung von Maßnahmen zur Ausgrenzung und Verfolgung von Juden mustergültig an erster Stelle stehen sollte. Unmittelbar nach der Machtübernahme begannen die neuen Herrscher damit, die jüdische Minderheit systematisch aus allen gesellschaftlichen, kulturellen und wirtschaftlichen Bereichen zu verdrängen. Die antisemitischen Hetztiraden, die im „Völkischen Beobachter" und bei öffentlichen Kundgebungen verbreitet worden waren, erhielten nun gewissermaßen hoheitliche Legitimation und wurden zur Maxime staatlichen Handelns.[8]

Auch Maßnahmen zur Ausgrenzung, Entrechtung und Verfolgung anderer Minderheiten wurden in München erdacht, früh umgesetzt und stetig perfektioniert. Eines der ersten Lager, das alsbald als Vorbild und Muster für ein verzweigtes terroristisches Lagersystem dienen sollte, war schon im Frühjahr 1933 vor den Toren der bayerischen Hauptstadt eingerichtet worden: das Konzentrationslager Dachau.[9] Auch im kommunalpolitischen Binnensystem Rathaus konnte die NS-Ideologie rasch Fuß fassen. Die meisten Spitzenbeamten und Behördenleiter wur-

---

[7] Andreas Heusler: Das Braune Haus. Wie München zur ‚Hauptstadt der Bewegung' wurde. München 2008.
[8] Vgl. Wolfram Selig: „Arisierung" in München. Die Vernichtung jüdischer Existenz 1937–1939. Berlin 2004; Angelika Baumann/Andreas Heusler (Hg.): München arisiert. Entrechtung und Enteignung der Juden in der NS-Zeit. München 2004.
[9] Wolfgang Benz/Angelika Königseder (Hg.): Das Konzentrationslager Dachau. Geschichte und Wirkung nationalsozialistischer Repression. Berlin 2008.

den Schritt für Schritt durch loyale NS-Gefolgsleute ersetzt oder sicherten ihre Positionen durch eilfertige Selbstgleichschaltung.[10] Das Münchner Sozialamt wurde mit Friedrich Hilble von einem sozialpolitischen Hardliner geleitet, der, wenngleich kein NSDAP-Mitglied, mit bemerkenswerter Konsequenz radikale und menschenverachtende Maßnahmen zur Disziplinierung von sogenannten Arbeitsscheuen und sogenannten asozialen Elementen erdachte und umsetzte.[11] Die Spaltung der Stadtgesellschaft in die Privilegierten, die von den Segnungen der nationalsozialistischen Ordnung profitierten, und diejenigen, die aufgrund externer Zuschreibungen allenfalls geduldet, aber schließlich doch an den Rand gedrängt, rechtlich und sozial marginalisiert wurden, vollzog sich im Eiltempo und mit Riesenschritten.

Besonders einschneidend und für die jeweiligen Betroffenen mit erheblichen Sorgen und Lebensrisiken verbunden war diese Entwicklung im Sozial- und Gesundheitswesen. Soziale Absicherung und medizinische Versorgung „für alle" war im NS-System nicht vorgesehen. Beide Leistungen wurde im Bedarfsfall nur jenen zuteil, die von den Entscheidern in Politik und Verwaltung als würdig erachtet wurden – also Personen, die die restriktiven Zugangsregeln zur „Volksgemeinschaft" erfüllten und Gewähr dafür boten, dass sie die Kosten von Fürsorge- und Medizinaufwand durch Leistungsbereitschaft und -fähigkeit refinanzieren konnten.[12] Aus Sicht des Systems war entscheidend, dass die volkswirtschaftliche Produktivität gewährleistet blieb und idealerweise gesteigert werden konnte. „Unnütze Esser" und „Ballastexistenzen", „Asoziale" und „Arbeitsscheue", die der Gesellschaft auf der Tasche lagen, ohne etwas zurückzuzahlen, hatten in dem von Auslese- und Elitephantasien durchdrungenen nationalsozialistischen Gesellschaftsmodell keinen Platz.[13] Wurden sie anfangs noch mit minimalem Ressourcenaufwand geduldet und drakonischen Verwahrungs- und Umerziehungsmaßnahmen unterzogen, verschärften sich die Maßnahmen des Regimes über die Jahre und erreichten mit gezielten Massentötungen von sogenannten Minderwertigen schließlich einen traurigen Höhepunkt. Die an volkswirtschaftlichen Kosten-Nutzen-Überlegungen orientierten Vernichtungsmaßnahmen gingen Hand in Hand mit rassistischen Theorien, die auf „Erbgesundheit", also eine bewusste Auslese

---

10 Jan Neubauer: Arbeiten für den Nationalsozialismus. Die Stadt München und ihr Personal im „Dritten Reich". Göttingen 2020.
11 Florian Wimmer: Die völkische Ordnung von Armut. Kommunale Sozialpolitik im nationalsozialistischen München. Göttingen 2014.
12 Annemone Christians: Amtsgewalt und Volksgesundheit. Das öffentliche Gesundheitswesen im nationalsozialistischen München. Göttingen 2013.
13 Grundlegend dazu nach wie vor Wolfgang Ayaß: „Asoziale" im Nationalsozialismus. Stuttgart 1995.

der Starken und Leistungsfähigen, abzielten und – schon in den Jahren der Weimarer Republik – die „Freigabe der Vernichtung lebensunwerten Lebens" einforderten.[14] Die „Euthanasie" war keine Erfindung des Nationalsozialismus, aber erst nach 1933 wurde der Krankenmord – euphemistisch und terminologisch zur „Rassenhygiene" weiterentwickelt – zu einer realen Praxis, die Zehntausende das Leben kostete.[15]

Das vorliegende Buch zeigt: Die Erfahrung von Vergangenheit wird durch die Geschichten von Menschen vermittelt. Strukturen, Daten, Ereignisse, Institutionen etc. sind allenfalls mittelbare Zeugen der Vergangenheit. Konkret wird Geschichte, wenn wir uns den in ihr handelnden Menschen annähern, ihre Biografien – individuelle als auch kollektive – rekonstruieren und dabei aus unterschiedlichen Blickwinkeln Fragen nach den Bedingungen ihres Alltagslebens und den Beweggründen, Grenzen und Möglichkeiten ihres jeweiligen Handelns stellen. Biografien werden so zu einem Schlüssel für die Geschichte *en générale*.

---

14 Schon 1920 hatten der Jurist Karl Binding und der Psychiater Alfred Hoche mit der Schrift „Die Freigabe der Vernichtung lebensunwerten Lebens. Ihr Maß und ihre Form" (Leipzig 1920) ein breitenwirksames Plädoyer für Euthanasiemaßnahmen in Deutschland publiziert.
15 Hans-Walter Schmuhl: Rassenhygiene, Nationalsozialismus, Euthanasie. Von der Verhütung zur Vernichtung lebensunwerten Lebens 1890–1945. Göttingen 1992; Ernst Klee: „Euthanasie" im Dritten Reich. Die „Vernichtung lebensunwerten Lebens". Frankfurt am Main 2010.

Einführung

Die Kuranstalt Neufriedenheim wurde im Jahr 1891 von dem praktischen Arzt Karl Kraus (*1854) gegründet. Die Nervenheilanstalt sollte eine Alternative für wohlhabende Patienten zur Kreisirrenanstalt anbieten, die Wert auf Komfort und beste medizinische Betreuung legten. Ein geeignetes Grundstück für das Anstaltsgebäude und den Kurpark von anfangs ca. 7 ha Ackerland fand sich westlich von München in der damals noch eigenständigen Gemeinde Laim. Im Jahre 1892 verließ der Oberarzt Dr. Ernst Rehm (1860–1945) die Kreisirrenanstalt, um in Neufriedenheim zu arbeiten. Schon im Jahr 1893 konnte er die Kuranstalt vollständig übernehmen. Er führte sie fast ein halbes Jahrhundert. Der psychisch kranke jüdische Kaufmann Moritz Bendit (1863–1940), dem dieses Buch gewidmet ist, wurde Ende 1898 in die Kuranstalt als Patient aufgenommen. Er verbrachte dort fast 42 Jahre seines Lebens. Im September 1940 wurde er im Rahmen der „Euthanasie"-Aktion deportiert und anschließend ermordet. Ende 1941 verkaufte Rehm das Sanatorium an die Nationalsozialistische Volkswohlfahrt (NSV). Im September 1942 wurde das Gebäude bei einem Bombenangriff schwer beschädigt, so dass die NSV ihre Pläne zum Betrieb eines Schwesternwohnheims nicht umsetzen konnte. Nach dem Zweiten Weltkrieg fiel das Gelände an den Freistaat Bayern als Rechtsnachfolger der NSV. Das ehemalige Sanatorium wurde in stark vereinfachter Form restauriert und beherbergte von 1952 bis 2013 die Bayerische Landesschule für Gehörlose. Im Jahre 2021 wurde das Gebäude abgerissen. Die Stadt München als neuer Eigentümer plant den Bau eines Bildungszentrums. Bereits seit Ende der 1950er-Jahre befinden sich auf dem Areal des ehemaligen Kurparks zwei höhere Schulen: das Ludwigs-Gymnasium und das Erasmus-Grasser-Gymnasium. Der Standort zwischen dem Westpark, der Fürstenrieder Straße und der Autobahn München-Lindau gehört heute zum Münchner Stadtbezirk Sendling-Westpark.

Bevor sich das vorliegende Buch eingehend mit dem aus Fürth stammenden jüdischen Patienten Moritz Bendit befasst, wird die Historie der Kuranstalt und seines Direktors aufgearbeitet.

1 Ernst Rehm

1.1 Ernst Rehm – Eltern und Geschwister

Ernst Rehm wurde am 15. Januar 1860 als erstes Kind der Eheleute Heinrich Rehm (1828–1916) und Creszenzia Rehm geb. Baldauf (1833–1913) im fränkischen Sugenheim geboren. Bis zum Jahre 1876 folgten acht weitere Geschwister.[1] Als erster Sohn erhielt er den Vornamen seines Großvaters Ernst Wunibald Rehm (1801–1840), eines evangelischen Pfarrers aus Nürnberg. Sein Vater Dr. Heinrich Rehm war 1857 aus der Nähe von Ansbach nach Sugenheim versetzt worden. 1875 wurde Heinrich Rehm Bezirksgerichtsarzt in Lohr am Main und von 1878 bis zu seiner Pensionierung 1898 wirkte er als Landgerichtsarzt am Landgericht Regensburg. Nach seiner Pensionierung ließ sich Heinrich Rehm 1899 zusammen mit seiner Frau und seiner unverheirateten Tochter Emma Rehm (1861–1941) bei seinem Sohn Ernst in der Kuranstalt Neufriedenheim nieder. Heinrich Rehms jüngster Sohn Otto (1876–1941) hatte zu dieser Zeit bereits sein Medizinstudium in München aufgenommen.

Neben seinem Beruf als Arzt und später als Pensionär forschte Heinrich Rehm über Pilze und Flechten. Durch seine Forschungsarbeiten und Veröffentlichungen erwarb er sich zu seiner Zeit den Ruf eines international renommierten Botanikers.[2] Heinrich und Creszenzia Rehm konnten 1909 in Neufriedenheim ihre Goldhochzeit feiern. Creszenzia Rehm starb im März 1913, Heinrich Rehm am 1. April 1916 im Alter von 87 Jahren nach kurzer Krankheit. Beide wurden im Familiengrab auf dem nahegelegenen Münchner Waldfriedhof beigesetzt.[3] Dort ruhten bereits die beiden Söhne Wilhelm (1862–1910) und Karl (1871–1898). Wilhelm war zu Lebzeiten kgl. Oberregierungsrat im bayerischen Verkehrsministerium, Karl ein promovierter Jurist.[4] Im Jahr 1916 zog auch Heinrich Rehms zweite ledige Tochter Sophie (1869–1941) nach Neufriedenheim.[5]

---

1 Degener 1909, S. 339. Degener zählt sieben Kinder von Heinrich und Creszenzia Rehm auf. Auch das Stadtarchiv Regensburg kennt nur diese sieben Kinder. Aus einem privaten Stammbaum (s. Anlage A1) geht aber hervor, dass Ernst Rehm noch zwei weitere früh verstorbene Geschwister hatte.
2 Arnold 1917: Nachruf Heinrich Rehm
3 Vgl. Anlage A2
4 Degener 1909, S. 339 sowie privater Stammbaum der Familie Rehm
5 Sophie Rehm ist erstmalig im Münchner Adressbuch von 1917 (Redaktionsschluss: Ende 1916) aufgeführt. Möglicherweise hängt ihre Umsiedlung mit dem Tod des Vaters zusammen.

https://doi.org/10.1515/9783111340999-002

1.2 Medizinstudium

Wie sein Vater Heinrich studierte Ernst Rehm Medizin. Als einer der wenigen Medizinstudenten an der Ludwig-Maximilians-Universität in München besuchte er die Veranstaltung „Psychiatrische Klinik" des Psychiaters Professor Bernhard von Gudden (1824–1886). Der Rheinländer von Gudden war im Jahre 1855 zunächst an die unterfränkische Kreisirrenanstalt in Werneck berufen worden, die er bis 1869 leitete. Ernst Rehms Vater Heinrich praktizierte von 1857 bis 1875 im nicht sehr weit entfernten Sugenheim. Er dürfte Gudden bereits in den 1850er-Jahren gekannt haben. 1869 wurde von Gudden Direktor der psychiatrischen Klinik Burghölzli in Zürich. Auf ausdrücklichen Wunsch von König Ludwig II. wurde er im Jahre 1873 vom Ministerium an die Universität München berufen, obwohl sich die medizinische Fakultät für einen anderen Kandidaten ausgesprochen hatte. Bei der Berufung soll vor allem der Wunsch der Königlich Bayerischen Staatsregierung nach einer angemessenen Betreuung von Ludwigs Bruder, dem psychisch kranken Prinzen Otto den Ausschlag gegeben haben.[6]

1.3 Die Familie von Ernst Rehm

1.3.1 Elisabeth Rehm geb. Otto

Ernst Rehm heiratete im Jahre 1889 die Kunststudentin Elisabeth Otto (1868–1932), Tochter des Malzfabrikanten Friedrich Wilhelm Otto (1809–1882) und Caroline Otto geb. Reupke (1828–1911) aus Hildesheim. Nach Angaben der Rehm-Nachfahren soll Elisabeth Otto eine beträchtliche Mitgift in die Ehe eingebracht haben. Durch diese Mitgift sei der spätere Kauf der Kuranstalt Neufriedenheim im Jahre 1893 erst ermöglicht worden. Die Nachlassakten vom Amtsgericht München belegen, dass Elisabeth Rehm bei ihrer Heirat im Jahre 1889 ein Vermögen von 69.000,- Mark in die Ehe eingebracht hat. Davon seien im Jahr 1893 50.000 Mark in den Kauf der Kuranstalt Neufriedenheim investiert worden.[7]

---

6 Hippius et al., S. 22f sowie Hunze, S. 145–159
7 Staatsarchiv München: AG München Nr. 1932/192

Abb. 1.1: Ausschnitt aus dem Titelblatt der Hochzeitszeitung

Elisabeth Otto kam am 12. Juni 1868 in Peine bei Hannover zur Welt. Sie war das drittletzte von dreizehn Geschwistern. Ein Bruder von Elisabeth Otto, Dr. Ernst Otto, war als Assistenzarzt und Kollege von Ernst Rehm an der Kreisirrenanstalt in München Giesing tätig; zu Ernst Otto mehr im nächsten Abschnitt. Ein weiterer Bruder, Rudolf Otto (geb. am 25.9.1869), erlangte als evangelischer Theologe und Religionswissenschaftler einen gewissen Bekanntheitsgrad. Nach einem seelischen Zusammenbruch wurde er im Jahre 1905 als Patient in der Kuranstalt Neufriedenheim behandelt.[8] Mit ihren Brüdern Rudolf und Max Otto besaß Elisabeth Otto ein ca. 1 ha großes Grundstück in Peine zu je einem Drittel.[9] Ein weiteres Mitglied der Familie Otto findet sich im Personenverzeichnis der LMU für das Winterhalbjahr 1930/31: „Günther Otto, Ph., [Student der Philosophie], Kuranstalt Neufriedenheim". Bei Günther Otto dürfte es sich wahrscheinlich um einen Neffen von Elisabeth Rehm gehandelt haben, der während seines Studiums in München bei seiner Tante in der Kuranstalt wohnte.

---

[8] Graf 2014: Brief Ernst Troeltsch an Rudolf Otto; Seite 444, Fußnote 2
[9] Staatsarchiv München: AG München Nr. 1932/192

Elisabeth Rehm bekam vier Töchter: Karolina (*18.2.1890), Hedwig (*20.6.1891), Hilda *21.6.92 und mit etwas zeitlichem Abstand Gertrud (*15.10.1898).

In der Hochzeitzeitung hielten die Verwandten folgende Empfehlung für Elisabeth bereit: „Norddeutsch gekocht isst er nicht gern. Drum koche süddeutsch deinem Herrn." Elisabeth Rehm schien sich aber nicht immer an diese Empfehlung zu halten, denn ein Jahr nach der Hochzeit schrieb Rehms Kollege, der Assistenzarzt Karl Ranke (1861–1951), an seine Eltern in Norddeutschland: „Frau Oberarzt Rehm, eine Nichte des Goslarer Professors Schulzen[10], gab kürzlich ihre erste Gesellschaft, in der mich wieder einmal die von Ilten[11] wohlbekannten hannoverischen Feiertagsgenüsse begrüßten. Die Collegen kauten indessen verzweifelt an dem zuckergesüßten Salat, der mir noch immer als Zeugniß norddeutscher kulinarischer Unfähigkeit vorgehalten wird."[12]

1.3.2 Ernst Otto

Dr. Ernst Otto war von Juni 1886 bis Juli 1888 zunächst als 2. Assistenzarzt und zuletzt als 1. Assistenzarzt an der Kreisirrenanstalt in München-Giesing tätig.[13] In diesem Zeitraum hatte Ernst Rehm vertretungsweise die Stelle des 2. Oberarztes inne. Es ist daher davon auszugehen, dass Ernst Rehm seine Frau Elisabeth Otto über seinen Kollegen Ernst Otto kennengelernt hat. Dr. Otto gehörte zu der kleinen Gruppe von Ärzten, die zur Betreuung von König Otto in Schloss Fürstenried eingeteilt waren (vgl. Kap. 1.5.1). Im Juli 1888 musste er seine Stellung an der Kreisirrenanstalt aus gesundheitlichen Gründen aufgeben. Karl Ranke schrieb in seinen Erinnerungen: „Es war bekannt, daß einer der beiden im Wechsel diensttuenden Ärzte [in Schloss Fürstenried], Dr. Otto aus Hildesheim, der spätere Schwager des Oberarztes Rehm, im Juli fortgehen würde, weil sein Gesundheitszustand einen Aufenthalt im Süden erforderte."[14] Fast hätte sich die Spur von Ernst Otto nach 1888 verlaufen. Ziemlich überraschend taucht er aber in den Lebenserinnerungen von Emil Kraepelin noch einmal auf.[15] Überraschend auch deshalb, weil Kraepelin

---

10 Professor Schulzen (oder „Schultzen") war laut Ranke ein Onkel von Elisabeth Rehm. In der Legende eines Fotos in Neufriedenheim aus dem Jahr 1895 ist eine „Tante Anna Schultzen" aufgeführt (siehe Kap. 2.2.2).
11 Psychiatrische Anstalt in Norddeutschland, in der Ranke arbeitete, bevor er nach München kam.
12 Ranke, Brief an seine Eltern vom 21.05.1890
13 Auskunft Bezirksarchiv Oberbayern, Email vom 19.04.2016
14 Ranke, S. 291
15 Emil Kraepelin (1856–1926). Bedeutender Psychiater und Hochschullehrer in Dorpat, Heidelberg und München. Siehe Kap. 1.4.2

die Kreisirrenanstalt bereits im Jahr 1883 endgültig verlassen hatte und daher nie direkt mit Dr. Otto zusammengearbeitet hat. Kraepelin besuchte seinen „früheren Fachgenossen" Dr. Otto in den Jahren 1894 und 1906 zweimal auf Teneriffa.[16] Es ist daher naheliegend, dass die Besuche Kraepelins bei Ernst Otto auf Kontakte von Kraepelin mit dem Ehepaar Rehm zurückzuführen sind. Die Herausgeber von Kraepelins Lebenserinnerungen machten zu „Dr. Otto" keine Anmerkungen und Kraepelin nannte auch keinen Vornamen seines „Fachgenossen" Dr. Otto. Die Bemerkung, dass ihn Dr. Ottos Bedienstete, darunter ein in Deutschland aufgewachsener westafrikanischer Ureinwohner, „in reinem Hildesheimer Deutsch" empfingen, lässt aber keinen Zweifel zu, dass er bei seinen Teneriffa-Besuchen tatsächlich Else Rehms Bruder Dr. Ernst Otto aus Hildesheim besuchte. Kraepelin schrieb über seinen Besuch im Jahre 1894: „Dr. Otto war leider krank". Auch bei seinem zweiten Besuch im Jahre 1906 habe Dr. Otto wieder das Bett gehütet, sei aber nicht ernsthaft krank gewesen.

1.3.3 Übersiedlung von Heinrich Rehm nach Neufriedenheim

Nach seiner Pensionierung im Jahr 1899 zog Ernst Rehms Vater Heinrich zusammen mit seiner Frau und seiner unverheirateten Tochter Emma zu seinem Sohn Ernst in der Kuranstalt Neufriedenheim. Heinrich Rehm starb im Jahre 1916 nach kurzer Krankheit im Alter von 87 Jahren. 1916 siedelte auch noch die zweite ebenfalls unverheiratete Schwester Sophie Rehm nach Neufriedenheim. Rehms jüngster Bruder Otto Rehm, geb. am 20. Juli 1876, wohnte während seines Medizinstudiums an der LMU zeitweilig in Neufriedenheim. Von November 1902 bis September 1903 arbeitete er als Assistenzarzt bei seinem Bruder Ernst. Zum Ende seiner beruflichen Tätigkeit (1935–1941) sollte Otto Rehm wieder nach Neufriedenheim zurückkehren (s. auch Kap. 2.3.9).

1.3.4 Rehms Töchter

Alle vier Rehm-Töchter gründeten Familien: Karolina heiratete im Jahre 1915 den Mediziner Otto Wuth, der ab 1918 unter Emil Kraepelin das chemische Labor der Psychiatrischen Klinik der Universität München leitete.[17] Die Ehe von Karolina und Otto Wuth, aus der drei Söhne hervorgingen, wurde 1927 geschieden. Die ersten beiden Söhne kamen im Zweiten Weltkrieg ums Leben. Der dritte Sohn war

---

16 Kraepelin 1983, S. 87 und S. 165
17 Hippius et al. 2005, S. 96

von Geburt an geistig behindert. Er starb 2005 im Alter von 85 Jahren. Details zur Familie Wuth finden sich in Kap. 2.3.7.

Die zweite Rehm-Tochter Hedwig und ihr Ehemann, der Diplom-Agrarökonom Heinrich Dingler zogen 1923 mit Tochter und Sohn in das nur wenige Kilometer südlich der Kuranstalt gelegene Bauerndorf Neuried. Bis Ende Januar 1931 wohnten sie im „Neurieder Hof", einem Neurieder Traditionsgasthaus, das Ernst Rehm im Jahre 1922 erworben hatte. Dingler sollte sich dort um die Bewirtschaftung der Äcker im Besitz von Dr. Rehm kümmern. Hedwig Dingler verstarb 1942 an einer schweren Krankheit. Ihr Sohn war kurz zuvor an der Ostfront ums Leben gekommen.

Hilda Rehm studierte Medizin, wurde Fachärztin für Nervenkrankheiten und heiratete im Mai 1919 den Mediziner Leo(nhard) Baumüller, den sie im Studium an der LMU kennengelernt hatte. Leo Baumüller, Sohn eines Oberts, hatte bereits im Ersten Weltkrieg im Lazarett Erfahrungen als Assistenzarzt gesammelt, wofür er mit mehreren Orden ausgezeichnet wurde. Hilda und Leonhard Baumüller wohnten und arbeiteten als Assistenzärzte unter Ernst Rehm ab 1921 an der Kuranstalt Neufriedenheim. Sie wurden Ende 1941 vom Verkauf Neufriedenheims besonders hart getroffen.

Gertrud Rehm heiratete schließlich den Ingenieur Otto Piloty, Sohn des bedeutenden Chemikers Oskar Piloty und der Malerin Eugenie Piloty geb. Baeyer (1869–1952).[18]

Abb. 1.2: Eugenie Piloty: Der 75-jährige Ernst Rehm

---

18 Eugenie Piloty war eine Schülerin von Franz von Lenbach

Otto Pilotys Großvater war der bekannte Münchner Historienmaler Carl Theodor von Piloty. Gertrud Piloty kümmerte sich in Neufriedenheim um die Hauswirtschaft. 1937 zog Familie Piloty in die „Garten-Villa", die ursprünglich für den wohlhabenden Patienten Dimitri Graf Lamsdorff erbaut worden war.

Der jeweils erste Sohn jeder Rehm-Tochter erhielt den Vornamen des Großvaters Ernst. Damit wurde an eine Tradition angeknüpft, denn Ernst Rehm wurde einst selbst auf den Namen seines Großvaters getauft. Analog erhielt die jeweils erste Tochter von Dinglers und Pilotys den Vornamen ihrer Großmutter Elisabeth. Die Familien Wuth und Baumüller bekamen keine Töchter.

1.3.5 Der Tod von Elisabeth Rehm

Ein herber Schlag für die Familie Rehm war der Tod der 63-jährigen Elisabeth Rehm im Januar 1932. Sie erlag einem Herzleiden. Wegen ihrer Krankheit war Elisabeth Rehm schon vor ihrem Tod aus der Direktorenvilla zu ihrer jüngsten Tochter Gertrud Piloty gezogen, wo sie besser betreut werden konnte. In ihrem Testament vom 19. August 1929 setzte Elisabeth Rehm ihren Ehemann als alleinigen Erben ein, ordnete aber auch eine Nacherbfolge zu Gunsten ihrer vier Töchter an: „Die Nacherbfolge tritt spätestens mit dem Tod meines Ehemanns, aber auch schon im Falle seiner Wiederverheiratung ein, in letzterem Falle verbleibt ihm jedoch der gesetzliche Pflichtteil." Auf einem Beiblatt zum Testament gab sie in einer Tabelle sehr detailliert an, wer ihre Wert- und Erinnerungsgegenstände erben sollte: Schmuck, Kleidung, Silber, Möbel, Teppiche, Bilder etc. Dabei bedachte sie nicht nur ihre Töchter, sondern auch ihre Schwägerinnen Emma und Sophie Rehm, drei ausgewählte Enkel/Enkelinnen sowie einige enge Freunde der Familie. Sie legte in Einzelfällen sogar fest, wer die Gegenstände ersatzweise erben solle, falls der vorgesehene Erbe kein Interesse daran habe. Ernst Rehm bezifferte den Wert dieser Gegenstände in Summe auf ca. 1.500 Mark.[19] Nach dem Tod von Elisabeth Rehm geriet das Gleichgewicht in der Familie Rehm aus den Fugen und der inzwischen 72-jährige Ernst Rehm wurde in seinen Entscheidungen zunehmend unberechenbarer.

---

19 Staatsarchiv München: AG München Nr. 1932/192

1.3.6 Rehms zweite Ehe

Ende 1935 heiratete Ernst Rehm im Alter von 75 Jahren die 30 Jahre jüngere Margareta Maria Ottilie „Marimargret" Schwemann geb. Ludwig (1890–1942). Marimargret war etwas jünger als Rehms älteste Tochter Karolina. Um Ernst Rehm heiraten zu können, ließ sie sich von ihrem 66-jährigen Mann, Paul Schwemann (1869–1937), scheiden. Paul Schwemann war ein schwerkranker Patient der Kuranstalt. Ob die von Elisabeth Rehm für den Fall der Wiederverheiratung von Ernst Rehm testamentarisch angeordnete Nacherbfolge 1935 tatsächlich berücksichtigt wurde, ist nicht bekannt. Diese Frage könnte spätestens Ende 1941 beim Verkauf der Kuranstalt durch Ernst Rehm gegen den Willen seiner Töchter neue Bedeutung erlangt haben.

1.3.7 Paul und Marimargret Schwemann

Spätestens ab 1928 wohnten Paul und Marimargret Schwemann in der Münchner Ludwigsvorstadt. Marimargret zog im Jahr 1932 aus der gemeinsamen Wohnung aus. Während Paul weiter in der Herzog-Heinrich-Str. wohnte, war Marimargret nach München-Schwabing in die Ainmillerstr. 36[20] umgesiedelt. Im Laufe des Jahres 1934 muss Paul Schwemann in die Kuranstalt Neufriedenheim aufgenommen worden sein. Paul Schwemann stammte aus Lippstadt/Westfalen. Er arbeitete von 1911 bis 1919 als Bergwerksdirektor in Saarbrücken. Als er das Saarland 1911 in Richtung Berchtesgadener Land verließ, war der 42-Jährige noch unverheiratet.[21]

Ende 1935 setzte Ernst Rehm seine Tochter Hilda und seinen Schwiegersohn Leo Baumüller nachträglich durch einen Brief von seiner standesamtlichen Trauung in Kenntnis, rechtfertigte seine Entscheidung und bat um freundliche Aufnahme von Marimargret in den Familienkreis. Aus dem Brief sowie aus mündlichen Überlieferungen geht hervor, dass sich Marimargret in der Kuranstalt Neufriedenheim mit großem Engagement der Pflege ihres schwerkranken ersten Ehemanns gewidmet haben soll. Sie soll ihn bis an die Grenzen zur Selbstaufgabe gepflegt haben. Von einer freundlichen Aufnahme Marimargrets in den Familienkreis konnte allerdings keine Rede sein. Rehms Töchter betrachteten Marimargret misstrauisch. Nicht zu Unrecht fürchteten sie um ihr Erbe und um ihre berufliche Zukunft.

---

20 Die Ainmillerstraße 36 in Schwabing war um 1910 Wohnort von Gabriele Münter und Wassily Kandinsky sowie ein Treffpunkt der Künstlergruppe des „Blauen Reiter".
21 Nach Auskunft des Stadtarchivs Saarbrücken ist Schwemann 1919 nach Bayrisch Gmain verzogen. Im Berchtesgadener Land konnte die Spur aber nicht wiederaufgenommen werden. Möglicherweise arbeitete Schwemann dort im Salzbergbau.

Marimargret übte auf den gealterten Geheimrat einen dominanten Einfluss aus. Sie spielte eine entscheidende Rolle beim Verkauf und der Stilllegung des Sanatoriums Ende 1941/Anfang 1942. Sie konnte durchsetzen, dass ihr im Dezember 1937 verstorbener Ex-Mann Paul Schwemann im Familiengrab der Familie Rehm auf dem Münchner Waldfriedhof beerdigt wurde.[22]

Am 16. Dezember 1937 erschien im „Völkischen Beobachter" folgende Traueranzeige:

> „Statt besonderer Anzeige
> Herr **Paul Schwemann**
> Oberbergrat und Bergwerksdirektor a. D.
> Rittmeister d. R. a. D. im Westfälischen Dragoner-Rgt. Nr. 7
> ist am 14. Dezember 1937 gestorben.
> München-Neufriedenheim
> In Trauer: Marimargret Rehm"

Im Familiengrab auf dem Waldfriedhof lagen bis zu diesem Zeitpunkt nur Rehms Eltern, Heinrich († 1916) und Creszenzia Rehm († 1913), seine Brüder Karl († 1898) und Wilhelm († 1910) sowie seine erste Ehefrau Elisabeth († 1932).

1.3.7.1 Der Tod von Marimargret Rehm

Die genauen Umstände des frühen Todes von Marimargret werden wohl nicht mehr geklärt werden können. Sie starb kurz nach dem Verkauf der Anstalt am 15. Januar 1942, genau am 82. Geburtstag von Ernst Rehm. Im Januar 1942 waren die Rehm-Töchter und Schwiegersöhne gerade mit dem Versuch beschäftigt, eine Entmündigung von Ernst Rehm in die Wege zu leiten sowie den Verkauf des Sanatoriums an die NSV anzufechten. Beide Vorhaben scheiterten. Es besteht kein Zweifel, dass Marimargret den Verkauf Neufriedenheims mit all ihren Kräften angetrieben hatte. Die Atmosphäre zwischen Ernst und Marimargret Rehm einerseits und den fassungslosen Töchtern und Schwiegersöhnen war extrem vergiftet. Am 16. Januar 1942 notierte Leo Baumüller in seinem Taschenkalender den Tod von Marimargret knapp: „Morgens Nachricht daß Frau Gehr. Rehm gestern tot aufgefunden wurde. Große Sensation im Haus."[23] Baumüller nannte keine Todesursache und stellte auch keine Hypothese auf. Er hatte schlichtweg keinen Zugang mehr zu Direktor Rehm und seiner zweiten Frau. Nach Aussagen der Rehm-Nachfahren war Marimargret suchtkrank; sie sei an einer Überdosis Schlaftabletten und Alkohol gestorben. Ob es sich bei ihrem Tod um einen Suizid gehandelt hat, kann nicht mehr

---

22 Anlage A2: Grabbuch Waldfriedhof München, Alter Teil
23 Baumüller 1942

festgestellt werden. Eine Sterbeurkunde mit einer amtlichen Todesursache von Marimargret liegt im Stadtarchiv München nicht vor. Die Traueranzeige vom 19. Januar 1942 im „Völkischen Beobachter" nennt einen „Herzschlag", also einen Herzinfarkt als Todesursache: „Nach 6jähriger glücklicher Ehe ist meine überaus geliebte Frau unsere liebe Schwester **Marimargarete Rehm** geb. Ludwig am 15. Januar nach langem Leiden, jedoch unerwartet, einem Herzschlag erlegen. Sie war die edelste, opferfreudigste Frau, die es geben konnte. München-Neufriedenheim, 19. Januar 1942. Dr. Ernst Rehm, Magdalena Ludwig, Heidemarie Ludwig. Die Feuerbestattung hat in aller Stille stattgefunden." Das „lange Leiden" könnte sich auf ihre Suchtkrankheit beziehen oder auf die Krankheit ihres ersten Ehemanns Paul Schwemann, unter der auch sie stark gelitten hat. Die Angabe einer Todesursache („Herzschlag") in einer Traueranzeige ist ziemlich ungewöhnlich. Möglicherweise wollte Rehm Spekulationen über einen Suizid entgegentreten.

1.4 Die Kreisirrenanstalt in München-Giesing

Durch eine gesetzliche Regelung aus dem Jahr 1837 wurden die Bayerischen Kreise im Königreich Bayern verpflichtet, sog. „Irrenhäuser" zu errichten. Zugleich wurden sie mit den notwendigen finanziellen Mitteln ausgestattet. Die erste „Kreisirrenanstalt" wurde 1846 in Erlangen in Betrieb genommen. In Oberbayern dauert es noch bis ins Jahr 1859, bis die Kreisirrenanstalt in Giesing „Auf den Auer Lüft'n" ihre ersten Patienten aufnehmen konnte. Die Anstalt war zunächst für 280 Kranke ausgelegt, wurde bald auf 400 Plätze erweitert und war um 1870 bereits mit 500 Patienten überbelegt.[24] Die Kreisirrenanstalt in München-Giesing wurde in Personalunion vom Inhaber des Lehrstuhls für Psychiatrie geleitet. Bernhard von Gudden war also nicht nur für die Forschung und Lehre an der Universität zuständig, sondern er musste auch die Kreisirrenanstalt leiten.

Guddens Spezialgebiet war die Hirnforschung. Zusätzlich hatte Gudden die Aufgabe, für die Betreuung des psychisch kranken Prinzen Otto zu sorgen.

1.4.1 Kreise und Bezirke in Bayern

Bayern war im 19. Jahrhundert auf der obersten Verwaltungsebene in *Kreise* gegliedert: Oberbayern, Schwaben, Mittelfranken etc. Auf der untergeordneten Ebene befanden sich seit Anfang der 1860er-Jahre die Bezirke. Heute sind die Bezeich-

---

[24] Hippius et al. 2005, S. 13

nungen genau umgekehrt: Oberbayern ist ein Regierungsbezirk und darunter liegen die Landkreise. Die Änderung der Bezeichnungen erfolgte im Jahr 1938 als Anpassung an die preußische Gebietsorganisation.[25]

1.4.2 Assistenz- und Oberarzt an der Kreisirrenanstalt

Zu Beginn der 1880er-Jahre hatten gleich mehrere erfahrene Psychiater die Kreisirrenanstalt verlassen, um leitende Positionen in anderen Einrichtungen anzunehmen.[26] Der bekannteste von ihnen war Emil Kraepelin, der 1882 nach Leipzig gewechselt war. Außerdem hatte der langjährige Oberarzt Melchior Bandorf die Leitung der neugegründeten Kreisirrenanstalt in Gabersee bei Wasserburg übernommen. Kraepelin kehrte im Herbst 1883 noch einmal zu Gudden an die Kreisirrenanstalt zurück, war aber nach dem Weggang vieler früherer Kollegen über die Entwicklung an der Kreisirrenanstalt enttäuscht. Neben Direktor Gudden, der zugleich die Funktion des 1. Oberarztes innehatte, verfügten Ende 1983 nur noch der 2. Oberarzt Johann Baptist Vornheim sowie der 1. Assistenzarzt Georg Lehmann über ausreichende Berufserfahrung in der Psychiatrie. Kraepelin schrieb in seinen Erinnerungen ohne Vornheim beim Namen zu nennen: „Vor allem war Bandorf fort, und an seine Stelle ein Oberarzt getreten, der guten Willen mit völliger Unfähigkeit verband."[27] Vornheim erkrankte kurz nach seiner Einstellung und Lehmann verließ die Kreisirrenanstalt Anfang 1885. Rehm war also von Anfang an stark gefordert und ging die Herausforderung mit großem Ehrgeiz an.

In seinen Lebenserinnerungen schrieb Kraepelin über die Kreisirrenanstalt nach seiner Rückkehr im Herbst 1883: „Die jüngeren Kollegen, unter denen sich auch der später schwer erkrankte Oscar Panizza befand, standen uns mit Ausnahme von Rehm ziemlich fern."[28] Kraepelin war von seinem ganzen Wesen durch und durch Wissenschaftler. Die Erforschung, Klassifizierung und systematische Beschreibung aller psychischen Krankheiten stand im Mittelpunkt seines wissenschaftlichen Interesses. Da Kraepelin in München keine Aufstiegsmöglichkeiten für sich sah, wechselte er bereits im Juli 1884 an eine Anstalt in Schlesien. Einige Zeit später erhielt er eine Professur in Dorpat. Nach einer Zwischenstation in Heidelberg sollte er schließlich im Jahre 1903 als Psychiatrieprofessor an die Münchner Universität zurückkehren. Kraepelin war der Verfasser eines Standardlehr-

---

25 „Dritte Verordnung über den Neuaufbau des Reiches" vom 28. November 1938, zitiert nach „Lebensraum Landkreis München", S. 178
26 Hippius et al., 2005, S. 38
27 Kraepelin 1983, S. 30
28 Kraepelin 1983, S. 30

buchs zur Psychiatrie²⁹, das er in etlichen Auflagen dem jeweils aktuellen Forschungsstand anpasste. In München leitete Kraepelin von Beginn an die neu erbaute Psychiatrische Klinik der Universität in der Nußbaumstraße im Klinikviertel „Links der Isar". Diese Klinik wurde 1904 eingeweiht und ist heute noch in Betrieb. Mitten im Ersten Weltkrieg gründete Kraepelin die Deutsche Forschungsanstalt für Psychiatrie mit dem Beinamen „Kaiser-Wilhelm-Institut", das jetzige Max-Planck-Institut für Psychiatrie.

Nach dem Weggang von Kraepelin wurde Rehm 1884 an der Kreisirrenanstalt sein Nachfolger auf der Stelle des 2. Assistenzarztes. Rehm wurde ab September 1883 von Gudden zur Betreuung von Prinz Otto in Schloss Fürstenried abgestellt. Er arbeitete ein Jahr lang wechselweise einen Monat in Fürstenried und einen Monat in der Kreisirrenanstalt in Giesing. In dieser Übergangszeit haben sich Rehm und Kraepelin an der Kreisirrenanstalt kennengelernt. Nachdem Kraepelin im Jahre 1903 endgültig als Professor nach München zurückgekehrt war, kreuzten sich die Wege von Rehm und Kraepelin regelmäßig. Kraepelin etablierte „Wissenschaftliche Abende", zu denen er neben allen seinen Assistenten, Volontärärzten und Dozenten der Universität auch die Leiter der öffentlichen und privaten Anstalten einlud.³⁰ Trotz dieser häufigen Kontakte und trotz vieler gemeinsamer politischer Aktivitäten während des Ersten Weltkriegs wurde Rehm aber wohl nie zu einem engen Vertrauten von Emil Kraepelin.

1.4.3 Ernst Rehm im Spiegel der Kraepelin-Korrespondenz

Bevor der Psychiater Georg Lehmann die Kreisirrenanstalt verließ, schrieb er einige Briefe an Kraepelin, in denen er sich auch über den neuen Kollegen Ernst Rehm äußerte: „So empfindlich mir Ihr [Kraepelins] Weggang war, so ließ sich, solange Ganser noch blieb, das Leben noch immer ertragen. Als auch letzterer von hier schied, sah ich mit wenig Zuversicht in die Zukunft, da ich einmal fürchtete, dass mein Verhältnis zu Rehm sich ungünstig gestalten würde [...]. Zu meiner großen Freude hat sich *[Rehm?]* mir entschieden genähert, und unser gegenwärtiger Verkehr ist eigentlich ein intimerer geworden, als ich früher erwarten und hoffen konnte. Wir sind eben beide nur auf uns angewiesen und dadurch zu einer Annäherung gezwungen."³¹ Einen Monat später, am 14. Oktober 1884 schrieb Lehmann: „Mein Verhältnis zu Rehm hat sich unerwartet gebessert: fühlen wir doch beide, dass wir ausschließlich auf uns angewiesen sind. [...] Sie sehen, dass, wenn Rehm

---

29 Kraepelin 1883
30 Kraepelin 1983, S. 136
31 Kraepelin 2002, S. 314

in Fürstenried[32] sich befindet, ich völlig isoliert bin. Ist derselbe hier, so klagen wir gegenseitig unsere Noth."[33] Am 13. Februar 1885 berichtet Lehmann sogar über gemeinsame Freizeitaktivitäten mit Rehm. Gudden hatte Rehm inzwischen aus Fürstenried abgezogen und setzte ihn voll in Giesing ein. „Seitdem Rehm definitiv von Fü [Schloss Fürstenried] nach der Anstalt zurückgekommen ist, haben sich die Verhältnisse für mich etwas gebessert. Wir besuchen fleißig zusammen das Theater [...]"[34] Umgekehrt äußerte sich auch Rehm in einem Brief an Kraepelin nachträglich über Lehmann: „Durch Lehmanns Weggang ist uns eine unersetzliche Lücke in die Collegenschaft gerissen worden. Jederzeit gefällig, liebenswürdig, tüchtig, wie er war, empfinden wir seinen Weggang sehr schwer."[35] Wesentlich schwieriger gestaltete sich das Verhältnis mit dem Kollegen Paul Mayser: Rehm äußerte sich zunächst am 25. Juni 1885 gegenüber Kraepelin noch positiv: „Dass gegenwärtig Mayser hier ist, werden Sie vielleicht schon wissen, wir waren einigemale abends mit ihm zusammen u. haben uns köstlich mit ihm unterhalten. Er ist ein prachtvoller Mensch. Er arbeitet im Praeparatenzimmer, u. scheint noch einige Zeit hierbleiben zu wollen."[36] Am 1. Januar 1886 schreibt Rehm allerdings: „Die collegialen Verhältnisse sind nicht besonders gemütlich, nur Nissl ist ein sehr lieber Mensch.[37] Dass Lehmann fort ist, empfinde ich nach wie vor schwer."[38] Über die erhebliche Verschlechterung des Betriebsklimas an der Kreisirrenanstalt kurz vor Guddens Tod hat Rehm auch an Lehmann berichtet: Am 14. Mai 1886 ging Lehmann darauf ein: „Gestern erhielt ich einen Brief von Rehm, nachdem die collegialen Verhältnisse an der Münchener Anstalt sich völlig geändert haben und recht miserabel sein müssen."[39]

Am 11. März 1886 schrieb Mayser an Kraepelin: „Nebenbei scheint mir der alte gute harmlos heitere Geist vom Hause gewichen zu sein, ich fühle mich vereinsamt und unzufrieden. Der Chef[40] ist vielfach nervös; für Rehm kann ich keine

---

32 zur Betreuung von Prinz Otto in Schloss Fürstenried
33 Kraepelin 2002, S. 316
34 Kraepelin 2002, S. 322
35 Kraepelin 2002, S. 339
36 Kraepelin 2002, S. 339
37 Franz Nissl (1860–1919), zunächst Assistent von Gudden, später Nachfolger von Kraepelin an der Heidelberger Universität.
38 Kraepelin 2002, S. 352
39 Kraepelin 2002, S. 356
40 gemeint ist: Prof. Bernhard von Gudden; am 15. März 1886 erhielt Gudden offiziell den Auftrag, ein Gutachten über den Geisteszustand von König Ludwig II. zu erstellen. Seine Mitarbeiter wussten – höchstens mit Ausnahme von Rehm – zu diesem Zeitpunkt noch nichts davon. Franz Carl Müller, der Gudden bei der Festnahme des Königs im Juni 1886 begleitete, schreibt, er sei erst wenige Tage vor der Aktion eingeweiht worden; Müller 1929/2013, S. 21–23

Sympathien finden; ich halte ihn zwar für intelligent aber auch für insidiant[41], für [*immens?*] ehrgeizig u. selbstsüchtig."[42] August Forel aus Zürich bewertete Mayser seinerseits kritisch: Mayser sei ein „unglücklicher Charakter", der „sofort bereit ist, unobjektiv Leute zu beschuldigen."[43] Vor diesem Hintergrund relativiert sich das harte Urteil Maysers über Rehm.

1.4.4 Veränderungspläne

Am Neujahrstag 1886 bedankte sich Rehm für einen Ratschlag von Emil Kraepelin. Es ging um eine freie Stelle an der von Reginald Pierson geleiteten „Privaten Heil- und Pflegeanstalt für Seelen- und Nervenkranke" in Pirna. Rehm hatte zunächst Interesse an der Stelle bekundet, sagte dann aber ab: „Die Stelle hätte mir durchaus nicht mehr geboten als ich hier habe, für ein Paar 100 Mark mehr hätte ich jedenfalls die Selbständigkeit, wie ich sie hier habe, eingebüßt. So schrieb ich ab, umso mehr, als inzwischen der Plan Guddens, bzw. der Aufstellung eines 3. Oberarztes etwas greifbarere Gestalt angenommen hatte."[44] Rehm dachte also Anfang 1886 grundsätzlich über einen Wechsel nach und konnte sich vorstellen, den Staatsdienst für eine besser bezahlte Stelle an einer privaten Anstalt aufzugeben. Gudden beförderte Rehm aber noch kurz vor seinem Tod im Starnberger See: Im Jahresbericht der Kreisirrenanstalt des Jahres 1886 ist festgehalten: „Vom 1. Juni ab wurde der k.[önigliche] 2. Oberarzt Dr. Vornheim, der seit Dez. 1884 infolge eines schweren Magenleidens dienstunfähig war, auf die Dauer eines Jahres quieszirt. Für diese Zeit wurde der 1. Assistenzarzt Dr. Rehm zum Verweser der 2. Oberarztstelle ernannt."[45] Rehm fungierte somit ab Juni 1886 als Guddens Stellvertreter. Erst zwei Jahre nach Guddens Tod wurde „vom 15. Juni [1888] ab der bisherige Verweser der II. Oberarztstelle Dr. Rehm zum k.[öniglichen] II. Oberarzte ernannt."[46] In seinem Brief an Kraepelin sprach Rehm aber auch von seiner „Selbständigkeit", die er nicht aufgeben wolle. Das könnte ein Indiz dafür sein, dass Rehm parallel zu seiner Tätigkeit an der Kreisirrenanstalt selbständig praktizieren durfte. Neben dieser Bemerkung im Brief an Kraepelin gibt es allerdings keine weiteren Hinweise auf eine Praxistätigkeit Rehms parallel zu seiner Stellung an der Kreisirrenanstalt.

---

41 Lat. insidia: der Hinterhalt; insidiant bedeutet also wohl hinterhältig
42 Kraepelin 2002, S. 354
43 Kraepelin 2002, S. 343
44 Kraepelin 2002, S. 351
45 Bezirksarchiv München: Jahresbericht Kreisirrenanstalt München 1886
46 Bezirksarchiv München: Jahresbericht Kreisirrenanstalt München 1888

1.5 Die Betreuung von Prinz Otto

Prinz Otto von Bayern (1848–1916) war der jüngere Bruder des bayerischen Königs Ludwig II. Nach dem Tod Ludwig II. wurde Otto zwar zum „König Otto" von Bayern ernannt, war aber wegen seiner psychischen Erkrankung regierungsunfähig. Die Regierungsgeschäfte übernahm sein Onkel Luitpold als Prinzregent. Prinz bzw. König Otto darf nicht mit König Otto von Griechenland verwechselt werden. König Otto von Griechenland war ein Bruder von Prinz Ottos Großvater König Ludwig I.

1.5.1 Prinz Otto in Schloss Fürstenried

Eine Spezialaufgabe von Prof. Bernhard von Gudden war die Betreuung des psychisch kranken Prinzen Otto. Prinz Otto litt wahrscheinlich an einer unheilbaren Schizophrenie, wenn es auch heute unter den Experten unterschiedliche Auffassungen über sein Krankheitsbild und die Krankheitsursachen gibt.[47]

Abb. 1.3: Schloss Fürstenried

---

47 Häfner, S. 330–352

Das Schloss war von einer hohen ausbruchssicheren Mauer umgeben. Schon ab 1877 kam es immer wieder zu kürzeren Aufenthalten Ottos in Schloss Fürstenried.[48] So ist z. B. aus den Briefen Emil Kraepelins bekannt, dass Prinz Otto bereits 1878 im Schloss Fürstenried interniert war: „Einer [der Assistenten der Kreisirrenanstalt] muss immer beim Prinzen Otto sein, der sich jetzt in Fürstenried befindet."[49] Otto fühlte sich in Fürstenried nicht wohl. Am 23.8.1878 bat er seinen Bruder, „daß ich sobald als möglich von hier fortkommen kann. Es ist hier kaum mehr auszuhalten. Man hört u. sieht Nichts u. verfinzelt."[50] Im Jahre 1881 wurde das Schloss zum Zwecke der Beherbergung von Prinz Otto erworben. Dort lebte er von 1883 bis zu seinem Tod am 11. Oktober 1916 ununterbrochen 33 Jahre in Isolationshaft, umgeben von einem kleinen Hofstaat, Pflegern und einem Irrenarzt. Der bauliche Zustand von Schloss Fürstenried blieb auch nach der Renovierung bedenklich. Am 10. August 1889 fiel ein Kronleuchter von der Decke; ein Vorfall der auch an die Presse gelangte und von ihr ausgeschlachtet wurde. Das Alltagsleben der „Prinzenärzte" wird in den Erinnerungen und Briefen von Karl Ranke ausführlich beschrieben. Ranke verrichtete von 1888 bis 1891 drei Jahre Dienst bei König Otto in Fürstenried im Wechsel mit Dr. Otto Snell. Ranke spielt in einem Brief auf den Absturz des Kronleuchters an und beklagt sich zudem über Presseberichte zum Fürstenrieder Alltag: „Hier in F. ist in letzter Zeit manches unbehaglich gewesen. Ihr werdet aus der Zeitung erfahren haben, welche Unannehmlichkeiten im August bei meinem letzten Hiersein vorfielen; die eifrigen Reporter haben aus der Mücke einen Elephanten gemacht und seit der Zeit reißt das Geklatsche nicht mehr ab. In den letzten Tagen hat gar in der ersten Münchener Zeitung eine ellenlange Schilderung unseres ganzen Lebens gestanden, voller Rohheit und Aufschneidereien.[51] Ihr werdet euch nicht recht denken können, wie ich davon Ärger und Verdruß haben kann; es ist aber leider so."[52]

---

48 Schweiggert, S. 138
49 Kraepelin 2002, S. 129. Kraepelin selbst gehörte nicht zu den Betreuern von Prinz Otto; vgl. Kraepelin 2002, S. 22
50 Bayr. Hauptstaatsarchiv (Geheimes Hausarchiv): KA L II 14, zitiert nach Burgmair/Weber S. 45
51 Schweiggert berichtet über diese Presseberichte im Kapitel „Wutausbruch bei geschlossenen Türen"; S. 183–185
52 Ranke, Brief vom 19.10.1889

1.5.2 Der Dienst und die Stellung der „Prinzenärzte"

Gudden hatte die Betreuung von Prinz Otto in Fürstenried folgendermaßen geregelt: Je zwei Assistenzärzte der Kreisirrenanstalt wechselten sich monatsweise in Fürstenried ab. Solange der eine in Fürstenried eingesetzt war, kehrte der andere an die Kreisirrenanstalt zurück und kümmerte sich dort um eine Frauenabteilung. Der monatliche Wechsel hatte sich bewährt und wurde auch von Guddens Nachfolger Hubert Grashey (1839–1914) beibehalten. In Ausnahmesituationen konnte es zu längeren Aufenthalten der Irrenärzte in Fürstenried kommen. So musste Ranke im Herbst 1889 ununterbrochen drei Monate bei König Otto verbringen. Grasheys Sohn hatte Scharlach bekommen und auch Grasheys Frau angesteckt. Wegen erhöhter Infektionsgefahr durfte der Arzt in diesem Zeitraum nicht ausgetauscht werden. Gudden stattete regelmäßig jeden Sonntag einen Besuch in Schloss Fürstenried ab, um mit seinen Assistenzärzten zu kommunizieren und um sich ein eigenes Bild von Prinz Otto zu machen. Prinz Otto vermied allerdings in der Regel jegliche Konversation. Otto mochte die ärztliche Betreuung nicht. Im April 1874 schrieb Gudden an König Ludwigs Sekretär August von Eisenhart: Dem Prinzen sei „jeder Arzt eine persona ingrata [...] und dies umso mehr [...], als jede Einsicht fehlt und jedes ärztliche Vorgehen als ein unzulässiger Eingriff in das Recht seiner Selbstbestimmung aufgefasst und empfunden wird."[53] Otto hatte insbesondere gegen *den Rheinländer* Gudden eine ausgeprägte Aversion.[54] Die „Prinzenärzte" durften das Schlossgelände nicht verlassen, da sie im Ernstfall immer unverzüglich zur Stelle sein sollten. Der Job in Fürstenried war für die Ärzte sehr eintönig. Im Gegensatz zu ihren Aufgaben als Abteilungsleiter in der Kreisirrenanstalt waren die Prinzenärzte bei Prinz Otto weder ausgelastet noch fachlich gefordert. Gudden hatte im Schloss ein Labor einrichten lassen. Je nach Interessens- und Motivationslage konnten sich die Ärzte also mit Lesen, Experimentieren oder mit Forschungsarbeiten befassen. Nicht jeder Arzt konnte sich damit zurechtfinden. Alle zwei Wochen mussten die Ärzte einen Bericht über den Zustand von Prinz Otto verfassen. Von Franz Carl Müller wissen wir, dass König Ludwig II. diese Berichte auf Schloss Neuschwanstein regelmäßig studierte.[55] Der Einsatz als Prinzenarzt machte sich aber gut im Lebenslauf: „Die Direktoren der oberbayerischen Kreisirrenanstalt in München, ihre Assistenten und ausgewähltes Pflegepersonal, erhielten durch die psychiatrisch-medizinische Versorgung des Prinzen eine gesellschaftliche Position,

---

53 Bayr. Hauptstaatsarchiv (Geheimes Hausarchiv): KA L II, 62, zitiert nach Burgmair/Weber, S. 32
54 Burgmair/Weber. S. 30; und Schweiggert, S 81 f
55 Müller 1929/2013, S. 42

die ihnen bis dahin verwehrt war."⁵⁶ Von den betreuenden Ärzten wurde nicht zuletzt ein sicheres Auftreten im höfischen Umfeld erwartet. Daher konnte sich auch nicht jeder Assistenzarzt der Kreisirrenanstalt automatisch zum Prinzenarzt „hochdienen". Ranke erwähnt einen solchen Fall: „Es war bekannt, daß einer der beiden im Wechsel diensttuenden Ärzte [...] im Juli [1888] fortgehen würde. [...] Bisher war in diese nicht nur gehaltlich bevorzugte Stellung der im Dienstalter nächste eingerückt; der nach solchem Grundsatz in Betracht kommende Kollege⁵⁷ war für die Stellung aus verschiedenen triftigen Gründen ungeeignet."⁵⁸ Als Ranke von Grashey erfuhr, dass er für den Einsatz in Fürstenried eingeplant sei, kamen ihm zunächst Zweifel: „Ich war ernstlich besorgt, daß ich wenig welterfahrener Hinterwäldler der Stellung, die, wie mir aus den Erzählungen der Kollegen bekannt war, ein in freundliche Formen gekleidetes sicheres Auftreten gegenüber Kreisen, mit denen ich bisher noch nie in Berührung gekommen war, verlangte, nicht gewachsen wäre. Grashey beruhigte mich über solche vor der Annahme vorgebrachte Bedenken und so zog ich nach wenigen Tagen in einem mir vor 2 Jahren in Goslar von Dr. Nieper [...] geschenkten [...] Frack und mit einem neuen Zylinderhut mutig in die Residenz, um mich gleich 2 Excellenzen vorzustellen, die die Kuratoren des Königs waren, dem Obersthofmarschall Baron Malsen und dem General Schleitheim."⁵⁹ Schon vor der Fürstenrieder Zeit, als ein Nachfolger für Hofstabsarzt Brattler gesucht wurde, beschrieb Ottos Adjutant von Branka 1876 die Schwierigkeit der Suche nach einem geeigneten Nachfolger, weil „nicht blos an die Befähigung des Betreffenden, sondern an Takt und Benehmen große Anforderungen gestellt werden müssen."⁶⁰

1.5.3 Vor- und Nachteile der Prinzenärzte

Der Aufenthalt in Schloss Fürstenried als Prinzenarzt war wegen der Eintönigkeit bei den Assistenzärzten der Kreisirrenanstalt unbeliebt. Ranke kommt in seinen Erinnerungen und seinen Briefen immer wieder auf „die bekannte Fürstenrieder

---

56 Burgmair/Weber 2002, S. 28
57 Vermutlich ist Anton Wacker gemeint. Der Jahresbericht der Kreisirrenanstalt aus dem Jahr 1888 nennt Rehm als Oberarzt, Snell als 1. Assistenzarzt, Wacker als 2. Assistenzarzt, Heinzelmann als 3. Assistenzarzt, (Clemens) Gudden als 4. Assistenzarzt sowie Ranke als Assistenzarzt „extra statum". Snell und Ranke übernehmen 1888 die Betreuung von König Otto, Heinzelmann ab 1891.
58 Ranke, S. 291
59 Ranke, S. 292
60 Bayr. Hauptstaatsarchiv (Geheimes Hausarchiv): KA L II, zitiert nach Burgmair/Weber 2002, S. 42

Ereignislosigkeit" zu sprechen.⁶¹ Er weist aber auch auf die Vorteile des monatlichen Wechsels zwischen Fürstenried und Giesing hin: „Ein längerer Dienst beim Prinzen und späteren König hätte für jeden jungen Arzt den Nachteil größter Eintönigkeit gehabt, für schwache Naturen daneben die Gefahr der Verbummelung. Der Dienst im Schloß füllte nur einen kleinen Teil der Zeit wirklich aus, wenn auch die fortwährende Anwesenheit oder wenigstens Erreichbarkeit in kürzester Zeit erwartet wurde, sodaß man eigentlich Arrest im Schloß und dessen nächster Umgebung hatte. [...] Es bedarf keiner näheren Ausführung um zu zeigen, daß ein solches Dasein ohne Gefahr nur von jemand zu führen war, der imstande war, sich selbst zu beschäftigen."⁶² Im Mai 1890 schrieb Ranke aus Fürstenried an seinen Bruder: „Von Mal zu Mal gehe ich mit einem größeren Unbehagen in die unerquicklichen hiesigen Zustände zurück. [...] So werde ich wohl noch manchen Monat mich hier kaltstellen lassen müssen und mich in der Kunst üben, auf gute Manier den Mund zu halten, wo eigentlich ein kräftiges Wort am Platze wäre."⁶³ Die Tätigkeit in Fürstenried war überdurchschnittlich gut dotiert und mit zusätzlichen geldwerten Vorteilen verbunden: Die Prinzenärzte erhielten Theater-, Opern- und Konzertabonnements auf Logen- oder Parkettplätzen. So saß Ranke z. B. im Mai 1889 bei einem Konzert im Odeon auf den Plätzen des Königs direkt neben Cosima Wagner.⁶⁴ Die Fürstenrieder Küche war deutlich besser als die der Kreisirrenanstalt. Die Assistenzärzte erhielten in Giesing die Verpflegung der 1. Klasse, waren aber dennoch mit dem Essen in der Kreisirrenanstalt ziemlich unzufrieden. Die Kost war zwar reichhaltig, aber zu gleichförmig, zu langweilig. Ranke erinnerte sich: „Der Unterschied gegen den Fürstenrieder Tisch verschärfte diese Abneigung."⁶⁵ Burgmair und Weber sprechen sogar von einer „ausgezeichneten Verpflegung" in Schloss Fürstenried.⁶⁶ Otto selbst nahm nur sehr unregelmäßig an den Mahlzeiten teil. Oft ließ er das Essen kalt werden. Noch deutlich besser als in Fürstenried muss allerdings die Neufriedenheimer Küche in ihrer Anfangszeit gewesen sein. Frisch in Neufriedenheim angekommen, schrieb Ranke seinen Eltern: „Am besten fundiert ist bislang, unserer materiellen Einrichtung entsprechend, die Küche; deren Leistungen muß ich rückhaltlos Beifall zollen, sie geht weit über Fürstenried, was Schmackhaftigkeit und anmutiges Herrichten angeht."⁶⁷ Zum Ausgleich für ihre privilegierte Stellung und zur Verbesserung des Betriebsklimas

---

61 Ranke, Brief an einen Bruder vom 1.5.1889
62 Ranke, S. 297 f
63 Ranke, Brief vom 29.05.1890
64 Ranke, Brief vom 27.05.1889
65 Ranke, S. 303
66 Burgmair/Weber 2002, S. 43
67 Ranke, Brief vom 17.10.1891 an seine Eltern und Geschwister

mussten die Prinzenärzte nach ihrer Rückkehr aus Fürstenried bei einem Kegelabend die Bowle für ihre Kollegen spendieren. Den Wein dafür konnten sie aus dem Schloss mitnehmen.[68]

1.5.4 Rehm als Prinzenarzt

Rehm wurde bereits kurz nach seinem Examen im Jahr 1883 Prinzenarzt. Am 1.9.1883 trat er die Nachfolge von Solbrig an.[69] Ein gutes Jahr lang wurde Rehm in Fürstenried eingesetzt. Am 14.10.1884 schrieb Lehmann an Kraepelin: „Sie sehen, dass wenn Rehm in Fürstenried sich befindet, ich völlig isoliert bin."[70] Ab dem 1. Dezember 1884 wurde Franz Carl Müller Prinzenarzt in Fürstenried.[71] Zwischen Oktober 1884 und Februar 1885 wurde Rehm aus Fürstenried abgezogen. Das geht aus einem weiteren Brief Lehmanns vom 13. Februar 1895 hervor: „Seitdem Rehm definitiv von Fü nach der Anstalt zurückgekommen ist, haben sich die Verhältnisse für mich etwas gebessert. [...] – Gestern war der Anstaltsmaskenball."[72]

1.5.4.1 Berichterstattung an König Ludwig II.

Im Geheimen Staatsarchiv der Wittelsbacher sind einige ärztliche Berichte über Prinz Otto im Original erhalten. Dazu gehören drei Berichte, die der 23-jährige Ernst Rehm zwischen November 1883 und Januar 1884 verfasst hat.[73] Offenbar las Ludwig II. die ärztlichen Berichte regelmäßig und aufmerksam. Franz Carl Müller war 1886 bei der „Festnahme" von König Ludwig II. in Schloss Neuschwanstein dabei. Er schrieb, Ludwig II. habe ihn, als er den Namen Müller hörte, gefragt: „Sind Sie als Arzt bei meinem Bruder in Fürstenried?" Als Müller bejahte, fuhr Ludwig fort: „Sie haben Berichte an mich geschrieben über den Zustand meines Bruders. Ich habe sie immer gelesen."[74] Im königlichen Arbeitszimmer sah Müller wenig später seinen Bericht vom 16. Mai 1886 offen auf dem Schreibtisch liegen.

Rehm berichtete 1883/84 über starke Stimmungsschwankungen des Prinzen, über Halluzinationen und Verfolgungswahn. Außerdem sei Prinz Otto gelegentlich seinen Pflegern gegenüber gewalttätig geworden. Körperliche Beschwerden hatte Otto in diesem Zeitraum nicht. Erwähnt wurden auch die Besucherinnen von

---

68 Ranke; S. 308.
69 Nach Auskunft Burgmair: GHA: Administration König Otto von Bayern, No. 8.
70 zitiert nach Kraepelin 2002, Seite 317.
71 Müller 1929/2013, S. 20.
72 zitiert nach Kraepelin 2002, Seite 322 f.
73 Die Berichte von Rehm über Prinz Otto befinden sich im Anh. A3.
74 Müller 2013, S. 42 f

Prinz Otto. Am 27. November 1883 kam die Herzogin von Modena[75] zusammen mit Prinzessin Therese[76] zu Besuch ins Schloss Fürstenried: „Von der Gegenwart Ihrer Königlichen Hoheiten, der Herzogin von Modena und der Prinzessin Therese, Höchstwelche Seine Königliche Hoheit am 27. November besuchten, nahmen Höchstdieselben keine Notiz." Im Januar 1884 besuchte Königin Marie ihren Sohn. Mehrfach versuchte sie, mit Otto ein Gespräch anzuknüpfen, wurde aber von ihm nicht zur Kenntnis genommen. Auffällig an Rehms Berichten ist die gestochene Handschrift. Andere Briefe von Rehm sind weniger deutlich geschrieben. Offenbar gab sich Rehm für König Ludwig II. besondere Mühe.

1.5.4.2 Prinz Otto und seine Cousine Prinzessin Therese

Otto nahm also weder vom Besuch seiner Mutter, Königin Marie, noch von Prinzessin Adelgunde Notiz. Burgmair/Weber schreiben: „Lediglich mit Prinzessin Therese von Bayern verband Otto seit der Kindheit eine enge Freundschaft, die bis zu seinem Tod bestand."[77] Von Rehm wissen wir allerdings: Otto nahm seine einstige Lieblingscousine bei ihrem Besuch am 27.11.1883 nicht (mehr) wahr. Die Zuneigung der treuen Therese konnte von Otto offensichtlich schon 33 Jahre vor seinem Tod nicht mehr erwidert werden.

1.5.4.3 Kutschfahrten

In den Berichten der Prinzenärzte wird häufig bemängelt, dass Otto nicht besonders gerne an die frische Luft ging. Der großartige Schlosspark von Fürstenried wurde von Otto nur sporadisch genutzt. Otto durfte auch Kutschfahrten in die Umgebung des Schlosses unternehmen. Dabei hing es stark von seiner Laune ab, ob eine Kutschfahrt zustande kam. Des Öfteren habe er eine Kutsche bestellt, habe es sich dann aber doch anders überlegt und sei nicht eingestiegen. Am 1. Dezember 1883, als sich Otto in einer relativ heiteren Phase befand, erwähnte Rehm: „Spazierfahrten geruhten seine Königliche Hoheit fünf zu machen, welche sämtlich zur Zufriedenheit verliefen." Der zufriedenstellende Verlauf war also keine Selbstverständlichkeit, sonst hätte er nicht ausdrücklich betont werden müssen. Prinz Otto soll nach der Überlieferung bei seinen Ausfahrten mit der Kutsche gelegentlich durch das 2 km vom Schloss entfernte Bauerndorf Neuried gekommen sein. Dabei sei Otto einmal in den Neurieder Wald weggelaufen und seine Pfleger hät-

---

75 Adelgunde Auguste von Bayern (1823–1914); Tochter von König Ludwig I. (Tante von Prinz Otto und von Prinzessin Therese)
76 Prinzessin Therese: Cousine Ottos; Tochter von Prinzregent Luitpold
77 Burgmair/Weber 2002, S. 38 f

ten die Neurieder Bauern um Hilfe ersuchen müssen, um Otto einzufangen.[78] In einer Gegenüberstellung der körperlichen Unterschiede der Brüder Otto und Ludwig erwähnt Schweiggert, Otto sei im Gegensatz zu seinem 1,93 m großen Bruder Ludwig „mittelgroß (ca. 1,70 als Erwachsener)" gewesen. Seine Statur sei „stämmig, robust, rundlicher" gewesen.[79] Wenn Otto wollte, konnte er offenbar seinen Pflegern davonlaufen.

1.5.4.4 Gutachten aus dem Jahr 1913 bestätigt Ottos Regierungsunfähigkeit

Nach dem Tod von Prinzregent Luitpold wurde im Jahre 1913 eine Gruppe von Psychiatern mit der Erstellung eines Gutachtens zur dauerhaften Regierungsunfähigkeit von König Otto beauftragt. Das Gutachter-Team setzte sich zusammen aus Emil Kraepelin, Gustav Specht, Ernst Rehm, Friedrich Vocke und Hubert von Grashey. Die fünf Gutachter schrieben am 27.10.1913: „Die Unterzeichneten, von denen drei den Krankheitszustand S. M. [Seiner Majestät] des Königs Otto schon seit Jahrzehnten aus eigener Beobachtung kennen[80], haben heute Gelegenheit gehabt, Seine Majestät zu sehen. [...] Auf Grund der geschilderten Beobachtungen läßt sich feststellen, daß der Zustand S. M. seit der Abgabe des letzten Gutachtens am 10. November 1912 keine wesentlichen Änderungen erfahren hat. Die Unterzeichneten können daher den damals gezogenen Schluß bestätigen, daß S. M. an einem geistigen Schwächezustande mit lebhaften Sinnestäuschungen leidet, der offenbar das Endstadium einer lang dauernden psychischen Erkrankung darstellt. Dieser Zustand ist als ein unheilbarer zu betrachten und verhindert S. M. an der Ausübung der Regierung auf Lebensdauer."[81] Bemerkenswert ist, dass die Gutachter hier schon im Jahr 1913 vom Endstadium einer *psychischen Erkrankung* sprechen und den damals üblichen Begriff der *Geisteskrankheit* vermeiden.

1.5.4.5 Regensburger Würstchen aus Quittenmasse

Zum Abschuss sei hier noch eine Anekdote von Weihnachten 1890 im Schloss Fürstenried aus den Briefen von Ranke wiedergegeben: „Von unser[er] Weihnachtsfeier ist nichts erfreuliches zu melden; im Prinzip bestand sie darin, daß wir statt bis 10 Uhr bis ½ 2 Uhr nachts Tarok spielten und statt des gewohnten Bieres Champagner tranken; genauere Angaben erlaßt ihr mir wohl. Für den König hatte ich unter Überwindung eines ganz wunderlichen Widerstandes von Seiten des Hofmar-

---

78 Maier 1990
79 Schweiggert, S. 21
80 Gemeint sind: Ernst Rehm, Hubert von Grashey und Friedrich Vocke. Emil Kraepelin und Gustav Specht kannten König Otto nicht aus eigener Beobachtung.
81 Aretin 2007, S. 344 f

schalls – das wäre nie gewesen etc. etc. – einen Baum geschmückt mit den bei ihm beliebten Schmuckgegenständen, unter denen Regensburger Würstchen aus Quittenmasse vorherrschten, sodaß das ganze mehr wie ein Metzgerinnungszeichen als wie ein religiöses Symbol aussah. Ich habe aber meine Mühe und meinen Ärger belohnt gesehen. Und wie es geht: am Heiligen Abend schickt Prinzeß Therese zum Hofmarschall, ob auch für eine Bescherung gesorgt sei, und Redwitz war nun in der angenehmen Lage, damit paradieren zu können, wie fürsorglich er verfahren sei. In ein paar Wochen wird er mir nun ruhig erzählen, wie klug er doch gewesen sei, an den Baum zu denken, weil er sich sonst vor Ihrer K. H. blamiert hätte. Ihr seht, lachen lernt man hier, aber kein zuträgliches Lachen."[82]

1.5.5 Liste der Prinzenärzte

Listen von Prinzenärzten finden sich bei Burgmair/Weber 2002 sowie bei Schweiggert 2015. Aus den Angaben in Karl Rankes Erinnerungen kann die Liste ein wenig erweitert und präzisiert werden. Sie bleibt trotzdem unvollständig. Insbesondere ist nicht bekannt, ob Friedrich Vocke, der ab 1901 die Kreisirrenanstalt leitete, an dem von Gudden eingeführten System des monatlichen Wechsels festhielt. Die ärztlichen Betreuer von König Otto von 1893 bis 1916 sind, abgesehen von Friedrich Vocke, unbekannt.

Tab. 1.1: Liste der „Prinzenärzte"

		Burgmair/ Weber 2002	Schweiggert 2015	Ranke o. J.	Bemerkung
Bumm	Anton	x	x		
Egger	Georg	x	x		
Heinzelmann	Hugo			x	1891–1892
Mayser	Paul	x	x		ca. 1876–1881
Müller	Franz Carl		x		um 1886[83]
Nissl	Franz	x	x	x	um 1886
Otto	Ernst			x	1886–1888
Ranke	Karl	x	x	x	1888–1891
Rehm	Ernst	x	x	x	1883–1884
Snell	Otto	x	x	x	parallel zu Ranke

---

82 Ranke: Brief an seine Eltern und Geschwister, Fürstenried, 28.12.1890
83 Rehm schrieb im Sommer 1886 an Forel, Nissl und Müller seien gegenwärtig Prinzenärzte.

		Burgmair/ Weber 2002	Schweiggert 2015	Ranke o. J.	Bemerkung
Solbrig	August von jun.	x	x		1876–1883
Vocke	Friedrich	x	x		

Ernst Otto war vom 15. Mai 1886 bis zum 29. Februar 1888 II. Assistenzarzt an der Kreisirrenanstalt und vom 1. März 1888 bis zu seinem Ausscheiden aus der Klinik am 14. Juli 1888 I. Assistenzarzt (als Nachfolger von Franz Nissl).[84] Nur aus den Erinnerungen seines Nachfolgers Karl Ranke wissen wir, dass Ernst Otto ein Bruder von Ernst Rehms Ehefrau Elisabeth war und dass er König Otto in Fürstenried betreute, bis er die Kreisirrenanstalt aus gesundheitlichen Gründen verlassen musste.

1.6 Die Königskatastrophe

Im Jahr 1886 kam es zur sog. „Königskatastrophe". Ludwig II. wurde aufgrund eines psychiatrischen Gutachtens, das unter Federführung Guddens angefertigt worden war, entmündigt und gegen seinen Willen von Neuschwanstein ins Schloss Berg am Ostufer des Starnberger Sees gebracht. Gudden hätte aus verschiedenen Gründen eine Unterbringung von Ludwig II. in Schloss Fürstenried bevorzugt. Dafür hätte Prinz Otto in ein anderes Quartier ausweichen müssen. Ottos Vormund, Freiherr Sigmund von Prankh, war mit diesem Plan nicht einverstanden und legte sein Veto ein.[85] Ludwig befürchtete mit einer gewissen Berechtigung, er müsse den Rest seines Daseins isoliert wie sein Bruder Otto in einem zu einer geschlossenen Anstalt umgebauten Schloss fristen. Einen Tag nach der Ankunft in Schloss Berg unternahmen Ludwig und Gudden einen abendlichen Spaziergang am Seeufer. Entgegen den Gepflogenheiten hatte Gudden dem Pfleger, der sie begleiten wollte, mit einer Handbewegung angedeutet, er wolle mit Ludwig ungestört alleine laufen. Als Gudden und König Ludwig zu später Stunde nicht zurückkehrten, wurde eine Suchaktion gestartet. Man fand beide ertrunken im flachen Uferbereich des Sees. Wahrscheinlich wollte sich Ludwig II. das Leben nehmen und hielt sich Gudden, der ihn zurückhalten wollte, mit einem Faustschlag vom Leib. Sowohl König Ludwig II. als auch Professor Bernhard von Gudden waren von kräftiger Statur. Da es keine Zeugen gibt, konnten die genauen Todesumstände nie zweifelsfrei geklärt werden. Bis heute gibt es zahlreiche alternative Theorien, die die offizielle Darstellung anzweifeln. Auf jeden Fall führten die undurchsichtigen To-

---

84 Bezirksarchiv Oberbayern: Email vom 19.04.2016
85 Häfner 2008, S. 405, Brief von Graf Holnstein vom 06.06.1886 an seine Frau

desumstände des „Märchenkönigs" in Bayern zu einer Verklärung seiner Person, die bis in die heutige Zeit anhält. Der Ruf der Psychiatrie in Bayern wurde am Ende des 19. Jahrhunderts durch die Königskatastrophe nachhaltig geschädigt. Nach Ludwigs Tod wurde sein regierungsunfähiger Bruder Otto zum König von Bayern ernannt. Die Regierungsgeschäfte übernahm sein Onkel Luitpold. Dieser regierte bis zu seinem Tod am 12.12.1912 als Prinzregent. Luitpold hatte anfangs einen schweren Stand. Das Volk unterstellte ihm eher zu Unrecht, die Entmündigung seines Neffen initiiert zu haben. Nach Luitpolds Tod wurde sein ältester Sohn Ludwig zunächst Prinzregent, und nach einer Verfassungsänderung ab 1913 zum letzten bayerischen König Ludwig III. ernannt. Er wurde durch die Novemberrevolution von 1918 aus dem Amt getrieben. Bei der Revolution wurde zugleich der *von der Monarchie befreite* „Freistaat Bayern" ausgerufen.

Der Tod von Ludwig II. und von Gudden im Jahre 1886 hatte zugleich Konsequenzen für Ernst Rehm. Da Rehm erst einige Wochen zuvor zu Guddens Stellvertreter ernannt worden war, musste der 26-jährige Psychiater übergangsweise die Kreisirrenanstalt mit 600 Patienten leiten. Außerdem wurde Rehm von der medizinischen Fakultät gebeten, die „Psychiatrische Klinik" bis zum Semesterende abzuhalten. Dafür holte sich Rehm noch eigens die Zustimmung der königlichen Regierung von Oberbayern ein.[86] Kurz nach Guddens Tod erkundigte sich August Forel aus Zürich bei Rehm nach dem Befinden von Guddens Witwe Clarissa. Gerüchte über eine schwere Erkrankung von Clarissa Gudden konnte Rehm glücklicherweise entkräften. Er äußerte sich in einem Brief auch zu der schwierigen Situation, in die er als vorübergehender Leiter der Kreisirrenanstalt geraten war: „Vielleicht interessiert es Sie auch, hochverehrter Herr Professor, einiges von der Anstalt zu hören. Ich, als der älteste, kann mich gleichsam als Übergang der alten in die neue Zeit betrachten, war mit allen alten Herren, Solbrig, Bandorf, Bumm, Ganser, Kraepelin noch zusammen und suche die Traditionen möglichst aufrecht zu halten. Außerdem sind Dr. Müller und Dr. Nissl da, beide gegenwärtig Prinzenärzte, und dann drei ganz neue Herren, so daß es entschieden einiger Mühe bedarf, um das ganze zusammenzuhalten; es geht eben doch, oder muß eben gehen."[87]

Nach wenigen Monaten wurde mit Hubert von Grashey[88] ein Nachfolger für Gudden berufen. Grashey war Coautor des Gutachtens, mit dem die Entmündigung Ludwig II. durchgesetzt worden war. Zudem war er ein Schwiegersohn von Gudden.

---

86 s. Anhang A4
87 Forel 1968
88 phonetisch: „Gras-Hai"

1.7 Die Kreisirrenanstalt unter Hubert Grashey

Zu Beginn der Amtszeit von Grashey kam es zu einer Auseinandersetzung zwischen dem neuen Direktor und dem Assistenzarzt Franz Carl Müller. Müller hatte Gudden in Schloss Berg begleitet. Er hätte die ärztliche Betreuung von König Ludwig II. übernehmen sollen. Vor seinem letzten Spaziergang mit König Ludwig hatte Gudden – laut Müller – dem Pfleger mit einer Handbewegung signalisiert, er wolle entgegen der Regel ohne Pfleger mit Ludwig II. spazieren gehen. Grashey, der bereits vor diesem letzten Spaziergang aus Schloss Berg abgereist war, interpretierte Guddens Handbewegung anders: Der Pfleger hätte nur einen diskreten Abstand zum König und zu Gudden einhalten sollen. Es mag sein, dass Grashey durch seine Interpretation seinen Schwiegervater Gudden vor dem Vorwurf in Schutz nehmen wollte, er habe leichtfertig gehandelt. Wie dem auch sei, das Verhältnis zwischen Grashey und Müller war so nachhaltig gestört, dass Müller die Kreisirrenanstalt nach dem Amtsantritt Grasheys verlassen musste.

Detaillierte Insider-Informationen über das Leben an der Kreisirrenanstalt „Auf den Auer Lüft'n" in der Ära von Hubert Grashey verdanken wir den Erinnerungen des Psychiaters Karl Ranke. Ranke hatte in Würzburg bei Grashey Vorlesungen besucht und bewarb sich bei Grashey im Frühjahr 1888 erfolgreich um eine Stelle in München. Zunächst erhielt er eine schlecht dotierte Stellung als Assistenzarzt der „Psychiatrischen Klinik".[89] Als erste Aufgabe sollte Ranke Ordnung in die von Gudden hinterlassene Präparatensammlung bringen. Das Laboratorium, auch Präparatenzimmer genannt, war 1888 noch ziemlich genau in dem Zustand, in dem es Gudden im Juni 1886 hinterlassen hatte: „In dem mittleren Hofbau der Anstalt lag im ersten Stock, über dem ganz unbenutzten oder doch von mir gelegentlich benutzten Turnsaal das große ‚Laboratorium', das zu Guddens Zeiten die Stätte eifrigster mikroskopischer Arbeit gewesen, jetzt aber ganz vereinsamt war; nur der damals an der Anstalt als Oberarzt angestellte Rehm, der schon unter Gudden dort gearbeitet hatte, erschien ab und an zur Fertigstellung früher begonnener Arbeiten."[90] Bereits nach wenigen Wochen wurde Ranke von Grashey als Assistenzarzt an der Kreisirrenanstalt übernommen und zur Betreuung von König Otto in Schloss Fürstenried eingesetzt. Seitdem pendelte er im monatlichen Wechsel zwischen König Otto in Fürstenried und der vorderen Frauenabteilung in der Kreisirrenanstalt. Die Betreuung des Königs übernahm er von Dr. Ernst Otto, der die Anstalt 1888 aus gesundheitlichen Gründen verlassen musste.

---

89 Die Psychiatrische Klinik in der Nußbaumstraße wurde erst 1904 in Betrieb genommen. Gemeint ist hier die Vorlesung „Psychiatrische Klinik".
90 Ranke, S. 288

Ranke wurde von Oberarzt Dr. Rehm in den Anstaltsdienst eingewiesen. Ranke verband seine eigene Erinnerung mit einer Anekdote: „Der Oberarzt Rehm machte mit mir eine Visite, überzeugte sich dabei, daß ich mit der Fütterungssonde umgehen könne und überließ mich und die Kranken dann unserem gemeinsamen Schicksal. Das war nicht ganz so, aber doch ähnlich, wie ein Kollege seinen Eintritt in die Heidelberger Psychiatrische Universitätsklinik mir geschildert hat: Kraepelin habe ihn empfangen und ihm gesagt, Oberarzt Nißl würde ihn in den Dienst einführen. Der vom Chef gerufene Nißl habe sich aus seinem Zimmer eine Frankfurter Zeitung geholt und habe dann feierlich eine Tür geöffnet. Zu meinem Erstaunen sei das die Tür zum Abtritt gewesen. Nißl habe ihm dann sehr ernst auseinandergesetzt, daß es sich in der Heidelberger Klinik unpraktischerweise um Trogklosetts handle, bei denen die Exkremente beim Fall in das große Wasserbecken zu unangenehmem Spritzen Anlaß gäben. Man vermeide am besten die peinliche Benetzung der Hinterfront durch vorheriges Einlegen einer Zeitung; er empfehle dafür die Frankfurter wegen ihres Formates. Nißl habe dann die Zeitung auseinandergefaltet und vorsichtig auf den Wasserspiegel gelegt und die Einführung in den Dienst mit den Worten geschlossen: so macht man das, nun kennen Sie die Eigenart unseres Betriebes; alles andere ist wie überall."[91]

Unter Grashey kam die Forschung an der Kreisirrenanstalt laut Ranke weitgehend zum Erliegen: „Ich habe immer bedauert, daß Grashey durch seine glänzende kritische Veranlagung verhindert wurde, das zu leisten, was man produktive wissenschaftliche Arbeit nennt; er benutzte seine Kritik eben auch sich selbst gegenüber. In ihr lag auch der Grund, daß er nie eine Anregung zu einer Veröffentlichung durch uns gab."[92]

1.7.1.1 Ranke, Rehm und Sophokles

Im Jahr 1890 glaubte Robert Koch ein wirksames Mittel gegen die Tuberkulose gefunden zu haben. Ranke selbst war zunächst von dem vermeintlichen Durchbruch der „Koch'schen Methode" restlos begeistert. Er schrieb seinem Bruder: „Lieber Julius, Ich kann den heutigen Tag nicht vorübergehen lassen, ohne Dir einen Gruß zu senden: unsere Gedanken werden sich heute oft begegnet sein und Dir wird es gegangen sein wie mir: immer mußte ich mich wieder fragen, ob es denn Wirklichkeit wäre, in der ich lebte oder ein schöner Traum. Ich habe in unserm steifen Bureau gesungen: (gr. geschr.) ‚polla ta deina, k'ouden androopou deinoteroi pe-

---

[91] Ranke, S. 299
[92] Ranke, S. 312 f

lei"[93] und unser Oberarzt [Rehm] hat nicht dazu gelacht, sondern war selbst ganz andächtig. Das Telegramm der Koch'schen. Veröffentlichung hatte unser aller Erwartung übertroffen."[94]

1.7.2 Die Kreisirrenanstalt verliert den Anschluss

Obwohl unter Grashey keine „produktive wissenschaftliche Arbeit" mehr an der Kreisirrenanstalt geleistet wurde, waren viele Ärzte, wie z. B. Dr. Hugo Heinzelmann, fest davon überzeugt, die Münchner Psychiatrie befinde sich nach wie vor auf dem allerhöchstem Niveau. Ranke kam dagegen zu dem Schluss, die Münchner Anstalt habe unter Grashey den Anschluss verloren: Laut Ranke hatte Heinzelmann „die Überzeugung, daß wie in den baulichen Einrichtungen so auch in der Art des ärztlichen Dienstes unsere Münchner Anstalt an der Spitze der deutschen Psychiatrie marschiere, eine Meinung, die mir auch im übrigen Kollegenkreis mit mich überraschender Sicherheit entgegentrat. [...] Was aber zu Guddens Zeit vielleicht berechtigt gewesen war, in der neben sorgfältigster ärztlicher Tätigkeit bei den Kranken, im Rahmen der klassischen ‚geschlossenen Anstalt', nach dem Vorbild Guddens ein reges wissenschaftliches Forscherleben im Kollegenkreis geherrscht hatte – ich erwähne nur, daß Nißl und Ganser, Kraepelin zu diesem Kreis gehörten – war anders geworden. Der äußere Rahmen [...] entsprach nicht mehr den inzwischen an vielen Stellen zum Durchbruch gekommenen Anschauungen über die Krankenbehandlung; es fehlte an jeder Möglichkeit, dem Dasein der Kranken durch Arbeitsbeschaffung, durch Zusammenfassung in kleinere familienhafte Gruppen die abstumpfende kasernenhafte Färbung zu nehmen."[95] Zusammenfassend kritisierte Ranke die Behandlungsmethode in der Kreisirrenanstalt etwas später als „trostlose Kasernierung und sichere Aufbewahrung in schönen Räumen bei guter Kost."[96]

---

93 [korrekt: ... anthrōpou deinoteron pelei] Nach Auskunft von Martin Hose (Email 21.3.2016) handelt es sich um „ein recht bekanntes Zitat, der Beginn des 1. Stasimons (Chorlieds) aus Sophokles' Antigone (V. 332/3): „Vieles, was gewaltig ist, gibt es, und nichts ist gewaltiger als der Mensch."
94 Ranke, Brief an seinen Bruder Julius vom 14.11.1890
95 Ranke, S. 334
96 Ranke, S. 335

1.7.3 Arbeitsbedingungen für Ärzte und Pflegepersonal

Die Ärzte hatten zwar vier Wochen Urlaub im Jahr, dafür gab es keinen freien Tag in der Woche. Die Anstalt wurde jeden Abend um 21 Uhr geschlossen, und nicht einmal die Ärzte hatten einen Schlüssel. Wenn sie nach 21 Uhr heimkehrten, waren sie auf den Nachtwächter angewiesen. War dieser gerade bei einem seiner Rundgänge durch die Abteilungen, mussten die Ärzte schon einmal eine halbe Stunde vor verschlossener Tür warten. Heinzelmann führte sogar seine erste schwere Lungenentzündung auf das Warten vor der verschlossenen Anstaltstür im Freien bei Kälte und Nässe zurück. Das Pflegepersonal war bestens ausgebildet, was Ranke noch als „Guddens Verdienst" ansah. Pfleger, die sich langfristig bewährt hatten, durften heiraten. Allerdings beschränkte sich deren Familienleben auf einen freien Tag oder gar auf einen freien Nachmittag in der Woche. Dagegen wurden sie überdurchschnittlich gut bezahlt. Ranke: „Das Gehalt lag verhältnismäßig sehr hoch; das Anfangsgehalt der Pflegerinnen betrug neben der freien Station 41 Mk. im Monat. Nur in 2 Punkten sah ich einen Mangel: es fehlte jeder Anspruch auf eine Urlaubszeit neben dem allwöchentlichen Ausgang, und es fehlte weiter an Wohn- und Schlafräumen für das Personal. Soweit die Pflegerinnen nicht in den Krankenschlafräumen mitschliefen, mußten sie ihr Nachtlager in den Gängen, in den Spülküchen und Bädern suchen."[97] Trotz dieser aus heutiger Sicht unvorstellbaren Arbeitsbedingungen waren die Pflegerstellen sehr gefragt. Dem Personal wurde äußerste Disziplin abverlangt: „Die Nachtwachen [...] mußten auf ihrem Posten jede Viertelstunde einen elektrischen Schluß herstellen, der ein Zeichen in der im Büreau angebrachten Kontrolluhr veranlaßte."[98] Bei wiederholten Verstößen gegen diese Meldepflicht gab es harte Geldstrafen. „Grashey hielt ihre Einhaltung so wichtig, daß die Kontrolluhr jeden Morgen im Vorbeigehen von ihm einen prüfenden Blick erhielt, um sicher zu sein, daß wir Abteilungsärzte nicht in begreiflichem Mitleid einmal 5 gerade sein ließen."[99] Bei Nichtbeachtung der strengen Ausgangsregeln wurden harte Strafen verhängt: „Bei der Kontrolle der Ausgänge lautete die entsprechende Vorschrift: wer innerhalb eines Jahres zum zweiten Mal die Summe von 60 Minuten, alle Verspätungen zusammengerechnet, überschreitet, kommt zur Entlassung."[100] Es soll aber mit Ausnahme neu eingestellter Mitarbeiter nur sehr selten zu Entlassungen gekommen sein.

---

97 Ranke, S. 321
98 Ranke, S. 322
99 Ranke, S. 322
100 Ranke, S. 322

1.7.4 Visiten

Grashey hielt regelmäßig Visite und kannte angeblich alle 700 Patienten und ihre Krankengeschichte persönlich. Er führte seine Visiten ohne Begleitung durch, so wie jeder Assistenzarzt in seiner Abteilung die Visiten im Alleingang machte. Für die Patienten hatte das laut Ranke einen großen Vorteil: Einerseits fiel es ihnen leichter, sich unter vier Augen einem Arzt gegenüber zu öffnen, andererseits hatten die Patienten die Wahl, sich verschiedenen Ärzten anzuvertrauen. Grashey erteilte während seiner Visiten keine eigenen Anordnungen sondern überließ diese Aufgabe den zuständigen Abteilungsärzten. Bei Rehms Visiten kam es dagegen schon eher zu Konflikten mit den zuständigen Abteilungsärzten. Ranke formulierte aber ausgesprochen diplomatisch: „Dem Oberarzt Rehm wurde es nicht ganz leicht, bei seinen Visiten, die er ebenso regelmäßig wie der Direktor machte auf der von diesem nicht besuchten Anstaltsseite, die gleiche Zurückhaltung zu üben; es kam aber auch bei ihm nie zu einer für Kranke oder Personal bemerkbaren Meinungsverschiedenheit oder Auseinandersetzung. Traf man auf seiner Visite mit Oberarzt oder Direktor zusammen, so machte man ihnen Platz, um sich gegenseitig nicht zu stören."[101]

1.7.5 Fehlende Beschäftigungstherapie

Grundsätzlich bemängelte Ranke die fehlenden Beschäftigungsmöglichkeiten für die Patienten. Beschäftigungstherapien stand Grashey außerordentlich reserviert gegenüber. Er sah immer zuerst die Gefahren, denen die Kranken durch jegliche Art von Gartenarbeit bzw. handwerklicher oder künstlerischer Betätigung ausgesetzt würden. „Mit der Beschäftigung der Kranken, sowohl mit planmäßiger Arbeit als auch mit den mannigfachen bei den Kranken möglichen sonstigen Anregungen und Ablenkungen auf das Soziale hin war es in München nicht gut bestellt, entsprechend der damalige Lage der praktischen Psychiatrie. Wohl war man an einzelnen Orten [...] dazu übergegangen, die Kranken planmäßig zu beschäftigen, besonders mit Landwirtschaft. [...] Grashey stand diesen Neuerungen merkwürdig abweisend gegenüber. [...] Auf meiner Abteilung war nur in B 1 eine Art Nähstube, in der einzelne Kranke mit dem Ausbessern der Anstaltswäsche beschäftigt wurden; diese erfolgte aber nicht unter dem Gesichtspunkt der Nützlichkeit für die Kranken, sondern der für die Anstalt; [...] Diese Einstellung Grasheys gegenüber der aufkommenden den Bedürfnissen der Krankenbehandlung besser Rechnung

---

[101] Ranke, S. 310

tragenden Einrichtungen des Anstaltsbetriebes [...] entsprang nicht etwa einem faulen Beharren im alten Schlendrian, das wohl an manchen anderen Stellen den Widerstand gegen Neuerungen ungebührlich lange hat fortdauern lassen. Sie war vielmehr durch seine ganze Auffassung des Wesens der geistigen Erkrankungen und der infolge dieses Wesens beschränkten Möglichkeit einer ärztlichen Beeinflussung des Verlaufs der Krankheiten veranlaßt. In der ersten Hälfte des 19. Jahrhunderts hatte die Meinung, daß die Geisteskranken im Wesentlichen Folgen sittlicher Mängel und allenfalls der durch solche veranlaßten bedenklichen Lebensführungen seien, dazu geführt, daß man das Heil für die Kranken in einer moralisierenden Behandlung sah: auch bei den anscheinend körperliche ‚Umstimmung' beabsichtigenden oft recht gewalttätigen Maßnahmen stand im Hintergrund der Wunsch, durch seelische Erschütterung den Kranken von dem falschen auf den richtigen Weg zu helfen. Wie nahe eine solche Auffassung dem ganzen Denken der Zeit lag, mag man daraus ersehen, daß selbst auf dem Gebiete rein körperlicher Erkrankung von ganz ernsthaften Ärzten die ‚Sünde' als die erste Ursache angesehen wurde und deshalb z. B. bei Ringseis[102] (München) jede Behandlung mit Beichte und Kommunion zu beginnen hatte."[103]

1.8 Rehms Abschied von der Kreisirrenanstalt

Im Jahre 1891 verließ zunächst Karl Ranke die Kreisirrenanstalt und wechselte an die von Dr. Kraus und Dr. Heinzelmann neu gegründete private Kuranstalt Neufriedenheim. Ein Jahr später folgte ihm Ernst Rehm. Im Jahresbericht der Kreisirrenanstalt von 1892 steht zum Abschied von Rehm: „Am 20. September schied der kgl. 2. Oberarzt Dr. Ernst Rehm nach fast 10-jähriger Wirksamkeit aus der Anstalt und aus dem Staatsdienst unter allerhöchster huldvoller Anerkennung seiner Dienstleistungen, um die Direktion der Privatheilanstalt Neufriedenheim zu übernahmen".[104] Die Gründung der Kuranstalt Neufriedenheim und die Übernahme durch Rehm wird in Kapitel 2.2 näher beschrieben.

---

[102] Burgmair/Weber (2002, S. 32 f) berichten, Prinz Ottos Leibarzt Franz Xaver Gietl habe 1871 versucht, Prinz Otto mit moralisierenden „Mahnreden" zu einer Änderung seiner Lebensführung zu bewegen. Somit „enthielt dieses Therapiekonzept Gietls viele Elemente des katholisch-theologisch geprägten ‚Systems der Medizin' von Johann Nepomuk Ringseis".
[103] Ranke, S. 328
[104] Bezirksarchiv Oberbayern: Jahresbericht der Kreisirrenanstalt 1892

1.8.1 Grashey verlässt die Kreisirrenanstalt

Die Doppelbelastung als Universitätsprofessor und Leiter der Kreisirrenanstalt war für Grashey nur schwer zu bewältigen. Daher nahm Grashey im Jahr 1896 eine Stelle als Referent für das Zivilmedizinalwesen im Bayerischen Innenministerium an.[105]

Sein Nachfolger an der Universität und als Direktor der Kreisirrenanstalt wurde Anton Bumm. 1899 beschloss der Oberbayerische Landrat die Kreisirrenanstalt in Giesing aufzugeben, und eine neue Anstalt in Eglfing östlich von München zu errichten. Bumm konnte durchsetzen, dass die traditionelle Doppelfunktion: Universitätsprofessur und Leitung der Kreisirrenanstalt getrennt wurde. Zugleich trieb er die Pläne zum Bau einer Psychiatrischen Klinik der Universität voran. Die neue Kreisirrenanstalt in Eglfing wurde 1901 eingeweiht. Die Leitung übernahm Oberarzt Friedrich Vocke. Bumm erlebte die Fertigstellung der Psychiatrischen Klinik im Jahr 1904 nicht mehr. Er starb ein Jahr zuvor. Als Nachfolger wurde Emil Kraepelin von Heidelberg an die Münchner Universität berufen.

1.9 Die fachlichen Aktivitäten Ernst Rehms

Aus Rehms Zeit als Assistenzarzt der Kreisirrenanstalt sind nur zwei Veröffentlichungen bekannt:[106]
- Über Zurechnungsfähigkeit und Glaubwürdigkeit der Hysterischen.
  In: *Friedreichs Blätter für gerichtliche Medizin*, 38, 357–374 (1887)
- Einige neue Färbungsmethoden zur Untersuchung des zentralen Nervensystems.
  In: *Münchner medizinische Wochenschrift*, 39, 217–220 (1892)

Nach seinem Einstieg in Neufriedenheim im Jahre 1892 hat Rehm anscheinend keine wissenschaftlichen Artikel mehr veröffentlicht. Obwohl Rehm 1911 einer der Gründungsmitglieder der Münchner Ortsgruppe der Psychoanalytischen Vereinigung war und später der Münchner Gesellschaft für Individualpsychologie angehörte, sind von ihm zu psychotherapeutischen Themen weder Veröffentlichungen noch Vorträge bekannt. Als Ärztefunktionär hielt er in den Jahren 1908 und 1920/21 zwei Vorträge über die Reform des Irrenwesens in Bayern. Im Alter von 76 Jahren schrieb Rehm einen Beitrag zum 50. Todestag von König Ludwig II. und Professor von Gudden für die Psychiatrisch-Neurologische Wochenschrift 38 (1936).

---

[105] Hippius, S. 43
[106] Kreuter 1996

1.9.1 Internationaler Kongress für Psychologie in München 1896

Der III. Kongress für Psychologie fand vom 4. bis 7. August 1896 in München in den Räumen der kgl. Universität statt. In einem vorläufigen Programm wurden alle Vorträge angekündigt, die bis zum 15. April 1896 angemeldet waren. Ernst Rehm sollte demnach einen Vortrag über „Die Hirnrinde des Menschen" halten.[107] Es liegt nahe, dass er diesen Vortrag seinem Lehrer, Bernhard von Gudden, widmen wollte, der zehn Jahre zuvor ums Leben gekommen war. Auf dem 4-tägigen Kongress mit über 600 Teilnehmern wurden 125 Vorträge gehalten. Der abschließende Kongressbericht enthält aber keinen Vortrag von Ernst Rehm. Im Vorwort des Berichts ist zu lesen: „Entsprechend dem weiter gefassten Programm des Arbeitsgebietes wurden zunächst 176 Vorträge angemeldet; hiervon fiel ein Theil durch nachträgliche Absage aus; der grössere Theil jedoch wurde in Auszügen schon vor Beginn des Kongresses gedruckt und gelangte während der Sitzungen zur Vertheilung unter die Mitglieder."[108] Ob Rehm den angekündigten Vortrag gehalten hat oder nicht, konnte nicht mehr festgestellt werden. Einige Psychiater aus Rehms Umfeld waren definitiv anwesend: Unter anderem wurden die Vorträge der Redner August Forel, Hubert Grashey, Leopold Löwenfeld und Franz Carl Müller im Tagungsbericht veröffentlicht. Ernst Rehm, Karl Ranke und Leonhard Seif (s. Kap. 2.3.2) tauchen auf der Liste der zum Kongress angemeldeten Teilnehmer auf.

1.9.1.1 Sigmund Freud kündigte seine Teilnahme an

Im vorläufigen Programm wurde auch „Dr. Sigm. Freud, Privatdocent an der Universität und Specialarzt für Nervenleiden, Wien." angekündigt. Sein Vortragsthema war noch offen. Auch in einem Brief an Wilhelm Fließ vom 6.2.1896 schrieb Freud, er beabsichtige den Münchner Kongress zu besuchen: „Ich gehe nach München. 4.-7. August, Psychologischer Kongreß."[109] Höchstwahrscheinlich hat Freud allerdings entgegen seiner ursprünglichen Absicht am Kongress in München nicht teilgenommen. Im Tagungsbericht wird Freud nicht erwähnt. Auch in zwei Briefen vom 15. Juli und vom 12. August 1896 an Fließ erwähnt Freud den Münchner Kongress nicht wieder. Möglicherweise hielt ihn eine schwere Erkrankung seines Vaters von der Reise nach München ab.[110]

---

107 III. Internationaler Congress für Psychologie in München vom 4. bis 7. August 1896 (Sammlung darauf bezüglicher Drucksachen), München, 1896. Nr. 13, S. 6
108 Schrenck-Notzing 1897
109 Masson/Schröter 1986, S. 178
110 Masson/Schröter 1986, S. 205

1.9.2 Internationaler Kongress für Psychoanalyse in Weimar 1911

Im Frühjahr 1909 begab sich Leonhard Seif für einige Wochen zu C. F. Jung nach Zürich, um sich bei ihm als Psychoanalytiker ausbilden zu lassen.[111]

Abb. 1.4: Teilnehmer des III. Psychoanalytischen Kongresses in Weimar 1911
In der Mitte der letzten Reihe überragt Rehm sämtliche Teilnehmer. Links neben Freud im Zentrum des Fotos steht Leonhard Seif.

Am 1. Mai 1911 gründete Seif in München eine Ortsgruppe der Internationalen Psychoanalytischen Vereinigung (IPV). Zu den sechs Gründungsmitgliedern gehörte auch Ernst Rehm.[112] Fünf der sechs Gründungsmitglieder nahmen am III. Psychoanalytischen Kongress in Weimar (21./22.9. 1911) teil, darunter auch Rehm. In der 55 Personen umfassenden Liste der Kongressteilnehmer ist Rehm aufgeführt als: „39. Dr. Rehm München, San. Neufriedenheim".

Auf dem berühmten Gruppenfoto vom Weimarer Kongress[113] konnte Rehm im Jahr 2015 eindeutig identifiziert werden.[114]

---

[111] Brundke 2013, S. 15 ff
[112] Giefer 2007: Im Korrespondenzblatt (CB / VI / 1911 / 1) ist Rehm als Mitglied der Ortsgruppe München verschrieben aufgeführt als „Hofrat Dr. Ernst Zehm, Neufriedenheim (Sanatorium)".
[113] s. auch Peglau: Sigmund Freud in Weimar (online)
[114] Lampe 2016

1.9.3 Der Ärztliche Verein München befasst sich mit Psychoanalyse

Emil Kraepelin sprach der Freud'schen Psychoanalyse die Grundlagen wissenschaftlicher Methodik ab. Sein jüdischer Mitarbeiter Max Isserlin, von 1906 bis 1915 Assistent am Psychiatrischen Institut der Universität, befasste sich intensiv mit der Theorie und bemängelte, die Freud'sche Schule stelle vor allem Behauptungen auf, kümmere sich aber nicht darum, diese Behauptungen zu belegen. Dennoch hatte Isserlin bei Freud angefragt, ob er als „Zuhörer" am Psychoanalytischen Kongress in Nürnberg im Jahr 1910 teilnehmen dürfe. Freud stand dieser Anfrage zunächst positiv gegenüber, wurde aber von Jung ausgebremst: „Ich möchte den schmutzigen Kerl lieber nicht, der könnte einem den Appetit verderben".[115]

Kraepelins Kollege August Forel aus Zürich stand der Psychoanalyse von Anfang an wesentlich offener gegenüber. In einem Brief lotete er Kraepelins Bereitschaft aus, sich ernsthaft mit der Psychoanalyse auseinanderzusetzen: „Ich bin der Ansicht, es wäre Zeit die Psychotherapie (Hypnotismus, Psychoanalyse etc.) zum Gegenstand ernsthafter wissenschaftlicher Verhandlungen zu machen um den Unsinn u die Irrwege vom guten Korn zu trennen. Ich meine, man sollte einen ganz losen Verein von Psychotherapeuten mit strenger Auswahl der Personen u Mengen Aufnahmeberechtigungen bilden, um alle Schwindler und Mistkerls auszuschließen."[116] 1909 gründete Forel den „Verein für Psychotherapie und medizinische Psychologie". Kraepelin beteiligte sich aber nicht daran.

Anfang 1913 wurden im „Ärztlichen Verein München"[117] zwei Vorträge über Psychoanalyse gehalten. Am 15.1.1913 kam zunächst der Kritiker Max Isserlin zu Wort, am 12.2.1913 der Anhänger Leonhard Seif. Nach beiden Vorträgen gab es lebhafte Diskussionen. Besonders kontrovers verlief die zweite Sitzung am 12. Februar 1913. Zunächst hielt Seif einen Vortrag „Über neue Wege der Neurosenforschung und -behandlung". Seif fasste zusammen: „Die Psychoanalyse ist noch eine junge Wissenschaft; nichts ist in ihr fertig, vieles noch zu tun und im Werden, und theoretisch mag manches noch eine bessere Fassung finden, aber dennoch vermag sie schon heute ein Verständnis neurotischer Krankheitszustände und Erfolge als Behandlungsmethode aufweisen, wie sie auf andere Weise nicht zu gewinnen sind." In der Diskussion hielt Max Isserlin Seif entgegen, er habe nicht versucht „seine der Lehre Freuds zustimmenden Behauptungen irgendwie zu begründen. [...] Eine sorgfältige Prüfung der Methodik sei das beste Vorbeugungsmittel gegen

---
115 Brief Jung an Freud, zitiert nach Dittrich 1996, S. 236
116 Kraepelin 2006, S. 325, Brief von August Forel vom 21.12.1908
117 Nicht zu verwechseln mit dem „Bezirksärztlichen Verein München", bei dem Rehm zum Vorstand gehörte.

Abirrungen jeder Art; daran lasse es aber die Freud'sche Schule völlig fehlen. [...] Es werde kein Verfahren in der Medizin geduldet, das sich über seine Grundlagen und Tragweite so unklar sei. Im übrigen sei bisher von besonderen Erfolgen nichts gesehen worden. Freuds eigene Bemerkungen weisen auf die Grenzen seiner Therapie hin." Noch ablehnender äußerte sich Emil Kraepelin: „Der Haupteinwand, der gegen die Anschauungen Freuds erhoben werden muss, ist nicht die übermässige Betonung der Sexualität, sondern die Unzulänglichkeit seiner wissenschaftlichen Methodik. [...] Die Erfahrungen, die ich von Kranken und deren Angehörigen über die geradezu scheußlichen Wirkungen der Psychoanalyse in einer Reihe von Fällen gesammelt habe, waren erschütternde, und sie sind es gewesen, die mich veranlassen, auf das eindringlichste vor dieser Behandlung zu warnen. Es ist nicht bewiesen und kann auch nicht bewiesen werden, dass die Psychoanalyse therapeutisch mehr leistet, als andere stark wirkende Suggestivverfahren; dass sie aber unberechenbaren Schaden anzurichten vermag, muss ich nach meinen Beobachtungen für durchaus sicher erklären." Dittrich betont aber dennoch den positiven Effekt, den die Kritiker auf die Psychoanalyse genommen haben: „Gerade die als öffentliche Widersacher der Psychoanalyse angetretenen Münchner Wissenschaftler wie der Psychiater und damalige Leiter der Nervenklinik Emil Kraepelin (1856–1926) und vor allem der Neurologe Max Isserlin (1879–1941) [...] haben sich zeitlebens so intensiv mit Freud beschäftigt, daß diese Auseinandersetzung bei näherer Betrachtung eine volle Anerkennung der Psychoanalyse mit sich brachte."[118] Zudem seien viele Studenten und Assistenten Kraepelins später zu bedeutenden Psychoanalytikern geworden.

1.9.4 Freuds Erinnerung an Rehm

Freud stand von 1903 bis 1926 im Briefwechsel mit seiner Patientin Anna v. Vest.[119] Dieser Briefwechsel ist einseitig erhalten. Nach einer zehnjährigen Pause meldete sich die Patientin 1918 wieder einmal bei Freud, denn Freud beginnt seinen Brief vom 1. Dezember 1918 mit der Bemerkung: „Recht, das Sie einmal Nachricht von sich geben! Was sagen Sie zu den tollen Zeiten, die wir erleben?" Der Brief endet mit Freuds Bemerkung: „Die Anstalt von Dr. Rehm kenne ich. Ich hoffe, Sie befinden sich bald in München wohl und geben uns Nachricht, die wir nie noch das freundschaftliche Interesse für Sie verloren haben." Stefan Goldmann schreibt in seinen Kommentar zu den Briefen, Anna v. Vest habe vorgehabt, eine erkrankte Freundin zu einem Aufenthalt in der Kuranstalt Neufriedenheim als Gesellschafte-

---

[118] Dittrich 1996, S. 233
[119] Freud 1985, S. 285 f

rin zu begleiten.[120] Man mag darüber rätseln, was Freuds Aussage, er *kenne* die Anstalt von Dr. Rehm, genau zu bedeuten hat. Klar ist, dass sich Freud und Rehm beim Kongress in Weimar 1911 begegnet sind. Freud wusste sicherlich, dass Rehm Direktor einer privaten Kuranstalt war. Es gibt allerdings keine Hinweise darauf, dass Freud Dr. Rehm in seiner Kuranstalt Neufriedenheim besucht haben könnte. Bei seinen München-Besuchen legte Freud immer großen Wert auf ein Treffen mit dem jüdischen Arzt Leopold Löwenfeld. Rehm war für Freud kein bevorzugter Gesprächspartner. Auffällig ist auch, dass Freud mit seiner Bemerkung an Anna v. Vest die Anstalt von Dr. Rehm nicht bewertet. Freud kannte Rehm als Mitglied der Ortsgruppe München der Psychoanalytischen Vereinigung, über deren Entwicklung er spätestens seit dem IV. Internationalen Kongress für Psychoanalyse in München 1913 maßlos enttäuscht war. Beim Kongress 1913 in München, als es zum Bruch zwischen Freud und Jung kam, war Rehm nicht anwesend. Seif war 1913 dabei. Er wandte sich von Freud ab und stellte sich auf die Seite von Jung.

1.9.5 „Psychoanalyse nach Freud" in Neufriedenheim

Schon 1912 schrieb Rehm über die ärztliche Behandlung in Neufriedenheim: „An oberster Stelle steht natürlich die Psychotherapie."[121] In einer Hausbeschreibung aus dem Jahr 1927 wurde Rehm präziser: „Zur Behandlung der Nervenkrankheiten werden alle erprobten Kurmethoden angewandt, insbesondere kommt Psychotherapie (Hypnose, Suggestion, Psychoanalyse nach Freud, individualpsychologische Behandlung nach Adler) in geeigneten Fällen zur Anwendung."[122] In welchem Umfang „Psychoanalyse nach Freud" in Neufriedenheim tatsächlich zur Anwendung kam, und wer dort als Psychoanalytiker praktizierte, ist völlig unklar. 1927 waren in Neufriedenheim neben Rehm noch folgende Ärzte fest angestellt: Otto Kaiser sowie Rehms Tochter Hilda und sein Schwiegersohn Leo Baumüller. Es ist nicht bekannt, dass einer dieser vier Ärzte ein ausgebildeter Psychoanalytiker gewesen wäre. Daher ist es denkbar, dass Rehm auf externe Spezialisten zurückgriff. Leonhard Seif kommt dafür 1927 allerdings nicht mehr in Frage, denn er hatte sich zu dieser Zeit längst von Freud losgesagt. Die namentliche Erwähnung von Freud und Adler im Prospekt belegt, dass es für Rehm im Jahr 1927 kein Problem war, mit den Methoden der gerade in München hochumstrittenen jüdischen Wissenschaftler Freud und Adler für Neufriedenheim zu werben. Wenige Jahre später in der

---

[120] Goldmann 1985, S. 286
[121] Rehm 1912
[122] Rehm 1927, S. 418

NS-Zeit tauchen die Psychoanalyse, die Individualpsychologie sowie ihre Väter Freud und Adler in den Werbe-Flyern von Neufriedenheim nicht mehr auf.

1.9.6 Individualpsychologie in München und in Neufriedenheim

Rehm hatte 1927 nicht nur mit der „Psychoanalyse nach Freud" sondern auch mit der „individualpsychologische[n] Behandlung nach Adler" für seine Kuranstalt geworben. Offenbar war Rehm nicht auf eine spezielle Schule fixiert. Er war neuen Entwicklungen gegenüber offen und setzte diejenigen Psychotherapien ein, die ihm im Einzelfall erfolgversprechend erschienen. Leonhard Seif hatte um 1920 in München eine Sektion München der „Internationalen Gesellschaft für vergleichende Individualpsychologie" gegründet. Im Dezember 1922 fand in München der „I. Internationale Kongress der Individualpsychologen" mit über 200 Teilnehmern statt.[123] In der Mitgliederliste der Sektion München aus dem Jahr 1926 werden neben Rehm auch Hilda und Leo Baumüller aufgeführt.[124] Im Jahr 1926 veranstaltete die Ortsgruppe München 30 Vortrags- und Diskussionsabende. Weder Rehm noch Baumüller traten allerdings als Referenten in Erscheinung. Gröner zählt in seinem Artikel „Individualpsychologie in München" mehrere Aktivisten der Münchner Sektion auf. Rehm und die Baumüllers werden von Gröner nicht erwähnt.

1.9.7 Mitglied im Stiftungsrat der Deutschen Forschungsanstalt für Psychiatrie

Mitten im Ersten Weltkrieg gelang es Emil Kraepelin mit Hilfe von Sponsoren die deutsche Forschungsanstalt für Psychiatrie (DFA) zu gründen. Der größte Teil des Stiftungsvermögens stammte von dem deutsch-amerikanischen Juden James Loeb.[125] Loeb, der zunächst in München und später auf einem Landsitz in Murnau wohnte, betätigte sich auch in Murnau vielfach als Mäzen. So wurde im Jahr 1932 von seinen Spenden ein Krankenhaus in Murnau errichtet. Auch der Bau eines Kriegerdenkmals wurde von ihm 1922 großzügig unterstützt. Murnauer Nazis der ersten Stunde protestierten vehement gegen die Finanzierung des Denkmals mit „jüdischem" Geld.[126] Ernst Rehm war von 1919 bis 1921 in seiner Eigenschaft als Direktor der Kuranstalt Neufriedenheim Mitglied des Stiftungsrats der DFA. Als Ver-

---

123 Gröner 1993, S. 204
124 Adler 1926, S. 49; verschrieben als „Braumüller, D., Münch. San. Neufriedenheim" und „Frau Braumüller, Münch., S. Neufriedenheim"
125 Kraepelin 2009, S. 67
126 Raim 2021, S. 178–187

treter der Stifter gehörte auch Karl Ranke diesem Gremium an: von 1918 bis 1923 sowie von 1925 bis 1926.[127] Die DFA wurde im Jahr 1924 in die Kaiser Wilhelm Gesellschaft aufgenommen. Die während des Ersten Weltkriegs besonders engen Kontakte zwischen Rehm und Kraepelin werden in Kapitel 1.10.2.7 näher beschrieben.

1.9.8 Die Verleihung des Titels „Königlicher Hofrat"

Zum Neujahrstag 1910, kurz vor seinem 50. Geburtstag, wurde Ernst Rehm mit dem „Titel und Rang eines k. Hofrates" ausgezeichnet. Dieser Titel, der vom Bayerischen Innenministerium beantragt und begründet werden musste, wurde nur für besondere Leistungen vergeben. Das letzte Wort hatte der König bzw. 1910 Prinzregent Luitpold. Nur ein Bruchteil der Anträge führte tatsächlich zum Titel. Der Antrag für Dr. Rehm wurde wie folgt begründet: „Dr. Ernst Rehm ist in München beheimatet. Vor 1892 war derselbe in der oberbayerischen Kreisirrenanstalt 1. Assistenzarzt und ist seitdem Leiter der Nervenheilanstalt Neufriedenheim. Die Anstalt ist bestimmt, nerven- und gemütskranken Personen Pflege und Heilung zu bringen. Ausgestattet mit großer Befähigung besonders auf dem Gebiete des Heilverfahrens psychischer Leiden und gestützt auf gediegene praktische Erfahrung gelang es Dr. Rehm seine Anstalt zu einer sehr angenehmen und gesuchten zu machen. Für einen Patientenstand von 70–80 Personen stehen außer dem Leiter noch 2 Ärzte und ca. 50 Pfleger bereit. Dr. Rehm ist Vorstand des Ärztlichen Bezirksvereins München und Delegierter in der Ärztekammer für Oberbayern, ferner Mitglied des Landrates. Die wirtschaftlichen Verhältnisse und der persönliche Ruf des Genannten sind sehr gut."[128] Das Innenministerium hatte 1909 eine längere Vorschlagsliste mit titelwürdigen Kandidaten eingereicht. Auf dieser Liste standen u. a. auch Leopold Löwenfeld, Franz Carl Müller sowie Karl Kraus, der Gründer von Neufriedenheim. Löwenfeld, Müller und Kraus erhielten den Titel aber nicht. Löwenfeld und Müller waren bereits zum wiederholten Male vorgeschlagen worden. Insbesondere der renommierte jüdische Nervenarzt Leopold Löwenfeld (1847–1924) hätte den Titel sicherlich verdient gehabt.

Im Jahre 1917 erhielt Rehm den Orden vom Heiligen Michael 4. Klasse mit der Krone, mit dem auch schon sein Vater Heinrich ausgezeichnet worden war.[129] Mehr dazu in Kap. 2.4.6.1.

---

127 Kraepelin 2013, S. 23–39
128 Bayerisches Hauptstaatsarchiv: MInn 46958
129 Arnold 1917, S. 10

1.9.9 Der Titel „Geheimer Sanitätsrat"

Die Verleihung des Titels „Geheimer Sanitätsrat" an Ernst Rehm an Weihnachten 1924 stellt ein Kuriosum dar. Das Königreich Bayern existierte seit der Novemberrevolution von 1918 nicht mehr und die Vergabe von „Ehren"-Titeln war in der Weimarer Republik höchst umstritten. Der Artikel 109, Absatz 4 der Reichsverfassung lautete: „Titel dürfen nur verliehen werden, wenn sie ein Amt oder einen Beruf bezeichnen; akademische Grade sind hierdurch nicht betroffen." Das Reichskabinett befasste sich außerhalb der Tagesordnung wiederholt mit der anhaltenden Praxis der Titelverleihungen in Bayern. Seit etwa 1922 wurden von der bayerischen Regierung wieder die Titel „Sanitätsrat" und „Geheimer Sanitätsrat" vergeben. Der Reichsinnenminister wollte 1923 gar ein Telegramm nach Bayern schicken, mit dem Ersuchen, „die Verleihung anzuhalten, bis die Frage der Zulässigkeit vom Staatsgerichtshof entschieden sei."[130] Für das Telegramm fand sich im Reichskabinett aber keine Mehrheit. Die Minister für Verkehr, Justiz und Wirtschaft „regten den Gedanken an, mit Rücksicht auf die schwere Not, in der sich das Reich befände, der Frage der Verleihung von Titeln und Orden eventuell unter Abänderung der Verfassung näher zu treten."[131] Als die Bayerische Regierung Ende 1924 wieder zahlreiche Titelverleihungen vornahm – darunter auch der Titel für Ernst Rehm – wurde am 6.1.1925 folgender Vermerk angefertigt: „Die Reichsregierung habe bisher von irgendwelchen Schritten gegen die Bayerische Regierung wegen der Titelverleihungen abgesehen, da auf anderen Gebieten schwerwiegende Meinungsverschiedenheiten mit Bayern bestanden hätten. Jetzt sei es nach Auffassung des Reichsinnenministeriums „besonders deshalb nicht empfehlenswert, Vorstellungen bei der bayerischen Regierung zu erheben, weil das Reichsinnenministerium [...] zur Zeit einen Gesetzentwurf ausarbeitet, durch den die Absätze 4 und 6 des Artikels 109 der Reichsverfassung abgeändert werden sollen."[132] Ernst Rehm führte alle seine Titel hintereinander: „Geh. Sanitätsrat, Hofrat Dr. Ernst Rehm". Auch Karl Ranke bekam zwei Jahre nach Rehm den Titel Geheimer Sanitätsrat verliehen.[133]

---

130 Bundesarchiv: Akten der Reichskanzlei, Die Kabinette Marx I/II
131 ebenda
132 ebenda
133 Sand 2006, S. 12

1.9.10 Ernst Rehm als niedergelassener Arzt

Rehm unterhielt spätestens ab dem Jahr 1900 parallel zu seiner Kuranstalt Neufriedenheim eine ärztliche Praxis im Münchner Klinikviertel „Links der Isar". Es gibt allerdings einen vagen Hinweis darauf, dass Rehm schon parallel zu seiner Tätigkeit an der Kreisirrenanstalt selbständig praktiziert haben könnte (s. Kap. 1.4.4). In den Adressbüchern der Stadt München ist seine Praxis in der Landwehrstraße aufgeführt.[134] Dort stand Rehm an drei Tagen der Woche für jeweils zwei Stunden zur Verfügung. Auch in einer Liste der Münchner Ärzte aus dem Jahr 1913 ist Rehms Sprechstunden-Praxis in der Landwehrstr. 4/1 verzeichnet.[135] Spätestens im Revolutionsjahr 1918 hat Rehm seine Praxis in der Landwehrstraße aufgegeben.[136]

1.10 Die gesellschaftlichen und politischen Aktivitäten Dr. Rehms

Ernst Rehm war ein durch und durch politisch orientierter Mensch, der sich aktiv in die Politik einmischte. Er durchlief in seinem Leben das Spektrum vom Nationalliberalen bis zum Nationalsozialisten. Während er innenpolitisch stets liberale, soziale und fortschrittliche Anschauungen vertrat, träumte er außenpolitisch von einem starken, größeren Deutschland.

Zunächst war er Mitglied der Nationalliberalen Partei, bevor er im Jahre 1901 eine Münchner Ortsgruppe des Nationalsozialen Vereins gründete. Diese überwiegend in Norddeutschland aktive Gruppierung ging auf den evangelischen Pfarrer Friedrich Naumann zurück. Zu ihren Mitgliedern gehörten vornehmlich protestantische Theologen sowie Hochschullehrer. Der Verein nahm auch als Nationalsoziale Partei an Wahlen teil. Wegen Erfolglosigkeit bei den Reichstagswahlen im Jahr 1903 wurde die Partei aber von Naumann wieder aufgelöst. Trotz der Auflösung blieb die Gruppe um Rehm in München weiter aktiv und veranstaltete mindestens bis ins Jahr 1909 mehre öffentliche Diskussions- und Vortragsabende: Rehm organisierte diese Veranstaltungen, wobei er für die einladende Organisation verschiedene Bezeichnungen verwendete: „nationalsociales Cometé", „nationalsocialer Verein" oder „national-socialer Ausschuss". Am 19. Januar 1904 organi-

---

134 In den Adressbüchern z. B. aus den Jahren 1900, 1907 und 1911 werden die Sprechstunden angegeben: „Montag, Donnerst. u. Samst. 11–1 Landwehrstr. 4_1 sonst in der Anstalt."
135 Henkel 1913, S. 11
136 Stadtarchiv München: PMB R139. Im polizeilichen Meldebogen von Dr. Rehm ist vermerkt: „Übt Landwehrstr. keine Praxis mehr aus lt. Mitt. d. Abt. V v. 11.11.18"

sierte Rehm für den „national-socialen Ausschuss" anlässlich der „Gründungsfeier des Reichs" eine Veranstaltung zum Thema: „Aufgaben der deutschen Kultur".[137] Als Redner trat der Archäologe Dr. Ludwig Curtius auf. Nur zwei Monate später, am 18. März 1904 referierte „Herr Lehrer Beyhl aus Würzburg" über „Die deutsche Arbeiter- und Lehrerbewegung seit 100 Jahren". 1909 hielt der national-liberale Ökonom Prof. Sieveking aus Zürich auf Einladung Rehms einen Vortrag über sein Buch: „Die Grundzüge der Reichsfinanzreform". Dieser Vortragsabend ist zugleich die letzte nachgewiesene nationalsoziale Veranstaltung in München.[138]

1.10.1 Engagement für die Frauenbewegung

Im Jahr 1906 trat Rehm in den „Verein für Graueninteressen" in München ein. Dieser im Mai 1884 von Anita Augspurg gegründete Verein erhob die Forderung nach Mädchen-Gymnasien sowie unbeschränkter Zulassung von Frauen zum Studium. Später verfolgte er „die Vision der vollständigen Gleichstellung von Männern und Frauen." Im Mai 2014 konnte der Verein sein 120-jähriges Jubiläum feiern. Im Jahresbericht 2014 gab der Verein einen Überblick über seine Vereinsgeschichte: „Auf ausdrücklichen Wunsch von Anita Augspurg konnten auch Männer Vereinsmitglied werden. In Augspurgs Augen waren die materiellen Ressourcen und guten gesellschaftlichen Verbindungen der Männer für die Verbreitung frauenpolitischer Ideen unverzichtbar. [...] Die Mitgliederlisten des Vereins, die bis 1916 erhalten geblieben sind, sind ein ‚Who's Who' der Münchner Gesellschaft. Angehörige der besten Familien und zahlreiche Schriftstellerinnen und Schriftsteller, Schauspielerinnen und Schauspieler, Malerinnen und Maler, Vertreterinnen und Vertreter des modernen Kunsthandwerks sind hier zu finden."[139] Rehm wird bis zur letzten öffentlich erhaltenen Mitgliederliste des Jahres 1916 als Vereinsmitglied aufgeführt. Als Vater von vier Töchtern hatte Rehm naturgemäß auch ein eigenes Interesse an gleichen Bildungschancen für Mädchen. Seine Tochter Hilda musste er noch 1907 für vier Jahre auf Privat-Gymnasialkurse schicken, damit sie 1911 Abitur machen konnte. 1918 promovierte sie als eine der ersten Medizinstudentinnen an der „Kgl. Bayer. Ludwig-Maximilians-Universität in München". Das Frauenwahlrecht wurde in Bayern erst nach der Novemberrevolution von 1918 eingeführt. In den Jahren 1914 bis 1916 ist noch ein „Frl. Rehm", leider ohne Vorname, als Mitglied der Jugendgruppe des Vereins für Graueninteressen registriert. Dabei könnte es sich um eine von Rehms Töchtern gehandelt haben.

---

137 Staatsarchiv München: Plakatsammlung Nr. 213
138 Staatsarchiv München: Plakatsammlung Nr. 301
139 Elferich 2014, S. 31

1.10.2 Landrat von Oberbayern

Als Rehm im Jahre 1909 seine Aktivitäten im Nationalsozialen Verein einstellte, war er bereits Mitglied des Landrats von Oberbayern, dem Vorläufer des heutigen Bezirkstags des Bezirks Oberbayern. Rehm gehörte dem Landrat von 1906 bis zum Ende des Ersten Weltkriegs als Vertreter der Stadt München an. In diesem Gremium war Rehm für die Gesundheitspolitik zuständig, insbesondere auch für die Kreisirrenanstalten. Die Kreisirrenanstalt „Auf den Auer Lüft'n" war im Jahr 1901 von München-Giesing nach Eglfing in das Münchner Umland verlegt worden. Aber schon wenige Jahre nach ihrer Neueröffnung platzte die Eglfinger Anstalt aus allen Nähten. Neben Eglfing gab es in Oberbayern noch eine zweite Kreisirrenanstalt in Gabersee bei Wasserburg. Gleich zu Beginn seiner Amtszeit als Landrat im Jahr 1906 setzte sich Rehm für die Errichtung einer zusätzlichen Irrenanstalt ein, musste aber als Neuling im Landrat Lehrgeld zahlen. Sein Antrag wurde mit überwältigender Mehrheit abgelehnt.

1.10.2.1 Wenn ein Landrat etwas erreichen will, muss man Spanferkel essen

Kurz nach seiner Abstimmungsniederlage wurden die Mitglieder des Landrats zu einer geselligen „Spanferkelpartie" eingeladen. Rehm geriet in einen Terminkonflikt, denn am selben Tag hatte Kraepelin zu einen „Psychiatrischen Abend" geladen. Rehm war bewusst, dass Kraepelin besonderen Wert auf die Teilnahme der externen Fachgenossen legte. Zudem hatte Kraepelin eine Abneigung gegen „Parties" oder gesellschaftliche Ereignisse. Darum gab sich Rehm besondere Mühe, seine Absage zu begründen: „Ich muß mich leider für morgen Abend entschuldigen. Aber der verehrliche Landrat hat morgen Abend – Spanferkelpartie und da muß ich – ich bitte nicht zu lachen – dabei sein. [...]. Wenn nun ein Landrat etwas erreichen will, muß man sich Freunde machen, man muß also Spanferkel mit essen [...] Würde ich morgen fehlen, so würde man sagen: ich sei eine gekränkte Leberwurst u. man würde mich noch auslachen. So will ich den Spanferkelessern das Opfer bringen u. hingehen und deshalb muß ich leider auf den psychiatrischen Abend verzichten. Ich hoffe, Sie werden meinen Pflichteifer zu würdigen wissen."[140] Rehms Opfer war nicht umsonst, denn schon ein Jahr später beschloss der Landrat von Oberbayern einstimmig den Bau einer weiteren Kreisirrenanstalt in Haar, in unmittelbarer Nachbarschaft der Eglfinger Anstalt.

---

[140] Kraepelin 2006, S. 285 f. Brief Rehm an Kraepelin vom 21.11.1906

1.10.2.2 Vortrag über die Reform des Irrenwesens in Bayern

Im Jahr 1908 hielt Rehm vor der „Versammlung des Vereins bayrischer Psychiater" einen Vortrag mit dem Titel: „Über die künftige Ausgestaltung der Irrenfürsorge in Bayern".[141] Mit seinen Erfahrungen an der Kreisirrenanstalt sowie als Direktor einer Privatirrenanstalt und als ambitionierter Gesundheitspolitiker war Rehm für dieses Thema ein prädestinierter Referent. Zu Beginn seines Vortrags kritisierte er die chronische Überfüllung der Irrenanstalten in Bayern. Da ein weiterer Anstieg der Zahl der Geisteskranken, Idioten und Epileptiker zu erwarten sei, müsste die Zahl der Anstaltsplätze in den kommenden 10 Jahren um ca. 50 % erhöht werden. Die Zuständigkeit dafür liege bei den Kreisen (Regierungsbezirken). Rehm stellte eine lange Reihe von Forderungen auf und verwies dabei immer wieder auf die Rückständigkeit Bayerns im Vergleich etwa zu Preußen oder Sachsen. Eine weitere Forderung Rehms war die Beseitigung bürokratischer Hürden bei der Aufnahme von Kranken. Zudem sollten Krankenhäuser in Städten mit mehr als 40.000 Einwohnern für eine rasche Unterbringung und vorübergehende Behandlung von Kranken psychiatrische Abteilungen erhalten. Die Entscheidung zur Aufnahme von Patienten solle vom Arzt und nicht von Bürokraten oder Polizeibehörden erfolgen. Eine größere Gefahr als eine ungerechtfertigte Aufnahme von Kranken liege in der Zurückhaltung von genesenen Kranken in den Anstalten. Daher sollte den Kranken ein umfangreiches Beschwerderecht eingeräumt werden. Diese Beschwerden sollten von einer externen Kommission entgegengenommen und behandelt werden. Rehm kritisierte weiter, man habe in Bayern „die Unterbringung von Idioten und Epileptikern völlig den geistigen Wohltätigkeitsanstalten überlassen." Die ärztliche Hilfeleistung in diesen Anstalten sei „absolut ungenügend." Rehm forderte – nach dem Vorbild Preußens – die Einrichtung spezieller Abteilungen für diese Kranken in den Kreisirrenanstalten. Auch geistig abnorme Kinder und Jugendliche sollten unter psychiatrische Beobachtung gestellt werden. In größeren Gemeinden sollten Hilfsschulen errichtet werden. „Zwangserziehungsanstalten und Rettungshäuser" sollten unter die Kontrolle von Irrenärzten gestellt werden. Weiter bemängelte Rehm, dass es in Deutschland zwar 35 Trinkerheilanstalten gebe, in Bayern aber keine einzige. Für freiwillig eintretende Trinker brauche es offene Heilanstalten. Zwangsweise eingewiesene und entmündigte Alkoholkranke sollten dagegen in den Kreisirrenanstalten untergebracht werden, nach Möglichkeit in eigenen Abteilungen. Als „äußerst wirksames Hilfsmittel" stufte Rehm die „Abstinenzvereine" bzw. „Enthaltsamkeitsvereine" ein. Für entlassene Trinker seien „ohne den Rückhalt eines Enthaltsamkeitsvereins keine dauerhaften

---

[141] Rehm 1908

Erfolge möglich." Daher setzte sich Rehm auch für die Gründung neuer Abstinenzvereine ein.

Für nervenkranke Patienten gebe es in Bayern nur die Möglichkeit der Behandlung in privaten Anstalten. Diese Behandlung könne sich die breite Bevölkerung nicht leisten. Daher hielt Rehm die Gründung von „Volksnervenheilanstalten" für erforderlich. In Berlin, im Rheinland und in Göttingen seien damit bereits gute Erfahrungen gemacht worden. Für geisteskranke Verbrecher forderte Rehm besondere Strafanstalten oder „Strafanstaltsadnexe" unter psychiatrischer Leitung. Ruhige, nicht störende und ungefährliche Kranke würden sich auch für eine Unterbringung in Familienpflege eignen. Infrage kämen sowohl fremde als auch die eigenen Familien. Dabei müsse ein Pflegegeld auch an die eigene Familie gezahlt werden. Eine regelmäßige ärztliche Überwachung müsse gewährleistet werden. Die Familienpflege solle sofort in Angriff genommen werden. Sie könne einen bedeutenden Beitrag zur „Entlastung der Anstalten und Verbilligung der Irrenpflege" leisten.

Auch um die aus den Anstalten entlassenen Kranken müsse man sich besser kümmern, z. B. mit Hilfsvereinen. Aufgabe dieser Vereine sei es u. a., Vorurteile in der Bevölkerung abzubauen, den Kranken behilflich zu sein sowie die Familien der Kranken zu unterstützen. Gute Erfahrungen mit Hilfsvereinen lägen z. B. aus Hessen vor. Rehm forderte: „Auch wir in Bayern brauchen solche Vereine." Zum Abschluss seines Vortrags bemängelte Rehm das Fehlen jeglicher Statistik über Geisteskrankheiten in Bayern. Eine Zählung der Geisteskranken in Bayern und eine regelmäßige Aktualisierung der Zahlen sei erforderlich.

1.10.2.3 Trinkerheilanstalt Grubmühle

Der überzeugte Abstinenzler Emil Kraepelin, ein entschiedener Kämpfer gegen jeglichen Alkoholkonsum, hatte sich im bayerischen Obermedizinalausschuss jahrelang vergeblich um Gelder für eine Trinkerheilanstalt in Bayern eingesetzt. Mit seiner Forderung war er beim bayerischen Staat stets auf taube Ohren gestoßen. Aus diesem Grund trat Kraepelin schließlich unter Protest aus dem Obermedizinalausschuss zurück.[142] Seinem Unmut machte er im Mai 1912 öffentlich Luft: „Zwar hat der Kreis Oberbayern in hochherziger Weise die Summe von 100.000 M für die Errichtung einer Trinkerheilstätte bewilligt, aber unter der Bedingung, daß auch der Staat [...] die Sache auch seinerseits unterstützt. [...] Trotz all meiner Bemühungen ist es mir jedoch nicht gelungen, die Einsetzung einer entsprechenden Summe in das Budget, die sich auf etwa 5.000–10.000 M belaufen würde, zu erreichen, obgleich der Verein der bayerischen Irrenärzte schon vor neun Jahren die

---

142 Kraepelin 2006, S. 54 f

Dringlichkeit der Errichtung von Trinkerheilstätten auf das nachdrücklichste betont hat. [...] Es wird Sie nicht wundern, daß ich, um jeder Verantwortlichkeit für diese Entwicklung der Dinge enthoben zu sein, meine Entlassung aus dem Obermedizinalausschuss erbeten habe."[143]

Der „Verein zur Errichtung und zum Betrieb von Heilstätten für Alkoholkranke in München e. V." kämpfte unter dem Vorsitz von Kraepelin weiter für seine Ziele. Die Stadt München verpachtete schließlich die „reizend gelegene" Grubmühle, ein im städtischen Besitz befindliches Anwesen in Grub im Mangfalltal, zu einem symbolischen Preis an den Verein. Die Verpachtung des städtischen Anwesens wurde erst durch einen Beschluss des Landrats von Oberbayern ermöglicht. Der Kreis Oberbayern hatte für den Betrieb der Heilstätte auf Rehms Initiative eine Summe von 100.000 Mark bereitgestellt, verteilt auf je 20.000 Mark für fünf Jahre. Kraepelin schrieb in seinen Erinnerungen, „daß durch Rehms tatkräftiges Eintreten auch der Landrat von Oberbayern veranlaßt wurde, die für den Betrieb der Heilstätte erforderlichen Mittel zur Verfügung zu stellen."[144] Die geplante Heilstätte an der Mangfall lag vier Kilometer von der Bahnstation Kreuzstraße entfernt. Sie war für 40 Patienten vorgesehen, sollte aber zunächst mit nur 20 Patienten in Betrieb gehen. Als Beschäftigungstherapie waren gärtnerische, land- und forstwirtschaftliche sowie handwerkliche Betätigungen eingeplant.[145] Für das Kuratorium stand neben Emil Kraepelin auch Ernst Rehm auf der Vorschlagsliste. Rehm wurde allerdings durch Karl Ranke ersetzt. Ranke kümmerte sich in der ersten Hälfte des Jahres 1914 federführend um den Umbau der Grubmühle. Nachdem am 28. Juni 1914 der Erste Weltkrieg ausbrach, gefolgt von der Mobilmachung am 2. August, verfügte Ranke die Einstellung der Bauarbeiten. Kraepelin teilte dem Magistrat der Stadt München kurz darauf mit, die Eröffnung der Anstalt müsse wegen der Mobilmachung „vorläufig verschoben" werden.[146] Eine Woche später genehmigte die Stadt München „die vorläufige Verwendung der Grubmühle als Rekonvaleszentenheim für verwundete Krieger."[147] In seinen Erinnerungen schrieb Kraepelin, vor Kriegsausbruch seien bereits erste Patienten aufgenommen wurden. Die Grubmühle sei dann aber der „Unterbringung erholungsbedürftiger Frauen, dann der Erziehung unversorgter Kinder nutzbar gemacht [worden]." Überhaupt sei der Alkoholismus nach Kriegsausbruch „und durch den mit ihn bedingten Einschränkungen in der Erzeugung und dem Vertriebe geistiger Getränke"

---

[143] Münchner Neueste Nachrichten vom 12.05.1912
[144] Kraepelin 1983, S. 151
[145] Holitscher 1913
[146] Stadtarchiv München: SWM-WAS-0322, Schreiben vom 08.08.1914
[147] Stadtarchiv München: SWM-WAS-0322, Schreiben des Stadtbauamts vom 14.09.1914

fast ganz verschwunden.[148] Die Trinkerheilstätte Grubmühle ist also nie in den bestimmungsgemäßen Betrieb gegangen.

1.10.2.4 Einsatz für private Irrenanstalten
Im August 1919 stand die Reform der Irrenfürsorge noch einmal auf der Tagesordnung der Jahrestagung des Vereins der bayerischen Psychiater. Das Referat teilten sich der Erlanger Psychiater Gustav Kolb und Ernst Rehm. Rehm stellte am Ende seines Referats acht Leitsätze auf. Der letzte Leitsatz lautet: „Vom öffentlichen Standpunkt aus besteht für die Abschaffung der Privatirrenanstalten keinerlei Veranlassung."[149] Ohne Anlass wird Rehm diesen Leitsatz nicht formuliert haben. Offensichtlich standen die privaten Irrenanstalten nach der Revolution 1919 zur Debatte. Dass den Privatkrankenhäusern nach dem Ersten Weltkrieg ein kalter Wind ins Gesicht blies, darauf verweist auch Kurt Bieling, Leiter des Reichsverbandes Deutscher Privatkrankenanstalten e. V.: „Auch erkannte die Staatsführung, wie sie überhaupt feindlich gegen den Privatbetrieb eingestellt war, die Bedeutung der Privatkrankenanstalten für die Gesundheitsführung nicht, hatte kein Interesse für sie, ja, bekämpfte sie mit dem Mittel der ‚kalten Sozialisierung'."[150]

1.10.2.5 Antrag auf Verschiebung von Gemeindewahlen
Rehm profilierte sich im Landrat aber auch als Wortführer zu allgemeinen politischen Themen. Im November 1914 trug er den Antrag einer Gruppe von Landräten vor, die sich für die Verschiebung der Gemeindewahlen während des Ersten Weltkriegs aussprachen. Die Bayerische Staatsregierung hatte die Absicht, die gesetzlich vorgeschriebenen Wahlen ohne Rücksicht auf die Kriegssituation durchzuführen. Die Ansetzung bzw. Verschiebung der Wahlen fiel nicht in die Zuständigkeit des Landrats. Die Antragsteller hatten zwei Hauptargumente: Zum einen glaubten sie, dass ein Wahlkampf während des Krieges den „Burgfrieden" gefährde, zum anderen wiesen sie darauf hin, dass zehntausende Soldaten an der Front ihres Wahlrechts beraubt würden. Landrat Bierner, Bürgermeister der Stadt Freising, sprach sich aus formalen Gründen gegen den Antrag aus: „Das Gesetz und nicht die Staatsregierung fordert, daß die Wahlen abgehalten werden; die Staatsregierung muss das Gesetz respektieren."[151] Rehm warb dagegen um Annahme des Antrags und argumentierte: „Das allgemeine Volksempfinden ist für eine Verschiebung der Wahlen. Ob der Antrag formell berechtigt ist oder nicht, in der Frage sei-

---

148 Kraepelin 1983, S. 152
149 Brandl 1920, S. 259
150 Bieling 1937, S. 8
151 Kreisamtsblatt für Oberbayern 1914, S. 41

ne Meinung kund zu tun, ist ganz gleich, wir werden uns jedenfalls das Recht nicht nehmen lassen."[152] Der umstrittene Antrag wurde schließlich mit einer deutlichen Mehrheit von 31 gegen 16 Stimmen angenommen.

1.10.2.6 Antrag auf Zuschüsse an Gemeinden, die Arbeitslose unterstützen

Kurz darauf gerieten die Landräte Bierner und Rehm noch einmal heftig aneinander. Es ging um einen Antrag auf Gewährung von Zuschüssen an Gemeinden, die genötigt waren, ihre Arbeitslosen zu unterstützen. Landrat Stefan Bierner argumentierte: „Wir haben erst kürzlich gehört, daß von einer größeren Arbeitslosigkeit im Kreise Oberbayern nicht die Rede sein kann. Für den Stadtbezirk München erklärte ein kompetenter Kenner der Verhältnisse, daß die Arbeitslosigkeit *normal* sei. Auch in Freising kann von einer größeren Arbeitslosigkeit nicht gesprochen werden."[153] Rehm widersprach Bierner: „Wer im öffentlichen Leben steht, weiß, daß Not und Arbeitslosigkeit groß sind. Wenn das in Freising anders ist, so ist es vielleicht der Leistung des Vorredners zu verdanken. Wenn gesagt wird, die Arbeitslosigkeit sei eine normale, so muß ich sagen, der Umstand, daß Arbeitslosigkeit besteht, ist überhaupt kein normaler Zustand. [...] Wer arbeitslos ist, leidet Not, und wer Not leidet, wird krank und kann infolgedessen auch seine Pflichten nicht erfüllen."[154] Schließlich gelang es dem Arbeitersekretär Linus Funke, die Wogen im Landrat zu glätten: „Die Arbeitslosigkeit ist ein anomaler Zustand. [...] Wenn man den Durchschnitt der letzten drei Jahre nimmt und ihn mit dem heurigen Jahre vergleicht, dann ist das heurige Jahr in Bezug auf Arbeitslosigkeit allerdings normal. Dieser Vergleich ist aber nicht zulässig. Die Arbeiterkorporationen mußten in den letzten Jahren für die Arbeitslosen so erhebliche Opfer bringen, daß sie an der Grenze ihrer Leistungsfähigkeit angelangt sind."[155] Der Antrag wurde daraufhin einstimmig, also auch mit Zustimmung von Landrat Bierner angenommen.

1.10.2.7 Erster Weltkrieg: Kanzlersturzbewegung und Kriegszieldebatte

Bei Ausbruch des Ersten Weltkriegs im August 1914 glaubten die meisten Verantwortlichen an einen kurzen Feldzug. Die allgemeine Erwartung war, die Soldaten hätten in wenigen Monaten ihre Mission beendet und könnten an Weihnachten wieder nach Hause zurückkehren. Das war ein schwerwiegender Irrtum. Bereits im Jahr 1915 bildeten sich in München „vertrauliche politische Zirkel", in denen

---

152 Kreisamtsblatt für Oberbayern 1914, S. 42
153 Kreisamtsblatt für Oberbayern 1914, S. 72
154 Kreisamtsblatt für Oberbayern 1914, S. 75
155 Kreisamtsblatt für Oberbayern 1914, S. 76

die Kriegsziele diskutiert wurden. Eine erste Gruppe mit verschwörerischem Charakter wurde in München vom früheren königlich bayerischen Verkehrsminister Heinrich von Frauendorfer (1855–1921) und dem Nationalökonomen Edgar Jaffé (1866–1921) gegründet. Von Müller schrieb: „Der Kreis umfasste etwa zwanzig Teilnehmer, von sehr bunter politischer Farbe."[156] Frauendorfer und Jaffé sollten 1918 Mitglieder im Kabinett Kurt Eisners werden. Edgar Jaffé wird uns später als Patient der Kuranstalt Neufriedenheim wiederbegegnen.[157] Ob Ernst Rehm schon 1915 Jaffé als einer der ca. zwanzig Teilnehmer des Zirkels kennenlernte, ließ sich nicht klären. Auf jeden Fall engagierte er sich in den Folgejahren intensiv in konspirativen Kreisen rund um die Kriegszieldebatte. Je länger der Krieg dauerte, desto stärker wurde der Unmut in der Bevölkerung und desto umstrittener wurde die allgemeine politische Lage. Rechte Intellektuelle und Unternehmer schossen sich auf den moderaten Reichskanzler Theobald von Bethmann-Hollweg ein. Die feindlichen Staaten sollten mit hohen Reparationszahlungen bestraft werden. Diese rechten Oppositionellen wurden auch als Nationalisten oder als „Alldeutsche" bezeichnet. Die „Kanzlersturz-Bewegung" hatte ihren Ursprung zunächst in Berlin, verlagerte sich aber im Laufe des Jahres 1916 mehr und mehr nach München.[158] Der alldeutsche „Unabhängige Ausschuss für einen deutschen Frieden" (UAdF) richtete sich gegen die Politik des Reichskanzlers. Als Gegenbewegung bildet sich der regierungsfreundliche „Deutsche Nationalausschuss für einen ehrenvollen Frieden" (DNeF), der u. a. von Albert Einstein, Max Planck und Max Weber unterstützt wurde.[159] Auf Seiten der „Alldeutschen" engagierten sich auch Ernst Rehm und Emil Kraepelin. Kraepelin kümmerte sich um den Aufbau einer Vertrauensmännergruppe des UAdF und stellte für deren Treffen Räume in der Psychiatrischen Klinik der Universität zur Verfügung.[160] Im März 1916 erschien das Flugblatt: „Richtlinien für Wege zu einem dauernden Frieden", in dem die Kriegsziele hoch angesetzt wurden. Zu den 91 Unterzeichnern gehörten Kraepelin und Rehm.[161] Rehm unterzeichnete das Flugblatt als Mitglied des „Fortschrittlichen Volksvereins München". Ebenso unterzeichnete Rehm den Aufruf zu zwei öffentlichen Versammlungen am 29.7.1916 und 3.8.1916, auf denen die Redner Graf Reventlow aus Berlin und der Theologe Gottfried Traub aus Dortmund auftreten sollten, beides Repräsentanten der Kanzlersturzbewegung.[162] Rehm trat als Organisator der geplanten

---

156 von Müller 1954, S. 66 f
157 Vgl. Kap. 2.4.8
158 Kraepelin 2009, S. 20 ff
159 Kraepelin 2009, S. 23 f
160 Kraepelin 2009, S. 22
161 Bayerisches Hauptstaatsarchiv: MKr 13876
162 Augsburger Postzeitung vom 27.6.1916, No. 341: Die „Nationalisten" in Bayern bei der Arbeit

Veranstaltung mit Traub auf. Das bayerische Kriegsministerium untersagte den Auftritt Traubs in München mit einem an Rehm adressierten Schreiben.[163]

1.10.2.8 Der Volksausschuß für die rasche Niederkämpfung Englands

Ende 1916 bildete sich in München ein „Volksausschuß für die rasche Niederkämpfung Englands" und erhöhte den Druck auf Bethmann-Hollweg. In einem Aufruf des Volksausschusses hieß es u. a.: „England ist es, das stets neue Völker gegen uns hetzt. [...] England ist bei weitem der zäheste Gegner! [...] Die einzige Möglichkeit, zu einem raschen, siegreichen Ende zu kommen, ist die schärfste Kriegsführung zur See und in der Luft gegen den Völkerverhetzer England, der den Krieg angestiftet hat und immer weiter schürt."[164] Dieser Aufruf wurde von 28 hochgestellten Persönlichkeiten unterzeichnet, darunter mehrere Landtagsabgeordnete und Professoren sowie „Hofrat Dr. Rehm". Bethmann-Hollweg wurde im Juli 1917 schließlich zum Rücktritt gedrängt. An dem antibritischen Volksausschuss nahm Edgar Jaffé mit Sicherheit nicht mehr teil, denn „Jaffé verteidigte bereits [1915], gegen die allgemeine Meinung, daß Edward Grey[165] kein Kriegstreiber gewesen sei."[166] Als im Januar 1923 das Ruhrgebiet besetzt wurde, trat der längst tot geglaubte „Volksausschuß für die rasche Niederkämpfung Englands" im Februar und März 1923 erneut zu zwei Sitzungen zusammen, um eine Resolution auszuarbeiten. Dieses Treffen reorganisierten die Hauptakteure aus dem Jahr 1916. Mit dabei waren wieder Rehm, Kraepelin und Traub, der 1921 nach München umgesiedelt war.[167]

1.10.2.9 Die Deutsche Vaterlandspartei

Die Deutsche Vaterlandspartei (DVLP) wurde im September 1917 in Berlin gegründet; kurz darauf formierte sich ein bayerischer Landesverband. Sarah Hadry bezeichnet diese Partei als ein „Sammelbecken der extremen politischen Rechten", die „Züge einer protofaschistischen Massenbewegung" aufwies.[168] Die Partei war ein Sammelbecken von Gegnern eines „Verständigungsfriedens", wie er von der Mehrheit des Reichstags angestrebt wurde. Stattdessen wollte die DVLP bis zu einem „Siegfrieden" weiterkämpfen, mit dem Ziel möglichst vieler Annexionen. Die Partei rekrutierte ihre Mitglieder zum großen Teil aus der Kanzlersturzbewegung.

---

163 Bayerisches Hauptstaatsarchiv: MA 95148
164 Kraepelin 2009, S. 181–185
165 Edward Grey (1862–1933). Britischer Außenminister von bis 1905 bis 1916
166 von Müller 1954, S. 68
167 Kraepelin 2013, S. 63–64
168 Hadry: Historisches Lexikon Bayerns

Rehm und Kraepelin gehörten dem 14-köpfigen engeren Ausschuss des bayerischen Landesverbands der DVLP an.[169]

1.10.3 Weimarer Republik

Mit dem Ende des Königreichs Bayern endete auch die Amtszeit von Ernst Rehm als Landrat von Oberbayern. Rehm war von 1906 bis 1918 von der Stadt München in den Landrat delegiert worden. Nach der Revolution von 1918 wurde der Landrat erstmalig durch freie Wahlen vom Volk bestimmt. Ernst Rehm trat zu diesen Wahlen nicht an. Mit dem demokratischen System der Weimarer Republik wollte er nichts zu tun haben. Frustriert zog er sich aus der aktiven Politik zurück. Dieser Rückzug geschah im Gleichschritt mit Kraepelin.

Laut Bresler hat Rehm am 8. November 1923 persönlich an der Versammlung im Bürgerbräukeller am Vorabend von Hitlers „Marsch zur Feldherrnhalle" teilgenommen.[170] Später soll Rehm mit Stolz darauf hingewiesen haben, bereits an diesem Abend zu einem „treuen Anhänger des Führers" geworden zu sein. Am „Marsch zur Feldherrnhalle" hat Rehm dagegen nicht teilgenommen. Max Dingler, der ältere Bruder von Rehms Schwiegersohn Heinrich Dingler, war Teilnehmer am gescheiterten Hitler-Ludendorff Putsch.[171] Rehm und Max Dingler sollten sich spätestens im Februar 1920 kennengelernt haben, als Rehms Tochter Hedwig und Heinrich Dingler heirateten. Für einen engeren Kontakt zwischen Ernst Rehm und Max Dingler gibt es allerdings keine Belege.

1.10.4 Aktivitäten im Nationalsozialismus

Rehm trat am 1.4.1933 in die NSDAP ein.[172] Nach allen vorliegenden Dokumenten und nach Aussagen von Nachfahren vollzog er diesen Schritt aus Überzeugung. Die Leitung seiner Kuranstalt setzte keineswegs zwingend eine NSDAP-Mitgliedschaft voraus. Als Gegenbeispiel kann der Direktor der Kuranstalt Obersendling, Karl Ranke, herangezogen werden. Ranke trat im Gegensatz zu Rehm nicht in die NSDAP ein. Rehms Parteimitgliedschaft dürfte allerdings die Führung seiner Kuranstalt erleichtert haben. Auch sein 1935 nach Neufriedenheim zurückgekehrter

---

169 Hadry: Historisches Lexikon Bayerns
170 Bresler 1940
171 Litten 1996. Raim ist von Max Dinglers Teilnahme am „Marsch zur Feldherrnhalle" nicht überzeugt. Raim 2021, S. 155
172 nach anderen Angaben am 1. bzw. 11. Mai 1933

Bruder Otto Rehm war seit 1933 Mitglied der NSDAP. Rehms Töchter und Schwiegersöhne[173] waren zunächst keine Parteimitglieder. Sie gehörten aber Parteiunterorganisationen an, wie der Deutschen Arbeitsfront (DAF), der Nationalsozialistischen Volkswohlfahrt (NSV) oder dem Nationalsozialistischen Ärztebund. Hilda und Leo Baumüller traten 1937 in die NSDAP ein.

1.10.4.1 Leiter eines Parteiamts und Blockleiter

Rehm bekleidete als Mittsiebziger im NSDAP-Ortsverband München Laim-West das „Amt für Ärzte".[174] Dabei konnte er auf seine Erfahrungen als Ärztefunktionär sowie als „Gesundheitsreferent" im Landrat von Oberbayern zurückgreifen. Wie Rehm dieses Parteiamt ausgefüllt hat, dazu gibt es keine Dokumente. Bei der Organisation von Parteiveranstaltungen in München-Laim trat Rehm nicht in Erscheinung. Es muss davon ausgegangen werden, dass die Nazis den angesehenen Arzt als Aushängeschild benutzten. In die Tagespolitik mischte er sich wohl eher nicht ein. Das „Amt für Ärzte" der Ortsgruppe Laim-West wurde spätestens im Jahr 1939 aufgelöst. Danach fungierte Rehm als ehrenamtlicher „Blockleiter". Als „Dienstkleidung" besaß er schwarze Stiefel, Schuhe und Gamaschen, eine hellbraune Diensthose und -bluse, einen Dienstmantel und Leibriemen.[175]

1.10.4.2 Goldenes Parteiabzeichen

Laut Aussage von Norbert Winkler soll Ernst Rehm Träger des Goldenen Parteiabzeichens gewesen sein.[176] Diese Aussage geht auf das Foto „H28-024" zurück. Es zeigt Rehm am Neujahrstag 1940, zwei Wochen vor seinem 80. Geburtstag.

Auf Rehms Jackett ist ein NSDAP-Parteiabzeichen gut zu erkennen. Das Foto ist aber kein Beleg für ein *Goldenes* Parteiabzeichen. Laut einem Experten des Bundesarchivs lässt sich das einfache Parteiabzeichen auf einem Schwarz-Weiß-Foto nicht von einem goldenen Parteiabzeichen unterscheiden. Verschiedene Dokumente sprechen deutlich gegen die Annahme, Rehm sei ein Träger des „Goldenen Ehrenzeichens" gewesen: In der parteistatistischen Erhebung vom 1. Juli 1939 gab Rehm selbst an, kein Träger von Parteiauszeichnungen zu sein. Wenn überhaupt, dann hätte Rehm das „Goldene Ehrenzeichen" also nach dem 1. Juli 1939

---

173 mit Ausnahme von Otto Wuth
174 Staatsarchiv München: NSDAP 239
175 Bundesarchiv: Parteistatistische Erhebung; Ernst Rehm vom 1.7.1939
176 Norbert Winkler (Historischer Verein Laim) sprach am 05.08.2002 mit dem Rehm-Enkel Peter Baumüller†. In einem Brief an Markus Beetz beantwortete Winkler die Frage, ob Rehm Mitglied in Laimer Vereinen war: „Er war aber Mitglied in der NSDAP und war Träger des goldenen Parteiabzeichens (siehe Bild H28-024)."

Abb. 1.5: Ernst Rehm mit NSDAP-Parteiabzeichen (Bild: „H28-024")

erhalten müssen. In die NSDAP-Gaukarten der Träger von „Goldenen Ehrenzeichen" wurde regelmäßig ein „E" eingetragen. Auf Ernst Rehms NSDAP-Gaukarte fehlt diese Eintragung. Winklers Aussage, die auch der Autor früher übernommen hatte,[177] beruht also wahrscheinlich auf einer Fehlinterpretation des Fotos H28-024.

1.10.4.3 Rehm übt Druck auf Hilda und Leo Baumüller aus

Hilda und Leo Baumüller waren zunächst keine Mitglieder der NSDAP. Im Jahr 1937 erklärte Rehm seinem Schwiegersohn, dem faktischen Anstaltsleiter Leo Baumüller, Voraussetzung für die Erneuerung seiner auslaufenden Lizenz zur Leitung des Sanatoriums sei die Mitgliedschaft in der NSDAP.[178] Baumüller, der sich berechtigte Hoffnungen auf die Übernahme der Kuranstalt machen durfte, stand vor der Wahl, entweder in die NSDAP einzutreten, oder seine Existenz aufzugeben. Er trat der NSDAP bei und wurde auch Mitglied in der „SA-Reserve", ohne sich allerdings aktiv zu betätigen.

---

[177] Lampe 2016, S. 162
[178] Staatsarchiv München: SpK K 93. Leonhard Baumüller

1.10.4.4 Zuverlässigkeitsprüfung durch die NSDAP

Anfang September 1939 initiierte die „Kanzlei des Führers der NSDAP" eine Überprüfung der politischen Zuverlässigkeit von Ernst Rehm.[179] Das Anschreiben wurde von Reichshauptstellenleiter Hans Hefelmann[180] unterschrieben. „Aus gegebener Veranlassung bitte ich um eine möglichst ausführliche politische Beurteilung der in beiliegender Aufstellung aufgeführten Volks- und Parteigenossen. Neben anderem bitte ich insbesondere um Feststellung, ob und seit wann Angehöriger der Bewegung und über Betätigung innerhalb derselben sowie um Ermittlung, wieweit der Betreffende kirchlich gebunden ist." Angeschrieben wurden das „Amt für Volksgesundheit" (AfV) und die NSDAP-Ortsgruppe Laim-West, die unabhängig voneinander aufgefordert wurden, einen Fragebogen über Rehm auszufüllen sowie eine verbale Beurteilung abzugeben. Auf diese Überprüfung werden wir in Kapitel 3.6.2.2 zurückkommen.

1.11 Ernst Rehm als Geschäftsmann

Es besteht kein Zweifel, dass die Führung einer Privatklinik über fünf Jahrzehnte unternehmerisches Geschick und betriebswirtschaftliches Denken voraussetzen. Rehms Vorgänger Kraus und Heinzelmann hatten den Aufwand zum Aufbau der Klinik gewaltig unterschätzt und waren daran letztlich gescheitert. Ernst Rehm kam es sicherlich zu Gute, dass seine Ehefrau Elisabeth aus einer Unternehmerfamilie stammte. Einerseits schuf sie durch Ihre Mitgift die Voraussetzungen zum Erwerb Neufriedenheims, andererseits ist davon auszugehen, dass sie in geschäftlichen Dingen ein erhebliches Wort mitzureden hatte. Nach ihrem Tod im Jahre 1932 kümmerte sich ihre Tochter Hilda Baumüller, eine ausgebildete Fachärztin für Nervenkrankheiten, vorwiegend um die Verwaltung der Kuranstalt. Neben dem Ausbau, der Instandhaltung und der Leitung von Neufriedenheim blieb Rehm aber noch Zeit für weitere geschäftliche Aktivitäten. Offenbar warf der Kurbetrieb schon um die Jahrhundertwende bis etwa in die 1920er-Jahre erhebliche Gewinne ab, die nachhaltig angelegt werden mussten. Rehm konzentrierte sich auf den Erwerb und die Bewirtschaftung von landwirtschaftlichen Grundstücken im Münchner Südwesten. Dabei spekulierte Rehm sicherlich auch auf Wertsteigerungen durch künftige Umwandlung der Äcker in Bauland. Auch an Kiesgruben

---

[179] Bundesarchiv
[180] Hans Hefelmann (1906–1986), Leiter der Abteilung IIb in der „Kanzlei des Führers". Hefelmann war maßgeblich für das „Euthanasie"-Programm zuständig.

zeigte Rehm Interesse. Die Landwirtschaft lieferte „einen großen Teil der für das Sanatorium und seine Bewohner notwendigen landwirtschaftlichen Erzeugnisse."[181]

1.11.1 Grundstücke in Laim, Großhadern und Neuried

Die Kuranstalt auf dem Gebiet von Laim mit ihrem weitläufigen Kurpark umfasste eine Fläche von 12 ha. Für das Jahr 1900 ist der Kauf einer Kiesgrube in der Größe von einem halben Tagwerk für 17.000 Mark belegt.[182] Den Kies benötigte Rehm vermutlich für den Unterhalt seines Wegesystems und für seine Baumaßnahmen. Anfang 1901 wurde der Neurieder Hof und das dazugehörige Anwesen in Neuried für 270.000 Mark an die Unionsbrauerei Schülein & Co verkauft. Rehm erwarb aus diesem Besitz 55 Tagwerk[183] (ca. 19 ha) Ackerland zum Preis von 110.000 Mark und ein Jahr später weitere 15 Tagwerk (ca. 5 ha).[184] In den Folgejahren kaufte Rehm den Neurieder Bauern mehr oder weniger alles ab, was an Ackerland käuflich zu erwerben war. Er zahlte anfangs pro Tagwerk zwischen 1.000 und 2.000 Mark. Zwar lag der Schwerpunkt seiner Käufe am westlichen Ortsrand, er kaufte aber auch im Norden und Osten von Neuried sowie in der Ortsmitte. Auf dem Höhepunkt seines Engagements, im Jahr 1923, besaß Rehm mit 149 Tagwerk (knapp 50 ha) fast ein Viertel (24,2 %) der gesamten Neurieder Ackerfläche.[185]

1.11.1.1 Bau eines Sanatoriums in Neuried

Offenbar gab Rehm gegenüber den Neurieder Landwirten an, in Neuried eine Klinik errichten zu wollen. In Neuried ist man bis heute von seinen Klinikplänen überzeugt. Diese Überzeugung entwickelte sich bereits kurz nachdem Rehm in Neuried aktiv wurde: Bürgermeister Paul Bichlmair schrieb schon im Jahr 1902 an das Bezirksamt München, dem Gemeinderat sei bekannt, „daß Herr Dr. Rehm dirigierender Arzt an der Heilanstalt Neu-Friedenheim-München beabsichtigt in der Flur Neuried auf seinem Grundbesitz eine Heilanstalt zu erbauen – und eine Wasserleitung herstellen zu lassen in 2 Jahren."[186] Dass Rehm tatsächlich jemals die Absicht zum Bau eines Sanatoriums in Neuried gehabt haben sollte, erscheint

---

181 Rehm 1927
182 Staatsarchiv München: Kataster 12288, Seite 154'/8
183 Tagwerk: altes süddeutsches Flächenmaß, das vor allem in der Landwirtschaft verwendet wurde; ein bayerisches Tagwerk entspricht ca. 3407 m^2
184 Maier 1998
185 Gemeindearchiv Neuried: A753/2 – Jagdpachtverteilungsliste aus Holzerlös (1923)
186 Archiv der Freiwilligen Feuerwehr Neuried – ohne Signatur

nach intensiven Recherchen allerdings recht unwahrscheinlich. Vielmehr ist davon auszugehen, dass er mit dem Narrativ seiner Klinikbaupläne die Neigung der Bauern zum Verkauf ihrer Äcker stärken wollte. Grundsätzlich ist jedenfalls klar, dass die Bauern ohne Not keinen Grund verkaufen wollen. Karl Ranke schrieb über den Kauf des Geländes für seine Klinik am Isarhochufer in Obersendling: Der Landwirt Joseph Mayr aus Solln habe sein Grundstück im Jahr 1892 nur deshalb an seinen Schwiegervater Prof. Linde verkauft, weil ihn die Pläne für eine Heilanstalt überzeugten und er sich „sicher gewesen sei, keinen der damals München überlaufenden Bodenspekulanten vor sich zu haben."[187] Da Rehm und Ranke offen kommunizierten, wird Rehm auch über die Einstellung des Landwirts Joseph Mayr informiert gewesen sein. Dass bei Rehm der Gedanke an Bodenspekulation schon früh vorhanden war, zeigte sich bei einem Spaziergang im Jahr 1892 zum noch unbebauten Grundstück für Rankes Kuranstalt in Obersendling. Rehm verwies Ranke darauf, „daß das Erwerben des Platzes eine sichere Kapitalanlage sei, auch wenn keine Anstalt auf ihm gebaut würde."[188] Es ist daher gut vorstellbar, dass Rehm gegenüber den Neurieder Bauern lediglich vorgab, eine Klinik bauen zu wollen, um den Kauf der Äcker zu erleichtern. Es gibt aber eine Reihe von weiteren Argumenten, die gegen konkrete Klinikpläne von Rehm in Neuried sprechen. Weder im Archiv der Gemeinde Neuried noch im Staatsarchiv München gibt es irgendwelche Hinweise auf Baupläne oder Anträge zum Bau einer Klinik in Neuried. Rehm hatte einfach keinen Bedarf für eine zweite private Anstalt, denn Neufriedenheim bot reichlich Platz für Erweiterungen. Im Jahre 1906 setzte sich Rehm als Mitglied des Landrats von Oberbayern zwar vehement für den Bau einer weiteren Kreisirrenanstalt in Oberbayern ein. Neuried war als Standort für diese neue Kreisirrenanstalt allerdings nie im Gespräch. Auch die schlechte verkehrstechnische Anbindung Neurieds widersprach Rehms eigenen Vorstellungen von einem geeigneten Klinikstandort. Rehm selbst hatte in seinem Vortrag über die Reform des Irrenwesens in Bayern gefordert, neu zu gründende Irrenanstalten müssten in der Nähe eines Bahnanschlusses liegen. Nicht zuletzt geben auch Rehms Nachfahren an, nie etwas von Plänen zu einer weiteren Klinik gehört zu haben. Sehr viel wahrscheinlicher ist also, dass Rehm die Ackerflächen für die Versorgung seiner Klinik mit landwirtschaftlichen Produkten benötigte und zugleich auf Wertsteigerungen spekulierte.

---

187 Ranke, S. 352
188 Ranke, S. 349

1.11.1.2 Kauf des Neurieder Hofs

Im Jahr 1922 kaufte Rehm den Neurieder Hof, eine Traditionsgaststätte in der Neurieder Ortsmitte. Aus dem Neurieder Hof heraus sollte sein Schwiegersohn Heinrich Dingler die Landwirtschaft in Neuried betreiben. Damit sollten auch die landwirtschaftlichen Erzeugnisse für die Kuranstalt erwirtschaftet werden. Rehm war mit den Leistungen Dinglers allerdings sehr unzufrieden. Im Jahr 1930 wurde Dingler von seinen Aufgaben entbunden. Rehm kaufte ihm ein Haus in Murnau, wo auch sein Bruder Max Dingler, wohnte.

1.11.1.3 Grundstücksverkäufe

Rehm kaufte sich zwar im großen Stil ein, er verkaufte oder tauschte aber auch hin und wieder Grundstücke in Neuried. Bereits 1910 verkaufte er ein Grundstück in der Ortsmitte an die Gemeinde Neuried, auf dem das erste Neurieder Schulhaus errichtet wurde.[189] Im Jahr 1927 verkaufte Rehm ein 10 ha großes Grundstück am westlichen Waldrand an die Heilig-Geist-Spital Stiftung. Aber noch im Jahr 1929 ist ein „Landwirtschaftlicher Betrieb Dr. Ernst Rehm" mit einer Größe von 42 ha belegt.[190] Nach der „Verbannung" von Heinrich Dingler nach Murnau verpachtete Rehm seine Neurieder Ländereien zunächst an heimische Bauern. Die Zahlungsmoral der Landwirte ließ allerdings zu wünschen übrig. Rehm schrieb Anfang 1932 an die Gemeindeverwaltung in Neuried: „Daß es den Landwirten schlecht geht, weiß ich. Anderen geht es ebenso schlecht, insbes. auch mir; da zahlungsfähige Kranke für meine Anstalt immer weniger werden […]. Ich glaube, daß die Landwirte doch immer noch besser daran sind."[191] Dieser Brief ist ein erster Beleg dafür, dass Rehm mit seiner Kuranstalt 1932 in finanziellen Schwierigkeiten war, und dass es ihm schwer fiel, Patienten für seine Kuranstalt zu akquirieren. Rehm kündigte die Pachtverträge in Neuried. Auf einem Teil seiner Äcker errichtete er mit dem Unternehmerehepaar Lotte und Stefan Röhrl eine Kiesgrube unmittelbar am südlichen Ortsrand. Der größere Teil seiner Flächen wurde in kleinere Grundstücke parzelliert und Münchner Kleinbürgern zum Kauf angeboten. Im November 1932 schrieb Rehm dem Neurieder Bürgermeister: „Daß ich jetzt die Grundstücke verkaufen muß, ist mir selbst nichts weniger als angenehm, ich bin aber durch die allgemeine wirtschaftliche Lage dazu gezwungen."[192] Die Grundstücke am Waldrand waren abgelegen und ohne Baurecht. Die neuen Besitzer durften zu-

---

189 Das Gebäude an der Planegger Str. 2 steht heute unter Denkmalschutz. Nach dem Bau einer neuen Schule im Jahr 1960 wurde es zum Neurieder Rathaus. Heute, im Jahr 2023 ist dort das Bauamt und das Gemeindearchiv untergebracht.
190 Gemeindearchiv Neuried: A72/1
191 Gemeindearchiv Neuried: A 611/2
192 Gemeindearchiv Neuried: A 611/2

nächst nur Kleingärten anlegen. Die Kiesgrube der Firma Röhrl, an der Rehm einen Anteil von 50 % hielt, wurde ständig erweitert und entwickelte sich im Dritten Reich zu einer wahren Goldgrube. Sie lieferte Kies u. a. für den Ausbau der „Hauptstadt der Bewegung", für den Bau von Reichsautobahnen und für den Westwall.

1.11.1.4 Großhadern und die Kurparksiedlung
Die Kuranstalt Neufriedenheim lag auf der östlich Seite der Fürstenrieder Straße. Die gegenüberliegende Straßenseite gehörte zur Gemeinde Großhadern. Auch dort besaß Rehm Grundstücke. Anfang der 1930er-Jahre bot eine Münchner Immobiliengesellschaft „im Auftrag von Dr. Rehm und anderen" 350 Bauplätze westlich und südlich des Kurparks zum Verkauf an. Ein Käufer gibt den Kaufpreis seines Bauplatzes mit 2265 Mark an.[193] Ab 1935 entstand auf dem Gelände die heute noch als Ensemble erhaltene „Kurparksiedlung" in Großhadern. Die Namen aller neu angelegten Straßen westlich der Fürstenrieder Straße hatten einen Bezug zur Familie Rehm und seiner Kuranstalt: Neben der Kurparkstraße und dem Neufriedenheimer Platz wurden sie nach den Vornamen von Mitgliedern der Großfamilie Rehm benannt: Ernststraße, Hildastraße und Gertrudstraße (zwei Töchter), Leostraße (Schwiegersohn), Emmastraße (Schwester), Peterstraße und Brigittenstraße (zwei Enkel).[194] Rehm konnte also die Straßennahmen in der Neubausiedlung selbst bestimmen. Bemerkenswert dabei ist, dass Rehm keine Straße nach seiner Ehefrau Elisabeth und nach seinen Töchtern Karoline und Hedwig benannte. Die Töchter Hilda und Gertrud sowie Schwiegersohn Leo Baumüller wurden um das Jahr 1935 von Rehm offenbar besonders geschätzt. Auch bei seinen Enkeln gab es wohl Präferenzen. Kurz nach dem Ende des Zweiten Weltkrieges wurden alle diese nach Familienmitgliedern benannten Straßen umbenannt, mit Ausnahme der Leostraße, die ihren Namen aus unbekannten Gründen bis heute beibehalten hat.[195] Beim Bau der Kurparksiedlung entstand auch eine neue Straße südlich des Neufriedenheimer Kurparks. Diese Straße wurde nach dem Schriftsteller Heinrich-Heine benannt. Es gibt keine Hinweise darauf, dass auch dieser Straßenname auf Rehms Initiative zurückzuführen wäre. Die Heinrich-Heine-Straße fiel dem Antisemitismus der NS-Zeit zum Opfer.

---

193 Liepold 2003, S. 10, 12 und 13
194 Die ursprünglichen Straßennamen finden sich bei Liepold 2003, S. 12. Zuordnung durch R. L.
195 Das Standardwerk „Die Münchner Straßennamen" von Hans Dollinger gibt eine andere Erklärung für den Namen „Leostraße" an. Vermutlich ist dem Autor die ursprüngliche Herkunft des Straßennamens nicht bekannt.

1.12 Rehm privat

Über Ernst Rehms Hobbies und Vorlieben ist relativ wenig bekannt. Offenbar rauchte er gerne Zigarren. Anders als sein Vater Heinrich Rehm oder sein langjähriger Oberarzt Otto Kaiser, die sich mit biologischen Forschungen beschäftigten, blieb ihm neben seiner Direktorentätigkeit, seinem geschäftlichen, politischen und gesellschaftlichen Engagement wahrscheinlich nicht viel freie Zeit. Johannes Bresler schrieb in einer Würdigung zu Rehms 80. Geburtstag, Rehm habe auch im Alter von 80 Jahren noch jeden Morgen täglich Gymnastik ausgeübt. Er sei ein passionierter Bergsteiger gewesen und soll „die meisten Spitzen der Ostalpen und teilweise der Schweiz" bestiegen haben. Zudem habe er Radsport betrieben und galt als guter Schwimmer.[196] Aus verschiedenen Quellen wissen wir von einer regen Reisetätigkeit: So schrieb Mathilde Schneider, das Ehepaar Baumüller habe seit 20 Jahren teils auch sehr selbständig in Neufriedenheim gearbeitet, „wenn Geheimrat Rehm längere Zeit verreist war."[197] Am 19. Dezember 1931 hielt sich Rehm in Kamnik in Jugoslawien (heute: Slowenien) auf, wie einem Briefkopf zu entnehmen ist.[198] Auch mit seiner zweiten Ehefrau ging Rehm nach Erzählungen seiner Nachfahren gerne auf Reisen. Als reisefreudig wird auch Rehms älteste Tochter Karoline Wuth beschrieben. Vom März 1925 liegt eine vermutlich von ihrem ältesten Sohn Ernst in Neufriedenheim abgefasste Postkarte vor. „Lini" Wuth hielt sich zusammen mit ihrer Mutter Else Rehm im Hotel Austria in Bozen-Gries auf. Später soll sie des Öfteren mit ihrem behinderten Sohn Georg verreist sein.

1.13 Ernst Rehms Tod

Beim Verkauf der Direktorenvilla hatte sich Rehm ein lebenslanges kostenloses Wohnrecht einräumen lassen. Außerdem hatte er sich von der NSV freie Kost und Pflege seiner Wäsche zusichern lassen. Nach dem Tod von Marimargret wohnte ihre Schwester Magdalena Ludwig zusammen mit Rehm in der Villa und kümmerte sich um den restlichen Haushalt. Rehm starb am 12. April 1945 im Alter von 85 Jahren kurz vor Ende des Zweiten Weltkriegs eines natürlichen Todes. Der rechtzeitige Tod ersparte ihm die Internierung durch die am 30. April einrückenden amerikanischen Truppen. Ernst Rehms Todesanzeige wurde von „der beim Ableben zugegen gewesenen Magdalena Ludwig, ohne Beruf, wohnhaft in München,

---

[196] Bresler 1940, S. 52
[197] Staatsarchiv München: SpkA K93, Hilda Baumüller; Eidesstattliche Erklärung Mathilde Schneider vom 12.07.1946
[198] Gemeindearchiv Neuried: A611/2. Siehe: Anh. A5

Fürstenrieder Straße 155a" abgegeben und unterzeichnet. Als Todesursache ist angegeben: „Herzleiden, Ödeme, Herzschwäche".[199] Im polizeilichen Meldebogen Rehms ist bei Religion „pr". (protestantisch) eingetragen. Demnach war Rehm nicht aus der Kirche ausgetreten. Nach ausführlichen Recherchen im Pfarramt der Evang.-Luth. Paul-Gerhardt-Kirche in München-Laim sowie im Kirchenregisteramt muss aber davon ausgegangen werden, dass Ernst Rehm nicht kirchlich bestattet wurde.[200] Im „Völkischen Beobachter" wurde der Tod in einer kurzen Traueranzeige vermeldet: „**Dr. Ernst Rehm** Pg., Geh. Sanitätsrat, Begründer u. Leiter des früh. Sanatoriums Neufriedenheim, geb., 15.1.1860, gest. 12.4.1945 Neufriedenheim. Magdalena Ludwig, Schwägerin. Feuerbestattung Dienstag, 17.4., 10 Uhr, Krematorium." Seine Töchter, Schwiegersöhne und Enkel werden in der Anzeige nicht erwähnt. Der Münchner Waldfriedhof, auf dem sich das Familiengrab befand, verfügt über kein Krematorium. Die Beisetzung auf dem Waldfriedhof, Alter Teil: 34-W-13, fand am 27. April statt.[201] Rehm fand seine letzte Ruhestätte neben seinen Eltern, seinen beiden Ehefrauen, drei Brüdern, zwei Schwestern sowie neben Paul Schwemann, dem Ex-Mann seiner 2. Ehefrau Marimargret. Töchter, Schwiegersöhne und Enkel waren bei der Beisetzung nicht anwesend. Die Abwesenheit von Rehms Nachfahren am Sterbebett, in der Traueranzeige und bei der Bestattung verdeutlicht, wie tief der Riss in der Familie war. Rehm war zeitlebens ein ausgeprägter Familienmensch gewesen. Sein 80. Geburtstag im Jahre 1940 wurde noch im großen Familienkreis gefeiert. Nach Ernst Rehm wurden keine weiteren Familienmitglieder mehr im Familiengrab beigesetzt. Das Grab wurde zuletzt im Jahr 1970 von der Grabbesitzerin Magdalena Ludwig um weitere sieben Jahre verlängert. Nach Ablauf dieser Frist wurde es aufgelöst und anderweitig vergeben.

---

199 Stadtarchiv München: Sterbeurkunde Standesamt IV, Nr. 1702 vom 13. April 1945
200 Email Pfarramt der Paul-Gerhard-Kirche vom 25.10.2022: „Unsere Mitarbeiterin im Gemeindekirchenamt hat alle Bestattungsbücher durchgesehen, die das Kirchengemeindeamt hat, aber nirgends war ein Eintrag 1945 für Herrn Rehm zu finden."
201 Lt. Eintragung im Grabbuch des Münchner Waldfriedhofs; s. Anh. A2

2 Die Kuranstalt Neufriedenheim

2.1 Die Gründung von Neufriedenheim

Hubert Grashey förderte den Gedanken, neben den öffentlichen Kreisirrenanstalten private psychiatrische Anstalten in Bayern zu etablieren. Solche privaten Anstalten gab es z. B. im Rheinland schon seit Mitte des 19. Jahrhunderts.[1] Die privaten Anstalten konnten einerseits die chronisch überbelegten öffentlichen Anstalten entlasten, andererseits konnten sie wohlhabenden Patienten eine individuellere Betreuung, mehr Komfort und zusätzliche Dienstleistungen anbieten. Grashey wurde auch gelegentlich mit den Wünschen von Privatpatienten nach bestmöglicher medizinischer Betreuung in gehobenem hotelähnlichen Ambiente konfrontiert. So wurde z. B. Moritz Bendit bereits Ende 1891 auf Empfehlung von Grashey in die Nervenheilanstalt Dr. Georg Fischer in Konstanz aufgenommen (vgl. Kap. 3.2.3).

Der Allgemeinmediziner Dr. Karl Kraus (*1854), der ein Praktikum bei Grashey an der Kreisirrenanstalt gemacht hatte, kaufte im Jahr 1890 ein 7 ha großes Grundstück in der Gemeinde Laim westlich von München und baute darauf ein Anstaltsgebäude, das am 1. Oktober 1891 seinen Betrieb als „Asyl Neufriedenheim" aufnahm. Als Kompagnon stand ihm der gelernte Internist Dr. Hugo Heinzelmann (1862–1896), Assistenzarzt an der Kreisirrenanstalt, zur Seite. Heinzelmann wurde ab Oktober 1891 von Grashey zur Betreuung von König Otto in Fürstenried eingesetzt. Er wollte zunächst noch einige Jahre praktische Erfahrung in der Psychiatrie in Giesing und Fürstenried sammeln. Daher hatte er ursprünglich die Absicht, erst später nach Neufriedenheim zu wechseln. Da Kraus und Heinzelmann fachlich nicht in der Lage waren, eine psychiatrische Anstalt zu leiten, engagierten sie einen weiteren Assistenzarzt der Kreisirrenanstalt, den Psychiater Dr. Karl Ranke (1861–1951) und stellten ihm in Aussicht, er könne sich ggf. später zu gleichen Konditionen an Neufriedenheim beteiligen. Ranke schrieb in einem Brief an seine Eltern: „Es kommt euch vielleicht unverschämt vor, wenn ich so spreche, aber es ist wirklich so, das schlimmste an meiner Position ist, daß ich allein die Erfahrung und Kenntniß wenigstens teilweise besitze, die zur praktischen Psychiatrie gehören. Mit dem guten Herzen und allem Eifer ist es nicht getan. Genug wissen wir aber alle miteinander nicht, und das lastet Tag und Nacht auf mir."[2] Völlig überraschend für Kraus und Ranke entschloss sich Heinzelmann entgegen seiner Ankündigung doch schon bald nach Neufriedenheim wechseln zu wollen. Ranke schrieb

---

1 Friedhofen et al. 2008, S. 8
2 Ranke: Brief an seine Eltern und Geschwister vom 22. Januar 1892

an seinen Bruder Fritz: „Ich sagte dir, daß der Eintritt eines Dritten finanziell stark beteiligten Arztes in Neufriedenheim zu erwarten sei [...]. Schien es nun jetzt einige Zeit so, als ob diese Eventualität für Jahre hinausgerückt sei, so ist vor wenigen Tagen die Nachricht eingetroffen, daß der Dr. Heinzelmann schon im Laufe dieses Frühjahrs, und zwar gleich mit seiner Mutter zusammen, nach Neufriedenheim übersiedeln will. Es hängt das wohl damit zusammen, daß dem Kollegen seine jetzige Stellung (meine frühere) einigermaßen unbehaglich geworden ist durch allerhand persönliche Streiche [...]. Mir hat der gleiche Herr vor einem halben Jahr noch gesagt, er dächte nicht daran, vor 5 Jahren herauszukommen."[3] In seinen zu einem späteren Zeitpunkt verfassten Erinnerungen wird Ranke noch etwas konkreter: „Verhältnisse, über die ich nicht berichten will, ließen es nun Anfang 92 Heinzelmann notwendig erscheinen, daß er möglichst bald heirate; da das in der Münchner Stellung nicht ging, wollte er sie alsbald aufgeben und neben Kraus in die Leitung von Neufriedenheim eintreten. Ich konnte nur mit großen Bedenken diesen Plan ansehen. Die Anstalt hatte mit ihrem damals noch sehr kleinen Krankenstand weder wirtschaftlich noch nach dem Maß der Arbeit Platz für 3 Ärzte; noch schwerwiegender schien mir für die Zukunft Neufriedenheims zu sein, daß Heinzelmanns Wahl auf eine Persönlichkeit gefallen war, die für die ihr zugedachte Stellung unmöglich war. Kraus und Frau waren außer sich über die Kollegin, die Frau Kraus bekommen sollte."[4] Da sich Kraus aber finanziell übernommen hatte, konnte ihm Heinzelmann Neufriedenheim abkaufen. Der Kaufpreis betrug 842.666 Mark.[5] Ranke, der eigentlich gleichberechtigt in Neufriedenheim einsteigen wollte, kam nicht zum Zug. Er zog sich daraufhin aus Neufriedenheim zurück und gründete mit finanzieller Unterstützung seines Schwiegervaters und Firmengründers Carl von Linde (1842–1934) eine eigene Heilanstalt: die Kuranstalt Obersendling am Isarhochufer im Süden von München.[6] Die Kuranstalt Obersendling, die zunächst nur weibliche Kranke aufnahm, ging 1893 in Betrieb. Als Nachfolger von Ranke wurde im Juni 1892 Dr. Anton Wacker in Neufriedenheim eingestellt. Heinzelmann erkrankte im Laufe des Jahres 1892 an Tuberkulose und wurde vorübergehend im Schloss Fürstenried in Quarantäne genommen. Um die fachliche Lücke in Neufriedenheim zu füllen gab der Oberarzt Ernst Rehm seine Stellung an der Kreisirrenanstalt auf und wechselte im September 1892 von Giesing als medizinischer Direktor an die Privatanstalt. In einem Brief schrieb Ranke: „Heinzelmann ist andauernd bettlägerig und scheint nicht wieder aufstehen zu sollen. Der Ver-

---

3 Ranke: Brief an seinen Bruder Fritz vom 23. Februar 1892
4 Ranke S. 337 – Ranke verfasste seine Erinnerungen ca. 1935.
5 Staatsarchiv München: Kataster 12313; Notarvertrag vom 21.05.1892. Kraus hatte das unbebaute Grundstück zwei Jahre zuvor für 51.000 M erworben; Notarvertrag vom 30.07.1890
6 Das heutige Krankenhaus Martha Maria in München-Solln

trag mit dem Oberarzt Rehm [...] ist endlich und zwar, lieber Fritz, in der Rehmsche[n] drakonischen Fassung perfekt geworden; Rehm tritt Ende September [1892] in Neufriedenheim ein. Ich habe gesät, ein anderer erntet hier; und doch, wie gern und leicht räume ich das Feld."[7] In einem späteren Brief nennt Ranke weitere Details: „Rehm bekommt 12.000 Mk Gehalt, kann jeder Zeit zu einem Preis, bei dem Heinzelmann Verluste hat, Nfrd. kaufen, und Heinzelmann ist von jeder leitenden Stellung hier definitiv ausgeschlossen. Maria[8] ist empört über Rehm, der aber bei dem Ganzen nur rein geschäftlich verfahren ist."[9]

2.2 Die Übernahme der Heilanstalt Neufriedenheim durch Ernst Rehm

Am 6. September 1893 erwarb Rehm die Kuranstalt Neufriedenheim zu äußerst günstigen Konditionen. Er zahlte nur knapp 60 % des Kaufpreises, den Heinzelmann ein Jahr zuvor an Dr. Kraus entrichtet hatte. Ranke erinnerte sich: „Die Dinge in Neufriedenheim entwickelten sich in den nächsten Wochen schneller, als man hätte vermuten können. Die Besitzer waren genötigt, die Anstalt an Rehm, damals Oberarzt der Kreisirrenanstalt München, zu verkaufen, unter schweren Verlusten."[10] Diese Erinnerung ist nicht ganz präzise, denn als Rehm Neufriedenheim kaufte, war er nicht mehr „Oberarzt der Kreisirrenanstalt", sondern bereits seit einem Jahr medizinischer Direktor in Neufriedenheim.

Der Verkauf von Dr. Heinzelmann an Dr. Rehm ist im Kataster von Laim wie folgt dokumentiert:

1. IV. Quartal 1893
    Vorstehendes Anwesen nebst Eingehörung in Großhadern und in der Stgde. München erkauft laut nebiger Urkunde
    Dr. Ernst Rehm, dirigierender Arzt in Neufriedenheim.
    Laut Urkunde des kgl. Notars Fischer hier vom 6. Sept. 1893 um 500.000 M erkauft.[11]

Aus den Nachlassakten von Elisabeth Rehm geht hervor, dass 10 % des verbrieften Kaufpreises aus dem Vermögen von Elisabeth Rehm stammten. Für diesen Anteil am Kaufpreis wurde eine Hypothek in Höhe von 50.000,- Mark zu Gunsten von Elisabeth Rehm ins Grundbuch eingetragen. Käufer und Besitzer war aber allein ihr

---

7 Ranke: Brief an seine Mutter und Geschwister. Ohne Datum, ca. Juli 1892
8 Maria Linde, Tochter von Carl von Linde. Rankes damalige Verlobte und spätere Ehefrau.
9 Ranke: Brief vom 21.08.1892 an seinen Bruder Fritz
10 Ranke, S. 349
11 Staatsarchiv München: Kataster 12313

Ehemann Ernst Rehm.[12] Wie Rehm den „restlichen" Kaufpreis von 450.000,- Mark finanzierte, ist nicht bekannt. Da seine Eltern noch lebten, kommt eine größere Erbschaft vor 1893 kaum in Frage.

2.2.1 Der frühe Tod von Hugo Heinzelmann

Hugo Heinzelmann erholte sich nicht mehr von seiner Erkrankung. Er zog 1894 nach Reichenhall, wo er offiziell als Kurarzt gemeldet war und zugleich sein Lungenleiden auskurieren wollte. Über die Wintermonate hielt er sich zur Kur und als Kurarzt in Gardone am Gardasee auf. Mit dem Herausgeber der „Münchner Medicinischen Wochenschrift", Hofrat Bernhard Spatz, war Heinzelmann verschwägert.[13] In den Jahren 1894 und 1895 veröffentlichte Heinzelmann zwei Schriften über „Die Psyche der Tuberkulösen" und über den Kurort Gardone Riviera am Gardasee, mit vielen Verhaltensregeln für Lungenkranke.[14] Am 28. Februar 1896 starb Heinzelmann im Alter von nur 33 Jahren in Reichenhall.[15]

2.2.2 Fasching 1895 in Neufriedenheim

Aus der Anfangszeit in Neufriedenheim ist ein Faschingsfoto überliefert. Zu diesem Bild gibt es eine Teillegende und eine Anmerkung: „ca. 1895 – Fasching in Neufriedenheim". Am rechten unteren Bildrand ist der Name des Fotografen „J. Seiling München" (Jakob Seiling) eingeprägt.

Die Legende stammt vermutlich von einem der drei Söhne der Familie Baumüller, denn Ernst und Elisabeth Rehm werden als „Opa Ernst R." und Oma „Else Rehm" bezeichnet; Rehms Schwester Emma allerdings als „Tante Emma Rehm". Die drei kleinen Mädchen in der ersten Reihe sind von links nach rechts die Rehm-Töchter: Karoline, Hedwig und Hilda Rehm. Die vierte Rehm-Tochter Gertrud kam erst 1898 zur Welt. In der Legende werden die Töchter als „Lini Wuth", „Hedi Dingler" und „Hilda B." bezeichnet, woraus erkennbar ist, dass die Legende aus dem Familienkreis mit großem zeitlichen Abstand erstellt wurde. Außerdem sind in der Legende folgende Personen gekennzeichnet: Elisabeth Rehm in der ersten Reihe mit dem Fächer in der Hand (links neben ihrer ältesten Tochter Karoline

---

12 Staatsarchiv München: AG München Nr. 1932/192
13 Die verwandtschaftliche Beziehung zu Bernhard Spatz geht auf einen Hinweis in Rankes Erinnerungen zurück.
14 Heinzelmann 1894 und Heinzelmann 1895
15 Laut Sterbeurkunde Stadtarchiv Bad Reichenhall. Auskunft vom 30.11.2022

Rehm; Ernst Rehm im Zentrum mit Schnurrbart, Hut und Halstuch; Emma Rehm (Mitte der ersten Reihe, rechts neben Hedwig Rehm; „Tante Anna Schultzen", wahrscheinlich eine Cousine von Elisabeth Rehm (im weißen Kleid zwischen

Abb. 2.1: Fasching in Neufriedenheim

Karoline und Hedwig Rehm, vgl. Fußnote 10 aus Kap. 1) sowie der Patient „Graf Lambsdorf" (zweiter von links mit weißen Kniestrümpfen). Die übrigen Personen sind nicht in der Legende enthalten. Bei der Person im Halbprofil zwischen Anna Schultzen und Ernst Rehm könnte es sich um Dr. Leonhard Seif handeln (vgl. Abbildung 1.4.)

2.2.3 Der Ausbau der Kuranstalt Neufriedenheim

Beim Erwerb Neufriedenheims durch Dr. Rehm war die Heilanstalt zwar bereits in Betrieb, aber noch nicht ausgebaut. Rehm vervollständigte den Bau und erweiterte und modernisierte die Kuranstalt kontinuierlich. Die Bauabschnitte der Kuranstalt sind in Anhang A14 grafisch dargestellt.

Die Anstalt glich einem vornehmen Hotel und war von einem weitläufigen Kurpark umgeben. Das gesamte Umland war praktisch unbebaut. Es gab einen unverbauten Blick bis zu den Alpen. Ranke berichtete, von der Freitreppe vor dem Haupteingang habe man bis in die Gegend um seine eigene Anstalt in Obersendling sehen können.

Im IV. Quartal 1913 sind im Kataster aufgeführt: „Wohnhaus mit Garten und Hofraum, Anstaltsgebäude der Nervenheilanstalt Neufriedenheim mit zwei Wandelhallen, zwei Pavillons, zwei Gartenhäusern, Bienenhaus, Kegelbahn, Arkaden, Gartenanlagen mit Spielplatz, Laubgang und Springbrunnen, Wohnhaus mit Stall und Remise, Pförtnerhaus, zwei Ökonomiegebäude, Remise, Leichenhaus, zwei Treibhäuser, Werkstätte, Holzlager, Abort, Hofraum und Durchfahrt."[16]

2.2.4 Die Architektur

Das große Anstaltsgebäude war „in Hufeisenform im Korridorstil gebaut". In der rechten Haushälfte befanden sich die Herrenabteilungen, links die Damenabteilungen. Das Obergeschoss der Vorderfront war mit offenen Abteilungen belegt, in den Seitenflügeln lagen die geschlossenen Abteilungen, im zweiten Stock Wohnungen für die Ärzte und für Pflegepersonal. Im Mittelbau waren die Küche und die Wäscherei untergebracht, darüber Speisesäle, Musik- und Lesesaal sowie eine Kapelle.

Abb. 2.2: Luftbild von Neufriedenheim (Postkarte ca. 1920)
Links oben ist die Fürstenrieder Straße zu sehen, am rechten Bildrand die Villa des Direktors.

---

16 Staatsarchiv München: Kataster 12313

Ranke schrieb, Hugo Heinzelmann, der zuvor nur die Münchner Kreisirrenanstalt in Giesing gekannt habe, sei von deren „Vorbildlichkeit" dermaßen überzeugt gewesen, „daß der große Neufriedenheimer Bau lediglich eine verkleinerte Wiederholung der alten Münchner Anstalt war. Die Treue der Wiederholung ging bis in lächerliche Einzelheiten; es fehlte nicht die dunkle Bierschenke [...] und in nächster Nähe der großen Haupttreppe gab es rechts und links eine kleine Nebentreppe, die völlig überflüssig waren, da sie nur dahin führten, wohin man auf der großen Treppe sehr viel bequemer kam. In der großen Münchner Anstalt hatten sie den Zweck, Privatwohnungen gesondert zugänglich zu machen."[17] An anderer Stelle schrieb Ranke, sein Schwiegervater Prof. Linde kenne sein „Urteil über die ungünstige bauliche Anlage Neufriedenheims."[18]

2.2.5 Deutsche Heil- und Pflegeanstalten für Psychischkranke

Eine frühe ausführliche Beschreibung der Kuranstalt Neufriedenheim befindet sich in dem 1912 von Johannes Bresler herausgegebenen Sammelband „Deutsche Heil- und Pflegeanstalten für Psychischkranke". Der Beitrag ist reichhaltig bebildert und wurde von Rehm verfasst: „In den Jahren 1910–11 erfolgte ein vollständiger Umbau der Krankenräume, neue Heizungs-, Beleuchtungs-, Ventilations- und Entstäubungsanlagen, medizinische und Dauerbäder wurden eingerichtet, vermehrte Räume für die ärztliche Behandlung, sowie Arbeitsräume für die Kranken bereitgestellt, Wandelhallen und Veranden, eine Turnhalle und ein Gartenpavillon angebaut, neue Wohn- und Schlafräume für das Pflegepersonal, Luft- und Sonnenbäder im Anstaltsparke geschaffen.

Die Anstalt hat nunmehr Platz für 80–90 Patienten, ist mit allen modernen Einrichtungen für die Behandlung und Verpflegung von Nerven-, Gemüts- und Geisteskranken ausgestattet und bietet reichlich Gelegenheit zur Beschäftigung und Unterhaltung der Kranken." Ferner werden die günstige Lage vor den Toren der Stadt München und die gute Verkehrsanbindung gepriesen sowie auf die Selbstversorgung hingewiesen: „In drei großen Gewächshäusern wird eine ausgedehnte Blumenzucht zur Ausschmückung der Gärten und Wohnräume betrieben. Der 3 Tgw. große Gemüsegarten[19] liefert sämtliches für die Anstalt benötigtes Gemüse. 500 Obstbäume aller Art geben einen Teil des Obstbedarfes, 10 Kühe versorgen die Anstalt mit Milch und ein großer Hühnerstall mit frischen Eiern. Die Abfälle der Anstalt genügen für eine nicht unbedeutende Schweinemästung."

---

17 Ranke, S. 336. Zum Gebäude der Kreisirrenanstalt vergleiche Hippius, S. 12–14
18 Ranke, S. 348
19 Drei bayerische Tagwerk (Tgw.) entsprechen in etwa einem Hektar

Die ärztliche Behandlung wird wie folgt beschrieben: „An oberster Stelle steht natürlich die Psychotherapie. [...] Alkohol ist vollständig ausgeschlossen. In ausgedehnter Weise kommt die Bett- und Badebehandlung zur Anwendung. [...] Die störenden Kranken sind am besten im Dauerbad aufgehoben und meistens macht man die Erfahrung, dass sie darnach in der Nacht lange schlafen. Wenn nötig werden Dauerbäder über Tag und Nacht ausgedehnt. [...] Körperliche Arbeit spielt bei gebildeten Kranken keine grosse Rolle. An ihre Stelle treten mit Vorteil grössere und kleinere Spaziergänge, sowie die Beschäftigung mit künstlerisch geleiteter Handarbeit. [...] Auch die Spiele im Freien, Tennis, Kroquet, Ball- und Laufspiele, werden fleißig betrieben. [...] An mehreren Abenden der Woche finden gemeinschaftliche Kegelabende statt, sowie musikalische und andere Aufführungen."
Ausführlich befasste sich Rehm mit dem Pflegepersonal: „Als Abteilungspflegerinnen werden Damen besserer Bildung verwendet, doch sind die Erfolge mit diesen nicht besonders groß, sie halten meist nicht lange aus." Trotzdem beschrieb er die Fluktuation als „verhältnismäßig gering". Auch die Arbeitsbedingungen einschließlich Lohn, Arbeitszeit und Urlaubsregelungen wurden dargestellt. Das Pflegepersonal sei „selbstverständlich gewerkschaftlich organisiert". Fast niemals hätte das Probleme bereitet; „einzelne Versuche zu Übergriffen wurden zurückgewiesen." Rehm betonte auch, dass in Neufriedenheim nur „weltliches Personal" zum Einsatz komme. Damit folgte Rehm dem Vorbild der Kreisirrenanstalt unter Gudden und Grashey. Beide Direktoren konnten sich „dem ständigen Verlangen nach Einführung geistlichen Pflegepersonals"[20] erfolgreich widersetzen. Zur Belegschaft heißt es weiter: „Das Gesamtpersonal der Anstalt besteht z. Z. ausser dem Direktor aus 2 Ärzten, dazu meist noch ein Medizinalpraktikant, einem Oberpfleger, 2 Oberpflegerinnen, 30 Pflegern, 17 Pflegerinnen, 1 Maschinisten, 1 Kutscher, 1 Portier, einem Obergärtner, 3 Gartengehilfen, 5 Taglöhnern, 4 Taglöhnerinnen, 1 Buchhalterin, 1 Wirtschafterin, 2 Köchinnen, 4 Küchenmädchen, 2 Wäscherinnen und einer Stallmagd. Zusammen 80 Köpfe."

Auch die Einrichtungen der Kuranstalt wurden akribisch aufgezählt: „Auf dem Anstaltsterrain befinden sich 6 Gebäude: das eigentliche Anstaltsgebäude, mit den Krankenzimmern, Kureinrichtungen, Wandelhallen, Turnhalle, Kegelbahn und Beschäftigungsräumen für die Kranken, 3 Ärztewohnungen, den Personal-, Verwaltungs- und Betriebsräumen. Ferner eine Villa für den Direktor der Anstalt, eine Kranken-Villa, ein Wirtschaftsgebäude mit Pferdestallung und 4 Wohnungen für verheiratete Angestellte, ein Stallgebäude, ein Leichenhaus mit anatomischem Laboratorium und ein Pförtnerhaus." Ganz in der Tradition von Gudden hat sich Rehm also in Neufriedenheim auch der Anatomie gewidmet. Un-

---

20 Ranke, S. 307. Die Pflege der Kranken in der 1904 eröffneten Psychiatrischen Klinik der Universität München erfolgte dagegen von Anfang an durch die „Barmherzigen Schwestern".

mittelbar im Anschluss an die Beschreibung der Kuranstalt Neufriedenheim folgt in Breslers Buch ein Beitrag über die Kuranstalt Obersendling. Rankes Anstalt bot Platz für 50 „nerven- und gemütskranke Damen". Hervorgehoben wird der „hotelmäßige Betrieb" mit Luxusausstattung wie Eichenparkett in Krankenzimmern und Korridoren, mit „Fayence-Wannen" und Marmorbädern.

2.2.5.1 Die geschlossenen Abteilungen

In der Hausbeschreibung weist Rehm auf die Notwendigkeit der Vergitterung der Zimmerfenster in den geschlossenen Abteilungen hin. Man hätte nur die Alternative zwischen nicht öffenbaren Fenstern oder Gittern. Die Erfahrung hätte gelehrt, dass die Kranken die Gitter vorzögen. Die Gitter seien zierlich und ausgebaucht und würden im Sommer mit Blumenkästen versehen. „Ohne Fenstersicherung kann man in den geschlossenen Abteilungen nicht auskommen. Man hat also nur die Wahl zwischen Gittern und Fensterverschluss."[21] Zumindest bei zwei Patientinnen kam die Vergitterung der Fenster in der geschlossen Abteilung nicht gut an. Daher sei hier im Vorgriff auf die Parallelen zwischen den Erinnerungen der Patientin Tilly Wedekind im Jahr 1917 und der Erzählung der Patientin Marieluise Fleißer im Jahr 1938 hingewiesen:

Marieluise Fleißers Protagonistin verbrachte die ersten Tage in Neufriedenheim in der geschlossenen Frauenabteilung. Nach wenigen Tagen drohte ihr Ehemann, die Anstalt zu wechseln. Dadurch konnte er eine Verlegung in die offene Abteilung durchsetzen. Tilly Wedekind war in der geschlossenen Abteilung so unzufrieden, dass sie nach wenigen Tagen die Anstalt verließ. Wedekind: „Die Fenster waren vergittert, die Türen ohne Klinken." Fleißer: „Die Zelle war kahl, das Fenster vergittert. Die Tür ließ sich nicht zusperren, es war eine Schwingtür." Wedekind: „Man hatte mir alles abgenommen, sogar meinen Ehering, damit ich ihn nicht schlucke." Fleißer: „Nur das Taschentuch geben sie einem wieder." Wedekind: „Einmal verirrte sich nachts eine Irre in mein Zimmer." Fleißer: „Wer wollte, drang von den anderen Kranken herein und fuchtelte mir im Gesicht." Selbst die Reaktionen der Anstaltsleitung auf die Verlegungsandrohungen ähneln sich: Wedekind: „Man warnte […], ich würde auf dem Transport sterben." Fleißer lässt den Arzt sagen: „Sie können die Kranke nicht mitnehmen. Sie können die Kranke in dem Zustand nicht sich überlassen." Die anfängliche Unterbringung von neuen Patienten in der geschlossenen Abteilung war in Neufriedenheim offenbar gängige Praxis, denn in Fleißers Erzählung versuchte sie der Chef zunächst mit folgenden Worten zu rechtfertigen: „Zur Behandlung gehört der Schock, daß die Kranke die schlimmeren Fälle sieht. Vierzehn Tage geschlossene Abteilung sind nötig."

---

21 Rehm 1912, S. 387 f

2.2.6 Drei spätere Hausbeschreibungen

Drei weitere Hausbeschreibungen sind erhalten. Anders als die ausführliche Beschreibung von 1912 handelt es sich dabei um kürzer gefasstes Werbematerial. 1927 erschien ein Werbeprospekt in der Zeitschrift „Das Land Bayern". Gegenüber der Hausbeschreibung von 1912 fallen zwei Änderungen ins Auge. Hatte Rehm 1912 noch geschrieben, körperliche Arbeit spiele bei gebildeten Kranken keine große Rolle, heißt es jetzt: „Die Gewächs- und Treibhäuser, sowie der Gemüsegarten dienen gleichzeitig zur *Beschäftigung der Kranken*, die durch die Mannigfaltigkeit der Beschäftigungsmöglichkeit Vielen Ablenkung und körperliche Kräfte und Freude an der Natur und dadurch günstige Beeinflussung ihrer nervösen Zustände bringt." Außerdem werden die psychotherapeutischen Angebote konkretisiert: „Hypnose, Suggestion, Psychoanalyse nach Freud, individualpsychologische Behandlung nach Adler."

Die anderen beiden Beschreibungen sind eigenständige Faltblätter.

Abb. 2.3: Zwei Neufriedenheim-Flyer (ca. 1930 und ca. 1938)

Flyer 1 ist ein „Kupfertiefdruck" der Münchner Graphischen Gesellschaft Pick & Co. A. G. Er ist ca. 1930 entstanden; auf jeden Fall in die Zeit nach der Ernennung Dr. Rehms zum „Geheimen Sanitätsrat" im Jahre 1924, aber vor dem Ausscheiden von Dr. Kaiser im Jahr 1935. Flyer 2 kann frühestens aus dem Jahr 1937 stammen, da die Kuranstalt im Jahr 1937 in *Sanatorium* umbenannt wurde. Das Titelfoto beider Flyer ist identisch und stammt von dem Münchner Fotografen Fritz Witzig.

In Flyer 1 wurden die Beschäftigungsmöglichkeiten gegenüber der Werbung aus 1927 erweitert: „Zur Beschäftigung der Kurgäste befindet sich in dem großen Gemüsegarten und den Treibhäusern, *sowie in den Werkstätten* [Hervorhebung durch den Autor], unter sachverständiger Anleitung reichlich Gelegenheit." Die Psychotherapieangebote werden aufgezählt wie in der Beschreibung von 1927, mit dem Unterschied, dass Freud und Adler nicht mehr erwähnt werden. In Flyer 1 heißt es einfach: „Hypnose, Suggestion, Psychoanalyse, individualpsychologische Behandlung".

Im 2. Faltblatt aus der NS-Zeit erscheint an Stelle von Oberarzt Kaiser der Facharzt Dr. Otto Rehm in der Ärzteliste. Der Flyer enthält deutlich weniger Informationen. Der Gemüsegarten und die Gewächshäuser werden zwar noch erwähnt, allerdings ohne jeglichen Bezug zur Beschäftigung von Patienten. Vom ehemals breiten Spektrum der psychotherapeutischen Angebote ist nur noch eine „individuelle psychologische Behandlung" übrig geblieben – nichts mehr, was im Entferntesten an Freud und Adler erinnern könnte. Weder der Fotograf noch die graphische Gesellschaft werden genannt.

2.2.7 Dienstes-Anweisung für das Pflegepersonal und Satzung

Im Nachlass des Rehm-Enkels Dr. Peter Baumüller befinden sich zwei Originaldruckwerke mit den Titeln:
- Dienstes-Anweisung für das Pflegepersonal München (1898)
- Satzungen der Privatheilanstalt für Nerven- und Geisteskranke Neufriedenheim bei München (ohne Datum)

Beide Broschüren wurden von der „Kgl. Hof- und Universitäts-Buchdruckerei Dr. E. Wolf & Sohn" in München herausgegeben. Bernhard von Gudden hatte bereits 1884 eine „Dienstes-Anweisung für das Pflegepersonal" der Kreisirrenanstalt erstellen lassen, „die den in der damaligen Zeit durchaus üblichen groben Umgang der Wärter mit den Patienten unterbinden sollte."[22] Rehm hat diese Dienstes-Anweisung aus der Kreisirrenanstalt als Vorlage für seine Anweisung an das eigene Personal in Neufriedenheim übernommen. Die erste Seite der Dienstes-Anweisung für die Kreisirrenanstalt von 1884 ist bei [Hippius et al. 2005] auf Seite 29 abgebil-

---

[22] Hippius et al. 2005, S. 27

det. Beide Anweisungen stimmen wortwörtlich überein. Lediglich durch das Einfügen einer Fußnote hat Rehm 1898 dem Neufriedenheimer Pflegepersonal die Ablenkungstechnik näher erläutert: „Eines einsichtsvollen, wohlwollenden und erfahrenen Pflegepersonals bedarf die Anstalt. Nur in seltenen Fällen wird es einem solchen nicht gelingen, aufgeregte Kranke durch geschickte Ablenkung*) zu beruhigen und Gewaltthätigkeiten fern zu halten."

*) Man lenkt dadurch ab, daß man von irgend etwas, was voraussichtlich für den Kranken von Interesse sein wird, zu sprechen anfängt und seinen Gedankengang dadurch von den ihn gerade aufregenden Gedanken an einen anderen, ihn nicht beunruhigenden bringt.

Grundsätzliches.

1. Die Krankenpflege ist ein schwerer und verantwortlicher Beruf. Wer sich ihm widmen will, muß ein Herz für die Leiden seiner Mitmenschen haben und alle Vorurtheile ablegen, die noch gegen Geisteskranke bestehen.

2. Wie die meisten Krankheiten ohne Verschuldung sich einstellen, so kann auch die Geisteskrankheit den besten, ruhigsten und verständigsten Menschen befallen. Keiner ist unbedingt geschützt gegen dieselbe. Die Geisteskrankheit ist eine Gehirnkrankheit, und das Gehirn kann, wie jedes andere Organ, durch die verschiedensten Ursachen in seiner Thätigkeit und in seinen Bestandtheilen beschädigt werden.

3. Geisteskrankheiten schließen die freie Selbstbestimmung mehr oder weniger aus. Keinem Geisteskranken ist das zuzurechnen, was er thut oder unterläßt. Selbst wenn er noch so bösartig erscheint und seine Umgebung noch so sehr und vielleicht sogar mit Ueberlegung und Absicht reizt und quält, so ist es der Zwang der Krankheit, dem er unterliegt, und nicht selten leiden gerade diejenigen Kranken, die am schwersten zu ertragen sind, am meisten und peinlichsten unter ihrer Krankheit.

4. Nicht große Muskelkräfte sind es, auf die es vorzugsweise bei der Pflege Geisteskranker ankommt. Eines einsichtsvollen, wohlwollenden und erfahrenen Pflegepersonals bedarf die Anstalt. Nur in seltenen Fällen wird es einem solchen nicht gelingen, aufgeregte Kranke durch geschickte Ablenkung*) zu beruhigen und Gewaltthätigkeiten fern zu halten.

*) Man lenkt dadurch ab, daß man von irgend etwas, was voraussichtlich für den Kranken von Interesse sein wird, zu sprechen anfängt und seinen Gedankengang dadurch von den ihn gerade aufregenden Gedanken an einen andern, ihn nicht beunruhigenden bringt.

1*

Abb. 2.4: Aus der „Dienstesanweisung für das Pflegepersonal"
Nur die Fußnote *) hat Rehm 1898 ergänzt. Ansonsten ist der Text identisch mit der Dienstes-Anweisung der Kreisirrenanstalt von 1884.

Die 11-seitige **Satzung** für die „*Privatheilanstalt* für Nerven- und Geisteskranke Neufriedenheim bei München" gliedert sich in fünf Abschnitte mit insgesamt 31 Paragraphen:
Die Abschnitte sind mit römischen Ziffern durchnummeriert und jeweils mit einer Überschrift versehen:
I. Zweck und Charakter.
II. Organisation, Verwaltung und Aufsicht.
III. Aufnahme.
IV. Behandlung.
V. Austritt und Entlassung.

Die Satzung ist nach 1895 erschienen, da in §16 Bezug auf eine „Ministerial-Entschließung vom 1. Jan. 1895" genommen wird. Auffällig ist auch, dass im Abschnitt IV. „Behandlung" die *Psychotherapie* noch keine Rolle spielte. Spätestens ab [Rehm 1912] wird in jeder Hausbeschreibung der Einsatz psychotherapeutischer Behandlungsmethoden betont. In §2 wird festgehalten: „Die Anstalt ist Privateigenthum und bezieht keinerlei Zuschüsse aus öffentlichen Fonds." Aufsichtsbehörde ist laut §8 die Regierung von Oberbayern, vertreten durch die Distriktspolizeibehörde. Recht ausführlich wird die umstrittene Vorschrift behandelt, die die Entscheidungsbefugnis über die Zulässigkeit von Aufnahmen geisteskranker Patienten grundsätzlich der Polizeibehörde zuweist.[23] Diese Vorschrift wurde von [Rehm 1908] auf der Versammlung der bayerischen Psychiater heftig kritisiert. Die Psychiater haben diesen bürokratischen Aufnahmeprozess allerdings durch folgende Ausnahmeregelung umgehen können:

§14.
„Besteht Gefahr auf Verzug, [...], so kann die Direktion die provisorische Aufnahme des Kranken vorbehaltlich der nachträglichen Beibringung der erforderlichen Belege anordnen."

Ein unbekannter Benutzer der Satzung hat diesen §14 besonders markiert und handschriftlich angemerkt: „ist die Regel". Auch in der Kuranstalt Obersendling wurde diese Ausnahme zur Regel. Karl Ranke schrieb in seinen Erinnerungen: „Ich habe überhaupt nie einen Kranken nach den Vorschriften der gekennzeichneten Ministerialordnung aufgenommen, sondern weiter so wie vor ihrem Erlaß."[24]

---

[23] Diese Vorschrift geht laut Ranke, S. 331, auf einen Erlass des Ministerialrats Kerschensteiner vom bayerischen Innenministerium aus dem Jahr 1895 zurück.
[24] Ranke, Seite 333

2.2.8 Die Bezeichnungen der Neufriedenheimer Anstalt

Im Laufe der Zeit erhielt die Anstalt in Neufriedenheim mehrfach neue oder leicht veränderte Namen. Die Bezeichnung „Neufriedenheim" selbst blieb aber stets konstant. Über eine Recherche im Münchner Adressbuch sowie durch Analyse verschiedener Dokumente und Briefköpfe lassen sich die wechselnden Bezeichnungen und deren Dauer nachvollziehen. Rehm erwähnte im Jahr 1908 vor der Versammlung der Bayerischen Psychiater drei „Privatirrenanstalten" in Bayern: „Zu den Kreisirrenanstalten kommen dann noch die Universitätskliniken, [...], die 3 Privatirrenanstalten Herzoghöhe[25], Neufriedenheim, Obersendling [...]"[26] Allerdings führte Neufriedenheim nie die Bezeichnung „Irrenanstalt" im Namen. Das hätte potenzielle Kunden sicherlich abgeschreckt.

2.2.8.1 Asyl Neufriedenheim
Karl Ranke verwendet in seinem ersten Brief aus Neufriedenheim vom 1.10.1891 die Bezeichnung: „Asyl Neufriedenheim". Am 12.10.1891 schrieb er im Briefkopf: „Direction der Heil- und Pflegeanstalt für Gemüthskranke Asyl Neufriedenheim". Im Münchner Adressbuch von 1893 ist Ernst Rehm als dirigierender Arzt der „Privatheilanstalt f. Gemüthskranke ‚Asyl Neufriedenheim'" eingetragen. Diese Bezeichnung beruht auf der ursprünglichen Bedeutung des Begriffs Asyl im Sinne von: „Freistätte, Zufluchtsort, Unterkunft, die Schutz bietet".[27]

2.2.8.2 Nervenheilanstalt Neufriedenheim
Von 1900 bis einschließlich 1913 wird Neufriedenheim in den Münchner Adressbüchern als „Nervenheilanstalt Neufriedenheim" bezeichnet.

2.2.8.3 Kuranstalt Neufriedenheim
In der Hausbeschreibung aus dem Jahr 1912 verwendet Rehm die Bezeichnung: „Kuranstalt Neufriedenheim bei München für Nerven- und Gemütskranke beider Geschlechter".[28] Im Titel wird hier bereits hervorgehoben, dass die Anstalt für Männer und Frauen offen ist. Bemerkenswert ist auch, dass Rehm die Ortsangabe „bei München" beibehielt, obwohl die Gemeinde Laim mitsamt Neufriedenheim

---

25 Das „Sanatorium Herzoghöhe" wurde 1894 in Bayreuth von der jüdischen Ärztefamilie Würzburger gegründet. Die „Privatirrenanstalt" konzentrierte sich anfangs auf jüdische Patienten.
26 Rehm 1908, S. 602
27 Wahrig 1997
28 Rehm 1912

bereits im Jahre 1901 von München eingemeindet worden war. Neufriedenheim war somit ab 1901 zu einer Münchner Anstalt geworden. Im Münchner Adressbuch wird die Bezeichnung „Kuranstalt Neufriedenheim" erstmalig im Jahrgang 1914 verwendet und bis 1937 unverändert beibehalten.

2.2.8.4 Sanatorium Neufriedenheim

Ab 1938 wurde die Anstalt im Münchner Adressbuch als „Sanatorium Neufriedenheim" bezeichnet. Dieser Name bleibt bis zur Einstellung des Betriebs Anfang 1942 gültig. Ein mögliches Motiv für die Umbenennung der Kuranstalt in Sanatorium findet sich in dem Beitrag „Die Bedeutung der Privatkrankenanstalten" vom Leiter des „Reichsverbands Deutscher Privatkrankenanstalten e. V.", Kurt Bieling, aus dem Jahr 1937: „Viele Sanatorien stellten [früher] nur ein Mittelding zwischen dem Hotel und einer Krankenanstalt dar. [...] Diesem seinem Charakter entsprechend vereinigt das klinische Sanatorium [heute] als Krankenhaus die sanitären Forderungen und *diagnostischen* Einrichtungen der Klinik mit den technischen und der Behaglichkeit dienenden Einrichtungen, wie sie sich im Holelbetriebe herausgebildet haben, und der Intimität eines Familienheimes. Hierbei muß es sich streng davor hüten, etwa den Charakter des ‚Hotels mit ärztlicher Bedienung' anzunehmen, so wie das in Vorkriegszeiten vielfach der Fall gewesen ist."[29] Neufriedenheim war Mitglied im Reichsverband Deutscher Privatkrankenanstalten e. V. Auch die Kuranstalt Obersendling wird im Adressbuch von 1937 als „Sanatorium Obersendling" verzeichnet. Sowohl Neufriedenheim als auch Obersendling treten 1937 zudem im Adressbuch von Bieling in eigenen Anzeigen als Sanatorien auf.[30] Der alte Name „Kuranstalt Neufriedenheim" war aber so verbreitet, dass er auch nach 1938 immer wieder verwendet wurde.

2.2.8.5 Herkunft des Namens „Neufriedenheim"

Wie wir gesehen haben, wurde der Name „Neufriedenheim" bereits bei der Eröffnung des „Asyls" am 1. Oktober 1891 verwendet. Im Kataster der Gemeinde Laim ist vermerkt, dass im Jahre 1891 durch den Besitzer Dr. Karl Kraus ein „Totalneubau" vorgenommen wurde. Dieser Neubau wurde im 2. Quartal 1892 als „Heilanstalt für Nervenleidende ‚Neufriedenheim'" eingetragen. Der Name *Laim* geht auf eine Lehmgrube zurück. An der Landsberger Straße gab es seit 1803 einen Gutshof mit Namen Friedenheim. Dieser Gutshof lag zwischen Laim und Neuhausen unmittelbar südlich der heutigen Donnersberger Brücke. Bei der Gemeindebildung 1818 wurde Friedenheim der Gemeinde Laim zugeschlagen. Im Jahre 1890 hatte

---

29 Bieling 1937. S. 11 ff
30 Bieling 1937, S. 106

die Gemeinde Laim einschließlich Friedenheim lediglich 290 Einwohner.[31] Die spätere Kuranstalt Neufriedenheim lag ca. 2,6 km südwestlich des alten Ortsteils Friedenheim. Das gesamte dazwischenliegende Gebiet war um 1890 praktisch noch unbebaut. Es muss daher davon ausgegangen werden, dass der Name der Heilanstalt „Neufriedenheim" aus dem Namen des alten Laimer Ortsteils Friedenheim abgeleitet wurde. Wahrscheinlich wurde der Name Neufriedenheim von Karl Kraus eingeführt. In den Jahren 1929/1930 entstand im Rahmen des sozialen Wohnungsbaus nördlich von der Kuranstalt eine Neubausiedlung, die in Anlehnung an die bereits etablierte Kuranstalt ebenfalls den Namen Neufriedenheim oder auch „Siedlung Friedenheim" erhielt. Diese Siedlung steht heute unter Ensembleschutz. In einem Artikel der Süddeutschen Zeitung vom 6. Januar 1923 steht unter Berufung auf den Historischen Verein Laim die Aussage, Neufriedenheim sei ein „Kunstname, den wohl der Leiter der Nervenheilanstalt Dr. Rehm erfunden hatte." Neufriedenheim habe „aber nichts mit dem früheren Laimer Ortsteil Friedenheim zu tun."[32] Da der Name Neufriedenheim schon bei Eröffnung der Heilanstalt im Jahre 1891 verwendet wurde, kann er nicht von Rehm stammen. Es gibt aber auch keinen vernünftigen Zweifel daran, dass der vermutlich von Karl Kraus kreierte Name „Neufriedenheim" sich auf den nahegelegenen alten Laimer Ortsteil Friedenheim bezieht.

2.2.9 Die Rolle der Frauen in Neufriedenheim

Neufriedenheim wurde stets von Männern geführt: Nach Karl Kraus und Hugo Heinzelmann übernahm Ernst Rehm die Kuranstalt zunächst als Chefarzt und bald danach auch als Direktor und Eigentümer. Aber auch die Ehefrauen haben beim Erwerb und bei der Führung der Kuranstalt eine tragende Rolle gespielt. Frau Kraus und später Frau Rehm haben zur Finanzierung Neufriedenheims entscheidend beigetragen. Außerdem legten sie selbst Hand an und arbeiteten im Anstaltsbetrieb tatkräftig mit. Karl Ranke schrieb am 1. Oktober 1891, dem Tag der Eröffnung der Kuranstalt in einem Brief: „Kraus hat eben zu viel Geld, d. h. eigentlich seine Frau, die ich übrigens trotz dieser millionären Eigenschaft beim Geschirrauspacken im greulichsten Staub antraf."[33] Als Heinzelmann Anfang 1892 die Absicht hatte zu heiraten, wollte er mit seiner Frau neben Kraus in die Leitung von Neufriedenheim eintreten. Ranke schrieb in seinen Erinnerungen, „daß Hein-

---

31 Haerendel 2009, S. 11
32 Süddeutsche Zeitung vom 06.01.2023: Friedenheim unter Ensembleschutz – „Es ist ein Lottogewinn, wenn man hier rein darf."
33 Ranke, Brief an seine Eltern und Geschwister vom 01.10.1891

zelmanns Wahl auf eine Persönlichkeit gefallen war, die für die ihr zugedachte Stellung unmöglich war. Kraus und Frau waren außer sich über die *Kollegin* [Hervorhebung: R. L.], die Frau Kraus bekommen sollte."[34] Kraus und Heinzelmann gerieten im Jahr 1892 in eine finanzielle Notlage. Ranke schlug vor, sich selbst als Teilhaber an Neufriedenheim zu beteiligen und erinnerte sich: „Kraus, und besonders Frau Kraus, *die die geschäftlich tüchtigere war* [Hervorhebung R. L.], waren hocherfreut, als ich mich an sie wandte."[35] Nach einem Besuch des Ehepaars Ranke im April 1893 beim Ehepaar Rehm in Neufriedenheim deutete Ranke an, dass Rehms Ehefrau Elisabeth stark in die Leitung Neufriedenheims involviert gewesen sein muss. Er schrieb: „Rehm lenkt eben leider nicht allein. Noch vor einem Jahre hätte ich eine Zusammenarbeit von uns beiden Paaren an einem Werk für sehr wohl durchführbar gehalten."[36] Rehm hatte im Frühjahr 1893 zwar bereits die Leitung von Neufriedenheim übernommen, war aber noch nicht Eigentümer. Die Formulierungen von Ranke legen nahe, dass die Mitarbeit der Ehefrauen in der Anstalt außer Frage stand. Beim Kauf der Kuranstalt im September 1893 steuerte Elisabeth Rehm 50.000 RM aus ihrem Privatvermögen bei. Alleiniger Besitzer wurde allerdings Ernst Rehm. Für Elisabeth Rehm wurde lediglich eine Hypothek über 50.000 RM eingetragen.[37] Es ist anzunehmen, dass sich die Unternehmerstochter Elisabeth Rehm auch später vorwiegend um die geschäftliche Entwicklung Neufriedenheims kümmerte. Beim Verkauf der Kuranstalt Ende 1941 – Elisabeth Rehm war bereits 1932 verstorben – betonten die Töchter von Rehm, dass ihre Mutter nicht nur den Kauf der Anstalt durch ihren finanziellen Beitrag ermöglicht habe, sondern dass sie auch durch ihre permanente Mitarbeit im Anstaltsbetrieb wesentlich zum Wertzuwachs des Sanatoriums beigetragen habe. Ein Dokument belegt die Mitarbeit von Elisabeth Rehm im Klinikalltag: Sie hatte während des Ersten Weltkriegs die Aufgabe, den Patienten Herzog Siegfried bei seinen Autofahrten in das Münchner Umland zu begleiten. Siehe auch Kapitel 2.4.6.2. Dabei fungierte sie wohl in erster Linie als Aufsichtsperson.

Rehms unverheiratete Schwestern Emma und Sophie wohnten ebenfalls in der Kuranstalt. Während alle ihre Brüder die Gelegenheit hatten, einen akademischen Beruf zu erlernen, werden die beiden in den Münchner Adressbüchern stets mit dem Titel „Medizinalratstochter" aufgeführt. Da Elisabeth und Ernst Rehm vier Töchter aber keine Söhne hatten, lebte Ernst Rehm spätestens seit dem Tod seines Vaters im Jahre 1916 in seiner Familie mit sieben Frauen: seine Ehefrau, seine zwei Schwestern und seine vier Töchter. Erst Ende 1935 zog sein Bruder Otto

---

34 Ranke, S. 337
35 Ranke, S. 348. Laut Ranke wurde sein Angebot von Heinzelmann brüsk zurückgewiesen.
36 Ranke, Brief vom 1. Mai 1893 an seine Mutter und Geschwister
37 Vgl. Kap. 1.3.1

Rehm nach Neufriedenheim. Rehms dritte Tochter Hilda studierte Medizin und wurde Fachärztin für Nervenkrankheiten. In Neufriedenheim kümmerte sie sich vorwiegend um die Verwaltung und geschäftlichen Angelegenheiten. Im Zweiten Weltkrieg war sie auch für den Luftschutz tätig. Rehms älteste Tochter Karoline soll Kunstgeschichte studiert haben. Nach ihrer Heirat mit Otto Wuth widmete sie sich zunächst vorwiegend ihrer eigenen Familie. Nach der Scheidung zog sie mit ihren Söhnen nach Neufriedenheim zurück und nach dem Tod ihrer Mutter sorgte sie verstärkt für ihren Vater. Rehms Tochter Gertrud Piloty soll sich vorwiegend um die Hauswirtschaft in Neufriedenheim gekümmert haben. Tochter Hedwig Dingler zog 1923 nach Neuried und 1931 nach Murnau.

2.3 Ärzte unter Rehm an der Kuranstalt Neufriedenheim

Wir haben schon gehört, dass die Kuranstalt Neufriedenheim von dem Münchner Arzt Dr. Karl Kraus erbaut und 1891 eröffnet wurde. Als erster angestellter Arzt und medizinischer Leiter arbeitete dort bis zum Jahr 1892 Dr. Karl Ranke. Danach übernahm Dr. Hugo Heinzelmann für kurze Zeit die Anstalt. Rehm, Ranke und Heinzelmann waren schon an der Kreisirrenanstalt Kollegen gewesen.

In diesem Kapitel wollen wir diejenigen Ärzte vorstellen, die an der Kuranstalt Neufriedenheim unter Direktor Rehm gearbeitet haben. Da keine Personalakten der Kuranstalt erhalten sind, müssen wir auf andere Quellen zurückgreifen. Die Liste der porträtierten Ärzte ist mit Sicherheit unvollständig. Rehm schrieb in seiner Hausbeschreibung von 1912, die Ärzteschaft bestehe „ausser dem Direktor aus 2 Ärzten, dazu meist noch ein Medizinalpraktikant."[38]

2.3.1 Dr. Anton Wacker

Dr. Anton Wacker erhielt seine Approbation im Jahre 1886 und sammelte erste Erfahrungen an der Kreisirrenanstalt in München. Am 1. Juni 1886 wurde er noch von Gudden als 4. Assistenzarzt angestellt. 1888 wurde Wacker zum 2. Assistenzarzt befördert. Gerade in der Aufbauzeit Neufriedenheims fand ein reger Wechsel von Ärzten der Kreisirrenanstalt an die private Anstalt statt. Dr. Ranke berichtet, Wacker sei bei seinem Ausscheiden aus Neufriedenheim im Juni 1892 als sein Nachfolger eingetreten.[39] Im Sommer 1892 habe Ranke noch einmal während der Urlaubsabwesenheit von Dr. Kraus in Neufriedenheim nach dem Rechten ge-

---
[38] Rehm 1912, S. 398
[39] Ranke, S. 357

schaut, um den neu eingetretenen Dr. Wacker zu unterstützen. Anton Wacker blieb auch nach der Übernahme Neufriedenheims durch Dr. Rehm bis zum Jahr 1901 in Neufriedenheim.[40] Später ließ er sich als praktischer Arzt in München in der Galeriestr. 15/3 nieder.[41]

Der Patient Franz Hamminger, der im Oktober 1894 nach Neufriedenheim eingewiesen wurde, rieb sich an den Ärzten Ernst und Otto Rehm, Leonhard Seif und insbesondere auch an Anton Wacker. Der hoch erregte Patient forderte Wacker kurz nach seiner Einweisung zu einem Gottesurteil heraus und schrieb ihm ein Gedicht:

> O liaber Wacker
> Vise ma tenten macher
> Siehst net den Abel
> Du grüner Schnabel
> Das Zeichen hast
> Scho auf der Stirn
> Damit Du woast
> I hab a Hirn
> O liaber Kain
> Bald bist du mein
> Mein liabes Teufelein
> Es grüst Dich's Jesulein.[42]

Außerdem wurde Wacker von Hamminger in verschiedenen skurrilen Zeichnungen verewigt. Auf einem Bild ist er als Nashorn dargestellt.[43]

2.3.2 Dr. Leonhard Seif

Nach seiner Approbation im Jahr 1892 arbeitete Leonhard Seif von 1893 bis 1895 in Neufriedenheim. Die zweijährige Tätigkeit in Neufriedenheim geht aus einem Lebenslauf hervor, der einem Bewerbungsschreiben angefügt war.[44] Seif arbeitete also parallel zu Anton Wacker in Neufriedenheim. Beide sind auch gemeinsam in

---

40 Wacker ist im Münchner Adressbuch von 1901 als Assistenzarzt unter der Neufriedenheimer Adresse eingetragen. Im Adressbuch von 1902 ist er durch Dr. Otto Kaiser ersetzt.
41 Henkel 1913, S. 14
42 Rehm, O. 1919, S. 277
43 Beyme/Hohnholz 2018, S. 225 und Kap. 2.4.7
44 Brundke 2008 und Email Astrid Brundke vom 05.03.2015: Seif bewarb sich mit Schreiben vom 17.03.1940 mit Anrede „Lieber Herr Professor". Brundke vermutet als Adressaten Matthias Heinrich Göring, den Leiter des „Deutschen Reichsinstituts für Psychologische Forschung und Psychotherapie".

einer Zeichnung von Franz Hamminger karikiert worden. Seif ist im Münchner Adressbuch bis 1895 unter der Adresse Neufriedenheims aufgeführt. Im selben Jahr machte sich Seif als Facharzt für Hypnotismus und Psychotherapie in München selbständig. Seif und Rehm blieben aber noch länger in Kontakt. Beim „III. Internationalen Kongress für Psychologie" in München im Jahre 1896 findet man Seif und Rehm auf der Teilnehmerliste. Ab 1909 beschäftigte sich Seif intensiv mit Psychoanalyse. Für einige Monate ging er zu Carl Gustav Jung nach Zürich.[45] Am 1. Mai 1911 gründete er mit fünf weiteren Ärzten die Münchner Ortsgruppe der Internationalen Psychoanalytischen Vereinigung in München; die vierte Ortsgruppe nach Wien, Zürich und Berlin. Rehm gehörte zu den Gründungsmitgliedern.[46] Die Münchner Ortsgruppe entwickelte vor dem Ersten Weltkrieg rege Aktivitäten. 1913 kam es auf dem IV. IPV-Kongress in München zum Bruch zwischen Freud und Jung. Dabei geriet Seif zwischen die Fronten. 1913 schlug er sich auf die Seite von Jung. Zu dieser Zeit unterhielt Seif eine Praxis in der Münchner Franz Josephstr. 21/1.[47]

Zu Beginn des Ersten Weltkriegs kam die Arbeit der Münchner Ortsgruppe völlig zum Erliegen, und auch nach Kriegsende wurde sie nicht wiederaufgenommen. Seif schloss sich Alfred Adler und seiner Individualpsychologie an. 1919 gründete er in München die Gesellschaft für „angewandte Seelenkunde", die er 1920 in „Gesellschaft für vergleichende Individualpsychologie" umbenannte. In der Mitgliederliste der Münchner Ortsgruppe aus dem Jahr 1926 befinden sich neben Rehm auch Hilda und Leo Baumüller. Nach 1933 verleugnete Seif seine Anhängerschaft zu dem Juden Alfred Adler und passte sich an die Nazi-Ideologie an, ohne allerdings in die NSDAP einzutreten.[48]

2.3.3 Dr. Hans Fischer

Hans Fischer war möglicherweise direkter Nachfolger von Leonhard Seif. Über seine Tätigkeit in Neufriedenheim wissen wir nur aus einer Veröffentlichung in der „Münchener medicinischen Wochenschrift" Nr. 12 aus dem Jahre 1899. Zum Zeitpunkt der Veröffentlichung wird Fischer als „ehemaliger Assistenzarzt" der Nervenheilanstalt Neufriedenheim bezeichnet. Fischer berichtet über die Heilung eines Patienten vom „Gangraen der Weichteile beider Füsse bei einem Paralytiker" mittels „Thonbehandlung". Die Methode war damals neu und der Patient

---

45 Brundke 2008
46 Giefer 2007, CB / VI / 1911 / 1
47 Henkel 1913, S. 12. Dort ist auch das Jahr von Seifs Approbation (1892) angegeben.
48 Gröner 1993, S. 212–215

konnte durch die Behandlung zwischen Dezember 1898 und Februar 1899 vollständig geheilt werden. Fischer bedankt sich am Ende des Artikels bei Dr. Rehm: „Zum Schlusse sei mir verstattet, an dieser Stelle meinem früheren Chef, Herrn Director Dr. Rehm, für die Ueberlassung des Materials und Anregung zu vorliegender Arbeit meinen innigsten Dank auszusprechen."[49] Mit dem Münchner Mediziner und Chemie-Nobelpreisträger von 1930 Hans Fischer ist der Neufriedenheimer Dr. Hans Fischer nicht identisch, da sein preisgekrönter Namensvetter erst 1908 in Medizin promovierte.

2.3.4 Dr. Otto Kaiser

Dr. Otto Kaiser (1866–1960) kam im Jahre 1901 als Nachfolger von Dr. Anton Wacker nach Neufriedenheim und arbeitete dort als „2. Arzt" unter Direktor Rehm. Im Münchner Adressbuch ist er ab 1904 als „Assistenzarzt" und ab 1906 als „Oberarzt" aufgeführt. Die Eltern des in Lüneburg geborenen Mediziners stammten aus Hildesheim. Auch Rehms erste Ehefrau Elisabeth Rehm geb. Otto war in Hildesheim aufgewachsen. Der im Jahr 1891 approbierte Kaiser heiratete 1898. Er hatte zwei Söhne und eine Tochter. Der schmächtige und immer sehr akkurat gekleidete Dr. Kaiser bewohnte mit seiner Frau Margarete und seinen drei Kindern die sog. „Patienten-" oder „Kranken-Villa", die ursprünglich für den Patienten Graf Lamsdorff erbaut worden war. 1924 verließ Frau Kaiser nach knapp 26 Ehejahren Neufriedenheim und zog nach Berlin. Anscheinend kehrte sie nicht nach Neufriedenheim zurück, denn die Rehm-Enkelin Elisabeth Piloty (*1924) kann sich nicht erinnern, Frau Kaiser jemals gesehen zu haben. Das Münchner Adressbuch verzeichnet bis ins Jahr 1937 hinter Otto Kaiser den Eintrag „Kaiser, Margarete Gymnastikunterricht". Dabei handelt es sich vermutlich um Kaisers Tochter (*1903), die ebenfalls Margarete hieß. Kaiser blieb bis Ende 1935 in Neufriedenheim tätig. Ernst Rehm sicherte ihm bei seinem Ausscheiden eine monatliche Rente von 400 RM zu.[50] Mit 69 Jahren machte Otto Kaiser seinen Platz frei für Ernst Rehms jüngsten Bruder Dr. Otto Rehm. Im Dezember 1935 erschien im „Ärzteblatt für Bayern" folgende Mitteilung: „In der Kuranstalt Neufriedenheim-München hat der langjährige Oberarzt Dr. Otto Kayser wegen hohen Alters seine Stelle aufgegeben. Für ihn ist der frühere Oberarzt der Heil- und Pflegeanstalt Bremen, Dr. Otto Rehm, eingetreten."[51] Otto Rehm wurde in Neufriedenheim allerdings nicht als

---

49 Münchner medicinische Wochenschrift, Nr. 12, 1899
50 Staatsarchiv München: VI 2761/45. Laut einem Vermerk des Amtsgerichts München vom 12.01.1946 hatte Ernst Rehm die Rente am 21.11.1935 mit Kaiser vertraglich vereinbart.
51 Ärzteblatt für Bayern, Nr. 49 vom 7. Dezember 1935

Oberarzt angestellt. Im einem Flyer werden Otto Rehm, Leonhard Baumüller und Hilda Baumüller als Fachärzte/Fachärztin für Nervenkrankheiten gleichberechtigt nebeneinander aufgeführt, ebenso bei Laehr.[52]

Nach seinem Übertritt in den Ruhestand blieb Kaiser zunächst in seiner Dienstvilla wohnen. Dies führte zu einer Verstimmung zwischen Ernst Rehm und Kaiser. Rehm musste Druck ausüben, damit Kaiser aus dem Haus auszog, um Platz für die Familie von Rehms jüngsten Tochter Gertrud Piloty zu schaffen. Ende 1937 zog Kaiser nach München-Pasing um.

Neben seiner Tätigkeit als Mediziner befasste sich Kaiser mit Insektenforschung. Der protestantische Kaiser erklärte 1942 vor dem Standesamt München-Pasing den Austritt aus der evangelischen Kirche. Seine Religionszugehörigkeit lautete ab 1942 „gottgläubig" („GG"). Diese „Religionszugehörigkeit" war von den Nazis eingeführt worden, um Kirchenaustritte zu erleichtern. Kaiser war aber kein Mitglied der NSDAP. Er starb 1960 in Pasing im Alter von 93 Jahren.

2.3.5 Dr. Wladimir Engels

Der praktische Arzt Dr. Wladimir Engels arbeitete von 1909 bis 1912 als Assistenzarzt in Neufriedenheim.[53] Engels ist in den Münchner Adressbüchern von 1910 bis 1912 mit Wohnung in Neufriedenheim verzeichnet. Im Münchner Ärzteverzeichnis von 1913 ist Engels mit eigener Praxis in der Maximilianstr. 32/1 aufgeführt.[54] Im selben Jahr wurde Engels in Neufriedenheim durch den praktischen Arzt Dr. C. Friedrich Müller abgelöst.[55] Über Friedrich Müller ist nichts Näheres bekannt.

2.3.6 Dr. Hanna Liguori-Hohenauer

Hanna Hohenauer (1885–1955) war von 1915 bis 1918 als „Aushilfsassistentin"[56] an der Psychiatrischen Klinik der Universität München bei Emil Kraepelin beschäftigt.[57] Offenbar vertrat sie einen Arzt, der zum Ersten Weltkrieg eingezogen worden war. Kraepelin hielt in seinen Lebenserinnerungen fest, dass er im Februar 1916 „die gewohnte ärztliche Besprechung nur mit vier Damen [sic!] abhalten

---

52 Laehr 1937, S. 79
53 s. auch Laehr 1912, S. 129
54 Henkel 1913, S. 6
55 Henkel 1913 und Münchner Adressbuch von 1913
56 Personalstand der LMU, Winterhalbjahr 1916/17, S. 37
57 Kraepelin 2006, S. 42

konnte, von denen die eine meine Tochter war."[58] Hanna Hohenauer erwähnte er in seinen Erinnerungen nicht. Nach Kriegsende verließ Hohenauer die Psychiatrische Klinik und wechselte am 1. Dezember 1918 in eine Heil- und Pflegeanstalt in Konstanz. Dort wurde sie als Beamtin in den badischen Staatsdienst übernommen. Bereits am 15. März 1919 beantragte sie ihre Entlassung und kehrte nach München zurück. Von Anfang Mai 1919 bis Anfang Januar 1921 wohnte sie in einer Dienstwohnung in Neufriedenheim.[59] 1921 musste sie für Rehms Schwiegersohn Dr. Leonhard Baumüller und für Dr. Hilda Baumüller Platz machen. Am 10. Mai 1921 heiratete Johanna Hohenauer in Rom den italienischen Verleger Giovanni Liguori.[60] Zu diesem Zeitpunkt hatte sie Neufriedenheim bereits verlassen und war nach Rom umgesiedelt. Schmuhl schreibt über sie in einer Fußnote: „Sie hatte eine zweijährige internistische Ausbildung erworben, war im Ersten Weltkrieg drei Jahre lang bei Emil Kraepelin selbständig tätig gewesen und arbeitete in Neufriedenheim, wo sie einen Italiener heiratete. Sie lebte seit Jahren von ihrem Ehemann getrennt, ‚da nach den italienischen Bestimmungen eine Scheidung nicht möglich ist'. Später war Liguori-Hohenauer im sächsischen Anstaltsdienst, 1927 in Reichenau, seit 1929 in der Illenau tätig, wo sie eine Stelle im außerplanmäßigen Beamtenverhältnis hatte. Sie wäre schon 1932 an der Reihe gewesen, planmäßig angestellt zu werden. Dies verzögerte sich aber – denn ‚sie war völlig grundlos als Jüdin denunziert worden'."[61] 1933 trat Liguori-Hohenauer in die NSDAP ein.[62] Gerhard Lötsch schreibt in einem Artikel über sie dagegen fälschlicherweise: „Mit Ausnahme der Ärztin Dr. Liguori traten an diesem Tag [1. Mai 1933] alle Illenauer Ärzte der Partei bei."[63] Von 1940 bis 1942 wurde sie in die Gesundheitsämter von Karlsruhe und Emmendingen versetzt, anschließend in die Heil- und Pflegeanstalt Emmendingen. „1940–1942 war sie am Gesundheitsamt Karlsruhe beschäftigt, wo sie u. a. weibliche Dienstpflichtige untersuchte. Sie war auch mit ‚Angelegenheiten der Erb- u. Rassenpflege' beschäftigt. Hier als auch in der Heilanstalt Illenau war sie auch mit der Unfruchtbarmachung der Fürsorgepfleglinge beschäftigt. Ihr Engagement in Hinblick auf das Sterilisationsgesetz wird 1938 in einem Fragebogen zu politischen Beurteilung lobend erwähnt."[64] Der Illenauer Anstaltsleiter Hans Römer schrieb, sie habe eine „gute klinische Ausbildung" und „psychotherapeuti-

---

58 Kraepelin 1983, S. 186
59 Stadtarchiv München: Meldekarte
60 Stadtarchiv München: Meldebogen Johanna Hohenauer, Signatur: DE-1992- PMB H 346
61 Schmuhl, 2016, S. 420, Fußnote 10
62 Bundesarchiv: NSDAP-Gaukarte R 9361-IX Kartei / 25881250 (Mitglieds-Nr.: 3090648)
63 Lötsch 2006. Lötsch beruft seine Aussage auf Franz-Josef Weisenborn, „der sich als Oberarzt in der Illenau hervorgetan hat, mit dem NS-Regime brach und seinem Leben selbst ein Ende setzte."
64 Schmuhl, S. 98

sche Einfühlung".[65] Laut Lötsch soll Liguori-Hohenauer gegen die Deportation von Anstaltspatienten protestiert haben: „Am 18. Mai 1940 transportierten ‚Graue Busse' Illenauer Kranke direkt in die Vernichtungsanstalt Grafeneck. Schon bald sprachen Gerüchte von ihrem grausamen Ende. Am 3. Juli 1940 informierte Dr. Sprauer die Ärzte und wies darauf hin, dass es sich bei diesen Maßnahmen um ein ‚Staatsgeheimnis' handle. Wer öffentlich darüber rede, verfalle der Todesstrafe. Unter Tränen protestierte Dr. Liguori gegen die ‚Verlegung' der Patienten."[66] Ob diese Aussage von Lötsch korrekt ist, konnte nicht überprüft werden. Im Frühjahr 1944 ging Liguori-Hohenauer nach Rom, um ihren kranken Mann zu pflegen. Ihr Mann starb wenige Wochen später. Die Deutsche Botschaft sah im Juni 1944 keine Möglichkeit, Frau Liguori-Hohenauer nach Deutschland ausreisen zu lassen. Erst im Februar 1947 konnte sie aus Rom zurückkehren. Im Spruchkammerverfahren wurde sie als Mitläuferin eingestuft. Am 9. September 1947 sagte Hohenauer im Verfahren zur „Euthanasie" in Baden gegen Dr. Schreck vor dem Landgericht Freiburg als Zeugin aus: Beim Eintreffen der ersten „T4"-Meldebögen[67] vermuteten die Ärzte in der Anstalt Illenau „nichts Gutes, da die Auswahl nicht nach medizinischen Grundsätzen vorgenommen wurde. So wurde auch nach Ausländern und Fremdrassigen gefragt."[68]

2.3.7 Prof. Dr. Otto Wuth

Otto Wuth darf als Schwiegersohn von Ernst Rehm in dieser Aufzählung nicht fehlen, obgleich er höchstwahrscheinlich nie in Neufriedenheim gearbeitet hat. Wuth ist allerdings spätestens durch seine Stellung als oberster Psychiater der Deutschen Wehrmacht von allgemeinem Interesse. In der Literatur ist Wuth bisher nur wenig beachtet worden und es kursieren verschiedene Falschinformationen über ihn und über seinen Tod.[69] Uwe Henrik Peters schreibt z. B.: „Über Otto Wuth ist nicht so viel bekannt. In der Wiki-Liste von NS-Ärzten und Beteiligten an NS-Medizinverbrechen ist sein Name erstaunlicherweise nicht enthalten."[70] Es gibt daher genügend Gründe, sich mit Wuth näher zu beschäftigen.

---

65 Mitgliederverzeichnis des Deutschen Verbandes für Psychische Hygiene, 1933. S. 420
66 Lötsch 2006
67 Zur „Aktion T4" siehe Kap. 3.6.2.3
68 Klee 1983, S. 98 u. 475
69 Kreuter 1996
70 Peters 2013, S. 126

2.3.7.1 Herkunft und Ausbildung

Karl Otto Wuth wurde am 19. Mai 1885 in Ramsbottom nördlich von Manchester geboren. Sein Vater, der Chemiker Georg Josef Alfred Wuth arbeitete vorübergehend in England. Otto Wuth hatte einen Bruder und zwei Schwestern, von denen eine „nervenleidend" war.[71] Wuth besaß bei Geburt sowohl die preußische als auch die englische Staatsbürgerschaft. Zwei Jahre nach Ottos Geburt kehrte sein Vater nach Deutschland zurück. Da er bereits 1895 starb, wurde Otto im Alter von neun Jahren Halbwaise.[72] 1905 machte er am Karls-Gymnasium in Stuttgart sein Abitur und studierte von 1906 bis 1911 in München Medizin.[73] 1912 schloss er sein Studium mit der Promotion ab. Das Thema seiner Dissertation lautet „Scheintod und Tod unter der Geburt in der Praxis". Seine Studienschwerpunkte waren die Serologie, die Röntgenologie und Hautkrankheiten.[74]

2.3.7.2 Früher Militärischer Werdegang

Während seines Medizinstudiums von 1906 bis 1912 unterstand er dem Bezirkskommando München II. 1912 wurde er „wegen nervöser Angstzustände" aus der Reserve zum ungedienten Landsturm überführt. Im September 1914 meldete er sich als kriegsfreiwilliger Arzt. Er arbeitete im Ersten Weltkrieg in der Seuchenüberwachungsstelle sowie auf der Hautstation eines Kriegslazaretts. Als im Kriegslazarett Diphtherie ausbrach, wurde er am 1. Mai 1916 mit dem Königlich Bayerischen Lazarettzug[75] in die Heimat gebracht. Zwei Narben mit Verwachsungen, die von einer Blinddarmoperation herrührten, machten ihm das Reiten unmöglich. Dagegen war der 1,72 große und schmächtige Wuth nach eigenen Aussagen ein „sicherer Automobilfahrer".[76]

---

71 Bayerisches Hauptstaatsarchiv/Abt. IV: OP 18673; Lebenslauf der Landwehr Dr. Karl Otto Wuth vom 29. Juli 1916
72 ebenda
73 Bundesarchiv: VBS 307; 820000-3521
74 Bayerisches Hauptstaatsarchiv/Abt. IV: OP 18673; Lebenslauf der Landwehr Dr. Karl Otto Wuth vom 29. Juli 1916
75 Der „Königlich Bayerische Lazarettzug Nr. 2" wurde 1915 vom Deutschen Museum mit ausgestattet und dem Deutschen Kaiser Wilhelm II. zur Verfügung gestellt. Der für die damalige Zeit hochmoderne Lazarettzug verfügte über einen Operationswagen mit Röntgenraum.
76 Bayerisches Hauptstaatsarchiv/Abt. IV: OP 18673

Abb. 2.5: Otto Wuth in seinem Benz
Der „sichere Automobilfahrer" Otto Wuth am 7. Juli 1924 in seinem Benz in Hirsau.
Bei dem Fahrzeug handelt es sich um einen Benz 11, der von 1923 bis 1925 produziert wurde.[77]

In seinem Stammrollenauszug wurde seine Führung mit „im allgemeinen gut" benotet.[78] Diese Formulierung deutet an, dass Wuth im Militärdienst ein schwieriger Charakter gewesen sein dürfte.

2.3.7.3 Hochzeit mit Karoline Rehm

1914 arbeitete Wuth vorübergehend als Volontärarzt in München an der Medizinischen Klinik „Links der Isar". Am 7.9.1915 heiratete er Rehms älteste Tochter Karoline. Auf welche Weise sich Otto und Karoline kennengelernt haben, ist nicht bekannt. Karoline soll Kunstgeschichte studiert haben.[79] Vor seiner Hochzeit scheint Otto Wuth keine engere Beziehung zur Psychiatrie gehabt zu haben. Bis Anfang Mai 1916 diente der jungverheiratete Wuth in einem Lazarett in Frankreich.

---

77 Nach Auskunft vom 25.2.2016 von Michael Jung, Archives & Collections, Daimler AG
78 Bayerisches Hauptstaatsarchiv/Abt. IV: OP 18673; Stammrollenauszug (ohne Jahresangabe) zwischen 1906 und 1915
79 Damit wäre Karoline in die Fußstapfen ihrer Mutter Elisabeth Rehm getreten, die ebenfalls Kunststudentin war.

2.3.7.4 Assistent an der Psychiatrischen Universitäts-Klinik im München

Nach dem Ende des Ersten Weltkriegs wurde Wuth Assistent an der Psychiatrischen Klinik der Universität bei Emil Kraepelin und übernahm dort die Leitung des Chemischen Labors.[80] Es ist gut vorstellbar, dass Wuth die Stelle bei Kraepelin durch Vermittlung oder auf Empfehlung seines Schwiegervaters Ernst Rehm erhalten hat. Wuth habilitierte sich 1921 mit einer Arbeit zu „Untersuchungen über körperliche Störungen der Geisteskranken." Wie aus der Einleitung der Habilitationsschrift hervorgeht, führte Wuth seine Untersuchungen an Patienten der Psychiatrischen Klinik der Münchner Universität durch, in wenigen Fällen auch an Patienten der Kreisirrenanstalt. Patienten der Kuranstalt Neufriedenheim wurden für seine Arbeit nicht herangezogen.[81] Durch die Zuwendung zur Psychiatrie brachte er sich als potentieller Rehm-Nachfolger für die Leitung der Kuranstalt Neufriedenheim in Position.

Kraepelin beabsichtigte im Jahr 1921 an seiner 1917 gegründeten Deutschen Forschungsanstalt für Psychiatrie (DFA) eine Chemische Abteilung zu errichten. „Die ersten einschlägigen Planungen aus dem Jahr 1921 scheiterten an den fehlenden finanziellen und räumlichen Möglichkeiten, sodaß nur dank des Privatvermögens des Mitarbeiters Otto Wuth die chemische Forschung in den Räumen der Serologischen Abteilung durchgeführt werden konnte."[82] Otto Wuth muss demnach über ein bedeutendes Privatvermögen verfügt haben, und er war offenbar bereit, dieses in die chemische Forschung der DFA zu investieren. Das wirft Fragen auf. Auffällig ist, dass sich Wuth im selben Jahr 1921 bei Kraepelin habilitierte, obwohl Kraepelin einräumen musste, dass er von der Thematik nichts verstand.

2.3.7.5 USA Aufenthalt

Spätestens Mitte 1925 plante Wuth einen Forschungsaufenthalt am John Hopkins Institut in Baltimore. Zuvor hatte sich der Institutsleiter Adolf Meyer bei Kraepelin über Wuth zu informieren versucht. Kraepelin antwortete ihm am 26.6.1925 ausweichend: „Wegen Dr. Wuth, den ich persönlich nicht so genau kenne, um ein zuverlässiges Urteil abgeben zu können, habe ich mit meinen Herren gesprochen. Es scheint mir richtig, zunächst einmal ein sachverständiges Urteil über seine Arbei-

---

80 Hippius et al. 2005, S. 96
81 Am Ende der Arbeit bedankt sich Wuth bei „Frl. Rehm" – ohne Nennung eines Vornamens – für Unterstützung beim Korrekturlesen. Da 1921 die ersten drei Rehm-Töchter bereits verheiratet waren, muss es sich dabei wahrscheinlich um die jüngste Tochter Gertrud Rehm oder eventuell auch um eine der beiden unverheirateten Schwestern von Dr. Rehm, Emma bzw. Sophie, gehandelt haben.
82 Kraepelin 2013, S. 36

ten einzuholen, von denen ich natürlich nichts verstehe. [...]"[83] Im Oktober 1925 ging Wuth dann schließlich ohne seine Familie für die Dauer von zwei Jahren nach Baltimore.[84] Adolf Meyer schrieb am 24.9.1925 an Richard M. Pearce: „I am looking forward to the arrival of Dr. Otto Wuth, who had charge of the Biochemical Laboratory of the Forschungsanstalt and who is joining our staff. [...] I expect him about the 10th of October."[85] Am 24.12.1925 wurde Wuth von der Münchner Universität zum Privatdozenten ernannt. Zu diesem Zeitpunkt arbeitete er bereits in Baltimore. An der Münchner Universität wurde er fortan als „a. o. [außerordentlicher] Professor" geführt.

2.3.7.6 Familienleben und Trennung
Falls Familie Wuth zeitweilig in Neufriedenheim gewohnt haben sollte, kommt nur die Zeit von Mai 1916 bis Ende 1920 in Frage. Im Personenstandsverzeichnis der Universität München für das Wintersemester 1920/21 ist als Wohnort Otto Wuths die Nussbaumstraße 7 angegeben. Demnach hatte Wuth eine Dienstwohnung in der Psychiatrischen Klinik. Ab dem Wintersemester 1921/22 wohnte Familie Wuth auf jeden Fall drei Jahre lang in der Hohenzollernstraße 128 in München-Schwabing.

Otto und Karoline Wuth bekamen drei Söhne: Ernst Otto wurde am 12.4.1917 geboren, Hans Berthold am 27.5.1920, der dritte Sohn Georg am 30.06.1921. Georg war von Geburt an geistig behindert. Er wuchs in Kloster Ursberg auf, einer karitativen Anstalt in der Nähe von Günzburg. Um das Jahr 1925 muss es zur Trennung gekommen sein. Die Scheidung wurde 1927 vollzogen.

2.3.7.7 Otto Wuth und Neufriedenheim
Rehms Enkelin Elisabeth Piloty geht davon aus, Wuth habe eine Zeitlang an der Kuranstalt Neufriedenheim gearbeitet. Dr. Rehm habe ihn entlassen, da er alkoholkrank gewesen sein soll. Auch die Scheidung von Karoline und Otto Wuth habe Rehm durchgesetzt. Laut Wuths eigener Aussage wurde seine Ehe mit Karoline dagegen 1927 auf seine eigene Klage hin in der Schweiz wegen Zerrüttung geschieden.[86] Trotz intensiver Suche in verschiedenen Archiven konnten weder Anhaltspunkte für eine Anstellung Wuths in Neufriedenheim noch für eine etwaige Alkoholabhängigkeit gefunden werden. Im Gegenteil: Laut Universitätsarchiv war Wuth vom 1.3.1919 bis zum 15.10.1925 Assistent an der Psychiatrischen Universitäts-

---
83 Kraepelin 2013, S. 370; nach einem freundlichen Hinweis von Wolfgang Burgmair
84 Die Ehe muss zu diesem Zeitpunkt bereits zerrüttet gewesen sein.
85 zitiert nach Kraepelin 2013, S. 172
86 Bundesarchiv: R9361 I / 43682

klinik mit der damals üblichen Wochenarbeitszeit von 48 Stunden. Danach ging er in die USA. Sollte Wuth tatsächlich wegen Alkoholsucht von Rehm entlassen worden sein, hätte ihn der entschiedene Anti-Alkoholiker Kraepelin sicherlich nicht an seinem Institut geduldet. Die Aussagen aus dem Familienkreis müssen daher stark angezweifelt werden. Wuth hat vermutlich nie in Neufriedenheim gearbeitet. Elisabeth Piloty (1924–2022) kann keine eigenen Erinnerungen an Otto Wuth haben. Sie hat wohl eher ein im Familienkreis verbreitetes Narrativ weitergegeben, das vor allem der Verteidigung ihrer Tante Karoline Wuth dienen sollte.

2.3.7.8 Verspätet vorgelegte Nachweise

In der ansonsten unauffälligen Personalakte Otto Wuths am Psychiatrischen Institut der Universität München fällt eine Bemerkung vom April 1924 aus dem Rahmen: „Dem Vollassistenten Dr. Wuth ist bis auf weiteres die Anfangsbesoldung eines Vollassistenten verabfolgen zu lassen. Die Festsetzung des Besoldungsdienstalters kann erst stattfinden, wenn Dr. Wuth die Nachweise über seine früheren Verwendungen in Vorlage bringt."[87] Dr. Wuth war der einzige Assistent, der seine Nachweise nicht rechtzeitig eingereicht hatte. Er reagierte schnell und brachte die fehlenden Unterlagen im Juni 1924 nach. Sein Zeitvertrag wurde danach noch einmal um ein Jahr verlängert.

2.3.7.9 Otto Wuth an der Binswanger'schen Kuranstalt Bellvue

1927 kehrte Wuth aus den USA zurück und arbeitete mehrere Jahre an der Binswanger'schen Kuranstalt Bellvue in Kreuzlingen in der Schweiz, hielt aber weiterhin den Kontakt zur Münchner Universität. Schon kurz nach seiner Scheidung heiratete Wuth am 3.11.1927 in Kreuzlingen die in Bukarest geborene Hilda Milker. Im Jahr 1934 wurde Wuth auf Initiative von Landesleiter Wilhelm Gustloff zu einem Gründungsmitglied der Schweizer Auslandsorganisation der NSDAP. Gustloff wurde am 4. Februar 1936 von dem jüdischen Studenten David Frankfurter in seiner Wohnung in Davos erschossen. Das Attentat führte zu diplomatischen Verwicklungen der NS-Regierung mit der Schweiz. Die NSDAP nutzte das Attentat zu antisemitischer Propaganda.

2.3.7.10 Umzug nach Berlin

1936 siedelte Wuth nach Berlin um und trat in die Wehrmacht ein. Er wurde Oberfeldarzt, Leiter des Psychiatrisch-Wehrpolitischen Instituts der Militärärztlichen Akademie, beratender Psychiater beim Heeres-Sanitäts-Inspekteur sowie a. o. Pro-

---

87 Archiv der LMU: Personalakte Otto Wuth

fessor für Psychiatrie an der Universität Berlin.[88] Dafür ließ er sich zum Wintersemester 1935/36 von München nach Berlin umhabilitieren.

2.3.7.11 Kontakte zur „T4"-Zentrale

In Berlin hatte Wuth als „ehrenamtlicher Mitarbeiter" Zugang zur „Kanzlei des Führers". Auch in die „T4-Aktion" war er involviert. Mit Dr. Werner Heyde, dem Leiter der medizinischen Abteilung und Obergutachter der „T4"-Zentrale, stand Wuth im Briefkontakt und mindestens einmal ist Wuth persönlich in der Tiergartenstr. 4 vorstellig geworden. Dort führte er eine Unterredung entweder mit Dr. Werner Heyde (1902–1964) oder Dr. Paul Nitsche[89] (1876–1948). Der Gegenstand der Besprechung lässt sich nicht mehr ermitteln.[90] Es ist nicht auszuschließen, dass Wuth sich für seinen behinderten dritten Sohn Georg eingesetzt haben könnte. Die Zeugin Ilse Lindner, die als Sekretärin von Heyde gearbeitet hatte, sagte im Vorfeld eines Prozesses gegen Heyde im September 1960 aus: „Ich erinnere mich weiter daran, dass mir in Einzelfällen auch von Dr. Heyde Schreiben diktiert wurden, die an Heil- und Pflegeanstalten gerichtet waren und die die Zurückstellung eines bereits mit +[91] endgültig beurteilten Patienten von der ‚Verlegung'[92] zum Gegenstand hatten. Anlass solcher Schreiben war, dass man festgestellt hatte, dass der Patient ein Angehöriger einer hochgestellten Persönlichkeit war. Ich meine, dass eine solche Zurückstellung eines Angehörigen von Göring[93] einmal veranlasst worden ist."[94]

2.3.7.12 Wuth verteidigt die „Euthanasie"

Der Psychiater Karsten Jaspersen, Chefarzt einer psychiatrischen und Nervenabteilung in der westfälischen Diakonissenanstalt „Sarepta" in Bethel, weigerte sich im Juli 1940, Meldebögen aus dem Reichsinnenministerium über seine Patienten auszufüllen. Er durchschaute von Anfang an, dass mit dieser Aktion Krankenmorde vorbereitet werden sollten. Jaspersen schrieb zahlreiche Briefe an frühere Kol-

---

88 Bundesarchiv: R9361 I / 43682; Brief von Wuth an Walter Buch vom 17.6.1941
89 Paul Nitsche wurde Ende 1941 medizinischer Leiter der T4-Aktion als Nachfolger von Werner Heyde. Zuvor war Nitsche Mitarbeiter von Emil Kraepelins in Heidelberg und München.
90 Bundesarchiv: T4-Akten; Zeugenvernehmung von Fr. Ilse Lindner vom 8.9.1960
91 Die Kennzeichnung „+" auf dem Meldebogen war das Todesurteil durch den „Euthanasie"-Obergutachter.
92 „Verlegung" bedeutet hier: Deportation in eine Tötungsanstalt
93 Unklar bleibt, ob Hermann Göring oder sein Vetter Matthias Heinrich Göring gemeint ist. M. H. Göring war Psychiater und leitete in der NS-Zeit das „Deutsche Institut für psychologische Forschung und Psychotherapie".
94 Bundesarchiv: T4-Akten; Zeugenvernehmung von Fr. Ilse Lindner vom 8.9.1960

legen, an Partei- und Regierungsdienststellen und forderte zum Widerstand gegen die Aktion auf.[95] Mehr zu Jaspersen siehe Anhang A15 und bei Peters 2013. Zwischen 1923 und 1925 waren Wuth und Jaspersen Kollegen an der Psychiatrischen Klinik der Universität München unter Kraepelin und Bumke gewesen. Daher wandte sich Jaspersen mit einem Brief vom 24. Juli 1940 auch an Wuth. Zunächst schrieb Jaspersen, er habe aus dem Reichsinnenministerium Meldebögen „zur planwirtschaftlichen Erfassung der Heil- und Pflegeanstalten" erhalten. Für jeden Kranken solle er bis zum 1. August 1940 einen Meldebogen ausfüllen und an das Ministerium zurückschicken. „Schon vor Erhalt dieses Schreibens hatte ich gerüchteweise davon gehört, dass die Ausfüllung dieser Meldebogen dazu diene, unheilbar erscheinende Fälle von Geisteskrankheiten zu beseitigen. [...] Für meine Abteilung hier habe ich bei dieser Sachlage selbstverständlich die Ausfüllung der Meldebogen verweigert. [...] Ich habe weiter betont, dass die Ausfüllung der Meldebogen, so wie die Dinge liegen, nach dem Strafgesetzbuch eine Beihilfe zum Mord darstellt."[96] Laut Peters antwortete Wuth am 30. Juli 1940 ablehnend. Über den Brief sei er „einigermaßen erstaunt" und „hauptsächlich auch über Ihre Stellungnahme. [...] Ich persönlich kann Ihre Stellungnahme in keinem Punkt teilen."[97] Wuth verteidigte also die „Aktion T4" gegen einen mutigen Kritiker.

2.3.7.13 Sohn Georg Wuth

Wuths dritter Sohn Georg war von Geburt an geistig behindert und wuchs in Kloster Ursberg auf. Georg Wuth überlebte die NS-Zeit. Das mag auch daran gelegen haben, dass er zu einfachen Gartenarbeiten herangezogen werden konnte. Auf Beschluss des Amtsgerichts Memmingen wurde Georg nach Erreichen der Volljährigkeit 1942 sterilisiert. Er und seine Mutter sollen der Sterilisation zugestimmt haben, da er ansonsten unter Hausarrest gestellt worden wäre. Seine reiselustige Mutter nahm ihn gelegentlich auf Reisen mit.

2.3.7.14 Unterhaltszahlungen für die Söhne

Laut eigenen Angaben hat Wuth für seine drei Söhne vertragsgemäß bis ins Jahr 1941 monatlich insgesamt 300 RM an Unterhalt gezahlt. Der Scheidungsvertrag aus dem Jahr 1927 habe vorgesehen, den Unterhalt auf 200 RM zu reduzieren, sobald zwei Kinder die wirtschaftliche Selbständigkeit erlangt hätten. Im Juni 1941 trat dieser Fall nach Wuths Ansicht ein, da sein ältester Sohn schon einige Zeit Ober-

---

95 Peters 2013
96 Zitiert nach Peters 2013. Bei Peters ist der vollständige Brief von Jaspersen an Wuth abgedruckt (S. 178–180).
97 Peters 2013, S. 127

leutnant bei der Panzerwaffe war und sein zweiter Sohn gerade zum Leutnant befördert worden war. Wuth zahlte ab Juni 1941 nur noch 200 RM Unterhalt, wogegen seine Ex-Frau Karoline mit einer Postkarte am 3. Juni aufgebracht protestierte: „Moralisch für ein Parteimitglied, Professor [...] dürfte nach normalem Empfinden sein, die Söhne, die fürs Vaterland kämpfen u. sogar das Studium vorläufig zu gunsten der Waffe aufgeben, nicht zugleich mit der Mutter zu chikanieren. Pfui Teufel! [...] Meine rückläufigen Forderungen werden angemeldet werden u. die Freunde von Herrn Gustloff gefragt, ob dies im neuen Rechte möglich. Frau Prof. Wuth geb. Rehm." Da sich Wuth 1927 aus der Schweiz heraus von seiner Frau Karoline scheiden ließ, muss angenommen werden, dass ihn Gustloff und seine „Freunde" bei der Scheidung unterstützt haben. Am nächsten Tag folgte eine weitere Postkarte: „Ich veranlasse meinen Sohn Hans, zu seinem Studium sofort zurückzukehren, da ich mir 1 Sohn als Ernährer für mich und den kranken dritten Sohn erhalten muss. [...] Abgesehen von allem moralischem Empfinden, werde ich diesen *angelsächsischen Machenschaften* aufs schärfste u. energischste entgegen treten. Frau Prof. Wuth"

Beide Postkarten waren an Wuths Berliner Anschrift, Lessingstr. 2, adressiert. Was Karoline nicht wusste: Wuth hielt sich im Juni 1941 in einem Reservelazarett in Partenkirchen auf. Die Postkarten wurden ihm dorthin nachgesendet.

2.3.7.15 Anrufung des NSDAP-Parteigerichts

Mit der Anspielung auf Wuths frühere englische Staatsbürgerschaft zielte Karoline auf den wunden Punkt im Lebenslauf ihres Ex-Mannes: Seine frühe britische Staatsbürgerschaft war im Nazi-Deutschland ein schwerer Makel. Bei Antritt seiner Professur in Berlin wurde in seiner Personalakte sein Staatsangehörigkeitsverhältnis am 16.11.1935 als „noch ungeklärt" angegeben.[98] Durch die Attacken seiner Ex-Frau fühlte sich Wuth dazu bewogen, das oberste NSDAP-Parteigericht anzurufen. Am 17. Juni 1941 schrieb er aus München einen Brief an den Reichsleiter und obersten Parteirichter Major Walter Buch:[99] „Hochverehrter Herr Reichsleiter, [...] Diese Tatsache [Reduzierung des Unterhalts] hat Frau Karoline Wuth, die keinerlei Tätigkeit ausübt, veranlasst, mir offene Postkarten beleidigenden Inhalts zu schreiben, eine Gepflogenheit, die sie schon während der Scheidung [...] anwandte. Sie hat ferner gedroht, sich an Behörden und an die ‚Freunde des Herrn Gustloff' zu wenden. [...] Vor allem lag mir daran, die Angelegenheit vor dem obersten Parteigericht klarzustellen, da der Vater von Karoline Wuth, (die heute noch, aus

---

98 Bundesarchiv: BA REM; Personalakte W.293, Otto Wuth
99 Walter Buch (1883–1949). Oberster Parteirichter der NSDAP, Teilnehmer am Hitler-Putsch 1923

mir unbekannten Gründen englische Staatsangehörige ist) meines Wissens Parteigenosse und in der Ortsgruppe Laim sehr tätig sein soll."

Mit der Aussage, seine Exfrau sei „aus mir unbekannten Gründen englische Staatsangehörige", drehte Wuth den Spieß um. Karoline Wuth selbst führte ihren britischen Pass auf die Verheiratung mit dem britischen Staatsbürger Otto Wuth zurück.[100] Vielleicht ging Otto Wuth davon aus, dass die britische Staatsangehörigkeit, die seine Ex-Frau durch die Heirat erworben hatte, mit der Scheidung hinfällig geworden sein sollte? Die ausdrückliche Erwähnung der Parteimitgliedschaft von Ernst Rehm legt nahe, dass Wuth über Rehms Aktivitäten in der NSDAP Ortsgruppe Laim gut informiert war. Das Oberste Parteigericht zeigte sich allerdings unbeeindruckt und erklärte sich als nicht zuständig, da die geschiedene Ehefrau keine Parteigenossin sei und da Familienangelegenheiten grundsätzlich nicht in die Zuständigkeit des Parteigerichts fielen.

2.3.7.16 Der Tod von Wuths Söhnen

Hans Wuth, der von seiner Mutter im Juni 1941 gerne zum Studieren zurückgeholt worden wäre, starb am 8.10.1941 an der Ostfront in der Ukraine; sein älterer Bruder Ernst Otto folgte ihm kurz darauf am 24.11.1941.[101] Als Oberstleutnant der Panzerwaffe starb er in Libyen bei der britischen „Operation Crusader", als die alliierten Truppen bei einer Gegenoffensive die Belagerung Tobruks durch General Erwin Rommel beendeten.[102]

Karoline Wuth starb im Jahr 1975. Sie wurde auf dem Klosterfriedhof von Ursberg begraben. Eine Inschrift auf ihrem Grabstein erinnert auch an ihre beiden Söhne Ernst und Hans Wuth. Georg Wuth starb 2005 im Alter von 85 Jahren in Ursberg. Von Familie Wuth gibt es keine Nachfahren.

2.3.7.17 Das Ende von Otto Wuth

Hilda Wuth, Otto Wuths 2. Ehefrau, gab an, sie sei schon ab 1941 „immer nur kurz in Berlin [gewesen] den Rest der Zeit aber in Bayern."[103] Offenbar hielt sich Wuth also schon ab 1941 überwiegend in Partenkirchen auf. 1943 brannte Wuths Woh-

---

100 Im Jahre 1962 schrieb Karoline Wuth, sie habe ihren britischen Pass seinerzeit bei der Verheiratung mit Otto Wuth erhalten. Vgl. Kap. 2.6.4
101 Quelle (online): Kriegstote verzeichnet auf Denkmal, Gedenktafeln und Grabsteinen
102 Baumüller 1942 schrieb am 28.6.1942: „Tobruk gefallen" und am 14.11.1942 „Tobruk verloren". Sein Neffe Ernst Otto Wuth kam im November 1941 bei Tobruk ums Leben.
103 Staatsarchiv München: Spruchkammerakten Hilda Wuth. Anlage zum Fragebogen vom 10.5.1946

nung in Berlin nach einem Bombenangriff aus.[104] Wuth erkrankte an einer Lungenentzündung. Hilda Wuth gibt an, Partenkirchen sei ab August 1943 ihr ständiger Aufenthaltsort gewesen. Ende 1944 wurde Otto Wuth als dienstuntauglich aus der Wehrmacht entlassen. Im März 1946 nahm sich Wuth selbst das Leben, als er sich wegen Herzproblemen von Dr. Vogel behandeln ließ. Als oberster Militärpsychiater hatte sich Wuth eingehend mit Selbsttötungen von Soldaten der Wehrmacht befasst.[105] Wuth wurde am Morgen des 7. März 1946 gegen 7:45 im Hilfskrankenhaus Witting tot aufgefunden. Als Todesursache stellte Dr. Vogel fest: Herzdurchblutungsstörungen (Angina Pectoris) und „Suicid (Tod durch Erhängen)".[106] Die weit verbreitete Fehlinformation, Wuth sei gegen Kriegsende in Berlin gestorben, ist also definitiv falsch. Sie findet sich bei Alma Kreuter 1996 und wurde von vielen Autoren offenbar ungeprüft übernommen.

Außer mit gesundheitlichen Beschwerden hatte Wuth im Jahr 1946 noch mit ganz anderen Problemen zu kämpfen. Nachdem er in Partenkirchen seine Mitgliedschaft in der NSDAP und seine Förderung der SS penetrant geleugnet hatte, wurde er Anfang März 1946 vom Militärgericht Garmisch-Partenkirchen als „Fragebogensünder" enttarnt und zu einer einjährigen Gefängnisstrafe verurteilt. Durch seinen Freitod ersparte er sich weitere Nachforschungen. Am 16. März 1946 erschien im Garmischer „Hochlandboten" ein Artikel über Wuths Suizid mit der Schlagzeile „Enttarnter Nazi begeht Selbstmord". Der Wortlaut des Artikels ist im Anhang A6 wiedergegeben.

2.3.8 Drs. Hilda und Leonhard Baumüller

Hilda Rehm wurde als dritte Tochter von Dr. Ernst Rehm und seiner Frau Elisabeth am 21. Juni 1892 in München geboren. Ihr Vater war zu dieser Zeit noch Oberarzt an der Kreisirrenanstalt. Am 20. September 1892 schied Rehm aus dem Staatsdienst aus und wechselte als dirigierender Arzt an die Kuranstalt Neufriedenheim. Im Personalstand der Ludwig-Maximilians-Universität München für das Sommer-Halbjahr 1915 sind Leonhard Baumüller (geb. am 16. September 1891) und Hilda Rehm als Medizinstudenten aufgeführt.[107] Baumüller war bereits im Ersten Weltkrieg als „Feldunterarzt in der Sanitätskompanie des III. Bayerischen Armee-Korps" mit dem Eisernen Kreuz II. Klasse ausgezeichnet worden. Später erhielt er

---

104 Voswinckel, unveröffentlicht
105 s. etwa Baumann 1999. Die Angaben über Wuths Ausscheiden aus der Wehrmacht: „Rücktritt aus Altersgründen" und über sein Sterbedatum „in den 1960er Jahren" sind dort allerdings falsch.
106 Stadtarchiv Garmisch-Partenkirchen: Sterbebucheintrag 117/1946
107 Quelle (online): Personalstand der LMU, Sommerhalbjahr 1915

noch die „Bayerische Tapferkeitsmedaille". Hilda Rehm promovierte im Jahre 1918 in München. Der Titel ihrer Dissertation lautete: „Beiträge zur Kenntnis der Sklerodermie".[108] Ihre Inaugural-Dissertation enthält am Schluss einen kurzen Lebenslauf:

„Geboren am 20. Juli 1892, besuchte ich vier Jahre die Volksschule zu München, fünf Jahre das Mädcheninstitut Ilgen zu München, vier Jahre die Privat-Gymnasialkurse für Mädchen in München, und erlangte die Reife am humanistischen Gymnasium zu Clausthal im Sommer 1911. Winter-Semester 1911/12 immatrikulierte ich mich an der medizinischen Fakultät der Universität zu München und bestand hier Ende Winter-Semester 1913/14 die ärztliche Vorprüfung. Sommer-Semester 1914 war ich an der Universität zu Kiel immatrikuliert, vom Winter-Semester 1914/15 an wieder an der Universität zu München. Dort bestand ich am 23. Mai 1917 die ärztliche Prüfung. Vom 20. Juni bis 20. Dezember 1917 war ich an der Universitäts-Kinderklinik in München als Medizinalpraktikantin tätig." Hilda Rehm setzte ihr Studium zur Fachärztin für Nervenkrankheiten in Tübingen fort. Am 21. Mai 1919 heiratete sie den katholischen Leo Baumüller.[109] Die Eltern von Leo Baumüller werden als „Oberstleutnantseheleute" Hugo und Marie Baumüller geb. Krembs angegeben. Zwischen 1920 und 1925 brachte Hilda Baumüller ihre drei Söhne Ernst, Heinrich und Peter zur Welt. Alle drei Söhne überlebten den Zweiten Weltkrieg und wurden ebenfalls Mediziner.

Abb. 2.6: Neufriedenheim-Werbung in der Bayerischen Ärztezeitung 1932

Im Jahre 1921 wurden Hilda und Leo Baumüller in der Kuranstalt Neufriedenheim angestellt. Beim Verkauf der Kuranstalt Ende 1941 war Leo Baumüller fast 20 Jahre dort beschäftigt. Zeitweise hatte er die Anstalt von Dr. Rehm auch gepachtet. Am

---

108 Rehm Hilda 1918
109 Stadtarchiv München: Familienbogen Leo Baumüller

Ende war Leo Baumüller Stellvertreter seines Schwiegervaters. Nachdem Otto Wuth nicht mehr zum Kreis der Familie Rehm gehörte, schien alles auf eine spätere fachliche Übernahme der Kuranstalt durch das Ehepaar Baumüller hinauszulaufen.

In der Bayerischen Ärztezeitung vom 3. Dezember 1932 befindet sich eine Anzeige der Kuranstalt, in der Dr. Leo Baumüller neben Dr. Rehm genannt wird, wogegen Oberarzt Otto Kaiser nicht erwähnt wird. Baumüller nahm also eine gehobene Stellung ein. In einem älteren Neufriedenheim-Flyer ohne Jahresangabe, aber nach 1924, sind Dr. Ernst Rehm als „leitender Arzt" sowie Dr. Otto Kaiser als Oberarzt noch deutlich gegenüber den Fachärzten für Nervenheilkunde Leo und Hilda Baumüller hervorgehoben. Im Jahr 1937, als Dr. Kaiser bereits durch Dr. Otto Rehm ersetzt worden war, wurde Baumüller nicht mehr hervorgehoben. Dr. Otto Rehm, Dr. Leo und Dr. Hilda Baumüller werden in einem Flyer aus dem Jahr 1937 oder später gleichberechtigt nebeneinander als Fachärzte für Nervenheilkunde aufgeführt. Baumüller selbst schrieb nach dem Krieg, er sei 1936 Oberarzt und Stellvertreter des Direktors Dr. Ernst Rehm gewesen.[110]

Obwohl Hilda Rehm Fachärztin für Nervenkrankheiten war, arbeitete sie in Neufriedenheim offenbar kaum im medizinischen Bereich. Nach Aussagen aus dem Familienkreis kümmerte sie sich vorwiegend um die Verwaltung und die wirtschaftlichen Belange der Kuranstalt. Ihr Schwager Otto Piloty schrieb in einer Eidesstattlichen Erklärung: „Frau Baumüller hatte den väterlichen Betrieb, die Kuranstalt Neufriedenheim, in wirtschaftlichen Fragen zu vertreten und bekam als Nichtmitglied dauernd Schwierigkeiten im Verkehr mit der DAF, dem Arbeitsamt usw."[111] Außerdem arbeitete Hilda Baumüller ehrenamtlich als Lehrerin für Erste Hilfe beim Reichsluftschutzbund. Sie beklagte sich nach dem Krieg, die Parteimitglieder hätten „sich jeder Luftschutzdisziplin entzogen".[112]

Die Drs. Baumüller werden neben Ernst Rehm im Jahr 1926 als Mitglieder der Sektion München des „Internationalen Vereins für Individualpsychologie" aufgeführt. Horst Gröner schreibt in seinem Artikel „Individualpsychologie in München" über einen Kongress mit Alfred Adler in München im Jahre 1922: „Diese erste Großveranstaltung der Individualpsychologie überhaupt fand mit 200–250 Teilnehmern ein reges Publikumsinteresse."[113] Ob Leo und Hilda Baumüller bereits 1922 an dem Kongress mit Alfred Adler teilgenommen haben, ist nicht bekannt. In der Münchner Sektion spielten beide keine hervorgehobene Rolle. Sowohl in Grö-

---

110 Staatsarchiv München: SpKA K 93, Baumüller Leonhard; Schreiben von L. Baumüller vom 2.11.1946
111 Staatsarchiv München: SpkA K 93 Baumüller, Hilda, Eidesstattliche Erklärung Otto Piloty
112 Ebenda, Erklärung zum Fragebogen von Hilda Baumüller
113 Gröner 1993, S. 205 f

ners Artikel als auch im Standardwerk zur Geschichte der Individualpsychologie von Almuth Bruder-Bezzel[114] werden die Baumüllers nicht erwähnt. In der Münchener Sektion, die unter Leitung von Dr. Leonhard Seif stand, wurden regelmäßig Vortragsabende organisiert. Hilda und Leo Baumüller traten nicht als Referenten in Erscheinung.

Dem überzeugten Nationalsozialisten Ernst Rehm gefiel es nicht, dass Leo und Hilda Baumüller zunächst keine NSDAP-Mitglieder waren. Auch die fürsorgliche Betreuung jüdischer Patienten durch Dr. Baumüller war aus Rehms Sicht nicht unproblematisch. Rehm hatte lange Zeit keine Abneigung gegen jüdische Patienten gehabt. Im Gegenteil: Jüdische Patienten gehörten in Neufriedenheim zum Alltag. Moritz Bendit wurde z. B. schon Ende 1898 in die Kuranstalt aufgenommen. In der NS-Zeit hielt Rehm die Anwesenheit von Juden und Jüdinnen offenbar für eine Bedrohung seines Sanatoriums. Er duldete die Behandlung jüdischer Patienten durch Dr. Baumüller aber weiterhin. In einer Eidesstattlichen Erklärung schrieb Mathilde Schneider, eine frühere Patientin Baumüllers, am 20.6.1946: „Während meines Kuraufenthalts 1940 erwähnte Geheimrat Rehm, der Besitzer der Kuranstalt, mir gegenüber wiederholt, dass die jüdischen Patienten nur durch Dr. Baumüller in der Anstalt gehalten würden. Er hat auch wiederholt mir gegenüber betont, dass Dr. Baumüller bei der Regierung als Judenfreund bekannt sei. Ich selbst weiß, dass die jüdischen Patienten sehr viel auf Dr. Baumüller hielten und sich seiner Unterstützung bewusst waren. Ich selbst habe Frl. Julie Weiss, die als letzte jüdische Patientin Neufriedenheim verliess, näher gekannt und weiss dass Dr. Baumüller beim Übertritt dieser Patientin ins jüdische Krankenhaus […] sich derselben aufs wärmste annahm. […] [und] dass Dr. Baumüller trotz des Verbotes diese Patientin im jüdischen Krankenhaus wiederholt besucht hat und ebenso habe ich sie in seinem Auftrag immer wieder besucht, bis sie dann nach Theresienstadt verschickt wurde."[115] Tatsächlich muss Mathilde Schneider beste Einblicke in das Innenleben des Sanatoriums gehabt haben. Im Terminkalender von Leo Baumüller aus dem Jahr 1942 sind häufig Besuche von „Frl. Schneider" in der Wohnung von Baumüllers vermerkt.

Die Politische Zuverlässigkeitsüberprüfung Dr. Rehms aus dem September 1939 kann als Bestätigung der Eidesstattlichen Erklärung von Schneider aufgefasst werden. Tatsächlich waren die Zweifel an Baumüllers Zuverlässigkeit schon 1939 bis in die „Kanzlei des Führers" in Berlin gemeldet worden.

Leo Baumüller vermied in seiner eigenen Stellungnahme an die Spruchkammer München vom 2.11.1946 jegliche Schuldzuweisung an seinen verstorbenen Schwiegervater: „1936 war ich Oberarzt in der meinem Schwiegervater gehören-

---

114 Bruder-Bezzel 1991
115 Staatsarchiv München: SpkA K 93 Baumüller L.; Schreiben Mathilde Schneider vom 20.6.1946

den Kuranstalt Neufriedenheim. Als Vertreter meines Schwiegervaters musste ich eine Konzession zur Führung der Anstalt haben. Diese Konzession war damals abgelaufen. Als mein Schwiegervater sie für mich erneuern lassen wollte, wurde ihm erklärt, dass dem Gesuch nicht stattgegeben werde, weil ich nicht Pg [Parteigenosse] sei und als Judenfreund bekannt sei. Ich habe nämlich trotz des Verbotes jüdische Patienten weiterbehandelt und insbesondere 2 jüdische Patientinnen die seit Jahren in meiner Behandlung standen, bis zum äussersten Termin in der Anstalt behalten, obwohl sie inzwischen verarmt waren." Leo und Hilda Baumüller fühlten sich zur Sicherung ihrer Existenz zum Parteieintritt genötigt.[116] Da Leo Baumüller als Arzt auch einer Parteigliederung beitreten musste, schloss sich der Inhaber der Bayerischen Tapferkeitsmedaille der SA-Reserve an.[117] In der SA habe er sich nur ärztlich betätigt. So habe er Untersuchungen für das SA-Sportabzeichen vorgenommen oder mit seinem Wagen Gepäckmärsche begleitet, „um die Marschunfähigen aufzunehmen." Im Gegensatz zu seinem Schwiegervater wurde Baumüller nicht politisch aktiv.

Während des Zweiten Weltkriegs arbeitete Leo Baumüller, wie schon im Ersten Weltkrieg, als Lazarettarzt. Fast täglich fuhr er in ein Lazarett in der Lazarettstraße in München, gegen Ende des Zweiten Weltkriegs auch nach Obersendling. Er schrieb: „Mit meiner Einberufung zur Wehrmacht (29.9.39) habe ich jede Verbindung zur SA abgebrochen." In seinem Tagebuch aus dem Jahre 1942, in dem er alle Termine akribisch vermerkt hat, ist der Besuch eines „Kameradschaftsabends" im Kolosseum[118] am 21. März 1942 erwähnt, der „ganz nett" verlaufen sei. Dabei handelte es sich wahrscheinlich um ein Treffen mit Kameraden aus dem Ersten Weltkrieg.

Mit dem Verkauf des Sanatoriums Ende 1941 an die Nationalsozialistische Volkswohlfahrt (NSV) war für Leo und Hilda Baumüller die Kündigung Ihrer Anstellung sowie die Kündigung ihrer Dienstwohnung im 2. Stock des Mitteltrakts der Kuranstalt verbunden. Ernst Rehm stellte die gesamte Belegschaft sowie die Patienten vor vollendete Tatsachen. Die Kündigung wurde Leo und Hilda Baumüller in einem handgeschriebenen Brief mitgeteilt. Alles Weitere sollten sie mit einem Rechtsanwalt besprechen, der von Dr. Rehm mit der Abwicklung beauftragt worden war. Sein Gesundheitszustand erlaube es ihm nicht, dass er sich selber mit den Details befasse.

Die Familien Baumüller, Piloty und Wuth blieben nach dem Verkauf der Kuranstalt noch bis in den Herbst 1942 in ihren Dienstwohnungen. Permanent wurden sie von der NSV zum Auszug gedrängt. Die NSV forderte die Stadt München auf,

---

116 Bundesarchiv: NSDAP-Zentralkartei. Leo Baumüller trat am 1.5.1937 der NSDAP bei.
117 Staatsarchiv München: SpkA K 93 Baumüller L.; Schreiben von Leo Baumüller vom 2.11.1946
118 Lokal im Münchner Glockenbachviertel. Wurde 1958 geschlossen.

für die Familien Baumüller, Wuth und Piloty andere Wohnungen in München zur Verfügung zu stellen. Erst die Bombardierung der Kuranstalt durch britische Bomber in der Nacht vom 19. auf den 20. September 1942 führte zum Auszug der Familie Baumüller, da ihre Wohnung unbewohnbar geworden war. Baumüllers erhielten schließlich eine Praxis und Wohnung in der Gundelindenstraße in Schwabing zugewiesen. Dort wohnten und praktizierten sie auch nach dem Ende des Zweiten Weltkriegs. Eva Faessler, die Tochter des Holocaust-Überlebenden Max Mannheimer (1920–2016), war in der unmittelbaren Nachkriegszeit als Kleinkind Patientin von Leo Baumüller.[119]

2.3.9 Dr. Otto Rehm

Der jüngste Bruder Otto von Ernst Rehm, wurde am 28. Juli 1876 in Lohr am Main geboren. Sein Vater Heinrich Rehm war in Lohr ein Jahr zuvor zum Bezirksgerichtsarzt ernannt worden. Wegen des großen Altersunterschiedes von mehr als 16 Jahren kann man bei Ernst und Otto Rehm wohl kaum von einem normalen Geschwisterverhältnis sprechen. Bis zu seinem Physikum im Oktober 1898 studierte Otto Rehm Medizin in Erlangen. Anschließend wechselte er an die Münchner Universität, unterbrochen durch ein Semester in Kiel. Während seines Studiums famulierte er an der chirurgischen Poliklinik sowie in zwei Abteilungen des Krankenhauses „Links der Isar". Auch bei seinem Bruder in Neufriedenheim durfte er bereits während seines Studiums erste Erfahrungen sammeln. So kam es im August 1900 und im August 1901 zu den ersten Zusammentreffen mit dem Patienten Franz Hammiger.[120] Im Jahr 1902 promovierte Otto Rehm mit der Note „genügend". Nach der Promotion erwarb er erste Berufserfahrung: „In halb amtlicher Stellung erfolgte die bahnärztliche Stellvertretung und gemeindliche Leichenschau in München-Laim August bis September 1902."[121]

2.3.9.1 Militärdienst
Von Oktober 1902 bis November 1903 verbrachte Otto Rehm beim Königlich Bayerischen Militär. Auch während seines Militärdienstes kam er immer wieder nach Neufriedenheim. Visiten von Otto Rehm beim Patienten Franz Hammiger sind für den 20.10.1902, 12.01.1903 und 15.06.1903 belegt. Einem militärischen Qualifika-

---

119 Eva Faessler rief den Autor an, nachdem kurz nach dem Tod ihres Vaters ein Artikel über Neufriedenheim in der Süddeutschen Zeitung erschienen war.
120 Rehm O.: 1919, S. 282 f
121 Bayerisches Hauptstaatsarchiv /Abt. IV: OP 30736: Lebenslauf Otto Rehm vom 5.11.1903

tionsbericht vom November 1903 ist zu entnehmen, dass er Anfang Oktober 1903 zum „Unterarzt der Reserve" befördert wurde. Seine körperlichen Verhältnisse wurden wie folgt beschrieben: „mittelgroß, untersetzt, von strammer militärischer Haltung, felddienstfähig."[122] Otto Rehm schrieb in einem Lebenslauf über sich selbst: „Der Gesundheitszustand ist ein vorzüglicher; die körperliche Constitution eine feste, wenn auch nicht gerade robust."[123] Stabsarzt Dr. Schmidt vom Garnisonslazarett in Nürnberg beurteilte Otto Rehm folgendermaßen: „Er besitzt gute medizinische und chirurgische Kenntnisse. Er zeigte großes Pflichtgefühl, Gewissenhaftigkeit und regen Fleiß, und war sehr zuverlässig und zu schriftlichen Arbeiten gut verwendbar."[124] Ein weiterer Stabsarzt, Dr. Ebner, dem Rehm während eines Manövers zugeteilt war, schrieb: „Der einjährige freiwillige Arzt Dr. Rehm [...], hat [...] großen Eifer und Pünktlichkeit an den Tag gelegt. Im Dienste militärisch stramm zeigte er außer Dienst gute gesellschaftliche Umgangsformen." Er hätte eine weitere militärische Karriere einschlagen können, denn die zusammenfassende Bewertung fiel erfolgversprechend aus: „Derselbe eignet sich nach dem Prüfungsergebnis vom 18. August zur Verwendung bei der Truppe und in einem Feldlazarett und wird [...] für würdig erachtet, späterhin zur Beförderung als Sanitätsoffizier in Vorschlag gebracht zu werden."[125]

2.3.9.2 Assistentenzeit in Neufriedenheim und bei Kraepelin
Otto Rehm wurde stattdessen im November 1903 von seinem Bruder an die Kuranstalt Neufriedenheim geholt. Nach einem knappen Jahr wechselte er als Assistenzarzt an die gerade neu eröffnete Psychiatrische Klinik der Universität München unter der Leitung von Emil Kraepelin. Dort blieb er bis Januar 1908. Während seiner Zeit an der Psychiatrischen Klinik arbeitete er auch vier Monate im Austausch an der Kreisirrenanstalt in Eglfing. Der gelegentliche Austausch von Assistenzärzten der Psychiatrischen Klinik mit denen der Anstalt ging auf eine Initiative Kraepelins zurück. Kraepelin hoffte dadurch der „leider bestehenden Entfremdung zwischen Kliniken und Anstalten entgegenzuwirken."[126]

2.3.9.3 Die eigenmächtig angeforderten Patientenakten
Als junger Assistenzarzt an der Psychiatrischen Klinik der Universität München löste Dr. Otto Rehm im Dezember 1905 Irritationen aus. Offenbar ohne Rückspra-

---

122 Bayerisches Hauptstaatsarchiv /Abt. IV; OP 30736: Qualifikationsbericht
123 Bayerisches Hauptstaatsarchiv /Abt. IV; OP 30736: Lebenslauf Otto Rehm vom 5.11.1903
124 Bayerisches Hauptstaatsarchiv /Abt. IV; OP 30736: Beförderungsempfehlung vom 20.9.1903
125 ebenda
126 Kraepelin 1983, S. 136 f

che mit seinem Direktor Emil Kraepelin forderte er von der Universität Heidelberg Krankenakten an. Kraepelin selbst war erst 1903 von Heidelberg nach München berufen worden. Sein Nachfolger in Heidelberg, Franz Nissl, schrieb im Dezember 1905 in einem sehr ausführlichen Brief an Kraepelin, dass er der Direktion der Psychiatrischen Klinik in München im Interesse der Forschung selbstverständlich Patientenakten zur Verfügung stellen würde. Allerdings gab er zu bedenken: „Aus dem Brief des Herrn Dr. [Otto] Rehm geht nicht hervor, ob Sie überhaupt von seinen Plaenen etwas wissen, geschweige denn, ob Sie ihn veranlasst haben, das von ihm gewünschte Heidelberger Material einzufordern. Darauf kann ich mich unmöglich einlaßen, jedem der Münchener Herrn unser Material ohne Weiteres zu überlassen. Ich weiß nicht, ob der College, der sich unser Material ausbittet, dasselbe discret benutzt; ich kann nicht wissen, ob er überhaupt das Zeug hat, eine wissenschaftliche Arbeit zu machen u. s. w."[127]

Bemerkenswert ist: Franz Nissl hatte Anfang 1885 Ernst Rehm als betreuenden Arzt von Prinz Otto in Schloss Fürstenried abgelöst. Beide kannten sich aus gemeinsamen Zeiten an der Kreisirrenanstalt. Ob nun Nissl im Jahre 1905 als Direktor in Heidelberg wusste, dass es sich bei dem „Münchener Herrn", Dr. [Otto] Rehm, um einen Bruder von Ernst Rehm handelte, geht aus seinem Brief an Kraepelin nicht hervor. Auf jeden Fall fand Nissl die forsche Anforderung von Otto Rehm unangemessen und hatte Bedenken an seiner wissenschaftlichen Qualifikation.

2.3.9.4 Hamburg-Eppendorf und Leipzig-Dösen

Nach einem Kurzeinsatz als Volontärarzt am Allgemeinen Krankenhaus Hamburg-Eppendorf kam Otto Rehm im Jahre 1908 an die Heilanstalt Dösen (Leipzig), wo er bald darauf zum Oberarzt aufstieg. Am 19. Mai 1909 heiratete er in Hamburg Anna Auguste Schlüter, die Tochter eines Hamburger „Particuliers".[128] Aus der Ehe gingen drei Söhne hervor: Wilhelm (*5.4.1910 in Dösen/Leipzig), Wolfgang (*16.5.1915) und Martin (*18.12.1920); die letzten beiden kamen in Bremen zur Welt.

2.3.9.5 „Dem Frieden der Anstalt abträglich" – Otto Rehm am St. Jürgen-Asyl in Bremen

Am 1. September 1911 trat Otto Rehm eine Stelle als Oberarzt am staatlichen „St. Jürgen-Asyl für Geistes- und Nervenkranke zu Ellen" in der Hansestadt Bremen an. Dort blieb er über zwei Jahrzehnte. Zwischen 1922 und 1928 bewarb er sich

---
127 Kraepelin 2006, S. 233 ff
128 Wahrig 1997: Partikulier, ein Begriff aus der Binnenschifffahrt: „Schiffsführer, der zugleich Schiffseigentümer ist"

mehrfach erfolglos auf freie Direktorenstellen in ganz Deutschland. Die Direktion des St. Jürgen-Asyls wäre Otto Rehm gerne losgeworden und unterstützte seine Veränderungsabsichten. Der Direktor des Asyls, Prof. Walter, versuchte ihn mit Empfehlungsschreiben aus Bremen wegzuloben. Ende 1933 schließlich wurde Dr. Otto Rehm in Bremen vorzeitig pensioniert. Vorausgegangen waren lang anhaltende Querelen mit Prof. Walter, wie auch schon mit dessen Vorgänger, Dr. Anton Delbrück. Nachdem die vorzeitige Pensionierung von Otto Rehm beschlossene Sache war, beantragte Direktor Walter am 2. November 1933 Rehms sofortige Beurlaubung: „Im Interesse des Dienstbetriebs halte ich die Beurlaubung für erforderlich". Gesundheitssenator Otto Heider erklärte sein Einverständnis zur sofortigen Beurlaubung. Dr. Otto Rehm verließ Bremen und kehrte 1935 nach mehr als 30 Jahren an die Kuranstalt seines Bruders Ernst Rehm in München zurück, wo er bis zu seinem frühen Tod im Jahre 1941 eine Abteilung leitete. Seinem unehrenhaften Abgang in Bremen zum Trotz bewarb er sich schon an Weihnachten 1936 erneut um eine Assistenzarztstelle am St. Jürgen-Asyl in Bremen. Er versprach sich offenbar Chancen, da Prof. Walter inzwischen gegen einen linientreuen Nationalsozialisten ausgetauscht worden war. Otto Rehm war bereits am 1. Mai 1933 in die NSDAP eingetreten.[129] Sein Ruf in Bremen war aber dermaßen ruiniert, dass ihm auch seine Parteizugehörigkeit nicht helfen konnte. Der neu eingesetzte Direktor gab zur Bewerbung Dr. Rehms am 26. Januar 1937 folgende Stellungnahme ab: „Nach meinen bisherigen Erfahrungen und nach den Äußerungen der beiden Anstaltsärzte, die Herrn Dr. Rehm noch sehr eingehend gekannt haben, muß ich zu dem Schluß kommen, daß die Einstellung des früheren Oberarztes Dr. Rehm als Assistenzarzt ganz und gar ausgeschlossen und dem Frieden der Anstalt abträglich ist. Schon Hr. Prof. Delbrück [...] soll die größten Schwierigkeiten mit Herrn Dr. Rehm gehabt haben. So hat Dr. Rehm schon zu Prof. Delbrücks Zeiten wiederholt versucht, unter Umgehung des Direktors dem Senat Vorschläge zu unterbreiten, wie er es damals als Direktor gemacht haben würde. [...] Zu ganz besonders unerträglichen Scenen muß es gekommen sein – wie mir die beiden Anstaltsärzte getrennt berichtet haben – als Hr. Prof. Walter die Leitung der Anstalt übernahm. Es sei zwischen Herrn Prof. Walter und Herrn Dr. Rehm bei den Konferenzen regelmäßig zu Scenen gekommen, die für die ganze Ärzteschaft der Anstalt unwürdig gewesen seien. [...] Ich bitte daher ganz dringend, von einer Berufung des Dr. Rehm auf eine Anstaltsarzt-Stelle abzusehen."

---

[129] Bundesarchiv: Parteistatistische Erhebung Otto Rehm 1939

2.3.9.6 Otto Rehm – Ein Befürworter der „Euthanasie"

Im Gegensatz zu seinem Bruder Ernst kann Dr. Otto Rehm eine umfangreiche Veröffentlichungsliste vorweisen. Viele seiner Artikel fallen in seine Zeit als Oberarzt in Bremen. Otto Rehms letztes Buch wurde posthum nach seinem überraschenden Tod im Jahr 1941 veröffentlicht. Am 1. Mai 1926 hielt Dr. Otto Rehm einen Vortrag vor der Versammlung der Irrenärzte Niedersachsens und Westfalens in Hannover. Otto Rehm führte in seinem Referat aus: „Die *Erbbiologie* lehrt, daß die Masse der körperlichen und psychischen Eigenschaften einem, wenn auch vielfach nur problematischen, gesetzmäßigen Erbgange unterliegt. Aus dieser Tatsache entspringt die Forderung, dem Erbgange die schädlichen Faktoren zu entziehen bzw. sie in der Erbmasse unschädlich zu machen. Letzteres können wir nicht. Der ersten Forderung entspricht die neuerdings immer mehr diskutierte Frage der Ausscheidung schädlicher Elemente aus der Vererbung. Bekannt sind die Schriften von Binding und *Hoche*[130] über die Freigabe der Vernichtung lebensunwerten Lebens und von *Meltzer*[131] über das Problem der Abkürzung lebensunwerten Lebens, in denen die Fragestellung zu vollständig entgegengesetzten Antworten geführt hat. [...] Im Vordergrund des Interesses stehen hier zweifellos die Fragen der Sterilisation bzw. Kastration [...] und die Fragen der Euthanasie, d. h. der Berechtigung bzw. Notwendigkeit, ein lebensunwertes Dasein vorzeitig zu beenden. [Bei der „Euthanasie" gehe es] meist um Vernichtung eines nur objektiv, aber nicht vom Standpunkte des betreffenden Kranken, also subjektiv, lebensunwerten Daseins. Es ist sicher, daß die Allgemeinheit zunächst für die genannten Eingriffe so gut wie keinerlei Verständnis hat. [...] Wir haben allen Grund, in Anbetracht unserer bedrohten Kultur jegliche Maßnahmen ins Auge zu fassen und rücksichtslos durchzuführen, welche das Gute erhalten und fördern, das Minderwertige und Schlechte aber ausmerzen, um die guten Kräfte innerhalb unserer Bevölkerung nicht nur zu erhalten, sondern auch zu veredeln."[132]

2.3.9.7 Die Entlassung von Nazigegnern aus der Belegschaft der Bremer Nervenklinik

Otto Rehm war von 1933 bis zu seinem Tod im Jahre 1941 Mitglied der NSDAP und mehrerer Unterorganisationen: Deutsche Arbeitsfront, NS.-Volkswohlfahrt, NSD.-Ärztebund, Reichsbund a. D. Beamten, Reichsluftschutzbund und dem NS.-Alther-

---

130 Fußnote übernommen aus dem Referat Otto Rehm: *Binding* und *Hoche*, Die Freigabe der Vernichtung lebensunwerten Lebens. Leipzig: Meiner 1920
131 Fußnote übernommen aus dem Referat Otto Rehm: *E. Meltzer*, Das Problem der Abkürzung „lebensunwerten" Lebens. Halle: Marhold 1925
132 Rehm O.: 1926, S. 737–744

renbund a. D. Studenten.[133] Im Gegensatz zu seinem Bruder Ernst leitete er aber kein Parteiamt. Nach dem Ende des Zweiten Weltkriegs wurde in Bremen posthum ein Spruchkammerverfahren gegen Otto Rehm eingeleitet. Die Stadt Bremen hatte unter Berufung auf seine nationalsozialistische Vergangenheit die Pensionszahlungen an seine Witwe eingestellt. Ausschlaggebend war ein Vorfall im St. Jürgen-Asyl im Jahr 1933, kurz nach der Machtergreifung durch die Nazis. Der Vorwurf des Beamtenausschusses der Nervenklinik lautete, Otto Rehm habe zusammen mit seinem ältesten Sohn (Wilhelm Rehm; Jg. 1910) eine 67-köpfige Liste von Angestellten der Bremer Anstalt erstellt und an den Nazifreund Birnheim übergeben. Bei den Betroffenen habe es sich um Sozialdemokraten und andere Nazigegner gehandelt. Otto Rehm habe diese Liste während des Urlaubs des Anstaltsdirektors, Prof. Walter, erstellt. Der Beamtenausschuss der Nervenklinik habe durch sein entschiedenes Einschreiten das Schlimmste gerade noch verhindern können; trotzdem seien 27 Angestellte entlassen worden; am Ende auch Prof. Walter und Verwaltungschef Lemmermann. Da die vorzeitige Pensionierung und die sofortige Beurlaubung von Otto Rehm noch von Prof. Walter durchgesetzt wurde, müssen sich diese Vorgänge Ende 1933 überschnitten haben. Vermutlich war die Affäre um die „geheime Entlassungsliste" – in Abwesenheit des Direktors – der Auslöser für die vorzeitige Pensionierung Rehms. Die Vorwürfe gegen Otto Rehm ließen sich nach dem Krieg allerdings nicht mehr zweifelsfrei beweisen. Zwei der damals entlassenen Pfleger sagten gegenüber der Spruchkammer aus, sie wüssten nicht genau, wer die Entlassungsliste erstellt hätte. Der entlassene Verwaltungschef Johann Lemmermann sagte 15 Jahre nach dem Vorfall bei seiner Vernehmung im Oktober 1948 aus: „1933 wurde ich plötzlich entlassen. Ob Hr. Dr. Rehm etwas mit meiner Entlassung zu tun hat, kann ich nicht sagen. Ich habe aber seinerzeit gehört, dass er eine Liste von Angestellten der Nervenklinik aufgestellt hat, und diese für den Abbau vorgeschlagen hat. Ich kann nur sagen, dass die ganze Belegschaft der Nervenklinik (außer Parteigenossen) Dr. Rehm nicht mochten."

Wie in den meisten Spruchkammerakten gibt es auch in der Akte Otto Rehm entlastende Stellungnahmen. So schreibt z. B. Elisabeth Euler aus München im August 1946 in einer Eidesstattlichen Erklärung: „Ich habe oft Gelegenheit gehabt, Einsicht in seine politische Einstellung zu nehmen. Jedes Mal konnte ich dabei feststellen, dass er (genau wie ich) die Nazi-Ideologie vollständig ablehnte." [!] Etwas zurückhaltender klingt dagegen die Eidesstattliche Erklärung von Otto Piloty, einem Schwiegersohn von Ernst Rehm. Ohne darauf zu verweisen, dass Otto Rehm ein Onkel seiner Ehefrau war, schreibt er: „Herrn Dr. Otto Rehm kannte ich seit

---

[133] Bundesarchiv: Parteistatistische Erhebung 1939 (von Otto Rehm selbst ausgefüllt am 2. Juli 1939)

1923.[134] Seit 1935 bis zu seinem Tode 1941 war Dr. Rehm Abteilungsleiter in der Kuranstalt Neufriedenheim. Herr Dr. Rehm hat seinen unter gewissem Druck vollzogenen Eintritt in die Partei nie dazu benützt, sich wirtschaftliche Vorteile zu verschaffen oder im Sinne der Partei Propaganda zu betreiben." Als Otto Rehm 1933 in Bremen in die NSDAP eintrat, lebte Otto Piloty in München. Otto Rehms Vorgesetzter in Bremen, Prof. Walter, war kein NSDAP-Mitglied. Von der Leitung des St. Jürgen-Asyls wurde also mit Sicherheit kein Druck zum Eintritt in die NSDAP ausgeübt. Die Eidesstattlichen Erklärungen müssen wohl in erster Linie als Versuch gedeutet werden, Otto Rehms mittellose Witwe Anna bei ihren Bemühungen um ihre Witwenrente zu unterstützen. Am 31.5.1949 wurde das Spruchkammerverfahren gegen Dr. Otto Rehm in Bremen eingestellt und die Weiterzahlung der Pension an Rehms Witwe beschlossen.

2.3.9.8 Rückkehr nach Neufriedenheim

Nachdem Otto Rehm in Bremen entlassen worden war, kehrte er nach über 30 Jahren an die Kuranstalt seines Bruders zurück und ersetzte dort den aus Altersgründen ausgeschiedenen Oberarzt Otto Kaiser. Allerdings erhielt Otto Rehm in Neufriedenheim nicht die Stellung als Oberarzt. Otto Rehm wurde am 02.11.1935 in München unter der Neufriedenheimer Adresse angemeldet. Auf der Meldekarte ist vermerkt: „Familie wohnt noch in Bremen". Anna Rehm folgte ihrem Ehemann zusammen mit dem jüngsten Sohn Martin im Februar 1936 nach Neufriedenheim.[135] Wie sich Otto Rehm in den Anstaltsbetrieb in Neufriedenheim integrierte, ist nicht bekannt.

2.3.9.9 Früher Tod

Otto Rehm starb am 25.01.1941 um 16 Uhr im Alter von 64 Jahren im Sanatorium Neufriedenheim. Seine beiden Schwestern Emma und Sophie starben ebenfalls in Neufriedenheim in unmittelbarer zeitlicher Nähe. Ursache für den Tod der drei Geschwister war eine Grippe-Epidemie. Nachfahren von Otto Rehm führen den Tod der drei Geschwister auf Diphtherie zurück. Als Erste starb Emma Rehm am 14. Januar im Alter von 78 Jahren. Die Todesanzeige für Emma Rehm wurde noch von ihrem Bruder Otto Rehm erstattet. Er war beim Ableben seiner Schwester Emma zugegen und gab als Todesursache an: „Allgemeine Altersschwäche † Bronchopneumonie."[136]

---

134 1923 heiratete Otto Piloty die vierte Rehm Tochter Gertrud.
135 Stadtarchiv München: Meldekarte Otto Rehm
136 Sterbeurkunde Standesamt München Nr. 99 /1941

Möglicherweise hat sich Otto Rehm bei der Behandlung seiner Schwester Emma angesteckt. Ottos Sterbeanzeige wurde von seinem ältesten Sohn, dem Schriftleiter Willi Rehm aus Breslau aufgegeben. Die Sterbeurkunde nennt als Todesursache: „Influenza – Pneumonie – Herzkollaps".[137] Am 4. Februar 1941 verstarb die zweite Schwester Sophie Rehm im Alter von 71 Jahren. Die Anzeige für Sophie Rehm wurde von Leo Baumüller erstattet. Er gab „Bronchopneumonie" als Todesursache an.[138]

Otto Rehm hatte noch kurz vor seinem Tod zusammen mit seinem Co-Autor Fritz Roeder das Fachbuch „Die Cerebrospinalflüssigkeit" vollendet. In einem Vorwort vom Dezember 1941 schrieb Roeder: „Hr. Dr. Otto Rehm hat die Herausgabe dieses Werkes nicht mehr erlebt. Noch während der Drucklegung ist er – 65 Jahre alt – gestorben. Für die deutsche Nervenheilkunde bedeutet sein Tod einen schweren Verlust. […] Was er in der Zeit seines Wirkens auf den verschiedensten Gebieten hat schaffen können, wird ihm einen bleibenden ehrenvollen Platz in der deutschen Psychiatrie sichern."[139]

Am 29.1.1941 erschien eine Todesanzeige für Otto Rehm im „Völkischen Beobachter". Sie ist unterzeichnet von seiner Witwe Anny Rehm, seinen drei Söhnen Willi, Wolfgang und Martin sowie von seinen Geschwistern Ernst und Sophie Rehm. In der Anzeige heißt es „Die Feuerbestattung fand in aller Stille statt." Otto Rehm wurde zusammen mit seinen beiden Schwestern am 8. Februar 1941 im Familiengrab auf dem Münchner Waldfriedhof beerdigt.[140]

2.3.9.10 Martin Rehm

Nach Aussage einer Enkelin von Otto Rehm war der jüngste Sohn von Otto und Anna Rehm, Martin Rehm (*1920) homosexuell. Seine Homosexualität stellte im NS-Deutschland einen großen Makel dar. Auf keinen Fall durfte publik werden, dass ein Familienmitglied im Sanatorium homosexuell war. Die Ärzte betrachteten Homosexualität als eine Krankheit. Martin Rehm soll eine „Therapie" abgelehnt haben. Unterstützung habe er von seiner Mutter Anna Rehm erfahren. Ein Jahr nach Otto Rehms Tod verließen Anna und Martin Rehm Neufriedenheim und zogen in die Widenmayerstraße im Münchner Stadtteil Lehel. Zu einem späteren Zeitpunkt – wahrscheinlich nach Kriegsende – sind beide an einen unbekannten

---

137 Sterbeurkunde Standesamt München IV Nr. 164/1941
138 Sterbeurkunde Standesamt München Nr. 231 /1941
139 Roeder/Rehm 1941, Vorwort
140 S. Anlage A2; Familiengrab

Ort verzogen, laut Meldekarte vermutlich in die Schweiz.[141] Nach Angaben aus dem Familienkreis sollen beide dagegen nach Rom gezogen sein.

2.3.10 Dr. Otto Streicher

Im Münchener Adressbuch von 1942 findet sich Dr. Otto Streicher unter den Bewohnern des Sanatoriums Neufriedenheim. Offenbar ist Streicher noch als Nachfolger für den verstorbenen Otto Rehm eingestellt worden. Da der Betrieb des Sanatoriums Ende Januar 1942 eingestellt wurde, war die Einsatzzeit von Dr. Streicher in Neufriedenheim nur von kurzer Dauer. Seine Einstellung verbunden mit dem Bezug einer Dienstwohnung mag aber als ein Indiz dafür gewertet werden, dass es zu Beginn des Jahres 1941 noch keine konkreten Pläne zum Verkauf und zur Stilllegung des Sanatoriums gegeben hat. Dr. Otto Streicher wird im Personenverzeichnis der Universität München im Winterhalbjahr 1924/25 als klinischer Assistent unter Oswald Bumke an der *Psychiatrischen und Nervenklinik der Universität München* aufgeführt. In Leo Baumüllers Tagebuch von 1942 wird Streicher zweimal kurz erwähnt. Am 24. Januar, als die Rehm-Töchter und Schwiegersöhne noch hofften, die Entmündigung von Ernst Rehm durchsetzen und den Verkauf des Sanatoriums anfechten zu können, vermerkt Leo Baumüller knapp: „Streicher bei uns". Drei Tage nach dem Bombenangriff auf Neufriedenheim, am 23. September 1942, beschreibt Baumüller die Schäden an den Wohnungen. Die Wohnung von Karoline Wuth sei am wenigsten betroffen. „Am schlimmsten bei Streichers u. bei uns. [...] Bernhards[142] und Streichers Sachen in d. Laimer Schule." Aus dieser Anmerkung geht hervor, dass auch Streicher im September 1942, acht Monate nach Schließung des Sanatoriums, immer noch in Neufriedenheim wohnte. Im Münchner Nachkriegsadressbuch von 1950 ist Dr. Streicher nicht verzeichnet.

2.4 Die Patienten in Neufriedenheim

Da die Kuranstalt Neufriedenheim eine Privatanstalt war, richtete sie sich vorwiegend an ein internationales wohlhabendes Publikum, das sich den teuren Aufenthalt leisten konnte. Nicht wenige der Patienten waren Unternehmer, Adlige oder Künstler. Spätestens gegen Ende der 1920er-Jahre hatte die Kuranstalt Probleme, zahlungskräftige Kunden zu rekrutieren. Die maximale Bettenkapazität lag ab ca. 1910 bei 80 bis 90. In den 1930er-Jahren wurde sie auf 60 reduziert.

---

141 Stadtarchiv München: Meldekarte Otto Rehm
142 „Bernhards" kann nicht zugeordnet werden.

2.4.1 Die Patientenakten und Rehm-Korrespondenz

Die Neufriedenheimer Patientenakten sind nicht mehr vorhanden. Es ist davon auszugehen, dass sie in den Wirren nach dem überstürzten Verkauf der Kuranstalt an die Nationalsozialistische Volkswohlfahrt (NSV) Ende 1941 oder spätestens am Ende des Zweiten Weltkriegs verlorengegangen sind. Leo Baumüller berichtet in seinem Tagebuch von 1942, er habe ca. eine Woche nach der Bombardierung 14 Bücher-Kisten für „das Lager" gepackt. Die Patientenakten, die vermutlich unter der Kontrolle von Ernst Rehm standen, erwähnt Baumüller nicht.

Falls die Akten nicht im Hauptgebäude der Anstalt, sondern in der Direktorenvilla aufbewahrt wurden, könnten sie noch bis 1945 überlebt haben. Die Direktorenvilla war Ende 1941 zunächst nicht an die NSV mit verkauft worden. Auch von der Bombardierung im September 1942 war sie nicht betroffen. Rehm wohnte dort bis zu seinem Tod im April 1945 zusammen mit Magdalena Ludwig, einer Schwester seiner 2. Ehefrau Marimargret. Zu seinen Töchtern und Schwiegersöhnen hatte er keinen Kontakt mehr. Als letzte Vertrauensperson hätte Magdalena Ludwig den direkten Zugriff auf Rehms Nachlass gehabt. Allerdings musste sie bei Kriegsende, ca. zwei Wochen nach Rehms Tod, die Direktorenvilla räumen. Die Villa wurde von US-amerikanischen Besatzungstruppen in Beschlag genommen. Kurz zuvor soll es auch zu Plünderungen gekommen sein.

Wenn wir uns mit der Patientenbelegung, mit Krankengeschichten und auch mit einzelnen Patienten befassen wollen, sind wir wegen der verschollenen Patientenakten auf andere Quellen angewiesen. Diese Quellen können nur ein sehr bruchstückhaftes Bild liefern. Was für die Patientenakten gilt, gilt gleichermaßen für Rehms Korrespondenz. Seine Eingangspost muss als verschollen betrachtet werden. Einige wenige von Rehm verfasste Briefe wurden in zwei Bänden der Edition Kraepelin veröffentlicht, ein weiterer Brief befindet sich in der Korrespondenz von August Forel. Weitere zwei Briefe an seinen Schwiegersohn Leo Baumüller sind im Nachlass von Peter Baumüller erhalten. In diesen Briefen wird Leo Baumüller nachträglich über die standesamtliche Heirat mit Marimargret Schwemann informiert (1935) sowie über den Verkauf des Sanatoriums (Ende 1941). Neben einem geschäftlichen Brief an den Hoffotografen Friedrich Müller sind schließlich mehrere Briefe an die Gemeinde Neuried erhalten. In diesen Briefen geht es ausschließlich um die Verpachtung und den Verkauf von Rehmschen Grundstücken und um die Errichtung und den Betrieb einer Kiesgrube in Neuried.

2.4.2 Erste Patienten

Die ersten Informationen über Neufriedenheimer Patienten stammen aus den Erinnerungen und Briefen von Dr. Karl Ranke. Bei seinem Einstieg in Neufriedenheim am 1. Oktober 1891 berichtet er über Pläne, dass „zunächst 50 Plätze, von Mai 92 ab 100 Plätze in Neufriedenheim vorhanden sind." Die erste Aussage über die Belegung der Anstalt folgte im Oktober 1891: „In der Anstalt sind unsere 3 kranken Damen bisher die ruhigsten und angenehmsten Elemente."[143] Zwei Wochen später schrieb er: „Wir haben bislang 6 Patienten, 4 Damen und 2 Herren, eigentlich Grund genug zur Zufriedenheit, da wir uns auf ein längeres Zuwarten gefasst gemacht hatten."[144] Bis zum April 1892 gab es laut Ranke bereits 40 Aufnahmen und einen Bestand von 21 Patienten.[145] Im Mai 1892, als Ranke schon ernüchtert seinen Abschied aus Neufriedenheim vorbereitete, berichtete er: „Aufnahme drängt Aufnahme; ich verliere fast die Übersicht über das verfehlt angelegte Unternehmen."[146]

Zu den ersten Patientinnen gehörte Frieda Linde, eine Schwester des Erfinders und Firmengründers Carl von Linde. Ranke kämpfte energisch um Friedas Leben. Ihr Zustand schien sich zunächst zu stabilisieren. Aber Mitte Mai 1892 erkrankte die durch künstliche Ernährung bereits geschwächte Patientin nach ca. zweimonatigem Aufenthalt an einer Lungenentzündung und starb am 25. Mai 1892.[147] Ein Jahr später stand Ranke bereits vor der Eröffnung seiner eigenen Kuranstalt Obersendling. Nach einem Besuch bei Familie Rehm in Neufriedenheim schrieb Ranke: „Neufriedenheim hat ziemlich viele Patienten; ich unterschätze die Schwierigkeiten nicht, an deren Entstehen ich einigermaßen selbst teilgenommen habe, die mir aus seinem Eingeführtsein beim Publikum erwächst."

2.4.3 Patientenstatistik 1891–1911

Eine vollständig erhaltene Aufnahmestatistik stammt aus einer Hausbeschreibung von Rehm aus dem Jahr 1912. Sie ist unterteilt nach Männern und Frauen sowie nach „Krankheitsformen". Diese Statistik macht keine Aussage über die Verweildauer der Patienten.

---

143 Ranke: Brief an seine Eltern und Geschwister vom 12.10.1891
144 Ranke: Brief an seine Eltern vom 27.10.1891
145 Ranke: Brief an seine Mutter vom 24.04.1892
146 Ranke: Brief an seinen Bruder Fritz vom 12.05.1892
147 Ranke: Brief an seinen Bruder Fritz vom 26.05.1892

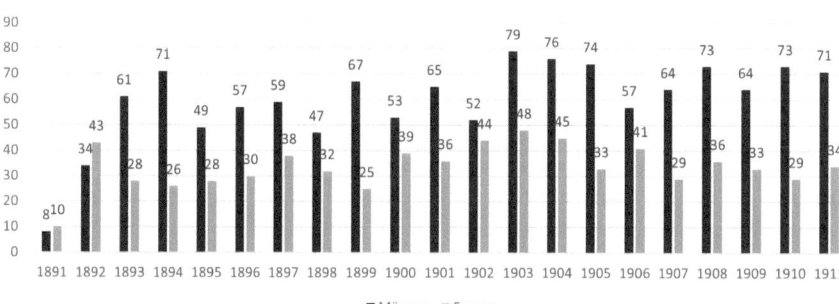

Tab. 2.1: Patientenaufnahmen 1891–1911 – eigene Darstellung

Während in den ersten beiden Jahren mehr Frauen als Männer aufgenommen wurden, kehrt sich diese Entwicklung ab dem Jahr 1893 um. Die niedrige Frauenquote ab 1893 ist mit hoher Wahrscheinlichkeit auf die Eröffnung von Dr. Rankes Kuranstalt Obersendling zurückzuführen. Ranke hatte seine Anstalt zwar kleiner geplant als Neufriedenheim, nahm dafür aber nur Frauen auf.

Krankheitsformen (nach Rehm):
Die Rehmsche Statistik aus dem Jahre 1912 unterscheidet nach sieben Krankheitsformen, wie sie der gängigen Aufteilung seiner Zeit entsprachen:
1. Paralyse
2. Andere Geisteskrankheiten (einfache Seelenstörung)
3. Imbezillität und Idiotie
4. Epilepsie
5. Alkoholismus
6. Morphinismus u. a. chronische Vergiftungen
7. Hysterie u. a. Neurosen und Nervenkrankheiten

Die auffälligsten Unterschiede zwischen den Geschlechtern: Bei den Männern gab es viele Patienten mit Paralyse, bei den Frauen viele Patientinnen mit Diagnose Hysterie.

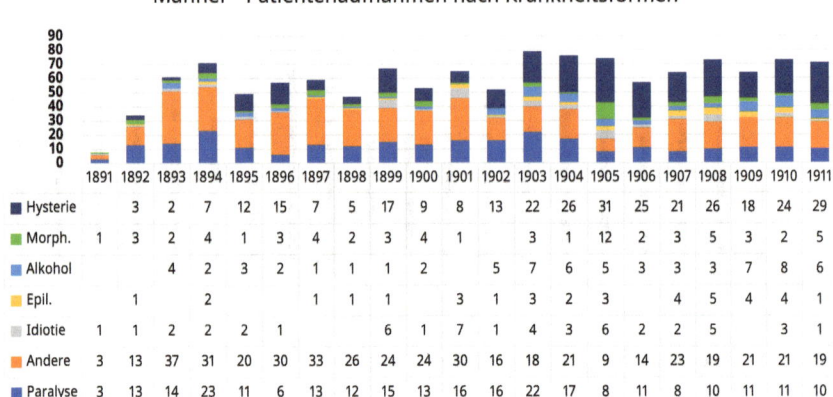

Tab. 2.2: Patientenaufnahmen nach Krankheitsformen (Männer) – eigene Darstellung

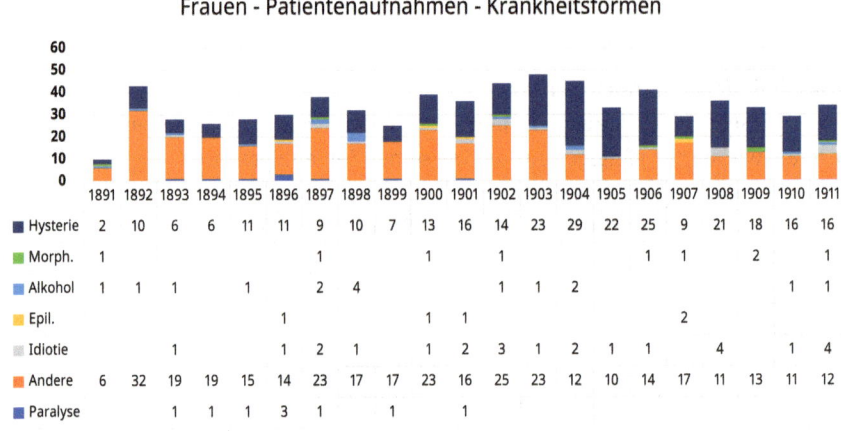

Tab. 2.3: Patientenaufnahmen nach Krankheitsformen (Frauen) – eigene Darstellung

2.4.4 Patientenstatistiken von 1926 und 1936

Auch aus den Jahren 1926 und 1936 sind kleine Patientenstatistiken überliefert. In dieser Statistik sind Zu- und Abgänge, Todesfälle und eine konkrete Angabe über die Belegung der Kuranstalt zu den Stichtagen 01.01.1927 und 01.01.1937 enthalten.[148]

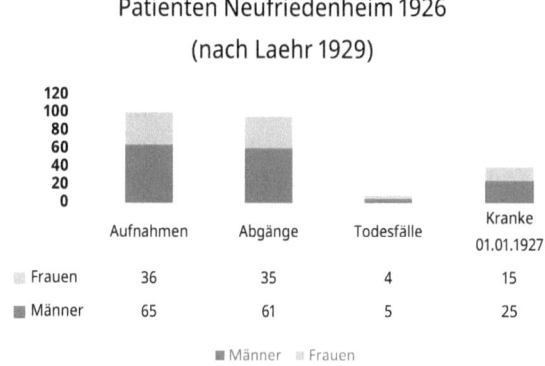

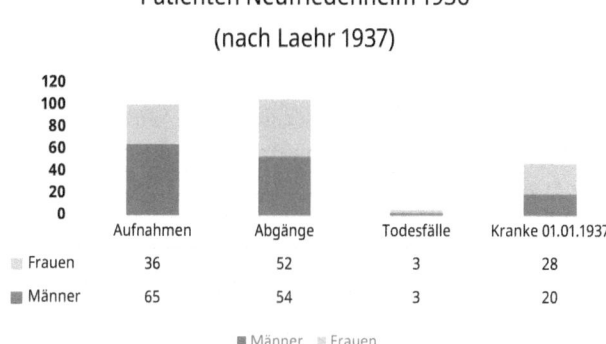

Abb. 2.7: Patientenstatistik Neufriedenheim 1926/1936

Die Anstalt hatte 1912 eine Kapazität von 80 bis 90 Patienten. Spätestens im Jahr 1937 war die Bettenkapazität auf 60 reduziert worden, was einer Verringerung von 25 % bis 33 % entspricht.[149] Trotz der reduzierten Bettenzahl war sie Anfang 1927 mit 40 Kranken deutlich unterbelegt. Auffällig ist, dass der hohe Männeranteil (62,5 %) der Kranken zum 01.01.1927 zehn Jahre später auf 42,7 % gefallen sein soll. Der geringe Männeranteil zum 01.01.1937 muss angezweifelt werden, zumal der Krankensaldo (Aufnahmen – Abgänge – Todesfälle) im Jahr 1936 ein Plus von

---
148 Laehr 1929, S. 84 sowie Laehr 1937, S. 79
149 Bieling 1937, S. 27

8 Männern (gegenüber dem Vorjahr) aufweist, wogegen der Saldo bei den Frauen mit − 19 deutlich negativ ist. Rechnet man die Zahlen zusammen, ergibt sich eine Belegung mit 12 Männern und 47 Frauen zum 01.01.1936. Der Autor vermutet eine Verwechslung der Belegungszahlen für Männer und Frauen in der neunten Auflage von Hans Laehrs Buch. 28 Männer und 20 Frauen wären erheblich stimmiger.

Die Ursachen für die Unterbelegung Neufriedenheims liegen vermutlich in der schwierigen gesamtwirtschaftlichen Lage. 1931 klagte Dr. Rehm, dass „zahlungsfähige Kranke für meine Anstalt immer weniger werden". Offenbar setzte diese Entwicklung aber schon früher ein. Kurt Bieling schrieb im Jahr 1937: „Mit dem Zusammenbruch der Wirtschaft durch die Revolution und die Inflation, mit dem Ausbleiben der Privaticlientel infolge der Verarmung Deutschlands und des Fehlens der ausländischen Besucher kam für eine große Zahl von Privatanstalten der wirtschaftliche Zusammenbruch." Es ging also für die Privatsanatorien nach dem Ersten Weltkrieg buchstäblich ums Überleben. Es liegt nahe, dass die Erlöse aus dem Verkauf eines ca. 10 ha großen Rehmschen Grundstücks in Neuried an die Heilig-Geistspital-Stiftung im Jahr 1927 Verluste aus dem Anstaltsbetrieb kompensieren sollten. Den Verkauf von weiteren Grundstücken in Neuried Anfang der 1930er-Jahre begründete Rehm ausdrücklich mit der allgemeinen wirtschaftlichen Lage.

Die Kuranstalt Obersendling kam offenbar besser durch die Wirtschaftskrise: Die auf weibliche Patienten spezialisierte Anstalt von Dr. Ranke, die nur für ca. 50 Patienten ausgelegt war, war am 1.4.1927 (bzw. 1.1.1937) mit 49 (42) Kranken, darunter 46 (34) Frauen, ausgebucht. Bemerkenswert ist auch, dass die Bettenzahl von Obersendling sowohl 1912 als auch 1937 mit 50 angegeben wurde. In Obersendling kam es also zu keiner Reduzierung der Kapazität. Die Zimmerpreise waren in Obersendling 1937 etwas günstiger als in Neufriedenheim. Für Neufriedenheim wird ein Grundpreis für Zimmer mit Verpflegung von 10,- RM angegeben, wogegen Obersendling einen Pauschalpreis für Zimmer mit Verpflegung ebenfalls von 10,- RM aufweist. In diesem Pauschalpreis waren allerdings die gebräuchlichen Kurmittel und die ärztliche Betreuung inbegriffen.[150] Bei Laehr gibt es auch Angaben zum Personalstand der Anstalten: An Personal werden für Neufriedenheim 1927 vier Ärzte namentlich aufgezählt: Direktor Ernst Rehm, Oberarzt Otto Kaiser sowie Dr. Leo und Dr. Hilde Baumüller. Dazu kamen noch 7 Pfleger und 17 Pflegerinnen. Zum Vergleich: Direktor Karl Ranke beschäftigte in Obersendling 1927 zwei weitere Ärzte: Max Steger als Assistenzarzt und Lotte Krenzer. Für die Betreuung der Patientinnen standen Ranke drei Oberinnen und 39 Schwestern zur Verfügung.

---

150 Bieling 1937, S. 15 und 27

2.4.5 Der schwierige Aufnahmeprozess

Im Jahre 1895 war die Aufnahme von psychisch Kranken in die Irrenanstalten bürokratisch erschwert worden. Vorausgegangen waren Missstände in rheinischen Krankenanstalten. Seit 1895 musste jede Aufnahme von Kranken grundsätzlich vor deren Eintritt von der Regierung genehmigt werden. Die zuständige Polizeibehörde hatte vor Eintritt der Kranken in die Anstalten ein eigenes Gutachten über das Bestehen einer geistigen Störung zu erstellen. Ranke schrieb: „Die Aufnahme eines Kranken wurde neben vielem anderen davon abhängig gemacht, daß ein polizeiliches unabhängig von ärztlichen Beobachtungen ausgestelltes Zeugniß vorgelegt würde, in dem die Geisteskrankheit und die Anstaltsbedürftigkeit nachgewiesen sei. [...] Es war mir klar, daß bei Durchführung dieser Verordnung jede private Anstaltspsychiatrie in Bayern zukünftig unmöglich sein würde."[151] Nur in Ausnahmefällen war eine vorläufige Aufnahme erlaubt, wobei allerdings die Ausnahmen schnell zur Regel wurden. Die Genehmigung durfte nachträglich eingeholt werden. Dieses umständliche Verfahren stellte gerade für die privaten Heilanstalten eine existenzielle Bedrohung dar. Auch Rehm prangerte diese Verordnung bei seinem Vortrag vor der Versammlung der bayerischen Psychiater in Erlangen im Jahre 1908 an. Er forderte die Möglichkeit von raschen und unbürokratischen Aufnahmen und setzte sich im Gegenzug für ein verbessertes Beschwerderecht von Patienten ein. Mehr zum Aufnahmeprozess findet sich in Kapitel 2.2.7.

2.4.6 Herzog Siegfried in Bayern

Der höchstrangige adelige Patient in Neufriedenheim war „Seine Königliche Hoheit" Herzog Siegfried in Bayern (1876–1952), der Sohn von Herzog Maximilian und seiner Frau Amalie. Herzog Siegfried sollte fast 30 Jahre seines Lebens in Neufriedenheim verbringen. Seine Krankengeschichte, die durch einen Reitunfall ausgelöst wurde, ist bei Häfner ausführlich beschrieben.[152] „Nach einem im Jahre 1899 erfolgten Sturz mit dem Pferde trat aber eine allmähliche Veränderung seiner Persönlichkeit ein."[153] Ende Mai 1912 fühlte sich Herzog Siegfried von Prinzregent Luitpold verfolgt. Am 1. Juni 1912 wurde er von seinem Leibarzt, Hofrat Dr. Vinzenz Bredauer, in die Kuranstalt Neufriedenheim eingewiesen. Dort war er bis 1917 in einer offenen Abteilung untergebracht und genoss relativ große Freiheiten. Mit dem Beginn des Ersten Weltkriegs trat eine Veränderung ein: „Seit Kriegsbe-

---
151 Ranke, S. 332
152 Häfner 2008, S. 213–217
153 Bayerisches Hauptstaatsarchiv: MJu 13709

ginn musste Seine Königliche Hoheit auf die Gesellschaft seines Adjutanten verzichten, weil dieser zum Heeresdienst einberufen wurde. Infolgedessen mussten die früheren Ausfahrten im Automobil in die Umgebung unterbleiben."[154] Er durfte nur noch in Begleitung seines Chauffeurs in die Stadt München fahren.

2.4.6.1 Dr. Rehm erhält von König Ludwig III. den Michaelsorden

König Ludwig III. zeigte sich Ende 1916 sehr zufrieden über die Beruhigung des kranken Herzogs, die seit der Einweisung in die Kuranstalt Neufriedenheim eingetreten war. Als Anerkennung wurde Rehm anlässlich des Geburtstagsfests des Königs am 7. Januar 1917 mit dem Orden vom Heiligen Michael mit der Krone ausgezeichnet, obwohl Ludwig III. wegen der Belastung durch den Ersten Weltkrieg das Bayerische Innenministerium aufgerufen hatte, die Anträge für Titel- und Ordensverleihungen im Jahr 1917 auf ein Minimum zu beschränken. Der Antrag auf Ordensverleihung für Rehm wurde entgegen der Regel nicht vom Innenministerium gestellt, sondern direkt vom Hofe des Königs. Die Begründung lautete: „Seit 1912 behandelnder Arzt S. K. H. [Seine Königliche Hoheit] des Herzogs Siegfried in Bayern."[155]

2.4.6.2 Die Entmündigung von Herzog Siegfried im Sommer 1917

Offenbar war Ludwig III. in Bezug auf die Entwicklung des kranken Herzogs zu optimistisch gewesen. Hätte er im Dezember 1916 geahnt, wie sich die Krankheit von Siegfried im Sommer 1917 entwickeln sollte, hätte er über den Orden für Rehm möglicherweise noch einmal nachgedacht. Aus Sicht des Justizministeriums wurde der Vorfall, der zur Entmündigung Herzog Siegfrieds führte, wie folgt beschrieben: „Am 30. Juni [1917] hatte er wieder die Erlaubnis erhalten, in die Stadt zu fahren. Er liess aber vor der Stadt den Wagen umkehren und fuhr an den Starnberger See. In Seeshaupt ging er in die Badeanstalt, zog sich aus, ging aber dann nicht in das Bad, sondern auf den Platz vor der Badeanstalt, wo viele Leute, darunter auch Damen und Kinder, versammelt waren. Er liess die Badehose fallen und stand nackt da. Dabei wurde er geschlechtlich erregt und onanierte. Der Vorfall rief begreiflicherweise grosse Entrüstung hervor. Es wurde die Gendarmerie gerufen, um der peinlichen Scene ein Ende zu machen." Dr. Rehm sagte bei der anschließenden Vernehmung aus, Herzog Siegfried habe Fahrten in die Umgebung immer nur in Begleitung des Direktors, also von Rehm selbst, oder seiner Ehefrau, Elisabeth Rehm, unternehmen dürfen. Lediglich zu Fahrten in die Stadt habe er die Erlaubnis auch ohne Begleitung gehabt. Am 30. Juni habe Siegfried angegeben,

---

154 ebenda
155 Bayerisches Hauptstaatsarchiv: MA Ordensakten 1147

in die Stadt fahren zu wollen. Als Reaktion auf den Vorfall in Seeshaupt ordnete König Ludwig III. schon am 1. Juli 1917 die vorläufige Entmündigung von Herzog Siegfried an und bestimmte Staatsminister a. D. Ritter Ferdinand von Miltner zum vorläufigen Vormund. Unmittelbar danach wurde Herzog Siegfried von der offenen in eine geschlossene Abteilung der Kuranstalt verlegt. Rehm erhielt die Anordnung, der Herzog dürfe die Kuranstalt nur noch mit Genehmigung seines Vormunds verlassen. Am 19. März 1918 wurde Herzog Siegfried durch einen weiteren Erlass des Königs endgültig entmündigt.[156] Ein gerichtliches Entmündigungsverfahren hat also nicht stattgefunden. Daher existiert auch keine Entmündigungsakte zu Herzog Siegfried. Wer nach dem Tode seines Vormunds von Miltner im Jahre 1920 die Vormundschaft übernommen hat, und wer den Vormund nach dem Ende der Monarchie in Bayern eingesetzt hat, konnte nicht festgestellt werden.

2.4.6.3 Das Kriegsministerium sucht einen Begleiter für Herzog Siegfried

In die Suche nach einem neuen zuverlässigen Begleiter für Herzog Siegfried schaltete sich am 8. Juli 1917 sogar das Kriegsministerium ein. Mit dem Betreff „Persönliches" wurde folgender Aufruf an mehrere Infanterie Brigaden verteilt: „Für Seine Königliche Hoheit den Herrn Herzog Siegfried in Bayern, der sich als krank in der Kuranstalt Neufriedenheim befindet, wird ein Offizier gesucht, der jeden Nachmittag 2–3 Stunden dem Herrn Herzog Gesellschaft zu leisten und ihn allenfalls bei Spaziergängen oder Ausfahrten zu begleiten hätte. K. stellv. Generalkommando wird um baldmöglichste Namhaftmachung von kriegsbeschädigten Offizieren gebeten, die zu vorstehender Verwendung geeignet sind und sich bereit erklären."[157] Es folgt die handschriftliche Ergänzung: „Geeignete Offiziere, die sich bereit erklären, sind [...] namhaft zu machen. Fehlanzeigen geboten." Als Rückläufer gingen ausschließlich „Fehlanzeigen" ein. Am 19. Juli 1917 kam die abschließende Zusammenfassung: „Ein geeigneter Offizier steht im Kriegsbereich nicht zur Verfügung."

2.4.6.4 Teilnahme an Sitzungen des Reichsrates

Herzog Siegfried in Bayern war Kraft seiner Geburt Mitglied des Reichsrates, der ersten Kammer laut bayerischer Verfassung. Nach seiner Entmündigung wurde die Frage juristisch erörtert, ob er weiterhin zu den Sitzungen des Reichsrates eingeladen werden müsse. Sein Vormund, der Königliche Staatsminister a. D., Dr. Ferdinand von Miltner, entzog der Diskussion am 9. September 1917 mit einer pragmatischen Argumentation die Grundlage: „Von einem Besuch der Sitzung der Ho-

---

[156] Bayerisches Hauptstaatsarchiv: M Inn 46815
[157] Bayerisches Hauptstaatsarchiv: Stv_GKdo_II_AK_1450

hen Kammer der Reichsräte durch S. Kgl. Hoheit kann ohnehin nicht die Rede sein; ich habe den Leiter der Kuranstalt Neufriedenheim angewiesen, zu verhindern, dass S. Kgl. Hoheit den Anstaltsbereich verlässt."[158]

2.4.6.5 Der weitere Weg von Herzog Siegfried

Informationen aus den 1920er und 30er-Jahren zum Verlauf der Krankheit liegen nicht vor. Im Fotoalbum von Hilda und Leo Baumüller ist Herzog Siegfried aber mehrfach auf Gruppenbildern bei feierlichen Anlässen in der Kuranstalt zu sehen. Zu diesen Bildern gehört ein Foto mit Ärzten, Familienangehörigen und Patienten bei einer Feier Ende 1931 in Neufriedenheim. Das Bild ist zwar mit einer vollständigen Legende versehen, es fehlt aber eine Angabe zum Anlass der Feier. Herzog Siegfried sitzt auf diesem Foto im Zentrum der Gruppe.

Abb. 2.8: Gruppenbild mit Ärzten und Patienten

Aufgenommen wurde das Foto wahrscheinlich von Leonhard Baumüller. Interessant ist die Zusammenstellung der Gruppe. Die hier markierten Personen sind: Dr.

---

158 Bayerisches Hauptstaatsarchiv: MInn 46815; Briefwechsel zwischen Staatsminister Dr. von Brettreich und Dr. von Miltner

Hilda Baumüller (1), die jüdische Patientin Maria Falkenberg (2), Dr. Otto Kaiser liegend (3), Herzog Siegfried in Bayern (4), die beiden Schwestern Emma (5) und Sophie (6) von Ernst Rehm (7), der eine Zigarre in der Hand hält. Rechts unten sitzt die jüdische Patientin Julie Weiss (8), auf die wir später noch eingehen. Die Gesichter lassen eher einen ernsten Anlass vermuten. Die lässige Haltung von Dr. Otto Kaiser steht dazu allerdings in einem merkwürdigen Widerspruch.

Herzog Siegfried blieb bis zum Verkauf des Sanatoriums an die NSV als Patient in Neufriedenheim. Am 22. Januar 1942, nur wenige Tage vor der endgültigen Stilllegung von Neufriedenheim wurde er in die Kuranstalt Obersendling von Karl Ranke verlegt.[159] Leo Baumüller hatte in seinem Terminkalender am 8. Januar 1942 einen 2-stündigen Besuch bei Karl Ranke vermerkt. Wahrscheinlich besprach er mit Ranke die Übernahme des Patienten Herzog Siegfried und möglicherweise weiterer Patienten von Neufriedenheim nach Obersendling. Am 1. Februar 1942 verließen die beiden letzten Patienten Neufriedenheim: Frau Langer und Prof. Becher.[160] Die Verlegung von Herzog Siegfried nach Obersendling am 22. Januar ist in Baumüllers Kalender nicht notiert. Am 22. Januar vermerkte Baumüller lediglich die klirrende Kälte von -30° und eine Besprechung mit seinem Rechtsanwalt. Baumüller machte sich im Januar 1942 noch Hoffnung auf eine erfolgreiche Anfechtung des Verkaufs.

Herzog Siegfrieds Aufenthalt in der Kuranstalt Obersendling dauerte nur acht Monate. Rankes Kuranstalt wurde am 19. September 1942 Ziel eines Bombenangriffs. Dabei kamen vier Menschen ums Leben.[161] Die Anstalt war so stark beschädigt, dass ein Weiterbetrieb nicht möglich war. Die überlebenden Patienten wurden nach dem Bombenangriff geschlossen in die staatliche Heil- und Pflegeanstalt Eglfing-Haar verlegt.[162] Eine Ausnahme davon wurde für Herzog Siegfried gemacht. Er zog am 20. September 1942, dem Tag nach der Bombardierung von Obersendling, in eine private Unterkunft in die Biedersteiner Str. 3/0 in München-Schwabing.[163]

Der belgische Historiker Olivier Defrance[164] erhielt im Jahre 2022 von Gerhard Immler, dem Leiter des Geheimen Hausarchivs, die Auskunft, Herzog Siegfried sei von seinen Angehörigen wahrscheinlich um das Jahr 1940 als Vorsichtsmaßnahme

---

159 Stadtarchiv München: Einwohnermeldekarte Herzog Siegfried
160 Baumüller 1942, Einträge 08.01.1942 und 01.02.1942
161 Sand 2006, S. 14
162 Bezirksarchiv Oberbayern: Email vom 12.02.2016. Im Jahresbericht der Heil- und Pflegeanstalt Eglfing-Haar wird berichtet, die Patienten aus der Kuranstalt Obersendling seien nach einem Bombenschaden im September 1942 geschlossen nach Eglfing-Haar überführt worden.
163 Stadtarchiv München: Einwohnermeldekarte Herzog Siegfried
164 Herzog Siegfried und seine Brüder, die Herzoge Christoph und Luitpold in Bayern waren Vettern der belgischen Königin Elisabeth (1876–1965), Herzogin in Bayern. Defrance hat mit zwei

vor einer drohenden Einbeziehung in das „Euthanasie"-Programm aus Neufriedenheim herausgeholt worden. Immler habe vor einigen Jahren einen Brief gelesen, der die Entlassung Siegfrieds zum Thema hatte. Der Brief sei knapp formuliert gewesen und die Aussage, dass die Entlassung zur Vermeidung der „Euthanasie" erfolgte, sei nicht direkt ausgesprochen worden. Der Zusammenhang zur „Euthanasie" sei aber recht eindeutig gewesen. Der Brief sei entweder von Kronprinz Rupprecht verfasst oder an ihn gerichtet gewesen. Leider ist nicht mehr ermittelbar, in welchem Bestand sich der Brief befindet. Auf Rückfrage antwortete Gerhard Immler: „Wenn ich mich recht erinnere, stammte das Schriftstück aus der Zeit um den Fortgang des Kronprinzen Rupprecht aus Bayern ins italienische Exil (Dezember 1939), wohl kurz danach. Deswegen, nämlich wegen der Überwachung des Postverkehrs mit dem Ausland, dürfte der Text auch so sehr auf das Wesentliche beschränkt gewesen sein. Angesichts der engen Kontakte der Wittelsbacher zu katholischen Institutionen könnten Warnungen aus Ordensgemeinschaften, deren in Pflegeheimen tätige Mitglieder durch ungewöhnliche Anordnungen (statistische Erfassungen und angeordnete „Verlegungen" von Kranken) beunruhigt waren und Verdacht schöpften, die wahrscheinlichste Quelle von Informationen gewesen sein, dass psychisch Kranken in Pflegeanstalten Gefahr drohe."

Nachdem die Einwohnermeldekarte aus dem Stadtarchiv von Herzog Siegfried vorliegt, muss man annehmen, dass der momentan nicht auffindbare Brief eher aus dem Januar 1942 gestammt haben dürfte. Als der Verkauf und die Auflösung von Neufriedenheim feststanden, wurde auch allen Patienten gekündigt. Die Angehörigen von Herzog Siegfried hatten ein paar Wochen Zeit zu überlegen, wo der Kranke Herzog fortan untergebracht werden sollte. Eine Diskussion im Familienkreis des Hauses Wittelsbach über die neue *sichere* Anstalt für Siegfried hätte daher im Januar/Februar 1942 erfolgen müssen. Die Entscheidung fiel auf Rankes Kuranstalt Obersendling. Viele Patienten wurden dagegen von Neufriedenheim nach Eglfing-Haar verlegt. Wenn Herzog Siegfried im Januar 1942 mit den übrigen Patienten nach Eglfing/Haar verlegt worden wäre, hätte für ihn tatsächlich eine sehr konkrete „Euthanasie"-Gefahr bestanden. Die Forschung geht heute von ca. 850 Opfern der „dezentralen Euthanasie" in Eglfing-Haar in den Jahren 1939–1945 aus.[165] Während die Kranken zu Beginn der „Euthanasie" in externe Tötungsanlagen deportiert wurden, schloss sich in einer zweiten Phase die „dezentralen Euthanasie" an. Sie betrifft die Krankenmorde, die in den Heil- und Pflegeanstalten durch Medikamentengaben, Hungerkost und andere Methoden erfolgten. Die Heil- und Pflegeanstalt Eglfing-Haar nahm unter ihrem damaligen Leiter Hermann

---

Co-Autoren die Geschichte der drei Wittelsbacher Biederstein-Herzoge beschrieben; s. Bilteryst et al. 2022.
165 Cranach et al. 2018, S. 110

Pfannmüller bei der Ermordung von Patienten eine unrühmliche Vorreiterrolle ein.

Aus dem Kalender von Leo Baumüller geht hervor, dass Baumüller den Herzog nach seiner Umsiedlung in die Biedersteiner Straße im Herbst 1942 wieder medizinisch betreute. Zwischen dem 10. November und dem 30. Dezember 1942 notierte Baumüller elf Hausbesuche bei Herzog Siegfried. Familie Baumüller hatte am 12. Oktober 1940 vom Wohnungsamt eine Wohnung in der Schwabinger Gundelindenstr. 5 zugewiesen bekommen, nur wenige Fußminuten von Herzog Siegfrieds Unterkunft in der Biedersteiner Straße entfernt.

Im Münchner Stadtadressbuch von 1950, dem ersten Stadtadressbuch, das nach dem Zweiten Weltkrieg erschienen ist, wird Herzog Siegfried in der Biedersteiner Straße 39 verortet. Es muss also vermutlich im Zweiten Weltkrieg noch zu einem weiteren Umzug in der Biedersteiner Straße gekommen sein, der auf seiner Einwohnermeldekarte nicht vermerkt ist. Auch in der Sterbeurkunde ist als Wohn- und Sterbeort die Biedersteiner Straße 39 angegeben. Demnach starb Herzog Siegfried am 12. März 1952 um 23:30 im Alter von 75 Jahren. Der Todesfall wurde von Rechtsanwalt Dr. Roderich Mayr angezeigt. Dabei dürfte es sich wahrscheinlich um seinen letzten Vormund gehandelt haben. Als Todesursachen sind eine chronische Herzmuskelerkrankung, Stauungsbronchitis und an erster Stelle ein Oberschenkelhalsbruch angegeben.[166]

2.4.7 Franz Hamminger

Der Gutsbesitzer und Leutnant Franz Hamminger (1848–1922) war mit Unterbrechungen von 1894 bis 1922 Patient in Neufriedenheim. Zuvor hatte er bereits mehrere Aufenthalte in der Regensburger Anstalt Karthaus-Prüll verbracht. Die Informationen zu Hamminger verdanken wir dem Buch „Vergissmeinnicht – Psychiatriepatienten und Anstaltsleben um 1900. Aus Werken der Sammlung Prinzhorn."[167] Hammingers Krankengeschichte wurde von Otto Rehm in einer medizinischen Fachzeitschrift ohne Namensnennung als „Fall H." beschrieben.[168] Rehm zitiert in diesem Artikel ausführlich aus Hammingers Krankenakte, ergänzt um eigene Beobachtungen. Da Rehm ab 1908 in Hamburg, Leipzig und Bremen angestellt war, fallen Otto Rehms Kontakte mit Hamminger vor allem in die Zeit davor. Rehm diagnostizierte bei Hamminger eine „chronische Form des manisch-melancholischen Irreseins". Die Sammlung Prinzhorn in Heidelberg beherbergt mehr

---

[166] Stadtarchiv München: Sterberegistereintrag Herzog Siegfried in Bayern Nr. 449/1952
[167] Beyme/Hohnholz 2018, S. 224–228
[168] Rehm O. 1919

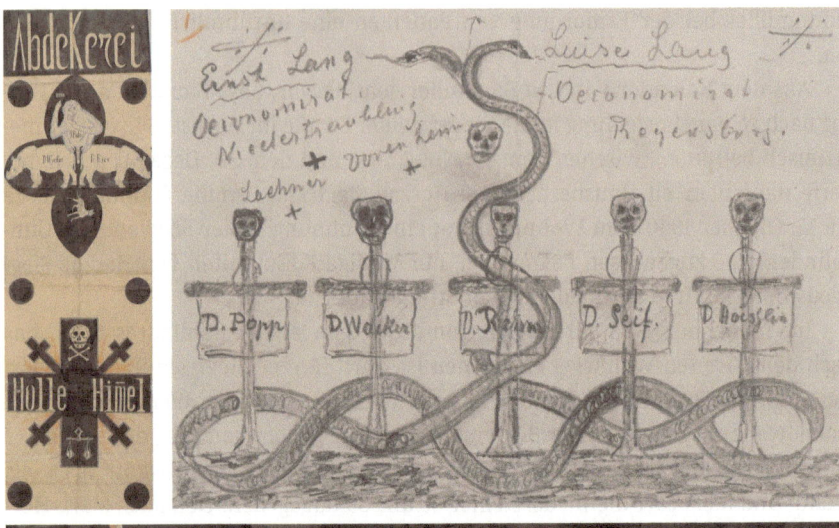

Abb. 2.9: Bilder von Franz Hamminger aus der Sammlung Prinzhorn

als 6.000 „Zeichnungen, Gemälde, Skulpturen und Stickereien, die vor der Einführung von Kunsttherapie und Malateliers in psychiatrischen Einrichtungen entstanden sind."[169] Franz Hamminger arbeitete sich in seinen Zeichnungen an den Neufriedenheimer und Regensburger Ärzten ab, denen er die Schuld an seiner Krank-

---

169 Beyme/Hohnholz 2018: Geleitwort, Seite V

heit gab. Auf einem Bild sind Dr. Rehm als Affe und Dr. Wacker sowie Dr. Ries[170] als Nashörner dargestellt. Auf einem anderen Bild sind für fünf Ärzte Kreuze mit Totenschädeln aufgestellt. Die Kreuze sind beschriftet mit: Dr. Popp (Regensburg), Dr. Wacker, Dr. Rehm, Dr. Seif (alle Neufriedenheim) sowie Dr. Hoeßlin (vermutlich Dr. Rudolf von Hößlin (1858–1936), Leiter der Kuranstalt Neuwittelsbach). Auf einem dritten Bild sieht man acht Ärzte in Judas-Pose, darunter „D. D. Rehm" und „D. Rehm sen." (die Brüder Otto und Ernst Rehm) sowie „Prof. Doct Grashey."[171] Daher darf man annehmen, dass Hamminger in Neufriedenheim durch Hubert von Grashey begutachtet wurde.

Weitere Neufriedenheimer Patienten, die bei Beyme/Hohnholz erwähnt werden, sind Alfons Frenkl und die Bildhauerin Wilhelmine Minna Köchler. Auch von dem Neufriedenheimer Patienten Dimitri Graf Lamsdorff liegt ein Skizzenbuch in der Sammlung Prinzhorn.

2.4.8 Weitere Patienten

In mehreren Biografien finden sich Hinweise auf Aufenthalte von Patienten in der Kuranstalt Neufriedenheim. Ein auffallend hoher Anteil stammt dabei aus kreativen Berufen (Künstler und Schriftsteller). Das liegt vermutlich daran, dass Biografien von Künstlern etc. häufig von größerem allgemeinem Interesse sind.

Der Schriftsteller **Oskar Panizza** (1853–1921) verbrachte im Jahr 1904 zehn Tage in der Kuranstalt Neufriedenheim. Panizza hatte von 1882 bis 1884 als Assistent von Gudden an der Kreisirrenanstalt gearbeitet. Er war also 1884 ein Kollege von Dr. Rehm gewesen. 1884 hatte Panizza „wegen Schwierigkeiten mit dem ‚Schef' und aus Angst, bei Fortsetzung der Arbeit in einer psychiatrischen Klinik selbst krank zu werden",[172] die Anstalt verlassen. Nach einem heftigen Streit mit Direktor Rehm musste Panizza nach nur 10-tägigem Aufenthalt Neufriedenheim verlassen. In einer Selbstbiographie beschrieb Panizza seinen kurzen Aufenthalt in Neufriedenheim folgendermaßen: „Er lies sich von Direktor Vokke[173] bereden, in die Privat-Irrenanstalt Neu-Friedenheim einzutreten. Doch führte die Erkenntnis, daß er hier in nicht mißzuverstehender Weise schikanirt wurde, zu einer scharfen Auseinandersetzung mit dem Direktor Dr. Rehm, im Verlauf welcher der

---

170 „Dr. Ries" kann nicht zugeordnet werden.
171 bei Beyme/Hohnholz, S. 228, versehentlich als „Prof. Doct Grasherz" transkribiert
172 Hippius et. al. 2004, S. 33
173 Gemeint ist Friedrich Vocke, Direktor der Kreisirrenanstalt. Panizza hatte zunächst vergeblich versucht, in die Kreisirrenanstalt aufgenommen zu werden, war aber von Vocke „wegen Überfüllung" der Anstalt abgewiesen worden. Panizza hielt das Argument für einen Vorwand.

letztere den Pazjenten aufforderte, die Anstalt zu verlassen."[174] Im Jahre 1907 wurde der inzwischen entmündigte Panizza in das Bayreuther Privatsanatorium Herzoghöhe eingewiesen. Dort lebte er bis zu seinem Tod im September 1921. Panizza hat aus seiner Zeit in Herzoghöhe Zeichnungen hinterlassen, die in der Sammlung Prinzhorn aufbewahrt werden.

Der evangelische Theologe und Religionswissenschaftler **Rudolf Otto** (1869–1937), ein Bruder von Ernst Rehms Ehefrau Elisabeth, erholte sich nach einem Nervenzusammenbruch im Jahr 1905 in der Kuranstalt. Er litt an „Schlaflosigkeit, Depression, Melancholie u. Apathie".[175]

Der Maler **Felix Mach** (1879–1933) kam im Dezember 1911 nach Neufriedenheim.[176]

Auch die Dresdener Malerin **Hedwig Rumpelt** (1861–1937) war spätestens seit 1912 in Neufriedenheim. Von ihr stammen mehrere Zeichnungen des Anstaltsgebäudes. Mit ihren Zeichnungen konnte sie sich einen Teil ihres Aufenthalts finanzieren.

Abb. 2.10: Hedwig Rumpelt: Gartenansicht von Neufriedenheim

Die österreichische Musikerin und Pianistin **Grete Trakl** (1891–1917), eine Schwester des Dichters Georg Trakl, verbrachte 1916 einige Monate in der Kuranstalt

---

174 Panizza 1979
175 Graf 2014, S. 444; Brief Ernst Troeltsch an Rudolf Otto; Fußnote 2
176 Wolters 1987, S. 282

Neufriedenheim, nachdem Trakls Ehemann im Januar 1916 die Ehescheidung eingereicht hatte.

Die Schauspielerin **Tilly Wedekind** (1886–1970) litt seit dem Winter 1916/17 an Depressionen. Sie unternahm einen Versuch, sich mit Sublimat zu vergiften. Am 2. Dezember 1917 wurde sie nach Neufriedenheim gebracht. In ihrer Biographie von 1969 schrieb sie, sie habe in der überbelegten Anstalt ein kleines Zimmer mit vergitterten Fenstern und Türen ohne Klinken erhalten. In dem schlechten Bett habe sie sich bereits nach wenigen Tagen wundgelegen. „Man hat mir alles abgenommen, sogar meinen Ehering, damit ich ihn nicht schluckte." Ihr Ehemann, Frank Wedekind, brach einen Aufenthalt in der Schweiz ab, kam nach Neufriedenheim und „lief verzweifelt im Zimmer hin und her." Ihre Pflegerin sei ein „Bauerntrampel" gewesen. „Die Anstalt war gräßlich. Einmal verirrte sich nachts eine Irre in mein Zimmer. Ein andermal wollte mir die Ärztin eine Spritze geben. Ich sträubte mich. Sie wurde wütend. Sie sagte, ohne Spritze würde Urämie eintreten und dann sei es aus. Na und? Ich wollte ja sterben."[177] Aus ihren Schilderungen lässt sich schließen, dass Tilly Wedekind in der geschlossenen Frauenabteilung untergebracht war. Tilly Wedekind verließ Neufriedenheim nach kurzer Zeit und wechselte in das Sanatorium Neuwittelsbach in Nymphenburg,[178] wo sie sich allmählich erholte. Zwei weitere Punkte in Wedekinds Biografie sind bemerkenswert. Sie spricht von der Nervenheilanstalt „Friedenwald" (statt Neufriedenheim) in der Nähe des Waldfriedhofes. Konnte sie sich 1969 nicht mehr an den korrekten Namen erinnern? Dass sich Tilly Wedekind ohne jeden Zweifel in Neufriedenheim befand, wird durch einen Brief von Frank Wedekind belegt.[179] Zum anderen: Es gab 1917 offenbar eine Ärztin in Neufriedenheim. Wer das gewesen sein könnte, ist nicht klar. Von der Psychiatrischen Klinik der Universität wissen wir, dass die meisten männlichen Ärzte im Ersten Weltkrieg eingezogen wurden. Der Betrieb konnte nur durch den Einsatz mehrerer Ärztinnen aufrechterhalten werden. Bisher galt Johanna Hohenauer als erste Nervenärztin in Neufriedenheim. Sie kam aber erst im Mai 1919 nach Neufriedenheim. Während des Krieges arbeitete sie in der Psychiatrischen Klinik der Universität. Entweder hat sie schon 1917 in Neufriedenheim ausgeholfen oder es muss eine weitere unbekannte Ärztin vor Johanna Hohenauer in Neufriedenheim gearbeitet haben.

Der jüdische Nationalökonom und Politiker der USPD **Edgar Jaffé** (1866–1921) war von 1918 bis 1919 Finanzminister des Freistaats Bayern. Nach der Ermordung

---

[177] Wedekind 1969, S. 189. Den Hinweis auf Tilly Wedekinds Biografie verdanke ich Hartmut Vinçon.
[178] Sanatorium und Privatklinik für innere Krankheiten und Nervenkrankheiten; gegründet 1885.
[179] Vinçon 2018, Brief Nr. 733

von Kurt Eisner blieb er zunächst noch geschäftsführend im Amt. Kurz darauf übergab er das Finanzministerium an einen Nachfolger und verfiel er in eine schwere Depression. Am 18. Juni 1919 wurde er in die Kuranstalt Neufriedenheim eingeliefert.[180] Dirk Kaesler hat das Verhältnis von Max Weber und Edgar Jaffé in der Bayerischen Revolution von 1918/19 beschrieben.[181] Nach seinem „Nervenzusammenbruch" wurde Jaffé immer wieder von Max Weber in Neufriedenheim besucht. Weber selbst hatte sich wegen einer psychischen Erkrankung in den Jahren 1899 und 1900 in zwei Privatsanatorien behandeln lassen (vgl. Kap. 3.2.4.1). Anfang Juli 1919 schrieb Weber in einem Brief an seine Frau Marianne über Jaffé: „Er hat ausgesprochene Depressionserscheinungen (,Verkleinerungs'-Wahn pp)." Und einige Tage später: „Mit Edgar J geht es schwankend, aber ziemlich gleichmäßig. Es ist einfach eine richtige Depression." Am 2. März 1920 thematisierte Weber auch finanzielle Schwierigkeiten von Jaffés Ehefrau Else Jaffé: *„Nach* dem ‚Reichsnotopfer'[182] wird *fast Alles* auf Edgars Pflege draufgehen und der ist noch *schwer* krank, obwohl der Arzt mir jedesmal Hoffnung macht, es *könne* bald besser gehen. [...] Das Unangenehme ist, daß selbst mein Bruder Alfred[183] mit der Notwendigkeit rechnet, daß Edgar zu Else zieht (des Geldes wegen)."[184] Am 15. April 1920 äußerte sich Max Weber in einem Brief an Else Jaffé ausführlich über einen Besuch bei Edgar Jaffé: „Edgar geht es *schlecht.*" Er habe stark zugenommen und sei nicht zu bewegen gewesen, aufzustehen und einen Spaziergang zu machen. Weber erwähnte Wahnvorstellungen, sprach von Jaffés „wahnsinnig selbstquälerischer Art" und davon, dass Jaffé einen baldigen Tod erwarte.[185] Max Weber starb allerdings vor Jaffé: am 14. Juni 1920 – zwei Monate nach seinem letzten Besuch in Neufriedenheim. Edgar Jaffé überlebte Weber noch ein knappes Jahr. Er starb am 29. April 1921 um 2 Uhr morgens in Neufriedenheim im Alter von 54 Jahren nach 20-monatigem Aufenthalt in der Kuranstalt.[186] Franz Menges gibt in seiner Jaffé-Biografie an, Jaffé sei in einem Sanatorium in Ebenhausen bei München gestorben.[187] Diese Aussage konnte eindeutig widerlegt werden. Else Jaffé und ihre Schwester hatten zwar einen Zweitwohnsitz in Irschenhausen. Im Schäftlarner Ortsteil Zell ganz in der Nähe von Irschenhausen und Ebenhausen gab es ab dem

---

180 Weber M. 2012, S. 678 Fußnote 11 und Personalakte Edgar Jaffé, Archiv der LMU
181 Kaesler 2018. Kaesler verdanke ich auch die Hinweise auf die Jaffé-Biografie von Franz Menges sowie auf die Briefe von Max Weber aus den Jahren 1819/1820.
182 Eine Vermögensabgabe, die in der Weimarer Republik von 1919 bis 1922 erhoben wurde.
183 Else Jaffé (geb. von Richthofen) hatte sich von ihrem Mann getrennt und war zeitweise mit Alfred Weber (sowie mit Max Weber) liiert.
184 Weber M. 2012, S. 932
185 Weber M. 2012, S. 1007
186 Stadtarchiv München: Sterbeadresse lt. Sterbeurkunde Edgar Jaffé: Fürstenriederstr. 155
187 Menges 1988, S. 229

Jahre 1905 ein bedeutendes Privatsanatorium, das von vielen namhaften Künstlern und Adeligen frequentiert wurde.[188] Möglicherweise hat Menges das Sanatorium in Zell mit Neufriedenheim verwechselt.

Zu den Patienten der Anstalt gehörte auch die Schriftstellerin **Marieluise Fleißer** (1901–1974). Ihr Aufenthalt in Neufriedenheim im Jahre 1938 dauerte ca. 3 Monate. Auf ihren Aufenthalt wird in Kapitel 3.6.3 ausführlich eingegangen.

Die Patientin **Else Bächler**, Mutter des Schriftstellers Wolfgang Bächler, hielt sich im Jahre 1939 zu einem Kuraufenthalt im Sanatorium Neufriedenheim auf. Im Nachlass von Wolfgang Bächler befinden sich sieben kurze Briefe aus dem Sanatorium an den Landgerichtsdirektor Rudolf Bächler, den Ehemann von Else und Vater von Wolfgang Bächler. Die Briefe wurden zwischen dem 4. Juli und dem 2. September 1939 verfasst. Der Nachlass von Wolfgang Bächler mit den sieben Briefen befindet sich in München in der Monacensia Bibliothek. Die Briefe informieren Rudolf Bächler über den Zustand und den Krankheitsverlauf seiner Ehefrau, die unter „Versündigungsideen" und Angstzuständen litt. Ab August trat eine schrittweise Verbesserung ihres Zustandes ein. Wann Else Bächler entlassen wurde, ist diesen Briefen nicht zu entnehmen. Interessanter als die Krankengeschichte von Else Bächler sind vor allem stilistische und persönliche Merkmale der Berichte. Vier Briefe sind von Dr. Otto Rehm verfasst und unterzeichnet, zwei von Dr. Leo Baumüller. Bei dem Brief vom 17. August fehlt eine Unterschrift. Wahrscheinlich stammt er von Leo Baumüller. Auf jeden Fall wird deutlich, dass sich beide Ärzte mit der Patientin befassten. Offenbar gab es im Sanatorium Neufriedenheim keine feste Zuständigkeit von Leo Baumüller oder Otto Rehm zur Frauenabteilung. Fünf der Briefe sind mit „Heil Hitler!" unterzeichnet. Abweichend davon verwendet Otto Rehm einmal die Formel „Mit deutschem Gruß". Für die damalige Zeit politisch unkorrekt schließt lediglich der letzte Brief „Mit den besten Grüßen und Wünschen für Ihr Wohlergehen, Ihr Dr. O. Rehm". In den beiden letzten Briefen von Otto Rehm spiegeln sich die Mobilmachung und der Ausbruch des Zweiten Weltkriegs wider. Am 28. August schrieb er: „Sehr geehrter Herr Landgerichtsdirektor! Die Nachricht von Ihrem Einrücken zum Militär hat Ihre Frau Gemahlin weniger angegriffen, als ich gefürchtet hatte." Einen Tag nach dem Beginn des Zweiten Weltkriegs, am 2. September 1939, schrieb Otto Rehm: „Das Aussehen ist frisch, der Schlaf mit Schlafmitteln gut. Der Krieg hat sich bis jetzt nicht ungünstig ausgewirkt."

Der Fotograf, Regisseur und Kameramann **Willy Zielke** (1902–1989) arbeitete mit Leni Riefenstahl zusammen. Er erstellte den Prolog zu Riefenstahls Film über die Olympischen Spiele 1936. Zielke verbrachte von 1937 bis 1944 in mehreren

---

188 Lt. Auskunft des Schäftlarner Archivars Josef Darchinger, Email vom 29.11.2022

Münchner Krankenhäusern und psychiatrischen Anstalten. Nach Differenzen mit Riefenstahl erlitt er einen Nervenzusammenbruch. 1937 wurde er in die Heil- und Pflegeanstalt Eglfing-Haar eingewiesen. Sein Aufenthalt in Neufriedenheim geht aus einer Notiz in Jürgen Trimborns Riefenstahl-Biografie hervor: „Zielke war nicht, wie Riefenstahl es darstellte, ausschließlich in der Anstalt in München-Haar (wo sie ihn im Februar 1937 aufgesucht und 1944 habe abholen lassen), sondern zunächst im Krankenhaus ‚Rechts der Isar' und im Schwabinger Krankenhaus, dann in München-Haar und schließlich noch im Krankenhaus Neufriedenheim und in der Heil- und Pflegeanstalt München-Eglfing." Nach dem Krieg machte Zielke Riefenstahl für die Einweisung nach Eglfing-Haar verantwortlich.[189] Nach seinen Angaben wurde er in dieser Zeit zwangssterilisiert.[190] Im Register des Erbgesundheitsgerichts München ist Willy Zielke am 10.03.1937 als „Kulturfilmhersteller" eingetragen. Die Eintragung bestätigt seine Zwangssterilisation am 22.07.1937 wegen „Schizophrenie".[191] Die Schauspielerin Ann-Kathrin Kramer, eine Großnichte von Zielke, machte das Schicksal ihres Großonkels öffentlich bekannt.[192]

2.5 Der Verkauf des Sanatoriums an die Nationalsozialistische Volkswohlfahrt

Den Verkauf des Sanatoriums Neufriedenheim haben wir bereits mehrfach erwähnt. In diesem Kapitel werden wir versuchen, die Hintergründe und die Auswirkungen des Verkaufs zu erläutern.

2.5.1 Die Ausgangslage 1941 – Das private Umfeld

Ernst Rehm hatte im Jahr 1941 gleich mehrere Schicksalsschläge zu verkraften: Im Januar und Februar starben in kurzer Folge seine drei letzten Geschwister Emma, Otto und Sophie in Neufriedenheim. Somit war der 81-jährige Ernst Rehm, der Erstgeborene, als einziger von ursprünglich neun Geschwistern übriggeblieben. Ernst Rehm stand nach Aussagen aus dem Familienkreis in seinen letzten Jahren stark unter dem Einfluss seiner zweiten Frau Marimargret. Außerdem soll er an Altersschwäche gelitten haben. Das Verhältnis von Ernst Rehm zu seinen Töchtern und Schwiegersöhnen hatte sich spätestens nach der zweiten Eheschließung stark

---

189 Trimborn 2002, S. 249–255
190 Zielke 1988, S. 8 nach Trimborn 2002, Fußnote 267 auf Seite 536
191 Staatsarchiv München: Register des Erbgesundheitsgerichts München
192 Schäfer/Hinz 2010

eingetrübt. Marimargret wird als alkohol-, konsum- und tablettensüchtig beschrieben. Sie hatte offenbar kein Interesse an einem Weiterbetrieb des Sanatoriums.

2.5.2 Psychiatrische Anstalten in Zeiten von „Euthanasie" und Judenverfolgung

In Bayern wurden während der NS-Zeit staatliche Anstalten in Bayreuth, Gabersee und Werneck geschlossen. Die Gebäude wurden zu NS-Zwecken anderweitig genutzt. Hans-Ludwig Siemen schreibt: „Letztlich muß davon ausgegangen werden, daß im Zuge der Aktion T4 für jede der Anstalten [...] eine ‚Auflösungsdiskussion' geführt wurde, in deren Verlauf verschiedene Interessengruppen versuchten, sich diesen Besitzstand – natürlich ohne die darin lebenden Menschen – einzuverleiben."[193] Diese Aussage bezieht sich zwar auf die öffentlichen Heil- und Pflegeanstalten Bayerns, die Auflösungsdiskussion ging aber sicherlich auch an den privaten Anstalten nicht spurlos vorüber. Ob und inwieweit die „Euthanasie"-Aktion Einfluss auf den Verkauf von Neufriedenheim hatte, ist schwer zu sagen. Im Falle des Neufriedenheim-Verkaufs scheinen private Gründe im Vordergrund gestanden zu haben. Die „Auflösungsdiskussion" mag im Hintergrund die Verkaufsabsichten gefördert haben. Der Bedarf nach Immobilien war in der NS-Zeit enorm. Freiwerdende Räumlichkeiten in den Heil- und Pflegeanstalten wurden mit Vorliebe direkt von der NSDAP und ihren Unterorganisationen in Beschlag genommen. Gerhard Schmidt schrieb: „In den ersten beiden Kriegsjahren, als die Anstalten mehr und mehr sich leerten, wurde der freiwerdende Raum [...] fast ausnahmslos durch Dienststellen der Partei und ihrer Organisationen beschlagnahmt. [...] Ein Wettlauf brauner Instanzen um den Anstaltsraum, ein Durcheinander und Geschiebe."[194] Am 23. Oktober 1941 wurde ein Gesetz zur Umwandlung von Heil- und Pflegeanstalten in Lazarette verabschiedet. Neufriedenheim wurde aber nicht in ein Lazarett umgewandelt. Adolf Wagner, der Gauleiter von München und Oberbayern, hatte andere Interessen und genehmigte schließlich mit einem Machtwort den Verkauf an die Nationalsozialistische Volkswohlfahrt (NSV).

2.5.3 Gerangel zwischen Stadt München und NSV um Neufriedenheim

Neben der Wehrmacht hatte auch die Stadt München ein starkes Interesse am Erwerb von Neufriedenheim. Letzten Endes kam aber die NSV zum Zug, die dort ein Ausbildungsseminar für Pflegekräfte errichten wollte. Eine detaillierte Darstellung

---
193 Cranach/Siemen 2012, S 441
194 ebenda, S. 14 f

des Streits zwischen der NSV und der Stadt München um den Erwerb von Neufriedenheim findet sich bei [Christians 2013], S. 85 f. Christians wertet vor allem die Dokumente aus dem Stadtarchiv München aus, hat aber keinen Einblick in die interne Familiensituation. Sie schrieb: „Die familiär geführte Anstalt löste sich 1941 ohne erkennbare externe Beeinflussung auf." In einer Fußnote führt sie näher aus: „Eigentümer Ernst Rehm konnte die Anstalt aus gesundheitlichen Gründen offenbar nicht mehr eigenständig weiterführen und entschied sich deshalb zum Verkauf."[195] Der Weg für eine Weiterführung wäre indes geebnet gewesen, denn Hilda und Leo Baumüller standen zur Übernahme bereit. Die ehemalige Patientin Mathilde Schneider, die einen engen Kontakt zum Ehepaar Baumüller pflegte, schrieb im Jahr 1946 in einer Eidesstattlichen Erklärung: „Ich weiss, dass Geheimrat Dr. Rehm die Anstalt entgegen seiner früheren Absicht an die Partei verkaufte, weil er ein überzeugter Nationalsozialist war und nicht wollte, dass nach seinem Tod sein Schwiegersohn Dr. Baumüller die Anstalt weiterführt, mit dem er sich in den letzten Jahren aus politischen Gründen überworfen hatte."[196]

2.5.4 Die Verkaufsabwicklung

Der Verkauf des Sanatoriums wurde in rekordverdächtiger Eile vollzogen. Im November 1941 wurde die Maklerfirma Lorenz Thoma und Co. mit dem Verkauf beauftragt. Die NSV beabsichtigte in Neufriedenheim die Errichtung eines Seminars für Kindergärtnerinnen, Kinderpflegerinnen und Volkspflegerinnen. Auch beim Verkauf von Neufriedenheim kam es zu einem „Wettlauf brauner Instanzen um den Anstaltsraum, ein Durcheinander und Geschiebe". Die „Hauptstadt der Bewegung" fühlte sich übergangen und legte Widerspruch gegen den Verkauf Neufriedenheims an die NSV ein. Gauleiter Adolf Wagner traf dann letztlich am 4. Februar 1942 die Entscheidung, dass der Verkauf an die NSV ohne Auflagen zu genehmigen sei. Auch die Rehm-Töchter und Schwiegersöhne versuchten mit allen erdenklichen Mitteln, den Verkauf des Sanatoriums zu verhindern und anzufechten. Nachdem Leo Baumüller „die Verbringung in ein KZ angedroht worden war",[197] stellte er seine Bemühungen gegen den Verkauf Neufriedenheims an die NSV ein. Die Villa des Direktors war im November 1941 zunächst nicht mit verkauft worden. Nachdem Rehm nach monatelangem Streit im März 1942 einen Erbvertrag mit seinen Töchtern geschlossen hatte, entschloss er sich im April 1942 auch sein eigenes

---

195 Christians 2013, S. 85
196 Staatsarchiv München: SpkA K 93 Baumüller Leonhard, Eidesstattliche Erklärung vom 20.06.1946
197 Staatsarchiv München: SpkA K 93 Baumüller Leonhard

Wohnhaus an die NSV zu verkaufen. Die Diskussionen zwischen der Stadt München und der NSV gingen von vorne los: Wieder legte die Stadt Widerspruch ein. Leo Baumüller hielt sich aus diesem neuerlichen Streit heraus. Münchens Oberbürgermeister Karl Fiehler wandte sich am 9. Mai 1942 an den Reichsschatzmeister der NSDAP Franz Xaver Schwarz. Zusätzlich schickte Fiehler seinen Ratsherrn Christian Weber für eine mündlichen Aussprache zu Schwarz. Schwarz ließ sich zunächst von Fiehler gegen die NSV einspannen. Er schrieb im Mai 1942 an den Chef der NSV, Erich Hilgenfeldt: „Ich bitte Sie vielmehr von dem Kauf des Sanatoriums Neufriedenheim Abstand zu nehmen und – falls dieser schon abgeschlossen ist – den Kauf dieses Anwesens rückgängig zu machen."[198] Nachdem der NSV-Finanzchef Janowsky in einem 13-seitigen Brief an Schwarz die Position der NSV dargelegt hatte, änderte Schwarz jedoch seine Meinung und schrieb an Fiehler, er sei jetzt erstmalig umfassend informiert worden und könne den Verkauf nicht mehr beanstanden. Janowsky hatte behauptet, die Stadt München habe selbst eine faire Chance zum Kauf der Kuranstalt gehabt, diese aber ungenutzt verstreichen lassen. Fiehler wies diese Argumentation der NSV zurück: „Am 10.11. teilte die Firma Thoma der Stadt München mit, dass „ein größeres Objekt zu kaufen sei, für das schon ein Interessent vorhanden und mit dem man schon sehr weit in den Verhandlungen gediehen sei."[199] Am 18.11.1941 bot die Maklerfirma Thoma laut Janowsky das Anwesen Neufriedenheim der NSV schriftlich zum Kauf an. Karl Sudholt, Leiter des Amts für Volksgesundheit im Gau Oberbayern-München, besichtigte das Objekt sofort und führte noch am selben Tag Kaufverhandlungen mit Marimargret Rehm. Alle verfügbaren Informationen deuten also darauf hin, dass die NSV frühzeitiger als andere Interessenten in die Verkaufsabsichten Rehms eingeweiht war und dass sie von Beginn an die uneingeschränkte Rückendeckung von Gauleiter Wagner hatte. Während Marimargret Rehm mit Sudholt verhandelte und diese Verhandlungen in raschem Tempo zum Abschluss führte, lag Ernst Rehm im Krankenhaus.[200] Die Tatsache, dass Sudholt „das Nähere zum Abschluss eines Kaufvertrages mit der Frau des Eigentümers"[201] erörterte, untermauert die Aussage der Rehm-Nachfahren, Marimargret Rehm sei die treibende Kraft für den Verkauf Neufriedenheims gewesen. Die Herren der Stadtverwaltung besichtigten Neufriedenheim erst am 25.11.1941. Der Verkauf an die NSV wurde aber schon am

---

198 Stadtarchiv München: Bürgermeister und Rat 452/15. Brief Schwarz an Hilgenfeldt, 22.5.1942
199 Stadtarchiv München: Bürgermeister und Rat 452/15.: Fiehler an Schwarz vom 7.8.1942
200 Stadtarchiv München: Bürgermeister und Rat 452/15. Brief von Janowsky an Reichsschatzmeister F. X. Schwarz vom 1.6.1942. Warum und wie lange sich Rehm im Herbst 1941 im Krankenhaus aufhielt ist nicht bekannt.
201 ebenda

29.11.1941 notariell beurkundet, ohne dass es zu Verhandlungen zwischen der Stadt München und Rehm gekommen wäre. Der Kaufpreis betrug 1.338.590 RM.[202]

2.5.5 Die Rolle von Gauleiter Wagner und Marimargret Rehm beim Verkauf

Aus Kreisen der Rehm-Nachfahren wird betont, Marimargret Rehm habe gute Verbindungen zu Gauleiter Adolf Wagner gehabt. Die Aussagen gehen zum Teil soweit, Marimargret sei eine Geliebte von Wagner gewesen. Recherchen im Nachlass von Adolf Wagner haben bisher keine Anhaltspunkte dafür ergeben, dass Wagner Kontakte zur Familie Schwemann oder zur Familie Rehm gehabt haben könnte. Die Wagner-Forscherin Brigitte Zuber schrieb auf Anfrage: „Leider ist weder mir noch der Tochter von Adolf Wagner Näheres zu seinen wohl durchaus zahlreichen Geliebten bekannt. Es handelte sich in der Regel um Schauspielerinnen und kurzfristige Angelegenheiten. Die Sekretärin Wagners, die Mutter der gemeinsamen Tochter (geb. 1936) und bis zu Wagners Ableben seine Lebensgefährtin, besorgte zwar immer die Blumenabschiedsgeschenke, hat aber leider ihr Wissen für sich behalten. Weder der Name Rehm noch Schwemann noch Baumüller ist mir bisher untergekommen."[203] So bleiben nur ganz vage Indizien, die auf einen Kontakt Schwemanns mit Wagner hinweisen könnten: Wagner (1890–1944) studierte vor dem Ersten Weltkrieg Bergbau. Er hatte ab 1919 eine Stelle als Bergwerksdirektor im oberpfälzischen Erbendorf inne, bis der Bergbau in Erbendorf im Jahre 1927 wegen Unrentabilität eingestellt wurde.[204] Paul Schwemann (1869–1937), der erste Ehemann von Marimargret Rehm war ebenfalls im Bergbau tätig. Von 1911 bis 1919 arbeitete er als Bergrat und Bergwerksdirektor in Saarbrücken. Im Alter von 52 Jahren zog er, damals noch unverheiratet, nach Auskunft des Stadtarchivs Saarbrücken am 1. April 1921 nach Bayrisch Gmain; dort könnte er etwa im Salzbergwerk in Bad Reichenhall beschäftigt gewesen sein. Leider verlieren sich die Spuren Schwemanns im Berchtesgadener Land. Etwa um 1934 muss der inzwischen mit Marimargret geb. Ludwig verheiratete Schwemann in die Kuranstalt Neufriedenheim eingewiesen worden sein. Nach Erinnerungen der Rehm-Nachfahren soll die Einweisung Schwemanns auf eine Empfehlung von Gauleiter Wagner erfolgt sein. Wenn diese Information stimmt, müsste Wagner also Kontakt zur Familie Schwemann gehabt haben.

---

202 Staatsarchiv München: WB 1a 5182
203 Email von Brigitte Zuber (6.1.2016)
204 Quelle (online): Heimat- und Bergbaumuseum Erbendorf

2.5.6 Die Unterbringung der Neufriedenheimer Patienten

Aus dem Brief von Janowsky an Schatzmeister Schwarz geht hervor, dass die Patienten des Sanatoriums mit Unterstützung des Bayerischen Innenministeriums nach Eglfing verlegt oder nach Hause entlassen wurden: „Die Unterbringung der aus der aufzulassenden Nervenheilanstalt Neufriedenheim in die Heil- und Pflegeanstalt Eglfing bei München zu überführenden Kranken, soweit diese nicht in Familienpflege gegeben werden konnten, wurde von dem Bayrischen Staatsministerium des Innern zugesagt und durchgeführt."[205] Tatsächlich waren zwischen dem 17. und dem 31. Januar 1942 zwölf Patienten von Neufriedenheim nach Eglfing verlegt worden.[206] Es handelte sich bei dieser Verlegung aber um keine vollständige Übernahme aller Patienten aus Neufriedenheim. Der Patient Herzog Siegfried in Bayern wurde z. B. in die private Kuranstalt Obersendling von Karl Ranke verlegt, siehe Kapitel 2.4.6.5.

2.5.7 Die Anfechtung des Verkaufs durch die Rehm-Töchter

Ernst Rehms Töchter und Schwiegersöhne hatten die zweite Ehe des 75-jährigen Rehm von Anfang an voller Misstrauen betrachtet. Im Familienkreise war die Befürchtung groß, die 30 Jahre jüngere Marimargret Schwemann habe es in erster Linie auf das Erbe von Ernst Rehm abgesehen. Dabei wurde betont, dass das Rehmsche Vermögen zu einem erheblichen Teil durch die Mitgift und die Mitarbeit von Rehms erster Ehefrau Elisabeth, der Mutter der vier Töchter, aufgebaut wurde. Rehms zweite Frau Marimargret wird als attraktiv und modebewusst beschrieben. Sie liebte einen gehobenen Lebensstil und der senile Geheimrat stellte ihr dafür offenbar bereitwillig das nötige Geld zur Verfügung. Hinter vorgehaltener Hand wurde die rothaarige Marimargret von Rehms Töchtern als „rote Hex'" bezeichnet. Mit dem Verkauf der Kuranstalt an die NSV hatte Rehm seine Nachfahren vor vollendete Tatsachen gestellt. Rehms Töchter und Schwiegersöhne erhielten zum Jahreswechsel 1941/42 einen Brief über den vollzogenen Verkauf des Sanatoriums an die NSV. Auch ihre Arbeits- und Mietverhältnisse wurden zum nächstmöglichen Zeitpunkt gekündigt. Leo Baumüller notiert am 1.1.1942 in seinem Tagebuch: „Alles noch stark unter dem Eindruck der gestrigen Kündigung."

---

205 Stadtarchiv München: Bürgermeister und Rat 452/15. Brief von Janowsky an Schwarz vom 1.6.1942. Gauleiter und Innenminister Wagner erlitt noch im Juni 1942 einen Schlaganfall, der ihn arbeitsunfähig machte.
206 Nach Auskunft des Bezirksarchivs München vom 12.2.2016. Vier der zwölf verlegten Patienten starben in Eglfing vor Ende des Zweiten Weltkriegs.

Bis Ende Januar 1942 sollten alle Angestellten sowie alle Patienten Neufriedenheim verlassen. Mit der weiteren Abwicklung beauftragte Rehm einen Rechtsanwalt. Hilda und Leo Baumüller hatten Ende 1941 ca. 20 Jahre an der Kuranstalt als Fachärzte für Nervenkrankheiten gearbeitet und hatten sich berechtigte Hoffnungen gemacht, nach Rehms Tod das Sanatorium unter eigener Regie weiterführen zu können. Durch den Verkauf waren diese Pläne unumkehrbar zerstört worden. Um den Verkauf anzufechten unternahmen die Rehm-Töchter den Versuch ihren Vater zu entmündigen. Eine vorläufige Entmündigung wurde eingeleitet.[207] Anfang Januar 1942 folgten in dichter Folge Besprechungen zwischen den Rehm-Töchtern und Schwiegersöhnen sowie mit eigenen und gegnerischen Rechtsanwälten. Am 5. Januar 1942 hielt Baumüller fest: „Schriftsätze an Bormann, Bouhler, Schwarz, Wagner, Schul[t]ze"; am 8. Januar: „Ufer[208] in Berlin bei Hilgenfeldt".[209] Am Vormittag des 10.1.1942 besuchten Hilda und Leo Baumüller Ministerialdirektor Walter Schultze im bayerischen Innenministerium. Besonders pikant daran ist, dass Schultze schon im Herbst 1939 die politische Zuverlässigkeit Baumüllers angezweifelt hatte und die „Kanzlei des Führers" in Berlin vor Baumüller gewarnt hatte. Davon wussten Hilda und Leo Baumüller 1942 natürlich nichts; vermutlich haben sie es nie erfahren. Im Innenministerium wurde Leo Baumüller schließlich erklärt „dass [er] in Bayern keinen Richter finden werde, der [ihm] bestätige, dass der Verkauf nicht zu Recht bestehe".[210] Nach einer Serie von hektischen Aktivitäten notiert Baumüller am 24. Januar: „Vormittags ½ 11 Uhr sollte d. Anst. nicht verkauft werden, 12 ^{h} Gegenorder aus der Villa." Mit der „Villa" ist hier das Wohnhaus von Direktor Rehm auf dem Anstaltsgelände gemeint.

2.5.8 Antrag auf Entmündigung von Erst Rehm

Die letzte Hoffnung sahen Rehms Töchter in einer Entmündigung ihres Vaters, der nach ihrer Auffassung an „Altersschwachsinn" litt. Beim Antrag auf Entmündigung musste auch festgestellt werden, ob eine Geisteskrankheit oder lediglich eine Geistesschwäche vorliege. Ein mit dem Entmündigungsantrag befasste Richter hielt fest: „Bei der ersten Vernehmung des Dr. Rehm konnte ich mich wohl davon überzeugen, daß Gedächtnis und Merkfähigkeit noch erstaunlich frisch waren. Unter den Begriff ‚Geistesschwäche' im jur. Sinn fallen aber auch Störungen der Urteilskraft und des Willens und Empfindungslebens. In dieser Beziehung habe

---

207 Staatsarchiv München: SpKA K93, Leo Baumüller
208 Rechtsanwalt Ufer vertrat die Rehm-Töchter.
209 Erich Hilgenfeldt (1897–1945): Leiter des Amts für Volkswohlfahrt sowie der NSV
210 Staatsarchiv München: SpKA K 93, Leo Baumüller

ich nach der 1. Vernehmung noch nicht so klar gesehen, daß ich die Verantwortung für eine sofortige Ablehnung des Entmündigungsantrags zu übernehmen gewagt hätte. Ich erachte vielmehr die Erhebung weiterer Zeugen und eines Sachverständigen unbedingt für geboten."[211] Am 26. Januar schrieb Baumüller in seinen Kalender: „Entm[ündigungs-] Antr[ag] auf Geisteskr[ank]h[eit] eingestellt". Die Bemühungen um eine Entmündigung wegen Geistesschwäche waren damit aber noch nicht beendet. Am 28. Januar vermerkt Baumüller: „Nachmittags Vernehmung von R[ehm] in der Villa". Am Tag darauf folgte die Ernüchterung: „Vormittags Vernehmung in der Entmündigungssache, die dadurch daß Ufer mir in den Rücken fiel ziemlich katastrophal wurde. Sehr deprimiert." Warum sich Baumüller von Rechtsanwalt Ufer hintergangen fühlte, wird aus dieser kurzen Anmerkung nicht klar. Auch über den Widerspruch der Stadt München war Baumüller bestens informiert: Am 5. Februar notierte er: „Nachmittags war Sudholt heraußen der sagte daß Wagner den Einspruch der Stadt abgewiesen hat. Vergebliche Jagd."

2.5.9 Plan zur Umwandlung Neufriedenheims in ein Seuchenlazarett

Seit dem 23.10.1941 war die Umwandlung von Heil- und Pflegeanstalten zu Lazaretten gesetzlich geregelt. Baumüller, der während des Zweiten Weltkriegs selber im Lazarett arbeitete, machte die Wehrmacht Anfang Februar 1942 auf den Verkauf Neufriedenheims aufmerksam. Am 3./4. Februar keimte neue Hoffnung auf, denn die Wehrmacht zeigte Interesse Neufriedenheim für die Nutzung als Lazarett zu beschlagnahmen. Der Verkauf des Sanatoriums an die NSV hätte dadurch noch verhindert werden können: „Vormittags mit Obersta[bsarzt] Heißler u. Otto Fischer durch d. Anst. gegangen. Soll Seuchenlaz[arett] werden."[212] Am 13. Februar kam es zum direkten Aufeinandertreffen von NSV und Wehrmacht in Neufriedenheim: „Nachmittags wieder große Kommission in Neufrh. Mit Gen[eralstabs]arzt Oswald[213] u. Gauamtsleiter Sudholt. Aber Oswald mag nicht mit der NSV streiten. Aus!" Karl Janowsky (NSV) stellte in seiner Stellungnahme an den Reichsschatzmeister der NSDAP Schwarz die Aktivitäten der Wehrmacht für ein Seuchenlazarett in Neufriedenheim wie folgt dar: „Die Wehrmacht war mit Schreiben vom 5.2.1942 an den Regierungspräsidenten mit der Forderung herangetreten, die An-

---

211 Staatsarchiv München: WB 1a 5182
212 Baumüller 1942, 04.02.1942
213 Dr. med. Wilhelm Oswald (1883–1942). – Ab 1941 General(stabs)arzt und Korpsarzt beim Stellvertretenden Generalkommando des VII. Armeekorps in München. „Der Militärbefehlshaber in Frankreich, Lagebericht Februar 1941." Am 17.11.1942 schreibt Leo Baumüller in sein Tagebuch: „Nachmittags als Ehrenwache beim Begräbnis v. Generalarzt Oswald"

stalt Neufriedenheim für ein Reserve-Lazarett sicherstellen zu wollen. Im Verlauf der Verhandlungen mit der Wehrmacht wurde ausdrücklich betont, dass die Inanspruchnahme des Objektes ausschließlich für Seuchenkranke erfolgen sollte, während von einem Genesungsheim nie die Rede war. Mit Schreiben vom 23.2.1942 wurde sowohl Gauleiter Pg. Wagner wie Oberbefehlsleiter Hilgenfeldt von dem Stellv. Kommandierenden General des VII. Armeekorps und Befehlshaber im Wehrkreis VII davon unterrichtet, dass die Wehrmacht auf die Inanspruchnahme des Anwesens Neufriedenheim verzichte." Baumüller liefert gegenüber der Spruchkammer die Begründung: „Nach einer sehr erregten Sitzung bei Gauleiter Adolf Wagner, an der auch der verstorbene O.Med.Rat Dr. Schätz teilnahm, wurde entschieden, dass die NSV den Vorrang habe, obwohl diese nur ein Kindergärtnerinnenseminar dort einrichten wollte. Damals sagte Wagner zum Korpsarzt: ‚Sie können jedes andere geeignete Objekt beschlagnahmen, nur Neufriedenheim nicht.'"[214] Gauleiter Wagner war seit Kriegsbeginn auch Reichsverteidigungskommissar des Wehrkreises VII, dem Oswald angehörte. In Wagners Tagebuch sind Ende Januar 1942 zwei Treffen mit Oswald vermerkt.[215] Dr. Albert Rösch, der 1941/42 mit Baumüller im Reservelazarett in der Lazarettstraße zusammenarbeitete, untermauerte die Darstellung Baumüllers. In einer eidesstattlichen Erklärung vom 2.7.1946 schrieb er: „Auch die Bemühungen des Dr. B., die Anstalt in ein Lazarett umzuwandeln, scheiterten an der politischen Haltung des Dr. B."[216]

2.5.10 Der Erbvertrag

Alle Bestrebungen zur Anfechtung des Verkaufs von Neufriedenheim wurden von Rehm und der NSV abgewehrt. Ohne die bedingungslose Rückendeckung von Gauleiter Wagner hätte die NSV beim Erwerb Neufriedenheims keine Chance gehabt. Die „Hauptstadt der Bewegung" musste sich fügen und auch die Wehrmacht, die dringend ein Objekt zur Errichtung eines Seuchenlazaretts benötigt hätte, gab ihre Pläne schließlich auf. Der spätere Widerspruch der Stadt München gegen den Verkauf der Direktorenvilla war ebenfalls chancenlos. Über den Entmündigungsantrag war aber noch nicht endgültig entschieden. Am 26. Februar kam es zu einer „Vernehmung" von Rehm durch Amtsgerichtsrat Dr. Kaiser und den Sachverstän-

---

214 Staatsarchiv München: SpkA K 93 Baumüller Leonhard
215 Archiv des Instituts für Zeitgeschichte München: Tagebücher Adolf Wagner. Am 20.1.1942 notiert Wagner: „12^h Generalstabsarzt Oswald mit 2 Sachbearbeitern für den Bereich Mün. und Augsburg". Am 22.1.1942 kommt es zu einem weiteren Treffen mit Oswald. Originale im Bayerisches Hauptstaatsarchiv
216 Staatsarchiv München: SpkA K 93 Baumüller Leonhard

digen Prof. Scholz. Zwei Tage darauf übernahm die NSV das Gebäude. Den ganzen Februar und März 1942 verhandelten die Anwälte der Rehm-Töchter mit den Anwälten ihres Vaters. Am 20. März notiert Baumüller knapp und ernüchtert in seinem Kalender: „Nachmittags bei [RA] Nützel. Vertrag unterschrieben." Es muss sich um ein umfangreicheres Vertragswerk gehandelt haben. Am 27. März zogen die Rehm-Töchter den Entmündigungsantrag zurück. Das Entmündigungsverfahren wurde am 31. März eingestellt und der Erbvertrag wurde am Tag darauf beurkundet.[217] In einer Stellungnahme schrieb Amtsgerichtsrat Kaiser: „Die Antragsteller haben sich nunmehr in vermögens- und erbrechtlicher Beziehung mit ihrem Vater, dem Antragsgegner, geeinigt und im Verfolg dieser Abmachungen den Entmündigungsantrag zurückgezogen. [...] Aus dem einschlägigen, dem Erbschaftsgericht in Abschrift zur Kenntnis gebrachten Vertrag geht hervor, daß die Antragstellerinnen sich mit dem Verkauf der Kuranstalt Neufriedenheim abgefunden haben und daß an eine Rückgängigmachung des Verkaufs von keiner Seite gedacht ist."[218] In dem Erbvertrag wurden die vier Rehm-Töchter von Ernst Rehm „zu seinen ausschliesslichen und uneingeschränkten Erbinnen zu gleichen Teilen" eingesetzt. Als Ersatzerben wurden die Enkelkinder von Rehm vereinbart. Rehms Töchter wurden aber auch schon im Jahr 1942, drei Jahre vor Rehms Tod, unmittelbar an dem Verkaufserlös des Sanatoriums beteiligt. Diese Beteiligung wurde im Erbvertrag nicht erwähnt, ergibt sich aber aus anderen Quellen: Hilda Rehm gab nach Kriegsende gegenüber der Spruchkammer ihr Einkommen im Jahr 1942 mit 100.878 RM an, nachdem es ein Jahr zuvor bei 7.672 RM gelegen hatte. Rehms Schwiegersohn Heinrich Dingler musste sein Vermögen ebenfalls gegenüber der Spruchkammer offenlegen. 1934 habe er über kein Vermögen verfügt. Ab 1943 habe sein steuerpflichtiges Vermögen 67.000 RM betragen. Dingler fügte dazu die Bemerkung an: „Steigerung durch Erbe"; die Differenz habe „ihren Grund in dem Nachlass meines Schwiegervaters u. meiner verstorbenen Frau."[219] Da sein Schwiegervater erst 1945 verstarb, musste der bedeutende Vermögenszuwachs im Jahr 1943 auf die Beteiligung an den Verkaufserlösen des Sanatoriums zurückgehen, und nicht aus Rehms Nachlass. Ersatzerbin für die 1942 verstorbene Hedwig Dingler geb. Rehm war ohnehin Dinglers Tochter Elisabeth Dingler (*1922). Im Übrigen führte das Amtsgericht München 1946 die Nachlassmasse am Todestag auf: Es handelte sich im Wesentlichen um Wertpapiere im Kurswert von ca. 275.000,- und um den Geschäftsanteil an einem Kies,- Sand- und Schotterwerk in Neuried in Höhe von 150.000,-. Bemerkenswert ist, dass bei Rehms Tod „kein Grundbesitz"

---

217 Staatsarchiv München: VI 2761/45
218 Staatsarchiv München: WB 1a 5182
219 Staatsarchiv München: SpKA Heinrich Dingler, Spruchkammer Weilheim, Property Control Questionaire vom 08.01.1948

mehr vorhanden gewesen sein soll. Diese Angabe ist mit einem ungläubigen Fragezeichen versehen. Erst später wurde auf einem Formblatt mit Bleistift vermerkt, Rehm habe bei seinem Ableben immerhin noch einen Acker und drei Wege in Neuried besessen. Die Einrichtungsgegenstände aus seiner luxuriösen Direktorenvilla hatte Rehm vertraglich der Schwester seiner verstorbenen zweiten Ehefrau „Frl. Magdalena Ludwig als Entgelt für die übernommene Verpflichtung, den Haushalt zu führen, zu Eigentum überlassen."[220] Magdalena Ludwig übernahm auch nach Rehms Tod als Grabbesitzerin die Pflege des Familiengrabs auf dem Waldfriedhof.

Neben Rehms Vermögen wurden 1946 vom Amtsgericht München auch seine Verbindlichkeiten aufgelistet. Der Rechtsanspruch des langjährigen Oberarzts Dr. Otto Kaiser auf eine monatliche Rente in Höhe von 400 RM wurde mit dem dreifachen Jahresbetrag, also mit 14.400 RM bewertet. Tatsächlich überlebte Kaiser den Tod von Ernst Rehm um 15 Jahre. Es ist also wahrscheinlich, dass Rehms Erbinnen für die Rente von Dr. Kaiser bis ins Jahr 1960 aufkommen mussten.

2.5.11 Ein ungewöhnlich hohes Geldgeschenk für Adolf Wagner

Im Nachlass von Adolf Wagner befindet sich eine Liste mit Geschenken zu seinem 50. Geburtstag am 1. Oktober 1940, also ein gutes Jahr vor dem Verkauf der Kuranstalt. In dieser Liste ist ein Geldgeschenk von Gauamtsleiter Sudholt in Höhe von 40.000 RM vermerkt.[221] Dieser Betrag übersteigt alle sonstigen Geldgeschenke sowie das Jahresgehalt von Sudholt um ein Vielfaches. Das Geschenk über 40.000 RM dürfte also nicht von Sudholt persönlich, sondern wohl eher von der NS.-Volkswohlfahrt gekommen sein. Die NSV muss einen Grund gehabt haben, sich bei Wagner durch dieses außergewöhnlich hohe Geldgeschenk erkenntlich zu zeigen. Sudholt kann diese Summe sicherlich nicht ohne Wissen des NSV-Finanzchefs Janowsky und wahrscheinlich auch nicht ohne Rückendeckung des NSV-Chefs Hilgenfeldt aufgebracht haben. Das hohe Geldgeschenk legt den Verdacht einer korrupten Beziehung zwischen der NSV und Wagner nahe. Wagner hatte jedenfalls Anfang 1942 allen Grund zur Dankbarkeit gegenüber der NSV. Es ist durchaus vorstellbar, dass es beim Verkauf des Sanatoriums zu Schmiergeldzahlungen der NSV an Wagner gekommen sein könnte.

---

220 Staatsarchiv München: VI 2761/45, Amtsgericht München, 12.01.1946
221 Bayerisches Hauptstaatsarchiv Abt. V: NL Adolf Wagner, Akte 3

2.6 Neufriedenheim nach dem Verkauf an die NSV

Am 27. Februar 1942 wurde die NSV als Eigentümerin im Kataster eingetragen.[222] Einen Tag später vermerkt Leo Baumüller in seinem Tagebuch. „Übernahme des Hauses durch die NSV. Hilda und ich mußten uns schlecht behandeln lassen." Die Familien der Rehm-Töchter Baumüller, Piloty und Wuth blieben zunächst aber in Neufriedenheim wohnen, ebenso die Familien Bernhard und Streicher. Am 25. April schrieb Hauptstellenleiter Sandtner vom Amt für Volkswohlfahrt des Gaus München-Oberbayern an das Wohnungsamt der „Hauptstadt der Bewegung" München. Sandtner bestätigte noch einmal, dass Neufriedenheim zu einem NSV-Seminar für Kindergärtnerinnen und Volkspflegerinnen umgebaut werden solle. Vorübergehend werde das Haus als Jugenderholungsheim genutzt, bis der Umbau abgeschlossen sei. Sandtners Hauptanliegen war aber: „Die Familien *Piloty*, Dr. *Baumüller* und *Wuth* haben in dem von uns erworbenen Anwesen größere Wohnungen inne. Diese Räume werden von uns dringend zur Unterbringung unseres dort beschäftigten Personals benötigt. Aus diesem Grunde wäre ich Ihnen sehr dankbar, wenn Sie den oben genannten 3 Familien durch Aushändigung der Dringlichkeits-Karte zur Erhaltung von entsprechenden Wohnungen verhelfen würden."[223] Ein ähnliches Schreiben betreffend der Wohnung von Familie Bernhard wurde am 21. April von Gauamtsleiter Sudholt persönlich verfasst. Oberbürgermeister Fiehler erwähnte in seinem Brief an Reichsschatzmeister Schwarz vom 9.5.1942 sogar, das Gauamt für Volkswohlfahrt habe im Auftrag von Gauleiter Wagner schon bei dem Antrag auf Genehmigung des Kaufvertrags zu erkennen gegeben, „daß es im Anschluß hieran die Umwandlung der im Bereich des Sanatoriums liegenden 6 Wohnungen in ein NSV-Seminar und Zuweisung von Judenwohnungen an die derzeitigen Wohnungsinhaber beantragen werde." Dieser Darstellung Fiehlers wurde von der NSV insofern widersprochen, als Sudholt in einer Besprechung mit Fiehler ausdrücklich eingeräumt habe, „dass die NS.-Volkswohlfahrt das Anwesen Neufriedenheim übernehmen würde ohne Inanspruchnahme des von der Stadtverwaltung bewirtschafteten Wohnraums und dass demnach eine Belastung des Wohnungsmarktes der Hauptstadt der Bewegung nicht eintrete." Wie auch immer, die Familien Baumüller, Bernhard, Piloty und Wuth blieben zunächst in ihren Wohnungen, und die Stadt München schien keine besondere Dringlichkeit in der Zuweisung neuer Wohnungen zu sehen. Die NSV versuchte

---

[222] Staatsarchiv München: Kataster 12313, Seite 64 1/8
[223] Stadtarchiv München: Bgm u. R 452/15

allerdings, die alten Wohnungsinhaber zu schikanieren. Leo Baumüller schrieb am 10. September 1942 in seinen Kalender: „Kontrolle durch das Gesundheitsamt in unserer Wohnung auf eine Anzeige der NSV hin, daß ich ohne Konzession Patienten in der Wohnung beherberge." Wohl nicht zuletzt unter dem Eindruck dieser Schikanen schaute sich Baumüller im September 1942 verstärkt nach einer neuen Wohnung um. Am 16. September besichtigte er eine Wohnung mit Praxis von „Fr. D. Wonas" in der Gundelindenstr. 5 in München-Schwabing und notiert anschließend „aber zu klein für uns."[224]

2.6.1 Die Bombardierung Neufriedenheims

In den Aufzeichnungen von Leo Baumüller spielte sich der Angriff in der Nacht vom 19. auf den 20. September folgendermaßen ab: „1^h nachts Großangriff der Engl. auf München. Ich mit Oma und Douce[225] noch auf der Treppe, 2 Spreng u. 1 Brandbombe auf Neufriedenheim. Bis 6^h gelöscht. Ab 8^h den ganzen Tag bis abends Möbel die im Garten gerettet worden [waren] wieder in d. Wohnung Kein Licht, kein Wasser, unser Dach völlig kaputt, Speicher über d. Saal u. Treppen ausgebrannt. Gottlob hier keine Toten u. Verletzten. Betten u. Teppiche mit einem Wagen der NSV nach Starnberg gebracht worden." Nach Angaben der Rehm-Nachfahren soll es keinen Fliegeralarm gegeben haben. Die Bewohner Neufriedenheims befanden sich in ihren Wohnungen zum größten Teil bereits im Schlaf. Das Rote-Kreuz-Symbol auf dem Dach des Sanatoriums wurde offenbar ignoriert. Ob es sich um einen gezielten Angriff auf das NSV-Seminar handelte, muss angezweifelt werden. Der Angriff könnte eher einer nahegelegenen Flak-Stellung in Großhadern gegolten haben. Dass es unter diesen Umständen in Neufriedenheim keine Toten und Verletzten gab, kam einem kleinen Wunder gleich. Und so sah Neufriedenheim nach dem Großangriff aus:

---

224 Laut Münchner Adressbuch von 1941, Stadtarchiv München, wurde die Praxis in der Gundelindenstr. 5 von der praktischen Ärztin Dr. Klara Wonhas betrieben.
225 „Oma" bezieht sich auf Baumüllers Mutter und „Douce" war eine „Gesellschafterin der Oma".

Abb. 2.11: Neufriedenheims Hauptfassade nach der Bombardierung

Mehrere Wohnungen waren unbewohnbar. Familie Baumüller bekam vom Wohnungsamt die Wohnung in der Gundelindenstr. 5_0 zugewiesen, die Leo Baumüller schon wenige Tage vor dem Angriff besichtigt hatte.

Auch die Kuranstalt Obersendling wurde am 19. September 1942 von einer Bombe getroffen und weitgehend zerstört. Dabei handelte es sich um denselben Großangriff aus der Nacht vom 19. zum 20. September. Da das Sanatorium noch in Betrieb war, war die Zerstörung von Obersendling erheblich folgenreicher: Vier Menschen kamen ums Leben und die Anstalt konnte nicht weiterbetrieben werden.[226] Die Patienten wurden daraufhin nahezu geschlossen in die Heil- und Pflegeanstalt Eglfing-Haar verlegt; siehe auch Kap. 2.4.6.5.

2.6.2 Der Luftangriff auf München in der Nacht vom 19. zum 20. September 1942

Über die Bombardierung Münchens in der Nacht vom 19. auf den 20. September 1942 liegt eine ausführliche Akte im Staatsarchiv München vor.[227] Bei dem Angriff

---

226 Sand 2006, S. 14
227 Staatsarchiv München: Polizeidirektion München 8282

Abb. 2.12: Die zerstörte Kuranstalt Obersendling

handelte es sich um einen der ersten Luftangriffe auf München überhaupt. In einem Bericht des Luftschutzabschnittskommandos Süd vom 24.09.1942 werden die bis dahin bekannten Schäden aufgeführt. Demnach kam es zu 168 größeren Sprengschäden und zu 137 Bränden. Bis zu diesem Zeitpunkt waren 49 Tote und 273 Verletzte bekannt. Die Zahl der Toten wurde Anfang November auf 137 korrigiert. Der Angriff erfolgte in einer „klaren Mondnacht". Dem Kalender kann man entnehmen, dass der Mond am 20. September zwischen Halb- und Vollmond stand und etwa um halb zwei in der Nacht unterging. Die Bomber kamen von Westen über Frankreich und das Saarland. Im Bericht wird festgestellt, der Fliegeralarm habe einwandfrei funktioniert. Die damals 18-jährige Zeitzeugin Elisabeth Piloty, die 1942 noch in der Kuranstalt wohnte, gab dagegen an, vor dem Fliegerangriff habe es keine Warnung gegeben. Um 2:04 Uhr wurde Entwarnung gegeben, woraus man wohl schließen darf, dass der Angriff in der völligen Dunkelheit nach Monduntergang beendet wurde. Im Bericht werden 288 Schäden mit den genauen Adressen der betroffenen Objekte einzeln aufgeführt. Die Schäden an der stillgelegten Kuranstalt Neufriedenheim und an der Kuranstalt Obersendling werden wie folgt beschrieben; Neufriedenheim: „106. Fürstenriederstr. 155: Lehrerinnenseminar der NSV. Größerer Dachstuhlbrand durch Kräfte der LS-Gemeinschaft gelöscht." sowie Kuranstalt Obersendling: „134. Heilanstalt Ranke, Wolfratshauserstr.

88 geräumt, schwerster Einsturzschaden." In einem weiteren Bericht vom 26. September heißt es: „Heilanstalt Ranke Einsturz infolge Sprengwirkung (Totalschaden)." Die Akte bestätigt vier namentlich aufgeführte Tote und zwei Verletzte in der Kuranstalt Obersendling. Zwei der Toten waren am Tag nach dem Angriff noch unter den Trümmern verschüttet.

Aus den Berichten des Luftschutzabschnittskommandos geht die Nationalität der Kampfflieger nicht hervor. Lediglich eine Traueranzeige, in der die Toten namentlich aufgelistet sind, spricht von einem „britischen Terrorangriff". Die Akte enthält keine Informationen über abgeschossene Kampfflugzeuge.

2.6.2.1 Der Luftangriff in einem privaten Tagebuch

Neben diesen offiziellen Dokumenten liegt ein Tagebucheintrag von Marie Deubler über den Luftangriff vor.[228] Die 70-jährige Marie Deubler hielt sich bei diesem Angriff in der Lindenschmittstraße in München-Sendling auf. Ihre Aufzeichnungen hätten nicht in die Hände der GeStaPo fallen dürfen. Sie schilderte erschütternde Szenen aus dem Luftschutzkeller und listete die Schäden sowie die Anzahl der Opfer auf: „Die Gesamtzahl der Toten wird nach der Berechnung in München auf 300–400 (Zahl ist sicher nicht zu hoch!) geschätzt. Mit Vororten sind es gut über 600." Der neue Gauleiter Paul Giesler habe am Sonntag, den 20. September zum „Kreistag" geladen und „erklärte 2 Tage vorher, daß der Kreistag in München noch nie so großartig gefeiert worden wäre wie an 1942 & daß er ein mächtiges Bekenntnis werden müsse zum Führer & zu seinem Siegeswillen!" Am Sonntag um 10 Uhr wollte Giesler in der neuen Ausstellungshalle in der Sonnenstraße im Beisein von Hitlerjugend und dem „Bund deutscher Mädel" eine Ausstellung eröffnen. Rund um die Sonnenstraße sei nach dem Angriff „alles schwer beschädigt, durch die Wirkung eines Volltreffers, der zur Freude fast aller Münchner, die neuerbaute Jugend-Ausstellungshalle: ‚Das neue Europa' total zerstörte." 1938 hatten die Nazis die protestantische Matthäuskirche an der Sonnenstraße abreißen lassen. Deubler kommentierte: „Dann baute man die Ausstellungshalle – bis die Nemesis eingriff! – An diesem Platze sah man keine Tränen; nur lächelnde, grinsende, spöttische Gesichter; denn Tränen gab's ja genug beim Kirchenabruch!" Deubler beschließt ihre Aufzeichnungen: „Es war ‚Münchens 1. Schreckensnacht'. Die geplanten Großfeiern zum Kreistag wurden abgeblasen; denn es ist eingetroffen, was jeder denkende Mensch gefürchtet [hat]."

---

228 Deubler 2016, S. 5 f

2.6.3 Ein Antrag auf Wiedergutmachung

Im Dezember 1948 meldete Leo Baumüller als Vertreter der Rehm-Töchter beim Zentralmeldeamt in Bad Nauheim Ansprüche auf Wiedergutmachung wegen des Verkaufs der Kuranstalt Neufriedenheim an.[229] Den Antrag begründete er folgendermaßen: „Die dem Geheimrat Rehm gehörende Kuranstalt Neufriedenheim wurde von der NSV am 1.I.42 unter Ausnützung des Altersschwachsinns des Verkäufers, und indem die Erben, die alle den Kauf verhindern wollten, unter politischen Druck gesetzt wurden [, verkauft]. Ausserdem sind wir der Ansicht, dass der damals gezahlte Kaufpreis in keiner Weise dem Werte des Objekts entsprach." Im September 1950 führte er etwas ausführlicher aus: „Die Verkaufsverhandlungen wurden den Töchtern so lange verheimlicht, bis der Verkauf abgeschlossen und rechtzeitige Gegenmaßnahmen nicht mehr möglich waren. Alle späteren Eingaben an die höchsten Staats- und Parteistellen wurden abgewiesen. Die Töchter machten schon damals geltend, dass die Kuranstalt 1893 zum größten Teil von der Mitgift ihrer Mutter Frau Else Rehm, geb. Otto, gekauft worden war und dass der spätere Wertzuwachs der Anstalt z. T. der tätigen Mitarbeit ihrer Mutter in der Anstalt zu verdanken war. [...] Dazu kam, dass Dr. Rehm zur Zeit des Verkaufs 82 Jahre alt war und ganz unter dem Einfluss seiner 2. Frau stand, die als eine höchst zweifelhafte Person stadtbekannt war. Diese Frau hat aus Geldgier 1941 Dr. Rehm veranlasst hinter dem Rücken und gegen den ausdrücklichen Willen der Töchter die Anstalt an die NSV zu verkaufen, zu einem Zeitpunkt also, an dem kein vernünftiger Mensch ein derartiges Wertobjekt ohne Grund aus der Hand gab." Des Weiteren diagnostizierte Baumüller bei Dr. Rehm eine „arteriosclerotische Geistesschwäche". Noch einmal geht Baumüller auf seine Vorsprache im Bayerischen Innenministerium im Jahr 1942 ein und erwähnt die Drohung, er würde nach Dachau gebracht, wenn er „keine Ruhe gäbe". Den abgeschlossenen Erbschaftsvertrag rechtfertigte er wie folgt: „Um zu retten was noch zu retten war, wurde zwischen Dr. Rehm und seinen Töchtern ein Erbvertrag abgeschlossen und dann die Entmündigung wieder aufgehoben." Die ehemalige Kuranstalt Neufriedenheim war nach Kriegsende von der NSV in den Besitz des Bayerischen Staates übergegangen. Baumüller verlangte im Namen der Rehm-Töchter die Rückabwicklung des Verkaufs. Das Bayerische Finanzministerium hielt in einer Stellungnahme entgegen, der damalige Eigentümer der Kuranstalt sei kein politisch Verfolgter gewesen. Auch gebe es keine Tatsachen, die belegen könnten, dass die Erben politisch unter Druck gesetzt worden seien. Im Oktober 1950 wies die Wiedergutmachungsbehörde von Oberbayern den Antrag zurück. Der Beschluss wurde im November 1950 rechts-

---

229 Staatsarchiv München: WB 1a 5182

kräftig. Die Zurückweisung der angemeldeten Ansprüche wurde auf zehn Seiten ausführlich begründet. Neben formalen Schwächen – Baumüller hatte sich als Vertreter der Rehm-Töchter ausgegeben aber keine Vollmachten vorgelegt – wurde im Wesentlichen argumentiert, Rehm habe die Kuranstalt ohne Druck und offenbar mit Sympathie für die NSV verkauft. Die Erben hätten sich mit dem Erbvertrag vom März 1942 endgültig mit dem Verkauf der Kuranstalt abgefunden und sie seien ordnungsgemäß beerbt worden. Baumüller und die Rehm-Töchter hätten auch nach Anforderung keine Belege für eine politische Verfolgung vorgelegt.

2.6.4 Ein Nachspiel im Jahre 1962

Im Jahr 1962 unternahm die inzwischen 72-jährige Karoline Wuth einen erneuten verzweifelten Anlauf für eine Entschädigung im Zusammenhang mit dem Verkauf der Kuranstalt.[230] In einem Schreiben an das Bayerische Finanzministerium stellte sie noch einmal den Verkauf des Sanatoriums unter den fragwürdigen Umständen dar. Wuths Vorstoß hatte keine Aussicht auf Erfolg. Das Finanzministerium wies in seiner Antwort darauf hin, dass der Wiedergutmachungsantrag bereits im Oktober 1950 rechtskräftig abgelehnt worden sei. In dem Schreiben von Karoline Wuth wurden auch keine neuen Argumente aufgeführt. Ihr Brief enthält aber einige andere bemerkenswerte Aussagen. So erwähnt Wuth ein Gutachten von Professor Oswald Bumke zum Geisteszustand ihres Vaters. Das angebliche Gutachten des seinerzeitigen Leiters der Nervenklinik der Universität München ist allerdings dem Schreiben nicht beigefügt. Die Existenz eines Gutachtens von Bumke muss angezweifelt werden. Richtig ist, dass sich Leonhard Baumüller und Oswald Bumke im Zweiten Weltkrieg als Lazarettärzte häufig begegneten. Baumüller erwähnte in seinem Tagebuch aus dem Jahr 1942 mehrere Treffen mit Bumke, ohne dabei auf den Inhalt der Gespräche einzugehen. Ein Gutachten Bumkes über Rehm hätte auf jeden Fall eine eingehende Untersuchung des gealterten Sanitätsrats durch Bumke zur Voraussetzung gehabt. Baumüller erwähnte am 26. Februar 1942: „Opas Vernehmung durch den Amtsgerichtsrat Dr. Kaiser. u. Sachverst. Prf. Scholz."[231] Eine Untersuchung von Rehm durch Bumke hätte Baumüller sicherlich ebenso erwähnt. Zudem hätte Baumüller ein Gutachten Bumkes spätestens im Jahre 1950 beim Antrag auf Wiedergutmachung auf den Tisch legen müssen, wenn es denn ein solches Gutachten gegeben haben sollte.

---

230 Staatsarchiv München: WB 1a 5182
231 Wahrscheinlich der Direktor des Hirnpathologischen Instituts der Deutschen Forschungsanstalt für Psychiatrie, Prof. Willibald Scholz (1889–1971)

Als nächstes schrieb Karoline Wuth, beim Verkauf der Kuranstalt sei es zu einer „Intervention des Gauleiters, des Bürgermeisters u. Hitlers selbst" gekommen. Nachgewiesener Weise waren Gauleiter Adolf Wagner und Münchens Oberbürgermeister Karl Fiehler sowie viele andere hohe Nazis (Schwarz, Hilgenfeldt, Bouhler, Bormann) in das Gerangel um den Verkauf der Kuranstalt involviert. Dass sich aber Adolf Hitler, „der sich dann wegen kriegerischer Schwierigkeiten nicht mehr um die Sache kümmerte," (Karoline Wuth) mit der Frage befasst haben soll, geht aus keiner anderen Quelle hervor.

Zum Schluss ihres Antrags kam Karoline Wuth auf ihre persönliche Situation zu sprechen. Sie könne sich keinen Anwalt leisten, da sie sehr arm sei und von einer kleinen Elternrente für zwei gefallene Söhne sowie einer Ausgleichsrente lebe. Außerdem habe sie beim Verkauf der Kuranstalt wegen ihres damals britischen Passes kein Einspruchsrecht gehabt. Den britischen Pass habe sie bei der Verheiratung mit dem britischen Staatsbürger Otto Wuth im Jahre 1915 erhalten.

3 Moritz Bendit – „Die Welt ist viel zu klein für mich"

Nachdem wir uns ausführlich mit der Kuranstalt Neufriedenheim und ihrem Direktor Ernst Rehm, ihren Ärzten und einigen Patienten befasst haben, wenden wir uns nun dem jüdischen Patienten Moritz Bendit zu, der mehr als vier Jahrzehnte in Neufriedenheim verbrachte. Damit ist Bendit wahrscheinlich der Patient mit der längsten Verweildauer in Neufriedenheim. Bevor Bendit von seiner Familie nach Neufriedenheim gebracht wurde, blickte er schon auf eine fast zehnjährige Krankengeschichte zurück.

3.1 Herkunft und Geschwister

Moritz Bendit stammte aus einer traditionsreichen jüdischen Kaufmannsfamilie. Er wurde am 15. September 1863 in Fürth als Sohn von Carl und Franziska („Fanny") Bendit, geb. Putzel geboren.

Abb. 3.1: Fanny Bendit geb. Putzel (1834–1897) und Carl Bendit (1827–1899). Die Gemälde von Moritz Bendits Eltern Fanny und Carl Bendit befinden sich bei einem Urenkel von Moritz Bendits Bruder Siegfried Bendit in England.

Moritz war das sechste der acht Kinder seiner Eltern.[1] Sein Urgroßvater Seligman Bendit (1746–1819) hatte im Jahre 1798 in Fürth die Firma „Seligman Bendit & Söhne" gegründet, die sich der Produktion von Spiegel- und Fensterglas verschrieben hatte. Über mehrere Generationen hatte sich die Firma zu einem international erfolgreichen Konzern entwickelt, der schon im Jahr 1848 eine Niederlassung in New York besaß. Moritz hatte drei ältere Brüder: Siegfried (1857–1924), Meier Max (1861–1928) und Ludwig „Louis" (1862–1958), die in den 1880er-Jahren nach England auswanderten und die englische Staatsangehörigkeit annahmen. Seine übrigen vier Geschwister, zwei Brüder und zwei Schwestern, verstarben im Alter von ein bis zwei Jahren.[2]

Abb. 3.2: Louis Bendit (1862–1958) und Siegfried Bendit (1857–1924)

Ein Hausarzt charakterisierte im Jahr 1892 die Familie von Carl Bendit als „orthodox-jüdische Familie".[3] Abraham Bendit (1771–1835), der älteste Sohn des Firmengründers Seligmann Bendit und Onkel von Carl Bendit war Mitglied im Vorstand

---

[1] Blume und Staatsarchiv Nürnberg: Der 1941 eingesetzte Nachlassverwalter spricht ebenfalls von sieben Geschwistern.
[2] Eine vollständige Liste der Geschwister befindet sich in Anhang A8.
[3] Archiv des Landschaftsverbandes Rheinland: ALVR 103.353, Brief von Dr. Paul Landmann vom 06.10.1892

der „Judenschaft Fürth" gewesen und hatte „zu den bedeutendsten Persönlichkeiten der jüdischen Gemeinde" in Fürth gehört.[4]

3.2 Vor der Einweisung nach Neufriedenheim

Die Informationen in diesem Kapitel stammen überwiegend aus Moritz Bendits Krankenakte aus seiner Zeit in der Erlenmeyer'schen Anstalt in Bendorf.[5] Diese Krankenakte enthält auch Informationen über die Krankheitsursache und erste Therapieversuche.

3.2.1 Die Bendorfer Krankenakte

Der Erhalt der Krankenakte von Moritz Bendit aus seiner Zeit in der Erlenmeyer'schen Anstalt (1892–1898) ist ein großer Glücksfall. Der Weg, den die Bendorfer Akte genommen hat, bis sie schließlich ins Archiv des Landschaftsverbandes Rheinland gelangte, ist mehr als abenteuerlich: „Die Akten der Erlenmeyer'schen Anstalt Bendorf aus der Zeit bis 1920 gelangten 1926 in das von Prof. Dr. Otto Löwenstein aufgebaute Erbbiologische Archiv in Bonn und gingen nach der Flucht Löwensteins aus Deutschland 1933 in das Erbbiologische Institut Bonn über. 1943 wurde der größte Teil der Unterlagen dieses Instituts nach Heldburg ausgelagert und verblieb nach Kriegsende in der Sowjetischen Besatzungszone bzw. der DDR (Landesarchiv Meiningen). 1987 gelangte das Material infolge eines deutsch-deutschen Kulturgutaustauschs in das Archiv des Landschaftsverbandes Rheinland."[6]

3.2.2 Krankheitsursache und erster Anstaltsaufenthalt

Die folgenden Angaben über die Krankheitsursache und die anschließenden Anstaltsaufenthalte bis Ende 1898 stammen ursprünglich aus einer Zusammenfassung von Manuel Hagemann vom LVR-Archivberatungs- und Fortbildungszentrum. Im März 2023 erfolgte eine Einsicht in die Akte im Archiv des LVR durch den Autor.
Im Jahre 1889 erkrankte der 25-jährige Moritz Bendit an einer Influenza. Anschließend litt er unter langanhaltenden Erkrankungen mit hohem Fieber sowie

---

4 Müller M. 2006
5 ALVR 103.353
6 Manuel Hagemann LVR, Email vom 26. April 2021

einer Lungen- und Rippenfellentzündung. Andere Gutachten sprechen von einer Brust- oder Bauchfellentzündung. Bevor er sich vollständig erholt hatte, erlitt er einen Anfall mit Bewusstlosigkeit. Seine darauffolgende psychische Erkrankung ist höchstwahrscheinlich auf diesen Vorfall zurückzuführen. Vor seiner Influenza soll der Patient gesund gewesen sein und noch kurz vorher als Kavallerist an einem Manöver der Bayerischen Armee teilgenommen haben. Er sei ein guter Reiter gewesen, soll gut gelernt haben, ein witziger Gesellschafter gewesen sein und außer einem „gewissen Mangel an Ordnungsliebe und Pünktlichkeit" – an anderer Stelle heißt es: „mit einem gewissen Hang zur Nonchalance" – keine besonderen Eigenheiten gehabt haben. Bendits Hausarzt schrieb im Oktober 1892, Moritz Bendit habe ein Jahr lang als Ulanan[7] gedient. Vor seiner Erkrankung im Jahre 1889 sei er „noch flott, lebenslustig, liebenswürdig" gewesen.

Auf die akute Erkrankung folgte eine Odyssee von zum Teil recht kurzen Aufenthalten in verschiedenen Kliniken. Bendit hielt sich von ca. Ende Mai bis Anfang Juli 1890 bei Hofrat Dr. Rapp in Reichenhall auf, danach begab er sich zu einer Kur nach Meran. Der Meraner Aufenthalt geht aus einem Schreiben von Dr. Landmann, des Hausarztes der Familie Bendit hervor. Anschließend wechselte er in eine Heilanstalt nach Sonneberg in Thüringen.[8] Ein Schreiben von Sanitätsrat Dr. Richter aus Sonneberg, das wohl auf den 16.10.1890 datiert ist (die Jahreszahl ist stark zerschrieben), attestiert dem Patienten, er verlasse die Anstalt „gesund und arbeitsfähig". Es wird darum gebeten, ihn als gesund zu behandeln. Es bestehe „beste Hoffnung", dass sein Gesundheitszustand stabil bleiben werde.[9] Offenbar waren seine Eltern Ende 1890 von dieser vollständigen Genesung überzeugt, denn am 1. Januar 1891 wurde der 27-jährige Moritz Bendit als Gesellschafter in die Firma Bendit & Söhne aufgenommen.[10] Diese Aufnahme in das Familienunternehmen muss wohl auf hohe Erwartungen in Moritz Bendits unternehmerische Fähigkeiten verstanden werden, denn seine drei älteren Brüder Siegfried, Meier Max und Louis, allesamt erfolgreiche Kaufleute, wurden im Gegensatz zu Moritz nicht zu Teilhabern der Firma berufen. Es sollte sich allerdings bald herausstellen, dass die Folgen von Moritz' Erkrankung erheblich schwerwiegender waren, als von Dr. Richter aus Sonneberg prognostiziert.

---

7 Ein mit einer Lanze bewaffneter Kavallerist
8 Sonneberg, S. 8: Die „Wasser- und Nervenheilanstalt" in Sonneberg wurde 1873 von Sanitätsrat Dr. Richter gegründet. 1891 wurde sie von Dr. Bauke übernommen.
9 ALVR 103353
10 Müller M. 2006, S. 25 und Stadtarchiv Fürth: Meldebogen Moritz Bendit

3.2.3 In der Heilanstalt von Dr. Georg Fischer in Konstanz

Ab November 1891 wurde Bendit zur Behandlung in eine Nervenheilanstalt von Dr. Georg Fischer in Konstanz eingewiesen.[11] Dort wurde er von Oberarzt Dr. Friedrich Mülberger betreut, der bei Moritz Bendit Anfälle von halluzinatorischer Verwirrtheit diagnostizierte. Eine Bemerkung von Dr. Mülberger in einem Brief vom 5.XI.1892 an seinen Kollegen in der Erlenmeyer'schen Anstalt in Bendorf verdient besondere Beachtung: „Herr Moritz Bendit wurde uns am 6.11.1891 von seinem Bruder *auf Veranlassung von Grashey* [Hervorhebung R.L.] zugeführt". Daraus geht hervor, dass sich Prof. Hubert Grashey bereits im Jahre 1891 mit Moritz Bendit befasst hat.

Die Konstanzer „Heilanstalt für Nervenkranke" war im Frühjahr 1890 in dem ehemaligen Hotel „Konstanzer Hof" eröffnet worden.[12] Die medizinische Leitung übernahm von Beginn an bis ins Jahr 1903 Dr. Georg Fischer (*1848). Das Anstaltsgebäude verblieb aber im Besitz der „Aktiengesellschaft Inselhotel". Diese investierte eine „sehr beträchtliche Geldsumme" in den Umbau. Das ehemalige Hotel mit nahezu 100 Betten bestach durch seinen großen Garten sowie durch seine „herrliche Lage" und „vollständige Ruhe" in Bodenseenähe. Dr. Fischer galt als Spezialist für „Elektrotherapie und Nervenkrankheiten" und hatte für dieses Spezialgebiet bereits im Jahr 1876 einen Lehrauftrag an der Münchner Universität. Ab ca. 1877 betrieb Fischer parallel zu seiner Tätigkeit an der Universität die Privatheilanstalt Maxbrunn für Nervenkranke in München-Haidhausen, die aber keine Geisteskranken aufnahm.[13] Im Frühjahr 1882 beantragte Fischer die Genehmigung zur Errichtung einer Heilanstalt für Nervenkranke im Wilhelmsbad in Stuttgart-Bad Cannstadt.[14] Die neue Heilanstalt in Konstanz war ausgelegt für Erkrankungen des Gehirns und des Rückenmarks, Lähmungen, Krampfformen und „funktionelle Neurosen". Zur letzten Gruppe zählten die Hysterie und die „modernste aller Krankheiten", die Neurasthenie. Die Aufnahme von Geisteskranken jeder Art sollte dagegen im Konstanzer Hof wie schon in München-Maxbrunn streng ausgeschlossen werden. Daher muss man wohl davon ausgehen, dass Grashey bei Moritz Bendit im Jahre 1891 noch keine schwere Geisteskrankheit diagnostiziert hatte.

---

[11] Lt. Weber M. 2015, S. 520 hieß die Anstalt: „Heilanstalt für Nervenkranke Konstanzer Hof". Das private Sanatorium für „functionelle Nervenkrankheiten" im ehemaligen Hotel Konstanzer Hof lag direkt am Bodensee. Es wurde von Dr. Georg Fischer geleitet. Vgl. auch Heier 2018.
[12] Folgende Informationen aus der „Konstanzer Zeitung" vom 23.03.1890
[13] Fischer 1878, S. 2 und Kraepelin 2005, Fußnote 64 auf S. 63
[14] Staatsarchiv Ludwigsburg: E 162 I Bü 1592

3.2.4 Bei Dr. Richard Klüpfel in Urach

Von Konstanz wurde Moritz Bendit Ende Juni 1892 in die Anstalt von Dr. Richard Klüpfel in Urach verlegt.[15] Dr. Klüpfel hielt in einem ärztlichen Gutachten fest, Bendits psychische Erkrankung habe sich „besonders durch bedeutende Hemmungserscheinungen in der motorischen Sphäre" und in schwer verständlicher Sprache bemerkbar gemacht. „Den meisten Menschen gegenüber verhielt er sich völlig ablehnend, sodaß er nicht einmal ihren Gruß erwiderte." Auf Fragen nach seinem Befinden habe Moritz Bendit „mit klugen Gegenfragen über Kunst, Literatur, Politik, Sozialwissenschaft, Mathematik" geantwortet. Aus der Wiederkehr bestimmter Themen konnte man schließen, „daß er sich in weitgehende Grübeleien physikalischer und fachlicher Art versenkte; es spielten die Pläne zur verbesserten Ausnützung der Naturkräfte eine große Rolle. [...] Schließlich scheint er sich viel mit der Quadratur des Zirkels [...] beschäftigt zu haben. Er zeigte sich wiederholt sehr erfreut über seine angebliche Entdeckung einen Kreis in ein Viereck, eine Kugel in einen Cubus zu verwandeln. Diese Lehre wandte er sofort auf die Erdkugel an und kam dabei zu der Gewißheit, daß außer den bekannten Welttheilen noch ein weiterer existieren müsse; ja er verfügte bereits als Eigenthümer desselben darüber. – Dabei war immer ganz auffallend, mit wie wenig Affekt diese Phantasien seines kranken Gehirns vorgetragen wurden." Zudem hielt Klüpfel fest: „Auch war sein Essen häufig mehr ein instinktives Verschlingen als ein geordnetes Essen; auch sonst zeigte sich Patient in Beziehung auf Kleidung, Bett u. die Einrichtung seines Zimmers in höchstem Grad ungeordnet." Sein Zustand habe Schwankungen unterlegen, eine Besserung sei aber nicht eingetreten. Allerdings zeichneten ihn in Urach ein „reges Gedankenleben" und vielseitige Interessen aus. Einmal ging er „zum Telegraphenamt und depeschierte nach Hause: ‚Die Sonne dreht sich um die Erde.'" Besuche der Eltern und des Bruders hätten auf ihn einschüchternd gewirkt. Über die weiteren Aussichten für Moritz Bendit machte sich Klüpfel keine Illusionen: „Dass die Verrücktheit je wieder heilen sollte ist nicht anzunehmen." Zwei Zitate aus einem anderen Schreiben von Dr. Klüpfel, datiert auf den 14.10.1892: Herr Bendit leidet an einer Form von Verrücktheit „verbunden mit Grübelsucht und wahrscheinlich begleitet von interkurrenten Sinnestäuschungen. Es ist ein entschieden krankhaft gesteigertes Selbstbewusstsein vorhanden, das sich in Erfindungs- und Entdeckungsdrang äußert." Sein Zustand sei verbunden mit einer „Hemmung auf motorischem Gebiet (Gesichtsausdruck, Haltung, Gang, Sprache)". Über die Genesungsaussichten äußerte sich Dr. Klüpfel wiederholt skep-

---

[15] Frommer 2021, S. 126: Die Anstalt in Urach von Dr. Richard Klüpfel wurde im Jahr 1883 gegründet und von seinem Sohn Dr. Otto Klüpfel weitergeführt. Zu den Patienten von Richard Klüpfel gehörte auch Max Weber (01.07.1900–17.11.1900).

tisch: „Die Prognose bezüglich einer völligen Wiederherstellung ist nicht gut, dagegen ist der Zustand einer Besserung wohl fähig. Der Verlauf wird voraussichtlich kein rascher sein."[16] Die Verbringung in eine gut eingerichtete Irrenanstalt erscheine ihm daher dringend geboten.

3.2.4.1 Parallele zu Max Weber

Der Soziologe und Nationalökonom Max Weber (1864–1920) litt Ende des Wintersemesters 1897/98 in Heidelberg an Schlaflosigkeit und Sprachstörungen. Emil Kraepelin, der damals wie Weber an der Heidelberger Universität lehrte, diagnostizierte bei Weber eine „Neurasthenie". Heute würde man wahrscheinlich eher von einem „Burn-Out" sprechen. Max Weber soll nach der Untersuchung durch Kraepelin gesagt haben: Diese „Leute sind ja alle Charlatane."[17] Es scheint so, als sei Weber später (auch in seiner Münchner Zeit 1919–1920) Kraepelin aus dem Weg gegangen.[18] Im Juli 1898 ließ sich Weber für einen Sanatoriumsaufenthalt bei Dr. Fischer in Konstanz beurlauben. Sein Heidelberger Arzt Dr. Adolf Kußmaul hatte ihn dorthin überwiesen.[19] Im Sanatorium im Konstanzer Hof wurde er, wie Moritz Bendit sieben Jahre zuvor, von Dr. Mülberger behandelt. Weber verbrachte fünf Wochen in der Heilanstalt am Bodensee. Der Erholungseffekt war aber nur von kurzer Dauer. Bereits im Januar 1900 ließ er sich erneut für fünf Monate bei Dr. Klüpfel in Urach behandeln.[20] Die Empfehlung zur Kur in der kleinen familiär geführten Anstalt mit nur 18 Betten auf der Schwäbischen Alp kam aus dem privaten Umfeld von Webers Ehefrau Marianne.

Webers eigene Leidensgeschichte dürfte mit ein Anlass dafür gewesen sein, dass er seinen kranken Freund und Kollegen Edgar Jaffé im Jahre 1919 so häufig in der Kuranstalt Neufriedenheim besuchte. Natürlich ist Webers psychische Erkrankung nicht im Geringsten mit derjenigen von Moritz Bendit vergleichbar. Trotzdem ist die parallele Behandlungsfolge zunächst bei Dr. Mülberger in Konstanz und anschließend bei Dr. Klüpfel in Urach bemerkenswert. Für Max Weber sind – anders als für Moritz Bendit – keine medizinischen Gutachten der Anstaltsärzte mehr erhalten; weder von Dr. Mülberger noch von Dr. Klüpfel. Dies zeigt noch einmal, wie wertvoll die Dokumente der Erlenmeyer'schen Krankenakte von Moritz Bendit aus dem Archiv des Landschaftsverbandes Rheinland sind.

---

16 ALVR 103.353
17 Weber M. 2015, S. 481
18 Vgl. „Max Webers Konsultation bei Emil Kraepelin" in Kraepelin 2005, S. 31–33
19 Weber M. 2015, S. 481
20 Kaesler 2016, Abschnitt: „Der kranke Mann und seine nur sehr allmähliche Genesung"

3.2.4.2 Ein Brief von Moritz Bendit

Aus dem Jahr 1892 liegt ein Brief vor, den Moritz Bendit an Dr. Klüpfel geschrieben hat, als dieser sich gerade zu einem Urlaub in Berchtesgaden aufhielt. Der Brief ist auf Briefpapier von „S. Bendit Manufacturer&Importer London" geschrieben. Moritz Bendit hat „London" durchgestrichen und durch Urach ersetzt. Als Datum ist nur die Jahreszahl 1892 angegeben. Bendit schrieb: „Lieber Hr. Dr. Klüpfel, ich bin sehr erfreut so angenehmen und ausführlichen Bericht von Ihnen erhalten zu haben. [...] Meine neueste Erfindung ist einen Kreis in ein Viereck zu verwandeln. Ihr stets dankbarer Patient Moritz Bendit." Das Wort „Viereck" hat Bendit mit einer Fußnote „F" versehen, in der er erläutert, dass er zur Umwandlung des Kreises in ein Viereck eine Schnur zur Hilfe nimmt. Bendit befasste sich mit einem damals hochaktuellen Problem der Geometrie. Im Jahr 1882 hatte der Mathematiker Ferdinand von Lindemann bewiesen, dass man einen Kreis allein mit den Hilfsmitteln Zirkel und Lineal nicht in ein flächengleiches Quadrat umwandeln kann („Quadratur des Kreises"). Diese Problemstellung ließ Bendit offenbar nicht los. Ansonsten ist der Brief an Dr. Klüpfel ziemlich sauber geschrieben. Die Unterschrift von Moritz Bendit, die in Kapitel 3.6.10.2 abgebildet ist, stammt von diesem Brief.

3.2.5 In der Erlenmeyer'schen Anstalt in Bendorf

Nach diesen oftmals recht kurzen Therapieversuchen wurde Bendit am 18. Oktober 1892 in die renommierte Erlenmeyer'sche Heil- und Pflegeanstalt in Bendorf bei Koblenz eingewiesen. Die Erlenmeyer'sche Anstalt war im Jahr 1848 von Adolph Albrecht Erlenmeyer (1822–1877) gegründet worden,[21] zu einer Zeit, als in Bayern gerade einmal die ersten staatlichen „Kreisirrenanstalten" entstanden.[22] Vor 1892 war Moritz Bendit ausschließlich in Nervenheilanstalten therapiert worden. In Bendorf kam er zum ersten Mal in eine psychiatrische Anstalt. Schon Dr. Klüpfel hatte die Verlegung von Moritz Bendit in eine „Irrenanstalt" empfohlen. Die Einweisung in die Erlenmeyer'sche Anstalt ging schließlich auf einen Vorschlag von Dr. Paul Landmann zurück. Landmann, der erst im Oktober 1892 als Hausarzt der Familie von Carl Bendit engagiert worden war, schrieb an die Erlenmeyer'sche Anstalt: „Es handelt sich um einen jungen Mann; ca. 29 Jahre alt; jüngster von den 4 normalen Kindern (Söhnen) einer reichen, orthodox-jüdischen Familie."[23] Landmann fragte nach, ob ein Zimmer in der 1. Klasse verfügbar sei, und ob

---

[21] Friedhofen et al. 2008, S. 7
[22] Hippius et al. 2004, S. 16; Die erste bayerische Kreisirrenanstalt wurde 1846 in Erlangen eröffnet. Die erste oberbayerische Anstalt folgte erst 1859 in München-Giesing.
[23] ALVR 103.353, Brief vom 06.10.1892

Moritz bei einer eventuellen Aufnahme nur von einem Bruder begleitet werden solle, oder auch von seinem Vater und der Mutter. Er wies insbesondere auf Widerstände bei Moritz Bendits Mutter hin, die die psychische Erkrankung ihres Sohnes nicht wahrhaben wollte: „Verrückt ist mein Sohn doch nicht." In seinem Schreiben erwähnte Landmann auch die Befürchtung, die Moritz Bendit gegenüber seinen Eltern in einem Brief aus einer früheren Anstalt geäußert habe: Er müsse weg, denn sie wollten ihn dort taufen. Um welche Anstalt es sich dabei gehandelt hat, erwähnt Landmann nicht. Umso bemerkenswerter ist es, dass Moritz Bendit im Jahre 1892 nicht in eine auf jüdische Kranke spezialisierte Anstalt verlegt wurde. In Sayn, damals noch ein Nachbarort von Bendorf, hatte Meier Jacoby im Jahr 1869 die „Privat-Heil- und Pflegeanstalt für israelische Nerven- und Geisteskranke" gegründet: „Durch den häufigen Verkehr mit den Angehörigen der in den Anstalten des benachbarten Bendorf untergebrachten israelitischen Geisteskranken und diesen selbst wurde in mir der Entschluss wach gerufen, ein Asyl für Geisteskranke israelitischer Religion zu errichten, in dem die Patienten rituelle Verpflegung erhalten sollten und ungenirt ihre Bräuche verfolgen könnten."[24] Offenbar war für Familie Bendit eine optimale medizinische Betreuung in Verbindung mit erstklassigem Komfort wichtiger als ein orthodox-jüdisches Ambiente. Bendit verbrachte sechs Jahre in der Erlenmeyer'schen Anstalt Bendorf.

3.2.5.1 Eine frühe Entmündigungsdiskussion

Bereits im November 1892 stand das Thema einer Entmündigung von Moritz Bendit zur Debatte. Dies geht aus einem Schreiben des Magistrats der Stadt Fürth an die Staatsanwaltschaft Fürth mit dem Betreff: „Entmündigung des geisteskranken Moritz Bendit" hervor.[25] In diesem Schreiben erteilt die Stadtverwaltung u. a. die Auskunft, Moritz sei „noch ledigen Standes." Laut Bendits Bendorfer Patientenakte war die Diskussion um seine Entmündigung im Jahr 1893 weiterhin aktuell. In einem Schreiben bat das Amtsgericht Fürth die Erlenmeyer'sche Anstalt „um baldgefällige Mittheilung über das Befinden des Moritz Bendit sowie um gutachtliche Äußerung darüber, ob eine vollkommene Heilung desselben in Aussicht steht."[26] Dr. Hermann Halbey, ein Schwager von Albrecht Erlenmeyer jun.,[27] antwortete, „daß sich schon seit längerer Zeit in dem geistigen Befinden des Herrn Moritz Bendit aus Fürth eine zwar langsame aber stetige Besserung vollzieht, welche die Pro-

---

24 Schabow in Friedhofen et al. 2008, S. 55 ff
25 Staatsarchiv Nürnberg: AG Fürth V. V. 307/1899, Schreiben vom 22.11.1892
26 ALVR 103.353, Schreiben Amtsgericht Fürth vom 26.07.1893
27 Friedhofen, S. 24: Dr. Albrecht Erlenmeyer jun. und sein Schwager Dr. Hermann Halbey übernahmen nach dem Tod von Adolph Albrecht Erlenmeyer im Jahr 1877 gemeinsam die ärztliche Leitung der Erlenmeyer'schen Anstalt.

gnose günstiger und die Heilung des Kranken nicht ausgeschlossen erscheinen läßt." Halbey schließt mit der Empfehlung, „wenn nicht andere zwingende Gründe vorliegen, einstweilen noch von einer Entmündigung des Herrn Bendit ab[zu]sehen."[28] Mit dieser Antwort gab sich das Amtsgericht Fürth zufrieden. Moritz Bendit wurde erst nach dem Tod seines Vaters Carl Bendit im Jahr 1899 auf Antrag seiner Brüder entmündigt.

3.2.5.2 Einträge im Bendorfer Krankenjournal

Bei der Aufnahme von Moritz Bendit in Bendorf wurde festgehalten: „Patient ist von mittlerer Statur, Knochenbau und Muskulatur kräftig, [...] zeigt verschiedene Degenerationszeichen besonders am Ohr.[29] Ohne Mienenspiel. [...] Steht meist in charakteristischer Haltung ähnlich einer Statue fest auf dem Platze, wo er einmal steht oder bewegt sich nur sehr langsam, die Füße eng geschlossen mit kleinsten langsamsten Schritten und schleifenden Gang vorwärts. Sein Gesicht ist ausdruckslos, das Kinn stets auf die Brust geneigt, die Augen geschlossen. Auf Anreden reagiert er nicht oder in den seltensten Fällen sehr langsam und mit kaum verständlicher leiser Stimme." Mehrfach wurde notiert, dass es Bendit vorzog, mit den Händen zu essen oder die Speisen vom Teller direkt mit dem Mund aufzunehmen. Sein Körpergewicht wurde wöchentlich gemessen und dokumentiert. Es lag meist um 110 Pfund, schwankte aber zwischen 92 Pfund im November 1895 und 124 Pfund im April 1898. Gelegentlich unternahm er Ausfahrten in Begleitung, z. B. nach Koblenz. Einmal kletterte er einen Hang des Rheins hinauf und genoss die Aussicht von oben. Nach einer weiteren Ausfahrt im Juni 1898 antwortete er auf die Frage, ob der Ausflug schön gewesen sei, mit einem verschmitzten Lächeln: „In Damenbegleitung wär's noch schöner gewesen." Im Juni 1897 wurde vermerkt, Bendit gehe täglich vor das Tor „um Leute zu sehen". Er habe auch des Öfteren „faule Witze" erzählt. Einmal hat er ein Thermometer mit dem Kopf heruntergeworfen und dazu bemerkt. „Das macht nix, wenn der Thermometer fällt, wird es schön Wetter." Im Juni 1898 äußerte er sich: „Bin das Leben hier satt. Gehe in eine andere Anstalt." Dazu sollte es ein halbes Jahr später auch kommen. Bemerkenswert ist im Bendorfer Krankenjournal, dass in Bezug auf das Anstaltspersonal konsequent von „Wärtern" gesprochen wurde, und nicht von „Pflegern". Bernhard von Gudden hatte in der Münchner Kreisirrenanstalt schon 1884 die „Wärter" in „Pfleger" umbenannt und damit auch eine andere Ausrichtung vorgegeben.

---

28 ALVR 103.353, Schreiben Dr. Halbey vom 03.08.1893
29 Dr. Klüpfel hatte bereits früher notiert, Bendit trage „an den Ohren und am Kopf deutliche stigmata hereditatis."

Moritz Bendit hat in Bendorf sehr regelmäßig Besuch von seinen Brüdern und von seinen Eltern empfangen und stand mit diesen in brieflichem Kontakt. Seine Fähigkeit zum Briefeschreiben schwankte allerdings stark. So versuchte er im Dezember 1897 einen Brief zum 70. Geburtstag seines Vaters Carl Bendit zu verfassen. Die erste Fassung, ein kaum lesbares Gekritzel, ist in der Bendorfer Krankenakte aufbewahrt. Die Nachricht vom Tod seiner Mutter Fanny Bendit, ebenfalls im Jahr 1897, soll ihn kaum betroffen gemacht haben. Mehrfach wird betont, seine Brüder hätten bei ihren Besuchen eine deutliche Verbesserung seines Zustandes konstatiert. Wie dem auch sei, sein Zustand unterlag offenbar starken Schwankungen. Alles in allem scheint es eher, als sei gegen Ende seiner Bendorfer Zeit eine Verschlechterung eingetreten.

Beobachtungen, die in Richtung „Größenwahn" weisen, finden sich in der Bendorfer Krankenakte an vielen Stellen. So heißt es in einem Schreiben, Moritz Bendit beschäftige sich mit Verbesserungen in der Spiegelglasfabrikation. Außerdem interessierte er sich für das Zeitgeschehen: „Eifrig mit der deutschen Flottenexpedition nach China beschäftigt" (25.12.1897). Tatsächlich hatte die kaiserliche deutsche Flotte 1897 eine chinesische Bucht besetzt und eine deutsche Kolonie in China gegründet, die bis 1914 bestehen sollte. Bendit las also aufmerksam die Presse. Die nächsten Äußerungen deuten auf eine überschäumende Phantasie bzw. auf den aufkommenden Größenwahn hin: „Im Reiten hat mich niemand übertroffen und kann mich auch keiner. Die Welt ist viel zu klein für mich." (22.6.1898) – „Behauptet allen Ernstes, sein Bruder sei einmal auf dem Mond gewesen und zwar mit Hilfe eines el. Motors" (15.11.1898) – „Droht wieder häufig mit seinen Kriegsschiffen" (14.1.1898). Wiederholt behauptet er, über eine Flotte mit 48.000 Kriegsschiffen zu verfügen. Im Januar 1898 will er kein Deutscher, sondern Engländer sein. Einen Monat später wird er zitiert: „Ich habe es satt. Ich gehe nach England. Mir kann niemand was wollen." Am 29. Oktober 1897 haben seine Kriegsschiffe Halbmast, weil eine „englische Fürstlichkeit" gestorben ist.[30] Er selbst hält sich für verwandt mit dem Prinzen von Wales. Es ist naheliegend, dass sich in solchen Aussagen eine Sehnsucht nach seinen Londoner Brüdern äußert. Einmal wurde im Krankenjournal auch notiert, er sei „sehr ungehalten über seine Brüder, die nach England gereist wären, ohne ihn zu besuchen. Er habe Wichtiges mit ihnen zu reden gehabt."

---

30 Wahrscheinlich trauerte er um Prinzessin Mary Adelaide von Cambridge († 27.10.1897)

3.2.6 Zwei frühe Fotos aus dem Jahr 1893

Aus dem Jahr 1893 befinden sich zwei Porträt-Fotos des 29-jährigen Moritz Bendit in seiner Krankenakte. Beide Fotos stammen aus dem ersten Jahr seines Aufenthalts in der Erlenmeyer'schen Klinik in Bendorf. Die Fotografien sind mit einem tagesgenauen Datum versehen. Es sind die beiden einzigen erhaltenen Porträts von Moritz Bendit, auf denen er vollständig oder zumindest zum großen Teil abgebildet ist. Wir werden sehen, dass aus späteren Zeiten (1898 und 1939) nur noch zwei Aufnahmen im Passfotoformat erhalten sind.

Abb. 3.3: Moritz Bendit in Bendorf

Das erste Foto vom 23. April 1893 zeigt Bendit im Freien sitzend. Die Bank steht an einer Hauswand unter einem Fenster vor einem Backsteingebäude. Eine etwas kümmerlich wirkende Topfpflanze auf dem äußeren Fensterbrett deutet das einzige „Grün" auf dem Schwarz-Weiß-Foto an. Der Boden unter der Bank ist nicht bewachsen und scheint wie aus Beton. Die Hauswand macht einen eher ungepflegten Eindruck. Moritz Bendits rechte Hand ist zu einer Faust geballt. In der linken hält er einen Gehstock. Bendit trägt eine Hose mit Nadelstreifen, eine dunkle Jacke sowie einen zylinderartigen Hut. Sein Kopf ist nach unten geneigt, die Augen gesenkt oder gar geschlossen. Man könnte glauben, der Kopf säße ohne Hals direkt auf dem Rumpf. Auffällig ist auch sein Oberlippenbart.

Das zweite Foto ist etwas später am 28. Juni 1893 entstanden. Bendit steht an einem offenen Fenster innerhalb eines Zimmers. Von der Zimmereinrichtung ist nur eine Gardine zu erkennen, die zur Öffnung des Fensters ein wenig beiseitegeschoben wurde. Auch wenn von dem Haus außer dem Fenster nichts zu erkennen ist, muss es sich um ein anderes Szenario handeln, als beim April-Foto, denn das Fenster hat hier nur einen Flügel. Auf der Außenfensterbank stehen drei Blumentöpfe mit unterschiedlichen Pflanzen. Bendit trägt einen hellen Sommermantel. Beide Arme sind leicht angewinkelt und die Hände in die Hüfte gestützt. In dieser Position benötigt er keinen Stock. Sein Kopf ist ähnlich wie auf dem ersten Bild nach unten geneigt, die Augen wirken wieder wie geschlossen. Da Bendit keine Kopfbedeckung trägt, ist seine dunkle Kurzhaarfrisur mit nach vorne gekämmten Haaren gut zu erkennen. Insgesamt wirkt Bendit auf dem Bild etwas entspannter, was auch an der hellen Kleidung, der stehenden Position und am fehlenden Krückstock liegen könnte.

3.2.7 Die Verlegung aus der Erlenmeyer'schen Anstalt nach Neufriedenheim

Gründe für die Verlegung von Bendorf nach Neufriedenheim werden in der Akte nicht angesprochen; vielmehr scheint diese für die Bendorfer Anstalt überraschend gekommen zu sein. Das Journal gibt keine Hinweise, dass sich eine Verlegung ankündigen würde. Seine protokollierte Aussage vom Juni 1898, die Anstalt wechseln zu wollen, wurde demnach in Bendorf offenbar nicht besonders ernst genommen. Ein Eintrag zum 28.12.1898 lautet: „Freut sich sehr auf den Besuch seiner Brüder". Für den 30.12. ist seine Verlegung vermerkt, wobei bezeichnenderweise für den Ort eine Lücke im Text ausgespart wurde. Anscheinend haben die Verwandten ihn also Ende 1898 abgeholt. Da Familie Bendit schon 1891 den Rat von Prof. Grashey eingeholt hatte, darf man vermuten, dass Grashey auch eine Empfehlung für Neufriedenheim abgegeben hat. Neufriedenheim wurde von seinem früheren Oberarzt Ernst Rehm geleitet und Grashey förderte die Entwicklung der beiden privaten Münchner Kuranstalten. Der Bendorfer Krankenakte liegt ein Schreiben des Staatsanwalts aus Neuwied vom 3.1.1899 bei, worin es heißt: „Der Direktion [der Dr. Erlenmeyer'schen Anstalten in Bendorf] bescheinige ich ergebenst, dass ich die gefällige Anzeige vom 2ten Januar 1899 über die Aufnahme bez. Überführung des geisteskranken Kaufmanns Moritz Bendit aus Fürth in Bayern in die Privat-Irrenanstalt in Neu-Friedenheim bei München bez. Entlassung desselben aus dortiger Anstalt erhalten habe." Demnach war der Ort der Verlegung in Bendorf zeitnah bekannt. Über einen möglichen Informationsaustausch der Bendorfer Ärzte mit ihren Neufriedenheimer Kollegen geht aus der Akte jedoch nichts hervor. Das Schreiben belegt den bürokratischen Aufnahmeprozess am Ende des

19. Jahrhunderts: Offenbar musste die Kuranstalt Neufriedenheim die zuständige Staatsanwaltschaft der Vorgängeranstalt über die Aufnahme des Patienten in Kenntnis setzen.

3.2.8 Das 100. Firmenjubiläum

Zum 100. Firmenjubiläum der Firma Seligman Bendit & Söhne im Jahr 1898 stiftete das Arbeiterpersonal eine Tafel mit den Porträts der Geschäftsinhaber. Der 34-jährige Moritz Bendit ist unten links zu sehen, sein Vater Carl („Karl") Bendit in der oberen Reihe als zweiter von rechts. Moritz ist der jüngste unter den Geschäftsinhabern. Er trägt als Einziger ein Einstecktuch in seinem Jackett. Gegenüber den beiden Bildern aus dem Jahr 1893 wirkt er hier nicht wie ein in sich versunkener Patient. Auffällig ist allerdings der ausgeprägte dunkle Schatten hinter Moritz' Porträt. Wollte der Grafiker vielleicht Bendits Krankheit andeuten? Moritz hatte seine Funktion als Gesellschafter seit Januar 1891 nie wirklich ausüben können.

Abb. 3.4: Jubiläum der Firma Seligman Bendit & Söhne

3.3 Die Zeit in Neufriedenheim bis zum Ersten Weltkrieg

3.3.1 Aufnahme in die Kuranstalt Neufriedenheim

Ende des Jahres 1898 kam es zu der bereits angesprochenen Verlegung des Patienten. Am selben Tag, an dem Moritz Bendit aus Bendorf abgeholt wurde, wurde er in der Münchner Kuranstalt Neufriedenheim aufgenommen. Die Initiative zum Anstaltswechsel ging offenbar aus dem Umfeld der Familie Bendit aus. Außerdem hatte Moritz Bendit selbst den Wunsch nach einem Anstaltswechsel geäußert. Vielleicht spielte auch der Tod von Albrecht Erlenmeyer jun. eine Rolle, der 1898 verstorben war. Es wurde schon darauf hingewiesen, dass Familie Bendit in Kontakt mit Prof. Grashey stand und außerdem Wert auf eine bestmögliche medizinische Betreuung und auf ein gehobenes Ambiente legte. Beides konnte Neufriedenheim bieten: Unter der Leitung von Ernst Rehm hatte sich die Kuranstalt einen vorzüglichen Ruf erworben, wobei auch die früheren Erfahrungen Rehms mit Prinz Otto eine Rolle gespielt haben dürften. Neufriedenheims Direktor Rehm und sein Patient Moritz Bendit verbrachten nicht nur 42 Jahre zusammen in der Kuranstalt, die ungefähr gleich alten Herren stammten auch beide aus Mittelfranken: Rehm ist in Sugenheim geboren, etwa 50 km westlich von Fürth.

3.3.2 Die Entmündigung

Moritz' Vater Carl Bendit starb am 25. Juni 1899.[31] Der Entmündigungsbeschluss des Amtsgerichts Fürth gegen Moritz Bendit wurde am 21. August 1899, also knapp zwei Monate nach dem Tod seines Vaters gefasst. Wahrscheinlich hatte Carl Bendit zu Lebzeiten die Lage gut unter Kontrolle und konnte auch ohne formellen Entmündigungsbeschluss wie ein Vormund für seinen Sohn handeln; möglicherweise in der Hoffnung, die Krankheit könnte doch noch geheilt werden. Die in London lebenden Brüder konnten die Betreuung von Moritz Bendit nicht leisten. Aus dem Entmündigungsbeschluss geht hervor, dass sie das Entmündigungsverfahren angestrengt haben. Ein gerichtlich bestellter Vormund war erforderlich, um die Lücke zu schließen, die sein Vater hinterlassen hatte. Der Entmündigungsbeschluss hat folgenden Wortlaut:

> „Die persönliche Einvernahme des Entmündigten […] durch das K. Amtsgericht München […] hat ergeben, dass derselbe wohl in einzelnen Dingen korrekt zu denken vermag, hiebei aber von Wahnvorstellungen und krankhaften Anschauungen, insbesondere über seine Ver-

---

31 Müller M. 2006, S. 26

mögensverhältnisse und seine persönliche Stellung beherrscht wird, welche von dem Laien unter dem Begriffe ‚Größenwahn' zusammengefasst zu werden pflegen und die [den] Entmündigten zweifellos außer Stand setzen, vernünftige Entschlüsse zu fassen und die Folgen seiner Handlungen zu übersehen; so erklärte der Entmündigte der Gerichtskommission gegenüber, er habe in die Bendorfer Privatirrenanstalt, wo er sich früher befand, 100 Millionen hinein geschustert, er wolle sich, um mehr unter die Leute zu kommen, eine eigene Anstalt errichten, er habe, mit der Erfüllung seiner Wünsche in seinem gegenwärtigen Aufenthaltsorte unzufrieden, bereits an die Königin von England und den Prinzregenten depeschiert u. a. m.[32]

Nach den vorliegenden Gutachten der beeidigten Sachverständigen, des K. Bezirksarztes zu München I, Dr. Zaulzer, sowie des ‚dirigierenden Arztes' der Heilanstalt Neufriedenheim Dr. Rehm welche im Endergebnis vollkommen übereinstimmen, leidet der Entmündigte, welcher auch körperlich durch eigentümliche Störungen in der Funktion des Muskelapparates in seiner Bewegungsfähigkeit gehemmt ist, an geistiger Erkrankung, welche als sekundärer Schwachsinn bezeichnet wird und in einer hochgradigen Schwäche der geistigen Fähigkeiten verbunden mit ausgebreiteten Größenideen und Sinnestäuschungen besteht.

Dieser Geisteszustand, für welchen nach Angabe des Sachverständigen Dr. Rehm eine Heilung vollkommen ausgeschlossen ist, setzt nach dem Gutachten den Entmündigten auf immer außer Stande, sein Interesse selbst zu wahren und seine Rechts- und Vermögensverhältnisse selbstständig zu besorgen."[33]

Der Beschluss enthält u. a. den Hinweis auf einen früheren Aufenthalt Bendits in einer „Bendorfer Privatirrenanstalt", ohne nähere Konkretisierung. In Bendorf gab es gegen Ende des 19 Jahrhunderts drei private Irrenanstalten,[34] darunter die Jacoby'sche Anstalt in Bendorf-Sayn für jüdische Patienten. Die naheliegende Vermutung, Bendit könnte zuvor in der Jacoby'schen Anstalt behandelt worden sein, bestätigte sich nicht. Erst durch weitere Nachforschungen konnte Bendits Patientenakte aus der Erlenmeyer'schen Anstalt in Bendorf aufgefunden werden.[35]

Ob sich Bendit tatsächlich mit „Depeschen" an die britische Königin Victoria und den bayerischen Prinzregenten Luitpold wandte, lässt sich nicht mehr feststellen. Zur Diagnose „Größenwahn" würde ein solches Verhalten aber sicherlich gut passen. Wir wissen aus der Bendorfer Akte, dass sich Bendit für das englische Königshaus nicht nur interessierte, sondern sich selbst dem englischen Adel zuordnete.

---

32 Die „Depeschen" an Prinzregent Luitpold von Bayern (1821–1912) sowie an Königin Victoria von England (1840–1901) lassen sich nicht mehr verifizieren. Sowohl im Geheimen Hausarchiv der Wittelsbacher als auch bei den Royal Archives gibt es dafür keine Belege (mehr).
33 Staatsarchiv Nürnberg: AG Fürth V. V. 307/1899, Entmündigung, 21.08.1899
34 Friedhofen et al. 2008
35 Herzlichen Dank an Renate Rosenau und Dietrich Schabow, ohne deren Hilfe Bendits Aufenthalt in der Erlenmeyer'schen Anstalt und die zugehörige Krankenakte wohl nicht aufgefunden worden wären.

3.3.3 Krankheitsbild und Krankheitsentwicklung

Der Beschluss des Amtsgerichts zählte die Symptome „Größenwahn" und körperliche Störungen des Muskelapparats auf. Die Ankündigung zum Bau einer eigenen Anstalt bestätigt nur die Selbstüberschätzung seiner Person und seiner finanziellen Möglichkeiten. Eine Heilung vom „sekundären Schwachsinn" schlossen die Gutachter aus. Somit zeichnete sich spätestens im Jahr 1899 ab, dass Bendit zeitlebens ein Pflegefall bleiben sollte. Die zitierten Gutachten selbst sind leider nicht überliefert. In den Akten des Amtsgerichts gibt es im weiteren Verlauf immer wieder vereinzelte Hinweise zum Krankheitsbild von Bendit. Der Schwerpunkt der Informationen in seiner Entmündigungsakte liegt aber nicht auf seiner Krankheit, sondern vielmehr auf der Verwaltung seines beträchtlichen Vermögens.

3.3.4 Vermögensaufstellung

Am 10. April 1900 tagte der Familienrat und protokollierte eine Aufstellung des Vermögens von Moritz Bendit. Sein Anteil an der Firma Seligman Bendit & Söhne wurde mit rund 150.000 Mark bewertet. Hinzu kamen ein Viertel Anteil am Vermögen des verstorbenen Vaters Carl Bendit mit gut 260.000 Mark. Das Silber und Mobiliar des Vaters wurde von einem der Brüder übernommen. Dieser zahlte jedem seiner drei Brüder 5.000 Mark aus. Ein Viertel Anteil an der Hälfte des Wohnhauses schlug für Moritz mit 20.000 Mark zu Buche. Aufsummiert ergab sich ein Gesamtvermögen von knapp 450.000 Mark.

3.3.5 Ausscheiden als Geschäftsinhaber

Auf Moritz Bendits Meldekarte aus dem Stadtarchiv Fürth wird erwähnt, dass er laut einem Schreiben des Kgl. Amtsgerichts vom 10.05.1900 als Teilhaber an der Firma Seligman(n) Bendit & Söhne „ausgetreten" ist.[36] Ein „Austritt" würde eine bewusste Entscheidung voraussetzen. Da Bendit zu diesem Zeitpunkt bereits entmündigt war, war er auch nicht mehr geschäftsfähig. Den „Austritt" als Geschäftsinhaber muss also Bendits Vormund vollzogen haben. Im Protokoll der Sitzung des Familienrats vom 10. April 1900 wird Bendits bevorstehendes Ausscheiden als Geschäftsinhaber nicht erwähnt.

---

36 Stadtarchiv Fürth: Meldebogen Moritz Bendit

3.3.6 Die Sonderwünsche

Ernst Rehm beantwortete im April 1902 eine Anfrage des Amtsgerichts Fürth. Der Amtsrichter hatte die fixen Kosten der Unterbringung in der Kuranstalt sowie die Ausgaben für Sonderwünsche des Patienten Moritz Bendit hinterfragt. Rehm schrieb: „In Beantwortung der Zuschrift vom 14. März teile ich ergebenst mit, dass das Verpflegungsgeld für Herrn Bendit täglich 12 Mk beträgt. In demselben ist die Bezahlung der Wohnung, Beheizung, Beleuchtung, der vollen Verköstigung, der Medikamente, der ärztlichen Behandlung, der Bäder, der Bettwäsche enthalten. Nicht inbegriffen sind die extra abgegebenen Speisen, sowie die Getränke. Ebensowenig natürlich Extraauslagen, wie für Cacao. Diesen Cacao verlangt der Kranke als Chokolade und isst ihn unter Tags nach Belieben. Ebenso verlangt er beständig Milch extra und Zucker. Der Kranke hat ungeheuer viel Wünsche und ist infolge seiner Wahnideen – er ist Fürst der Welt und hat ungezählte Millionen Mk –, sehr unwillig, wenn ihm Wünsche abgeschlagen werden. Man muss ihm daher einige Wünsche erfüllen, wenn man ihm viele abschlagen muss. Übrigens haben auch die Brüder des Kranken stets verlangt, dass ihm soviel als möglich nachgegeben werde. Das Befinden des Kranken ist in körperlicher Beziehung ganz gut, in geistiger Beziehung besteht Schwachsinn mit unsinnigen [?] – Wahnideen."[37]

Aus heutiger Perspektive erscheinen die von Rehm angeführten Sonderwünsche nicht besonders ausgefallen. Seinen Anmerkungen zufolge waren Kakao und Schokolade um 1902 noch etwas Besonderes. Kakao und Schokolade waren bis etwa 1800 tatsächlich ein ausgesprochenes Luxusgut. Nach dem Deutsch-Französischen Krieg (1870/71) setzte ein Aufschwung in der Schokoladenindustrie ein. Zwischen 1902 und 1911 verdoppelte sich die Weltproduktion an Kakaobohnen.[38] Merkwürdig ist dagegen die Betonung der Sonderwünsche nach Milch und Zucker. Der Kuranstalt war – zumindest im Jahr 1912 – ein landwirtschaftlicher Betrieb mit zehn eigenen Kühen angegliedert.[39]

3.3.7 Visite von Mauri Wiener in Neufriedenheim

Im Juli 1904 besuchte Dr. Mauri Wiener aus Fürth im Auftrag des Familienrates Moritz Bendit in der Kuranstalt Neufriedenheim. Über seine Visite verfasste er einen schriftlichen Bericht. Dr. Wiener war voll des Lobes: „Die Anstalt macht einen

---

37 Staatsarchiv Nürnberg: AG Fürth V. V. 307/1899, Schreiben vom 07.04.1902
38 „Die Geschichte von Kakao und Schokolade" Die Geschichte von Schokolade und Kakao | Theobroma Cacao (theobroma-cacao.de) aufgerufen am 14.07.2021
39 Bresler 1912, S. 349

außerordentlich günstigen Eindruck, sowohl was das Haus und seine Einrichtung als was die behandelnden Ärzte anlangt." Herr Bendit bewohne ein „sehr gut ausgestattetes Zimmer mit Erker". Das Zimmer „mit Erker" spricht für eine Unterbringung in der geschlossenen Abteilung im 2. Bauabschnitt der Kuranstalt aus dem Jahr 1899 (siehe Anhang A14). Dr. Wiener wurde von Bendit schon von weitem erkannt und lebhaft begrüßt. „Er fing sofort an über die Anstaltsärzte, die Wärter [sic!], seine Brüder und andere Verwandten und mit besonderer Vorliebe über den Arzt im Allgemeinen zu schimpfen. Ich unterhielt mich sehr lange mit ihm und gewann die Ansicht, dass es sich bei ihm um den sogenannten jugendlichen Schwachsinn (Dementia juvenilis) handelt." Auch sein körperliches Befinden wurde von Wiener bewertet; seine Bewegungsfähigkeit sei recht beschränkt: „Da die Muskulatur seiner rechten oberen und unteren Extremität im starren Zustand" sei, könne „er nur ganz kurze Schrittchen machen." Da Bendit gerne an der frischen Luft sei und besonders gerne fährt, würde er als Arzt empfehlen, die häufigen Ausfahrten beizubehalten. „Was er besonders nicht verträgt und was ihn schon in mehr oder mindere Aufregung versetzt ist Widerspruch." So verlange er ständig neue Platten für sein Grammophon. Er gebe keine Ruhe, bis er sie bekommt, lege sie dann aber meist schnell wieder weg.

Wiener hat sich auch längere Zeit mit dem „dirigierenden" Arzt, Dr. Ernst Rehm und seinem Assistenzarzt, Dr. Anton Wacker, unterhalten, ohne sie in seinem Bericht beim Namen zu nennen. „Ich habe den Eindruck gewonnen, dass er [Moritz Bendit] in den besten Händen sich befindet. Ich kann nur raten, ihn in dieser Anstalt zu belassen." Er habe sich auch bei einem befreundeten Generalarzt erkundigt, der die Münchner Anstaltsverhältnisse sehr gut kenne. Neufriedenheim sei „wohl teuer, [gelte] aber als ausgezeichnet geleitet, mit einem Worte als prima Anstalt." Die Vermögensverhältnisse des Patienten würden es gestatten, ihm den angemessenen Komfort und „alles mögliche Wohlbehagen zu verschaffen." Als Fazit könne er nur sagen, „dass er am richtigen Orte ist."

Mit „Dementia juvenilis", dem „jugendlichen Schwachsinn" liegt von Dr. Wiener eine neue Diagnose vor, die vom „Sekundären Schwachsinn" der beiden Gutachter Rehm und Zaulzer abweicht. Damit ist eine Erkrankung gemeint, die im Gegensatz zu einer Altersdemenz bereits in jungen Jahren auftritt. In der Psychiatriegeschichte war hierfür der Begriff „Dementia praecox" (*vorzeitige* Demenz) verbreitet. Der Psychiater Eugen Bleuler prägte dafür einige Jahre später den noch heute verwendeten Begriff der Schizophrenie.[40]

Schon in Bendorf hatte Bendit gerne Ausflüge in die Umgebung unternommen. Die Ausfahrten mit der Kutsche werden uns noch öfters begegnen. Im Jahr

---

40 Aschaffenburg 1911

1913 setzten die Brüder zunächst eine Deckelung der Kosten durch; ab dem Beginn des Ersten Weltkriegs wurden die Ausfahrten völlig eingestellt und nach Kriegsende in eingeschränktem Umfang wiederaufgenommen.

3.3.8 Die Befriedigung der religiösen Bedürfnisse der Kranken

Interessant an Dr. Wieners Bericht ist aber auch, was *nicht* Ziel seiner Visite in Neufriedenheim war, bzw. was keine Erwähnung wert gewesen zu sein schien: Gibt es eine koschere Ernährung und kann der Patient jüdische Gebräuche oder seine jüdische Religion frei ausüben? Gibt es in der Anstalt möglicherweise Anzeichen für antisemitische Tendenzen bei Ärzten, Pflegepersonal oder unter den Patienten? Neufriedenheim wurde überkonfessionell geleitet und Dr. Rehm der selbst aus einer protestantischen Familie stammte, betonte in seiner Anstaltsbeschreibung aus dem Jahr 1912, dass in Neufriedenheim nur „weltliches Personal" zum Einsatz komme.[41] In dem Hausprospekt von 1927 wird auf eine „katholische Hauskapelle" hingewiesen, in der regelmäßig Gottesdienste abgehalten würden.[42] Patienten protestantischen Glaubens könnten ihre Kirche in zehn Minuten erreichen.[43] In dem „Flyer Nr. 1", der wahrscheinlich um 1930 entstanden ist, heißt es ohne Konfessionsangabe: „Jeden Sonntag wird in der Hauskapelle Gottesdienst abgehalten." „Flyer Nr. 2" von 1937 oder später erwähnt die Hauskapelle nicht mehr. Über Möglichkeiten zur Religionsausübung von Patienten anderen Glaubens wird in sämtlichen Hausprospekten keine Aussage gemacht. In § 6 der Anstaltssatzung findet sich die knapp gehaltene Regelung: „Für die Befriedigung der religiösen Bedürfnisse der Kranken wird nach Thunlichkeit Gelegenheit geboten, unter sorgfältiger Beachtung der durch den Krankheitszustand gebotenen Rücksichten." Die Dienstesanweisung für das Pflegepersonal aus dem Jahr 1898 enthält keine Vorschriften, in welcher Weise auf die religiösen Bedürfnisse Rücksicht zu nehmen wäre. Nur sehr allgemein wird darauf hingewiesen, das Pflegepersonal müsse „freundlich und gefällig gegen jeden Kranken ohne Unterschied" sein und „dabei die Rücksichten beobachten, die man dem Stande und der Bildung schuldig ist."

Wenn Dr. Wiener in seinem Bericht auf die Frage der Religionsausübung nicht einging, darf man wohl davon ausgehen, dass Familie Bendit keine Priorität auf ein „streng gläubiges" Ambiente legte, und dass sich der Auftrag des Familienrats an Dr. Wieners Visite auf die Frage der angemessenen Wohnung, der Einrichtung

---

41 Bresler 1912, S. 397
42 Die Hauskapelle ist im Grundriss der Kuranstalt markiert (s. Anhang A14).
43 Die erste evangelische Kirche in Laim wurde im November 1913 eingeweiht.

und der medizinischen Betreuung konzentrierte. Schon in Bendorf hatte Familie Bendit die Erlenmeyer'sche Anstalt der Jacoby'schen Anstalt vorgezogen.[44]

3.3.9 Familienrat

Nach der Entmündigung tagte einmal jährlich ein Familienrat. Vorsitzender des Familienrats war der Fürther Amtsrichter Ebert, der auch den Entmündigungsbeschluss gefasst hatte. Weitere ständige Mitglieder waren Bendits Vormund, der „Privatier" Josef Feistmann, sein Gegenvormund Jakob Bacharach, der als eine Art Rechnungsprüfer fungierte, sowie der praktische Arzt Dr. Mauri Wiener als Vertreter der Familieninteressen im engeren Sinne. Der Familienrat nahm im Wesentlichen einmal jährlich den Bericht des Vormunds zur Entwicklung von Moritz Bendits Vermögen sowie zu den Kosten seiner Anstaltsunterbringung entgegen. Angaben zur Entwicklung seiner Krankheit sind in den Protokollen des Familienrats dagegen spärlich.

3.3.10 Allmachtsvorstellungen

Im Januar 1907 schrieb Dr. Rehm erneut an das Amtsgericht in Fürth.[45] Offenbar lag eine Anfrage vor, ob Moritz Bendit weiterhin behandlungsbedürftig sei. Rehms Stellungnahme bestätigt im Wesentlichen die eineinhalb Jahre zurückliegenden Eindrücke von Dr. Wiener:

„Der Gesundheitszustand des hier untergebrachten Kaufmanns Moritz Bendit von Fürth hat sich seit Jahresfrist nicht verändert. Er leidet an Größenwahnvorstellungen, hält sich für den Fürsten des Weltalls, glaubt, dass er allmächtig sei, alle Vorgänge auf der Erde bestimme und sämtliche Gestirne regiere. Er meint nur verkannt zu werden und hier ungerechtfertigt gefangen gehalten zu sein. Im Übrigen zeigt er stumpfsinniges und blödes Wesen, ist unordentlich und schmutzig in seinem Äußern.

---

44 Die Jacoby'sche Anstalt in wurde 1869 in Bendorf-Sayn gegründet, s. Richthofen et al. 2008, S. 55 ff. Meier Jacoby verfolgte das Ziel, „ein Asyl für Geisteskranke israelitischer Religion zu errichten, in dem die Patienten rituelle Verpflegung erhalten sollten und ungeniert ihre Bräuche verfolgen könnten." – Der jüdische Arzt Simon Würzburger hatte in Bayreuth bereits im Jahr 1861 ein „Asyl für nerven- und gemütskranke Israeliten" gegründet, aus dem die 1894 eröffnete Privat-Heilanstalt Herzoghöhe hervorging.
45 Staatsarchiv Nürnberg: AG Fürth V. V. 307/1899, Brief vom 22.01.1907. Dieser Brief ist erstmalig mit Schreibmaschine geschrieben.

Was das körperliche Befinden betrifft, so bestehen Kontrakturen und Bewegungen der Gesichts- und Extremitätenmuskeln, welche aber psychogener Natur, d. h. unter dem Einfluss der geistigen Erkrankung entstanden sind, und das körperliche Wohlbefinden des Patienten nicht weiter beeinträchtigen. Herr Moritz Bendit ist demnach noch geisteskrank und bedarf weiter der Behandlung in einer geschlossenen Anstalt." Rehm bekräftigte durch den Hinweis auf die Notwendigkeit der Unterbringung in einer „geschlossenen Anstalt", was sich indirekt schon aus Mauri Wieners Bericht aus dem Jahre 1904 ableiten ließ: Bendit war in seinen Anfangsjahren in Neufriedenheim in der *geschlossenen* Männerabteilung untergebracht. Wir werden sehen, dass Bendit später in eine offene Abteilung wechseln konnte.

3.3.11 Extravaganzen

Im Entmündigungsakt sind vier Briefe von Moritz Bendits Bruder Siegfried Bendit (1857–1924) aus London archiviert. Die Briefe stammen aus den Jahren 1907, 1913, 1921 und 1922. Die ersten beiden sind an einen Vetter gerichtet, denn die Anrede lautet „Lieber Vetter" (1907) und, „Lieber Vetter Josef" (1913); die beiden späteren Briefe gehen an den Vormund Willy Erdmann, den Nachfolger von Josef Feistmann. Nach dem Tod von Siegfried Bendit lief die Kommunikation zwischen dem Vormund, der Kuranstalt und der Familie Bendit über den Bruder Louis Bendit (1862–1958).

Im ersten Brief geht es vor allem um eine Begrenzung der Nebenkosten, die für Moritz Bendit in der Kuranstalt anfallen.[46] Siegfried Bendit regte an, die Auslagen für die Grammophon Platten zu reduzieren. Für die „Spazierfahrten" sollte man einen Pauschalpreis aushandeln, ohne sie nach Möglichkeit einzuschränken, „denn diese Ausfahrten machen Moritz das meiste Vergnügen und sonst hat er sehr wenig Abwechslung." Außerdem kündigte Siegfried einen Besuch von Bruder Louis bei Moritz in Neufriedenheim an. Louis solle bei dieser Gelegenheit ein Arrangement mit dem Kutscher treffen. Auch für Bücher seien größere Beträge angefallen. Zwar solle man die Kosten im Auge behalten, dem Kranken aber doch so viel wie möglich gestatten, denn „schließlich erlaubt sein Einkommen Extravaganzen."

---

46 Staatsarchiv Nürnberg: AG Fürth V. V. 307/1899, Brief vom 03.06.1907

3.3.12 Verschleiß des Inventars

Nachdem Bendits Vormund Feistmann auf Veranlassung von Oberamtsrichter Ebert einige Positionen der Neufriedenheimer Rechnung gestrichen hatte, fühlte sich Direktor Rehm im Sommer 1907 zu einem Schreiben an das Amtsgericht Fürth veranlasst.[47] Es sei zwar grundsätzlich richtig, dass es einen natürlichen Verschleiß beim Mobiliar gebe, für den die Heilanstalt selbst aufkommen müsse. In diesem Falle liege die Sache aber anders. „Herr Bendit ruiniert infolge seiner Krankheit seine Möbelstücke absichtlich, indem er fortwährend darauf herum springt, sie fortwährend anspuckt und wie es bei diesem Sofa das letzte Mal der Fall war, über und über mit Zeitungsausschnitten beklebt. Ich glaube, dass die absichtliche Zerstörung von Möbeln durch Geisteskranke nicht unter die gewöhnliche Abnützung fällt. [...] Was ferner die Bettvorlage betrifft, so sind im Laufe der Zeit schon eine ganze Anzahl solcher Herrn Bendit verrechnet worden und ohne Anstand bezahlt worden. Hier liegt die Sache noch schlimmer. Herr Bendit benützt die Bettvorlage nicht wie ein normaler Mensch, sondern er reibt mit ihr den ganzen Tag im Zimmer und auf dem Korridor herum, so dass immer nach wenigen Wochen eine Bettvorlage aufgearbeitet ist. Zu allen diesen Anschaffungen liege das Einverständnis der Brüder vor, wie auch zur Anschaffung des Grammophons und der Platten, ebenso zu den zahlreichen Ausfahrten, die übrigens nicht vom Fuhrwerk der Kuranstalt ausgeführt würden. Rehm schließt mit einer Bitte: „Es wäre wünschenswert, wenn das königl. Amtsgericht [...] bestimmt erklären würde, welche Summe für Herrn Bendit gebraucht werden darf."

3.3.13 Kutschfahrten

Die kostenintensiven Ausfahrten wurden bereits mehrfach angesprochen. Schon in Bendorf gehörten sie zum Unterhaltungsprogramm, die dem Patienten etwas Abwechslung vom tristen Anstaltsalltag erlaubten. Prinz Otto unternahm während seines Aufenthalts in Schloss Fürstenried Kutschfahrten in Begleitung der Prinzenärzte. Die Kutschfahrten von Moritz Bendit können also durchaus als Fortführung der Tradition der königlichen Kutschfahrten betrachtet werden. Selbstverständlich konnten sich nur besonders wohlhabende Patienten solch ein exklusives Vergnügen leisten. Die Pferdekutsche wurde noch vor dem Ersten Weltkrieg durch das Automobil ersetzt. Wir wissen, dass Herzog Siegfried in Bayern, der 1912 in die Kuranstalt Neufriedenheim eingewiesen wurde, ausgiebig Autofahrten nach Mün-

---

[47] Staatsarchiv Nürnberg: AG Fürth V. V. 307/1899, Brief vom 16.07.1907

chen und in das Münchner Umland unternahm. Während des Ersten Weltkriegs kam es aber auch bei Herzog Siegfried zu Einschränkungen. Moritz Bendit beschwerte sich wiederholt bei seinem Vormund, wenn die Ausflüge eingeschränkt werden mussten.

3.3.14 Rückgang der Lähmungserscheinungen

Ein weiterer Brief aus dem Jahr 1907 von Dr. Rehm an das Amtsgericht Fürth setzt sich mit der Höhe der offenbar weiterhin angezweifelten Ausgaben für Moritz Bendit auseinander: „So stelle ich abermals fest, dass alle bisherigen Ausgaben auf direkte Veranlassung der Brüder gemacht wurden."[48] Das körperliche Befinden hat sich offensichtlich gebessert: „In der Tat hat Bendit an Lähmungen gelitten und zwar an sehr schweren Lähmungen. Diese Lähmungen sind im Lauf der Zeit vollständig geschwunden, sie waren eben nur psychische Lähmungen. Dafür ist ein Erregungszustand eingetreten, in welchem der Kranke tatsächlich zu meinem eigenen Erstaunen auf den Schrank, vom Schrank auf den Tisch oder auf das Sofa springt, u. s. w., überhaupt sich sehr aktiv benimmt." Auch bei anderen erregten Kranken sei es nicht möglich, Beschädigungen der Einrichtung zu verhindern. Bei vielen Patienten verwende man daher billiges Mobiliar oder räume das Zimmer fast leer. „Bei wohlhabenden Patienten habe ich dies bisher nicht tun müssen, weil im Gegenteil die Angehörigen immer darauf hielten, dass der Kranke in einem möglichst wohnlichen Raum ist, auch auf die Gefahr hin, dass er etwas zerstört. Was noch die Bezahlung der fraglichen Summe betrifft, so konstatiere ich, dass mir ein Bruder des Herrn Bendit ausdrücklich erklärt hat, der Vormund beanstande die Summe auf Veranlassung des Herrn Oberamtsrichters." Der von Siegfried Bendit Anfang Juni angekündigte Besuch seines Bruders Louis in Neufriedenheim hatte also offenbar inzwischen stattgefunden.

Bendits Vormund Josef Feistmann vermerkte einige Monate danach handschriftlich für den Amtsrichter: „So viel ich erfahren habe, haben die Brüder Bendits in London die Kosten des Sofas und des Teppichs aus eigenen Mitteln bezahlt."[49]

---

48 Staatsarchiv Nürnberg: AG Fürth V. V. 307/1899, Brief vom 04.09.1907
49 Staatsarchiv Nürnberg: AG Fürth V. V. 307/1899, Vermerk vom 23.09.1907

3.3.15 Visite von Vormund Feistmann in Neufriedenheim

Auf Veranlassung des Familienrats besuchte Bendits Vormund Josef Feistmann am 22. Dezember 1909 die Kuranstalt und verfasste dazu einen Bericht sowie ein Empfehlungsschreiben für das weitere Vorgehen. Dieser Bericht ist auf Papier der „Königlichen Filialbank Fürth – Hinterlegungsstelle" geschrieben. Demnach handelte es sich bei Feistmann vermutlich um einen Bankfachmann, was ihn sicherlich auch zur Vermögensverwaltung qualifizierte. Anders als Dr. Wiener bei seiner Visite fünf Jahre zuvor sprach Feistmann zunächst mit dem leitenden Arzt Dr. Rehm und besuchte erst anschließend Moritz Bendit.

Zunächst stellte Dr. Rehm fest, dass sich das körperliche und geistige Befinden des Patienten gegenüber dem Stand vor zwei Jahren gebessert habe. Moritz Bendit konnte sogar kürzlich Briefe an seine Vettern schreiben, „aus denen der Laie allerdings die Schwere der noch bestehenden geistigen Erkrankung nicht erkennen könne."[50] Offenbar hatte Moritz Bendit in diesen Briefen den Wunsch nach einem Besuch in Fürth geäußert, denn Rehm riet gegenüber Feistmann davon ab, Bendit für einen auch noch so kurzen Besuch in seine Heimatstadt Fürth reisen zu lassen. Diskutiert wurde auch die Frage, ob es Sinn mache, ein psychiatrisches Gutachten erstellen zu lassen. Rehm habe dagegen nichts einzuwenden, und wenn es der Familienrat wünsche, dann wolle er Dr. Gudden[51] vorschlagen, was den Vorteil hätte, dass er den Patienten bereits kenne. Natürlich könne man auch Prof. Kraepelin beauftragen. Kraepelin selbst wies in seinen Lebenserinnerungen darauf hin, dass er in München von Fall zu Fall von den „Leitern der Kuranstalten" [Ernst Rehm und Karl Ranke] zu Rate gezogen wurde und dass er im Gegenzug gelegentlich Kranke den Kuranstalten zuweisen konnte.[52] Rehms Vorschlag, Gudden als Gutachter zu bestellen, deutet wohl darauf hin, dass Kraepelin den Patienten Moritz Bendit nicht kannte.

Nach dem Treffen mit Dr. Rehm besuchte Feistmann Moritz Bendit auf seinem Zimmer in der geschlossenen Abteilung. Feistmann wurde von Bendit sofort erkannt, obwohl sie sich seit ca. 20 Jahren nicht mehr gesehen hatten. Bendit wusste genau, dass Feistmann sein Vermögensverwalter war: „Das ist mir ja vom Gericht aus mitgeteilt worden." Dass sich Bendit an diese Mitteilung, die schon zehn Jahre zurückliege, genau erinnere, gebe „Zeugnis von dem ausgezeichneten Gedächtnis des Patienten." Außerdem wusste Bendit, dass Feistmann sein eigenes Geschäft verkauft hatte. Als Feistmann sich wunderte, woher er das wisse, antwortete Ben-

---

50 Staatsarchiv Nürnberg: AG Fürth V. V. 307/1899, Bericht vom 22.12.1909
51 Wahrscheinlich Dr. Hans Gudden (1866–1940), Sohn von Bernhard von Gudden und ab 1904 a. o. Professor an der Münchner Universität (s. Hunze, S. 193).
52 Kraepelin 1983, S. 155

dit, er habe das im Centralanzeiger gelesen.⁵³ Anschließend äußerte er aber Skepsis gegenüber der Presse: „was in den Zeitungen stünde sei alles Schwindel."

Weiter führte Feistmann aus: „Plötzlich fragte er mich, ob ich Christ geworden sei und als ich das verneinte, bat er mich, es doch zu werden, alle Juden müssten Christen werden und las mir sofort Stellen aus dem neuen Testament vor, das er beständig auf seinem Tische liegen hat und das er, wie er angibt, vollständig auswendig kennt. Auf meine Frage, warum denn er nicht Christ werde, wenn er so überzeugt sei, dass das der alleinig wahre Glaube sei, sagte er mit dem Ausdruck vollster Überzeugung, das brauche er nicht, er sei ja nicht Abgesandter Gottes, dessen Aufgabe es sei, andere zu bekehren [...]. Auf meine Rede, dass ich zu alt sei, um meinen Glauben zu wechseln, er möge doch sehen, wie weiß meine Haare geworden seien, erklärte er mir mit dem Brustton der Überzeugung, dass es genug Menschen auf der Welt gäbe, die seit Christi Geburt leben." Zum ersten Mal werden hier Bendits religiöse Wahnvorstellungen angedeutet, die bei seiner Entmündigung zehn Jahre zuvor noch keine Rolle spielten. Auch in der Bendorfer Krankenakte gab es noch keine Hinweise auf religiösen Wahn. Auffällig war, dass Bendit während der gesamten Unterhaltung mit Feistmann stehen blieb und sich nicht hinsetzte. Das sei bei ihm allerdings normal. Feistmann gibt auch Eindrücke über Bendits äußere Erscheinung wieder: „Sein Aussehen ist bleich, aber nicht krankhaft, er sieht aber älter aus, als seine 45 Jahre." Abschließend unterhielt sich der Vormund noch kurz mit dem Oberpfleger, den Feistmann in seinem Bericht als „Oberwärter" bezeichnete. Ob Bendit in die Gesellschaft mit anderen Patienten komme, fragte er den Pfleger. Das wolle Bendit nicht, antwortete dieser. Er nehme seine Mahlzeiten auch nicht mit den anderen Patienten im Speisesaal zu sich, da er auch nur im Stehen esse.

Eine Woche später gab Feistmann eine Stellungnahme für den Familienrat und für das Amtsgericht Fürth ab. Bendit solle in Neufriedenheim bleiben, da er sich dort anscheinend wohl fühle. Feistmann riet auch davon ab, ein psychiatrisches Gutachten erstellen zu lassen, weil „ganz unnötig ist und es hinausgeworfenes Geld wäre." Natürlich könne er, wenn es der Familienrat denn wünsche, ein solches Gutachten von Kraepelin schriftlich beantragen. Auch von einem Besuch des Patienten in Fürth riet er ab, „weil die damit verbundene Erregung seinen Zustand verschlimmern würde." Feistmann folgte in seiner Stellungnahme an den Familienrat also voll und ganz den Empfehlungen von Direktor Rehm. Er schließt mit einer Mahnung: Er würde „es für angemessen halten, dass man sich doch mindestens 1 Mal im Jahr nach Moritz Bendit umsieht und ihn besucht."⁵⁴

---

53 Vermutlich im „Fürther Central-Anzeiger", der von 1882 bis 1912 erschien.
54 Staatsarchiv Nürnberg: AG Fürth V. V. 307/1899, Schreiben vom 31.12.1909

Im Gegensatz zur fünf Jahre zurückliegenden Visite von Dr. Wiener bei Moritz Bendit in Neufriedenheim, beurteilte Feistmann die Anstaltsunterbringung nicht mit den Augen eines Mediziners, sondern eines Vermögensverwalters. Er scheint sich vor allem im direkten Gespräch mit Moritz Bendit dem Patienten stärker angenähert zu haben als Dr. Wiener. Außerdem suchte er auch das Gespräch mit Bendits Pfleger, und konnte dadurch Einblicke in die offensichtlich selbst gewünschte Isolation des Patienten gewinnen. Das fehlende Bedürfnis nach Kontakten steht allerdings in einem gewissen Widerspruch zu einer Bemerkung im Entmündigungsbeschluss. Die Gutachter hatten festgehalten, Bendit „wolle sich, *um mehr unter die Leute zu kommen* [Hervorhebung durch den Autor], eine eigene Anstalt errichten." Aber diesen scheinbaren Widerspruch gab es auch schon in Bendorf: Bendit ging täglich vor das Tor, um Leute zu sehen. Er antwortete aber in der Regel nicht, wenn man ihn ansprach.

3.3.16 Beschränkung der Ausfahrten

Moritz Bendits Bruder Siegfried schrieb Anfang 1913 an das Amtsgericht Fürth und an seinen Vetter Josef, er hielte es für richtig, dem Direktor von Neufriedenheim über Moritz' Vormund mitteilen zu lassen, „dass die Ausfahrten den Betrag von 6000 Mark jährlich nicht überschreiten dürfen."[55] Anlass für diese Limitierung war offenbar ein Fehlbetrag in der Finanzierung des Anstaltsaufenthalts und der damit verbundenen Nebenkosten aus dem Jahre 1912 in Höhe von 835 Mark. Dieser Fehlbetrag wurde von der Firma S. Bendit und Söhne übernommen. Damit scheint 1912 das erste Jahr gewesen zu sein, in dem die Kapitaleinkünfte von Moritz Bendit nicht völlig ausreichten, um seine Anstaltsunterbringung und seine Lebenshaltung zu finanzieren.

3.3.17 Vormund Wilhelm Erdmann

Josef Feistmann verstarb am 15. Dezember 1913. Nachfolger des „Privatiers" Feistmann als Vormund von Moritz Bendit wurde auf Vorschlag von Dr. Mauri Wiener Feistmanns Schwiegersohn, der Kaufmann Wilhelm Erdmann. Auf der Sitzung des Familienrats im Februar 1914 gab Erdmann einen schriftlichen Bericht über den Vermögensstand und die Zinserträge im Jahr 1913 ab. Die in 1913 angefallenen Zinsen aus Moritz Bendits Vermögen betrugen einschließlich von Kursgewinnen aus

---

55 Staatsarchiv Nürnberg: AG Fürth V. V. 307/1899, Schreiben vom 13.01.1913

verkauften Effekten 18.971 Mark. Dem standen Ausgaben von 20.820 Mark gegenüber, sodass die Mehrausgaben 1.858 Mark betrugen. Moritz Bendit musste in den letzten drei Jahren insgesamt 2.500 Mark Wehrsteuer zahlen. Die bei der Sitzung des Familienrats nicht anwesenden Brüder in London sollten über die Mehrausgaben informiert werden. Sie sollten gefragt werden, ob sie bereit seien, einen Anteil der Wehrsteuer zu übernehmen und weiterhin Mehrausgaben auszugleichen. Wir erfahren auch, dass aus Bendits Vermögen 1913 wie üblich 500 Mark für wohltätige Zwecke gespendet wurden. Der Familienrat war sich einig, die Beibehaltung der Wohltätigkeitsausgaben „aus dem bedeutenden Vermögen" entspreche einer sittlichen Pflicht. Das körperliche und geistige Befinden des Mündels sei unverändert; trotz der hohen Kosten solle aber seine Unterbringung in Neufriedenheim nicht in Frage gestellt werden. Erdmann kündigte einen Besuch bei Moritz Bendit im Jahre 1914 an. Von dieser angekündigten Visite liegt kein Bericht vor. Wahrscheinlich machte der Erste Weltkrieg einen Strich durch die Pläne. Bis zu seinem Tod um die Jahreswende 1934/35 blieb Erdmann Bendits Vormund. Es gibt keine Hinweise darauf, dass er in seiner über 20-jährigen Amtszeit jemals seinen Mündel in Neufriedenheim besucht hätte.

3.4 Die Entwicklung im Ersten Weltkrieg

Vom Vormund Wilhelm Erdmann liegen jährliche Berichte für die Jahre 1915 bis 1918 vor, die sich hauptsächlich mit der Vermögensverwaltung beschäftigen. Demnach überwogen die Einnahmen jeweils die Ausgaben. Der Überschuss kam trotz erheblicher Zinsausfälle der russischen Rjäsan-Uralsk Eisenbahnanleihe zustande, die während des Krieges die Zinszahlung einstellte. Erdmann betont aber, dass er Dr. Rehm in Neufriedenheim während des Krieges fortwährend zur Sparsamkeit aufgerufen habe. Die Autofahrten seien eingestellt worden. Aus dieser Bemerkung geht indirekt hervor, dass die Ausfahrten, die noch mindestens bis 1907 mit der Kutsche erfolgten, vor dem Ersten Weltkrieg durch Automobilfahrten ersetzt worden waren. Selbst der hochrangige adlige Neufriedenheimer Patient, Herzog Siegfried in Bayern, durfte im Ersten Weltkrieg keine Autofahrten mehr ins Umland unternehmen, da sein persönlicher Adjutant zum Heeresdienst eingezogen worden war. Siegfried durfte nur noch mit seinem Chauffeur in die Stadt fahren.

Ab Januar 1916 wurden die Patienten in Neufriedenheim auf „Kriegsernährung" umgestellt. Bei dem Patienten Franz Hamminger führte das zu einem deutlichen Gewichtsverlust. Otto Rehm hielt für Hamminger fest: „Dass der letzte Gewichtsverlust ein derart tiefer geworden ist, hängt ohne Zweifel mit der Kriegsernährung zusammen."⁵⁶ Da für diesen Patienten eine Körpergewichtskurve für den Zeitraum von 1894 bis 1918 mit monatlichen Messwerten vorliegt, darf angenommen werden, dass das Körpergewicht in Neufriedenheim für alle Patienten, also auch für Moritz Bendit, auf ähnliche Weise erfasst und dokumentiert wurde. Leider sind diese Daten von Moritz Bendit in Neufriedenheim nicht erhalten, da die Patientenakte nicht mehr existiert. Wir wissen aber aus der seiner Zeit in Bendorf, dass sein Körpergewicht großen Schwankungen unterlegen ist. Besonders prekär war im Ersten Weltkrieg der Mangel an Nahrungsmitteln für die Kranken in den (staatlichen) Heil- und Pflegeanstalten. Während des Ersten Weltkriegs starben ca. 70.000, bzw. fast 30 % aller Anstaltspatienten an Unterernährung.⁵⁷ Die schwierige Ernährungslage machte aber auch der Oberschicht zu schaffen. So vermerkte Kraepelin, er selbst habe im Frühjahr 1917 „unter den ungünstigen Einflüssen der Kriegsjahre bereits stark abgenommen."⁵⁸ Es ist davon auszugehen, dass die Ernährung für die Patienten von Neufriedenheim im Krieg besser war als in den öffentlichen Anstalten. Neufriedenheim verfügte über eine eigene Landwirtschaft mit Gemüse- und Obstanbau sowie Viehzucht. Auf das körperliche Wohlbefinden des Patienten Moritz Bendit hatte die Kriegsernährung sowie der Entfall der Ausfahrten nach Angaben der Anstaltsleitung keine negativen Auswirkungen, wie aus den monatlichen Berichten von Dr. Rehm an Bendits Vormund hervorgeht. Detaillierte Informationen zum Zustand von Moritz Bendit enthalten Erdmanns Berichte allerdings nicht. Es sieht im Übrigen danach aus, als wären die von seinem Vorgänger Feistmann empfohlenen jährlichen Besuche von Angehörigen in Neufriedenheim nicht in die Tat umgesetzt worden – wahrscheinlich wegen der Kriegslage.

3.5 Die Zeit der Weimarer Republik

Auch nach dem Ersten Weltkrieg standen sehr unruhige und wirtschaftlich schwierige Zeiten an, die an der Kuranstalt und ihrem Patienten Moritz Bendit nicht spurlos vorübergingen.

---

56 Rehm O. 1919, S. 273 u. S. 294
57 Cranach/Siemen 2012, S. 17
58 Kraepelin 1983, S. 208

3.5.1 Nach dem Ersten Weltkrieg

Mit der der Kapitulation Deutschlands im Jahr 1918 und der Revolution in Bayern brach für Ernst Rehm eine vertraute Welt zusammen. Sein Engagement für einen „Siegfrieden" war ohne Wirkung geblieben und das Königreich Bayern existierte nicht mehr. Sogar die Existenz privater Irrenanstalten wurde jetzt in Frage gestellt (vgl. Kap. 1.10.2.4).

Emil Kraepelin, mit dem Rehm im Ersten Weltkrieg gemeinsam nationalistische Ziele verfolgt hatte, verfasste im Jahr 1919 seine „Psychiatrischen Randbemerkungen zur Zeitgeschichte". Er befasste sich mit der Frage, ob das deutsche Volk an einer „Massenpsychose" oder „Kriegspsychose" leide und schrieb: „Wir dürfen es daher als ein Zeichen für die Vollkraft unserer Volksseele betrachten, daß wir mit stürmischer Begeisterung in den ungleichen Kampf zogen, als uns der Vernichtungswille unserer Feinde mit eisernem Ringe umschloß [...]. Weit eher könnte man den maßlosen Haß der Franzosen gegen uns als krankhaft bezeichnen." Bezogen auf die jüdischen Revolutionäre führte Kraepelin aus: „In einem gewissen Zusammenhange damit steht auch die starke Beteiligung der jüdischen Rasse an jenen Umwälzungen. Die Häufigkeit psychopathischer Veranlagung bei ihr könnte mit dazu beigetragen haben, wenn auch wohl hauptsächlich ihre Befähigung zu zersetzender Kritik, ihre sprachliche und schauspielerische Begabung sowie ihre Zähigkeit und Strebsamkeit dabei in Betracht kommen."[59] Kraepelin macht sich hier bekannte antisemitische Stereotype zu eigen.

In Neufriedenheim gab es während und nach dem Ersten Weltkrieg starke Veränderungen in Rehms Familie. Zwischen 1915 und 1923 heirateten alle vier Töchter von Ernst und Elisabeth Rehm. Nach und nach kamen zwölf Enkelkinder zur Welt. Leonhard Baumüller, der Ehemann von Rehms dritter Tochter Hilda, kam 1921 als Nervenarzt an die Klinik. Er sollte sich zu Rehms Stellvertreter entwickeln.

Der Finanzminister der Revolutionsregierung unter Ministerpräsident Kurt Eisner, Edgar Jaffé (1866–1921) litt nach der Ermordung von Eisner und seiner eigenen Ablösung an einer Depression. Er kam im Juni 1919 nach Neufriedenheim. Ebenso wurde Kurt Eisners Witwe Else Belli vorübergehend in Neufriedenheim aufgenommen.[60] Die Aufnahmen von Jaffé und Belli dürfen aber nicht darüber hinwegtäuschen, dass Neufriedenheims Direktor Ernst Rehm der Revolution und

---

[59] Kraepelin 1919, S. 178
[60] Geschichtsverein Hadern 2018, S. 32, sowie Email Christa Bühl vom 28.11.2018: Staatsarchiv München, Polizeidirektion München 10041, Notiz vom 11.04.1920, „die Witwe Kurt Eisners befindet sich seit März 1920 in der Heilanstalt Neufriedenheim."

der Räterepublik mit äußerster Ablehnung gegenüberstand. Mehr zu Edgar Jaffé siehe Kap. 2.4.8.

Die Inflation von 1923 und die Weltwirtschaftskrise von 1929 hinterließen ihre negativen Spuren selbstverständlich auch in der Kuranstalt. Dabei gehörte Rehm als Großgrundbesitzer eigentlich zu den Profiteuren der Inflation. Er hatte sein Vermögen inflationssicher in Immobilien und Grundbesitz angelegt. Das Problem waren die rückläufigen Patientenzahlen, wenn auch für das Inflationsjahr 1923 keine Patientenstatistik vorliegt. Rehm musste die Bettenzahl in Neufriedenheim reduzieren. Bekannt ist die Zahl von 60 Betten im Jahr 1937.[61] Zu Beginn des Jahres 1927 war die Kuranstalt jedenfalls mit nur 40 Patienten unterbelegt. Anfang 1932 klagte Dr. Rehm: „Dass es den Landwirten schlecht geht, weiß ich. Anderen geht es ebenso schlecht, insbesondere auch mir; da zahlungsfähige Kranke für meine Anstalt immer weniger werden".[62] Bieling weist darauf hin, dass neben der „Verarmung Deutschlands" auch das Fehlen ausländischer Besucher den deutschen Privatkliniken in den Jahren nach dem Ersten Weltkrieg schwer zu schaffen machte.[63] Rehm verkaufte Teile seines ausgedehnten Grundbesitzes. In Großhadern entstand auf ehemaligem Rehmschen Besitz gegenüber der Kuranstalt die Kurparksiedlung und in Neuried eine Heimgartensiedlung rund um die heutige Dr.-Rehm-Straße. Gut, wenn man in dieser schwierigen wirtschaftlichen Lage einige zahlungskräftige Dauerpatienten wie Moritz Bendit oder Herzog Siegfried hatte, selbst wenn deren ursprünglichen finanziellen Möglichkeiten inzwischen deutlich eingeschränkt waren.

3.5.2 Ein Beschwerdebrief

Anfang Januar 1920 schrieb Moritz Bendit einen Brief an seinen Vormund und Vermögensverwalter Erdmann und beschwerte sich darüber, dass seine Ausfahrten eingeschränkt wurden. Von dieser Beschwerde erfahren wir nur aus Erdmanns Bericht an den Familienrat; Bendits Beschwerdebrief selbst ist nicht erhalten. Da sich Bendit aber offenbar über die *Einschränkung* der Ausfahrten beschwerte, muss man annehmen, dass die Fahrten nicht vollends eingestellt worden waren. Zugleich forderte Bendit Rechenschaft über den Stand seines Vermögens und bezeichnete die Kuranstalt Neufriedenheim als sein „Golgatha". Der Vergleich von Neufriedenheim mit Golgatha lässt vermuten, dass Bendit nach wie vor von religiösen Wahnvorstellungen getrieben wurde. Erdmann berichtete, er habe den

---

61 Bieling 1937, S. 27
62 Gemeindearchiv Neuried: A 611/2. Schreiben E. Rehm vom 02.01.1931
63 Bieling 1937, S. 8

Brief an Dr. Rehm geschickt, „der die Sache wieder in Ordnung bringen" solle. Statt auf seinen Mündel einzugehen, ihn vielleicht auch einmal in Neufriedenheim zu besuchen, schickte Erdmann also eine Beschwerde Bendits über seine Behandlung in Neufriedenheim an den Direktor der Anstalt, der die Sache „in Ordnung" bringen soll. Erdmann scheint seine Aufgabe als Vormund doch sehr eingeengt als Vermögensverwalter verstanden zu haben. Wie Rehm auf die Beschwerde reagierte, ist nicht bekannt. Rehm selbst hatte im Jahr 1908 ein umfangreiches Beschwerderecht für Patienten gefordert. Für die Behandlung von Patientenbeschwerden solle eine unabhängige Kommission zuständig sein (vgl. Kap. 1.10.2.2).

3.5.3 Die finanzielle Lage verschlechtert sich

Anfang 1921, als die Inflation bereits eingesetzt hatte, musste Erdmann berichten, dass der Saldo von Einnahmen und Ausgaben aus dem Jahr 1920 zu einem Defizit von rund 6.500 Mark geführt hat. Laut Erdmann habe Louis Bendit bei einem Besuch in Fürth zugesagt, 7.000 Mark aus Mitteln der Firma Bendit & Söhne zum Ausgleich des Defizits bereitzustellen. Die Erhöhung des Pensionspreises und der Kosten für den Pfleger seien mit 6.000 Mark zu Buche geschlagen. Erdmann schrieb: „Der Verpflegsatz von 28 Mark und für dessen Pfleger mit 12 Mark ist zeitgemäß und kann nicht als zu hoch bezeichnet werden." Die Rjäsan-Uralsk Bahngesellschaft zahle nach wie vor keine Zinsen. „Das körperliche Empfinden [sic!] des Herrn Moritz Bendit ist nach den monatlichen Berichten fortdauernd ein gutes; auch sein Bruder Herr Louis Bendit schrieb mir, dass er ihn persönlich besucht habe und mit seinem Befinden sehr zufrieden gewesen sei; allerdings sei solches nicht so, dass an eine Aufenthaltsveränderung zu denken sei. Gegen Ende des Jahres hat mir mein Mündel wieder geschrieben und mich um Rechenschaft über sein Vermögen ersucht, das sich nach seiner Meinung in meinem Besitz befindet [Unterstreichung im Original]; ich habe ihm natürlich ausweichend geantwortet."[64]

Besorgt antwortete Siegfried Bendit aus London, man habe schon im Vorjahr 2.000 Mark zuschießen müssen. Trotzdem überwies er 10.000 Mark an die Firma Bendit & Söhne, um damit auch „den Saldo für ein eventuelles Defizit für 1921 zu decken." Siegfried Bendit verstand die Zahlung aber nicht als Zuschuss, sondern erwartete für „dieses Darlehen von 12.000 Mark" eine Verzinsung von 5 % und eine Absicherung des Darlehens aus Moritz' „seinerzeitigem Nachlass". Siegfried unterzeichnete diesen Brief mit dem Zusatz: „Siegfried Bendit auch im Namen sei-

---

64 Staatsarchiv Nürnberg: AG Fürth V. V. 307/1899, Bericht vom 04.01.1921

ner Brüder Max Bendit & Louis Bendit."[65] Trotz der Finanzspritze von den Brüdern aus London erhöhte sich das Defizit im Folgejahr auf über 12.000 Mark. Die Inflation hatte 1922 bereits einen kräftigen Schub bekommen. So hat sich z. B. der Tagessatz für Pension und Pfleger gegenüber dem Vorjahr von 40 auf 80 Mark verdoppelt. Der Zustand von Moritz Bendit sei unverändert, und auch im letzten Jahr wurde er wieder von seinem Bruder Louis in Neufriedenheim besucht. Siegfried Bendit überwies im Februar 1922 den Betrag von 20.000 Mark. „Da ohne Zweifel auch dieses Jahr mit einem Defizit zu rechnen sein wird, so haben wir gleich einen etwas höheren Betrag vorgeschossen, um uns durch den günstigeren Kurs zu decken." Damit war der Wechselkurs zum britischen Pfund gemeint. Die Inflation kannte kein Erbarmen: Obwohl die Brüder im Jahr 1922 insgesamt 42.000 Mark überwiesen, blieb am Ende des Jahres ein Defizit von rund 258.000 Mark. Da in der Inflation auch die Kurse der Anlagen stiegen, verkaufte Bendits Vormund zahlreiche Papiere zur Deckung der Kosten. Der Wert des Vermögens stieg ebenfalls nominal, und betrug am Ende des Jahres 920.000 Mark. Bis März 1923 hatte sich der Kurswert bereits auf rund 1,5 Mio. Mark erhöht. Der Pensionspreis in Neufriedenheim stieg von 80 Mark Ende 1921 auf über 8.000 Mark Ende November 1922 und hatte im März 1923 „die stattliche Höhe von 16.200 Mark pro Tag erreicht. [...] Es ist also nur durch das tatkräftige Eingreifen der Brüder Bendit in London möglich unser Mündel in der Anstalt Neufriedenheim zu belassen."[66]

3.5.4 Der Anstalts-Ball im Jahr 1928

Seit dem Besuch von Moritz Bendits Vormund Feistmann im Jahre 1909 ist bekannt, dass Bendit die Gesellschaft zu anderen Patienten eher scheute. Ein Foto vom Fasching belegt, dass der 64-jährige Bendit am Anstalts-Maskenball im Jahr 1928 zumindest anwesend war.

Zu diesem Bild existiert eine vollständige Legende. Demnach sitzt Moritz Bendit als zweiter von rechts in der untersten Reihe mit verschränkten Armen und ausgestreckten Beinen auf dem Boden. Wenn man genau hinschaut, kann man erkennen, dass er eine Zigarre in seiner rechten Hand hält. Er sitzt direkt zwischen Dr. Leonhard Baumüller und Dr. Otto Kaiser, der letztere barfuß am rechten Bildrand. Bendit trägt eine dunkle Kapuze, dazu ein gestreiftes Hemd. Während einige Teilnehmer durch ausgelassene Stimmung auffallen, signalisiert Bendits Körpersprache eher eine gewisse Apathie. Der ebenfalls teilnahmslos wirkende Herr ganz links ist Herzog Siegfried in Bayern.

---

65 Staatsarchiv Nürnberg: AG Fürth V. V. 307/1899, Brief vom 20.01.1921
66 Staatsarchiv Nürnberg: AG Fürth V. V. 307/1899, Bericht vom 15.03.1923

Abb. 3.5: Anstalts-Ball in Neufriedenheim 1928

3.5.5 Der Tod von Max Bendit

Moritz Bendit hatte drei Brüder, die schon Ende des 19. Jahrhunderts nach England ausgewandert waren. Der älteste Bruder Siegfried führte zunächst die Korrespondenz mit Moritz Bendits Vormund. Vom jüngsten Bruder Louis Bendit sind mehrere Besuche in Neufriedenheim dokumentiert. Über den mittleren Bruder Max Bendit war zunächst sehr wenig bekannt, nicht einmal sein Sterbedatum. Nach Informationen von Siegfrieds Bendits Urenkeln soll Max Bendit im September 1928 in München gestorben sein und er soll zuletzt in Rom gelebt haben. Eine Nachfrage beim Stadtarchiv München bestätigte den Tod von Max Bendit am 23. September 1928 in München. Max Bendit starb im Alter von 67 Jahren im Städtischen Krankenhaus links der Isar. Die Todesanzeige und ein Registereintrag vom Standesamt sind erhalten.[67] Eine Patientenakte existiert nicht mehr. Wie lange der Aufenthalt von Max Bendit im Krankenhaus links der Isar dauerte, ist nicht bekannt. Max Bendit war in München nicht gemeldet. Daher muss man davon ausgehen, dass er sich aus Anlass und zur Behandlung einer Krankheit von Rom nach

---

67 Stadtarchiv München: DE-1992-STANM-5777

München begeben hat. Auf dem Registereintrag steht am unteren Rand die handschriftliche Bemerkung: „Pemphigus – vulgo –" oder „Pemphigus – vulg.o –". Dies ist wahrscheinlich ein Hinweis auf die Krankheit *pemphigus vulgaris*, die den Tod herbeigeführt haben dürfte. Ein Treffen von Max und Moritz Bendit im Jahr 1928 in München wäre naheliegend gewesen. Die Kuranstalt Neufriedenheim und das Krankenhaus links der Isar lagen nur ca. fünf Kilometer voneinander entfernt. Es gibt allerdings keine Belege dafür, dass es während des Aufenthalts von Max Bendit in München zu einem solchen Treffen gekommen ist.

3.5.6 Der Familienrat tagt nicht mehr

Im Frühjahr 1930 schrieb der nach wie vor zuständige Amtsrichter Ebert vom Vormundschaftsgericht Fürth an Wilhelm Erdmann. Der Familienrat sei seit sieben Jahren nicht mehr zusammengetreten. 1926 sei mit Justus Büchenbacher[68] ein Mitglied des Familienrats verstorben, ohne dass ein Nachfolger gewählt worden sei. Ebert mahnte die Bestellung eines Nachfolgers und die Einberufung des Familienrats an und wies darauf hin, dass laut Gesetz ein Familienrat auch dann nicht hinfällig wird, wenn das Vermögen des Mündel erheblich geschrumpft sei.[69] Erdmann antwortete, er halte die Einberufung des Familienrats nicht für erforderlich, „da die Familie den größten Teil der Kosten der Unterbringung trägt." Falls Ebert auf einer Ergänzung des Familienrats bestehe, so schlage er den Fabrikdirektor Stefan Weil, den Schwiegersohn von Büchenbacher vor. Außerdem erklärte Erdmann kurz und knapp: „Mündel ist noch in der Anstalt Neufriedenheim; sein religiöser Wahnsinn hat sich in Größenwahn gewandelt."[70] An Erdmanns Bemerkung, der religiöse Wahn habe sich in Größenwahn gewandelt, erkennt man, dass er sich mit dem Entmündigungsbeschluss von 1899 wohl nie beschäftigt haben kann. Bendit war 1899 wegen Größenwahn entmündigt worden. Über religiöse Wahnvorstellungen hatte Erdmanns Vorgänger Josef Feistmann erstmalig nach einem Besuch in Neufriedenheim im Dezember 1909 berichtet. Erdmann hatte sich bis dahin nie über die Entwicklung von Bendits Krankheit geäußert. Die monatlichen Statusberichte aus Neufriedenheim wurden weder in der Entmündigungsakte abgelegt noch in seinen Berichten zusammengefasst wiedergegeben. Nach Erdmanns ablehnender Stellungnahme fanden offenbar keine Sitzungen des Familienrats mehr statt.

---

68 Justus Büchenbacher war Inhaber eines Glaspolier- und Schleifwerks bei Fürth (Hinweis von Michael Müller).
69 Staatsarchiv Nürnberg: AG Fürth V. V. 307/1899, Schreiben vom 12.03.1930
70 Staatsarchiv Nürnberg: AG Fürth V. V. 307/1899, Vermerk vom 17.07.1930

3.6 Die NS-Zeit

Als jüdischer Anstaltspatient gehörte Moritz Bendit zugleich zwei Bevölkerungsgruppen an, die zu Opfern des Nationalsozialismus wurden. Bereits kurz nach der Machtübernahme der Nationalsozialisten wurde durch das Gesetz zur Verhütung des erbkranken Nachwuchses die Lage für Kranke und für Menschen mit geistigen Behinderungen gefährlich. Mit Beginn des Zweiten Weltkriegs verschärfte sich die Lage für psychisch Kranke durch Hitlers „Euthanasie"-Erlass. Als Jude war Bendit zudem durch den nationalsozialistischen Antisemitismus bedroht. Juden wurden durch eine Reihe von Gesetzen und Verordnungen zunächst ausgegrenzt und später deportiert und in industriellen Tötungsanstalten ermordet. Ein ähnliches schlimmes Schicksal erfuhren körperlich kranke Menschen und weitere Bevölkerungsgruppen.

3.6.1 Vormund Leo Heidenheimer

Nach dem Tod von Wilhelm Erdmann wurde der Nürnberger Rechtsanwalt Dr. Leo Heidenheimer am 28. Februar 1935 per Handschlag als neuer Vormund von Moritz Bendit vereidigt. Ende März gab Heidenheimer einen ersten Bericht als Vermögensverwalter ab. Zum Gesundheitszustand des Patienten enthält der Bericht keine Hinweise. Heidenheimer teilte dem Vorstand der Kuranstalt Neufriedenheim mit, dass er die Vormundschaft übernommen hat. Außerdem nahm er Kontakt mit Moritz Bendits Bruder Louis in London auf. Die Brüder Siegfried und Max Bendit waren bereits verstorben. Louis Bendit teilte Heidenheimer mit, dass sämtliche bisherigen finanziellen Leistungen der Brüder als Darlehen zu verstehen sind. Weiter schrieb Heidenheimer: „Es wurde mir unterdessen mitgeteilt, dass die bis jetzt geleisteten Zahlungen nahezu 4.000 engl. £ betragen, was [...] über 47.000 RM.- ausmacht, also weit mehr, als das Mündelvermögen beträgt. Die Einnahmen des Mündel betragen nur einige hundert Mark im Jahr, sodass auch weiterhin erhebliche Zuschüsse für den Lebensunterhalt des Mündel aus darlehensweise gewährten Zuschüssen nötig sind."[71] Damit wird offenbar, dass durch den Ersten Weltkrieg, die Inflation von 1923 und die Weltwirtschaftskrise von 1929 das Vermögen von Moritz Bendit extrem zusammengeschmolzen war. Wenig später schrieb Heidenheimer an das Amtsgericht Fürth, der Londoner Bruder Louis, der den größten Teil der Unterhaltskosten bestreitet, wolle einen Antrag auf Leis-

---

71 Staatsarchiv Nürnberg: AG Fürth V. V. 307/1899, Bericht vom 27.03.1935

tungen durch die Reichsbank stellen. Voraussetzung dafür sei laut Heidenheimer ein Armutszeugnis über die Bedürftigkeit von Moritz Bendit.[72]

Im Herbst 1935 schrieb Louis Bendit an Vormund Heidenheimer: „Wir sind durch die Entwertung des britischen Pfundes und sonstige große Verluste gezwungen, unsere Ausgaben außerordentlich einzuschränken." Vorerst könnten keine weiteren Zahlungen für den Unterhalt geleistet werden. Falls die Erträge aus Moritz' Vermögen nicht ausreichten, solle er jetzt „die noch hinterlegten Effekten des Herrn Moritz Bendit, so weit nötig, verwenden."[73] Auch früher schon wurden gelegentlich Wertpapiere aus Bendits Vermögen verkauft; dies aber im Wesentlichen um Kursgewinne zu realisieren oder Umschichtungen in seinem Vermögen vorzunehmen. Verkäufe zur Bestreitung des Unterhalts gab es bis dahin eher nicht. Wenn Heidenheimer das Vermögen angreifen musste, um den Unterhalt von Moritz zu bestreiten, war es nur noch eine Frage der Zeit, wann sein einstmals stattliches Vermögen gänzlich aufgebraucht sein würde. Tatsächlich blieb Heidenheimer aber keine andere Wahl. Ab Januar 1936 verkaufte er sukzessive Papiere aus Moritz Bendits Vermögen und bestritt aus den Erlösen die Unterhaltskosten für den Anstaltsaufenthalt. Ein Armutszeugnis über die Bedürftigkeit war aber sicherlich illusorisch, solange noch Vermögen vorhanden war. Mit hoher Wahrscheinlichkeit hätte Moritz im Falle einer Zahlungsunfähigkeit auch das private Sanatorium Neufriedenheim verlassen müssen.

3.6.2 Neufriedenheim im Nationalsozialismus

Neufriedenheims Direktor Ernst Rehm hatte sich nach Ende des Ersten Weltkriegs aus der Politik weitgehend zurückgezogen. Er konzentrierte sich auf seine Klinik, auf seine Familie und seine Grundstücksgeschäfte. 1933 trat er in die NSDAP ein und wurde im Alter von 73 Jahren sogar noch Politischer Leiter in der Ortsgruppe München-Laim-West. Wie er sich trotz seiner grundsätzlich liberalen Grundeinstellung zu einem überzeugten Nationalsozialisten entwickeln konnte, bleibt rätselhaft. Aus der NS-Zeit ist nur eine einzige Veröffentlichung Rehms bekannt. Sie stammt aus dem Jahr 1936 und befasst sich anlässlich des 50. Todestags seines Lehrers Bernhard von Gudden und des Königs Ludwig II. mit deren Todesumständen.[74] Seine nationalsozialistische Gesinnung ist aus diesem Artikel nicht erkennbar. Rehms Schwiegersohn, der Nervenarzt Leo Baumüller, arbeitete seit 1921 in Neufriedenheim und konnte sich lange Zeit berechtigte Hoffnungen auf Rehms

---

72 Staatsarchiv Nürnberg: AG Fürth V. V. 307/1899, Schreiben vom 18.04.1935
73 Staatsarchiv Nürnberg: AG Fürth V. V. 307/1899, Brief vom 05.09.1935
74 Rehm 1936

Nachfolge machen. Dr. Hilda Baumüller, Rehms dritte Tochter, kümmerte sich überwiegend um die Verwaltung und die wirtschaftlichen Angelegenheiten des Sanatoriums.[75] Leo und Hilda Baumüller traten erst 1937 in die NSDAP ein. Laut Angaben in Leo Baumüllers Spruchkammerakte hatte ihm Rehm mitgeteilt, seine auslaufende Lizenz zur Leitung der Klinik könne nur dann verlängert werden, wenn er der NSDAP angehöre. Ab 1934 wurde Rehms jüngster Bruder Dr. Otto Rehm (1876–1941) in Neufriedenheim als Arzt beschäftigt. Schon kurz nach seinem Studium im Jahre 1903 hatte er ein knappes Jahr in Neufriedenheim gearbeitet. Ebenso wie sein ältester Bruder Ernst war auch Otto Rehm ein überzeugter Nationalsozialist. Aus seiner Zeit im St. Jürgen-Asyl in Bremen-Ellen muss er als NS-belastet gelten, auch wenn ein posthum durchgeführtes Spruchkammerverfahren gegen ihn im Mai 1949 schließlich eingestellt wurde. Bereits 1926 bekannte sich Otto Rehm auf einem Kongress norddeutscher Psychiater unter Verweis auf Binding und Hoche zur Eugenik und zur „Euthanasie"; siehe auch Kap. 2.3.9.7. Aus seiner späten Wirkungszeit in Neufriedenheim von 1934 bis 1940 sind keine konkreten Belastungen bekannt geworden. Die Patientin Rosa Hechinger, die während ihres kurzen Aufenthaltes in Neufriedenheim von Otto Rehm betreut wurde, fühlte sich in Neufriedenheim als Jüdin diskriminiert. Ihre eher allgemein gehaltene Klage richtete sich aber nicht gezielt gegen Otto Rehm (s. Kap. 3.6.6).

Da die Neufriedenheimer Patientenakten verloren gegangen sind, lässt sich die genaue Anzahl der jüdischen Patienten nicht mehr ermitteln. Im „Biographischen Gedenkbuch der Münchner Juden 1933–1945" sind mindestens zwölf jüdische Personen eingetragen, die während der NS-Zeit als Patienten in Neufriedenheim betreut wurden. Die Recherchen des Biografischen Gedenkbuchs basieren zum großen Teil auf Dokumenten aus dem Münchner Stadtarchiv; z. B. Kennkarten und Karteikarten aus dem Meldeamt. Von diesen zwölf jüdischen Patienten wurden fünf nach 1933 in die Kuranstalt aufgenommen. Diese Liste ist aber sicherlich unvollständig. Es fehlt zum Beispiel Rosa Hechinger. Ihr Aufenthalt in Neufriedenheim dauerte allerdings nur wenige Tage. Laut Friedlander weigerten sich in der NS-Zeit viele Heil- und Pflegeanstalten, jüdische Patienten aufzunehmen.[76] Neufriedenheim legte seit jeher Wert auf ein liberales, überkonfessionelles Ambiente. Selbst in der NS-Zeit war diese Haltung im Grundsatz noch vorhanden. Jüdische Patienten wurden weiterhin aufgenommen und die letzten beiden jüdischen Patientinnen bis zum Sommer 1941 betreut. Eine Liste von jüdischen Patientinnen und Patienten, die während der NS-Zeit in Neufriedenheim betreut wurden, findet sich im Anhang A9.

---

75 nach Aussagen von Rehm-Nachfahren
76 Friedlander 1997, S. 426 f

3.6.2.1 Eugenik – Zwangssterilisationen Neufriedenheimer Patienten

Das „Gesetz zur Verhütung des erbkranken Nachwuchses" (GzVeN) wurde in Neufriedenheim bedenkenlos angewandt. Die Sterilisationen wurden aber nicht in Neufriedenheim durchgeführt. Dokumentiert ist der Fall eines Neufriedenheimer Patienten, der kurz vor seiner Entlassung in der Medizinischen Klinik der Universität München sterilisiert wurde.[77] Patienten wurden vor allem aus Anlass einer dauerhaften oder zeitweiligen Entlassung sterilisiert. Die Ehefrau eines anderen Patienten, für den bereits ein Beschluss vom Erbgesundheitsgericht Eichstätt zur Sterilisation vorlag, wehrte sich gegen den geplanten Eingriff. Dieser Patient wurde nach einem 10-monatigen Aufenthalt in Neufriedenheim in die Heil- und Pflegeanstalt Eglfing-Haar verlegt. Eine Kopie seiner Krankenakte mit der Abschrift der Neufriedenheimer Krankenakte ist ausnahmsweise erhalten geblieben. Eine Bemerkung lässt Rückschlüsse auf die Einstellung der Neufriedenheimer Ärzte zu: „Die Frau, welche sich früher sehr gegen die Sterilisation [ihres Ehemannes] gestemmt hatte, ist jetzt auch ganz vernünftig und einsichtig."[78] Der Eichstädter Beschluss zur Zwangssterilisation wurde allerdings Anfang 1936 ausgesetzt, solange „der Patient sich in Neufriedenheim oder einer anderen geschlossenen Anstalt befindet."[79] Diese Aussetzung war nach einer Ausführungsverordnung zum GzVeN zulässig.[80] Wahrscheinlich schützte diese Ausnahmeregel auch Moritz Bendit vor einer Sterilisation. Es gibt jedenfalls keine Hinweise darauf, dass Bendit zwangssterilisiert worden wäre.

Ein geistig und körperlich behinderter Enkelsohn von Ernst Rehm, der in der Behinderteneinrichtung der St. Josefskongregation in Ursberg aufwuchs, wurde mit Zustimmung seiner Mutter Karoline Wuth sterilisiert. Sie ging gerne auf Reisen und nahm ihren Sohn gelegentlich mit. Ohne eine Sterilisation hätte er die Behinderteneinrichtung nicht verlassen dürfen. Siehe dazu auch Kapitel 2.3.7.13.

Leonhard Baumüller wurde zum 1. Januar 1938 als einer der wenigen nicht beamteten Ärzte zum Beisitzer am Erbgesundheitsgericht München berufen. Bei der Berufung an das Erbgesundheitsgericht wird er als „Leiter der privaten Heil- und Pflegeanstalt Neufriedenheim" bezeichnet.[81] Das ist nicht korrekt. Direktor, Eigentümer und leitender Arzt blieb weiterhin Ernst Rehm. Nach eigenen Angaben war Baumüller stellvertretender Leiter der Kuranstalt: „Als Vertreter meines Schwiegervaters musste ich eine Konzession zur Führung der Anstalt haben."[82]

---

77 Steger et al. 2011, S. 1480
78 Oberösterreichisches Landesarchiv: Wagner-Jauregg-Krankenhaus, Stammnummer 15859
79 zitiert nach Wenzl S. 2f
80 Vgl. Christians, Fußnote 336 auf S. 212
81 Christians, S. 207
82 Staatsarchiv München: SpkA Leonhard Baumüller, Schreiben vom 02.11.1946

Über das Wirken von Leo Baumüller als Beisitzer am Erbgesundheitsgericht München ist bisher nichts Näheres bekannt. Seine Amtszeit dauerte zwei Jahre (1938–1939).[83] Die Zwangssterilisationen wurden reichsweit nach Kriegsbeginn stark eingeschränkt. In Baumüllers Spruchkammerverfahren war seine Funktion am Erbgesundheitsgericht kein Thema.

3.6.2.2 Leonhard Baumüller unter Beobachtung

Baumüller wurde von Walter Schultze, dem Leiter der Gesundheitsabteilung im Bayerischen Innenministerium, misstrauisch beobachtet. Am 8. September 1939 forderte die „Kanzlei des Führers" aus „gegebener Veranlassung" eine politische Beurteilung von Ernst Rehm durch die Parteidienststellen an.[84] Diese als „streng vertraulich" gekennzeichnete Anforderung wurde von Hans Hefelmann aus der „Kanzlei des Führers" (KdF) unterschrieben und an die NSDAP Ortsgruppe Laim sowie an das Amt für Volksgesundheit geschickt. Hefelmann war Leiter der Abteilung II b der KdF unter Viktor Brack. Die Vorbereitungen für die Krankenmorde waren im September 1939 bereits im vollen Gange.[85] Am Rande des „Ausführlichen Gesamturteils" durch das „Amt für Volksgesundheit" vermerkte Walter Schultze handschriftlich: „<u>Sehr</u> alter Herr! [Unterstreichung im Original] Soweit, als möglich, anscheinend in Ordnung. Vorsicht mit seinem in der Anstalt Dienst tuenden Schwiegersohn, Dr. Baumüller!" Parteimitglieder, die erst nach der Machtergreifung 1933 oder gar, wie Leonhard Baumüller, noch später in die NSDAP eingetreten waren, wurden von den „Alten Kämpfern" als „Neu-PGs" argwöhnisch beobachtet. Der handschriftliche Vermerk ist ein Beleg dafür, dass Schultze Baumüllers nationalsozialistische Zuverlässigkeit anzweifelte. Die Unterschrift stammt eindeutig von Dr. Walter Schultze.[86] Hefelmann in Berlin und Schultze in München waren maßgeblich mit der Organisation der Krankenmorde befasst, deren Planung durch Hitlers „Euthanasie"-Erlass im September 1939 einsetzte. Es ist daher gut vorstellbar, dass die „gegebene Veranlassung" für die angeforderte Beurteilung Rehms darin bestand, auszuloten, ob Neufriedenheim und seine Leitung die Gewähr boten, die nationalsozialistische Ideologie bis hin zu den Krankenmorden mitzutragen. Schultze war überdies regelmäßig bei der Besetzung der ärztlichen Beisitzer am Erbgesundheitsgericht München beteiligt. Er war also im Sep-

---

83 Christians 2013, S. 207
84 Bundesarchiv: R 9361-II/1049445
85 Klee 1983, S. 77 ff
86 Vgl. dazu etwa Schultzes Unterschrift bei Cranach et al. 2018, S. 93

tember 1939 mit Sicherheit über Baumüllers Tätigkeit am Erbgesundheitsgericht im Bilde.[87]

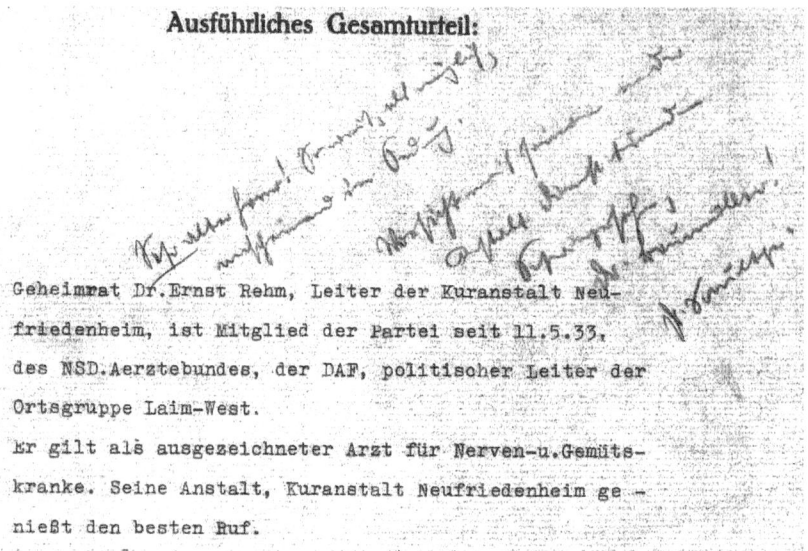

Abb. 3.6: „Ausführliches Gesamturteil" mit Anmerkungen von Walter Schultze

Über die Einstellung der Neufriedenheimer Ärzte zur nationalsozialistischen „Euthanasie" ist kaum etwas bekannt. Nur von Otto Rehm wissen wir, dass er sich, bereits 1926 grundsätzlich zur „Euthanasie" bekannte. Man sollte davon ausgehen, dass die Leitung der privaten Heilanstalt allein schon aus wirtschaftlichen Gründen kein Interesse an den Krankenmorden gehabt haben kann. Sobald Informationen oder Gerüchte über Tötungen von Neufriedenheimer Patienten bekannt geworden wären, wäre dies für die private Nervenheilanstalt existenzbedrohend gewesen. Die „Verlegung" von Moritz Bendit vom 14. September 1940 nach Eglfing-Haar wurde, wie wir noch sehen werden, vom Personal und von den Patienten der Anstalt mit größter Besorgnis registriert, zumal sich bald herumsprach, dass Bendit kurz danach nicht mehr in Eglfing-Haar anzutreffen war.

3.6.2.3 Die Krankenmorde und die „Aktion T4"

Als „T4-Aktion" im engeren Sinne wird die reichsweit organisierte Selektion und Tötung von Anstaltspatienten auf Basis von Meldebögen verstanden. Die Bezeich-

---

[87] Christians 2013, S. 202, 206

nung T4 geht auf die Steuerung der Aktion aus der Zentrale in der Berliner Tiergartenstraße 4 zurück. Adolf Hitler hatte den Chef seiner „Kanzlei des Führers" Bouhler und seinen Leibarzt Dr. Brandt schriftlich beauftragt, „die Befugnisse namentlich bestimmter Ärzte so zu erweitern, dass nach menschlichem Ermessen unheilbar Kranken bei kritischster Beurteilung ihres Krankheitszustandes der Gnadentod gewährt werden kann." Dieser „Euthanasie"-Erlass wurde auf den 1. September 1939, den Beginn des Zweiten Weltkriegs zurückdatiert, tatsächlich aber erst einige Wochen später erstellt. Gleichwohl waren die Vorbereitungen für die „Euthanasie" schon vor September 1939 im vollen Gange. Die Tötungsaktion hatte zudem nie die Absicht, die nach dem Wortlaut des „Führererlasses" engen Kriterien einzuhalten. Die Datierung auf den Kriegsbeginn am 1. September 1939 ist kein Zufall, denn immer wieder wurde von den „T4"-Organisatoren betont, es könne nicht angehen, dass gesunde deutsche Soldaten im Krieg ihr Leben ließen, während „lebensunwerte" Kranke mit erheblichem Aufwand als „unnütze Esser" in den Anstalten dauerhaft gepflegt würden. Zugleich sollten die durch die Krankenmorde freiwerdenden Heil- und Pflegeanstalten unter Einbeziehung des Personals als Lazarette genutzt werden. Eine gesetzliche Grundlage für die „Euthanasie" hat es im Gegensatz zu den Zwangssterilisationen („Gesetz zur Verhütung des erbkranken Nachwuchses") nie gegeben. Im September 1939 wurden auf Anordnung des Reichsinnenministeriums „sämtliche im Reichsgebiet befindliche Anstalten, in denen Geisteskranke, Epileptiker und Schwachsinnige *nicht nur vorübergehend verwahrt werden*" erfasst, „gleichgültig, ob es sich um öffentliche, gemeinnützige, caritative oder private Einrichtungen handelt".[88]

Noch im Herbst 1939 erhielten die ersten Heil- und Pflegeanstalten im Deutschen Reich einseitige Meldebögen, die für diejenigen Patienten auszufüllen waren, die sich seit mehr als fünf Jahren in Anstaltspflege befanden oder die nicht mehr arbeitsfähig waren. Allein auf Basis der ausgefüllten Meldebögen entschieden anschließend psychiatrische Gutachter vom Schreibtisch aus über Leben und Tod. Unter anderem fungierte der Leiter der Heil- und Pflegeanstalt Eglfing-Haar, Hermann Pfannmüller als „T4-Gutachter". Gerhard Schmidt hielt nach dem Krieg fest: „Die Selektion der oberbayerischen Pfleglinge, die für die Verlegung nach Eglfing-Haar bestimmt wurden, erfolgte, wie sich am Beispiel der Associationsanstalt Schönbrunn zeigen lässt, jedoch nicht durch die ‚T4-Zentrale', sondern durch Ärzte aus Eglfing-Haar."[89] Die Ermordung der jüdischen Anstaltspatienten erfolgte nach eigenen Regeln, auf die wir im nächsten Kapitel eingehen. Die zur Tötung selektierten Kranken aus Oberbayern wurden zunächst aus ihren Stammanstalten nach Eglfing verlegt und anschließend gruppenweise in eine der Tötungsanstalten

---
88 Klee 1983, S. 87 f
89 Hohendorf und von Tiedemann in Cranach et al. 2018, S. 88

Grafeneck oder Hartheim deportiert, wo sie meist noch am Tag der Ankunft mit Kohlenmonoxid vergast und anschließend im Krematorium verbrannt wurden. Die Angehörigen erhielten später gefälschte Sterbeurkunden, in denen jeweils eine natürliche Todesursache vorgetäuscht wurde. Zwischen Januar 1940 und Juni 1941 sind allein aus Eglfing-Haar 20 Deportationen mit 2018 Opfern nachgewiesen.[90] Die „T4-Aktion" wurde reichsweit durchgeführt. Dazu wurden von der „T4-Zentrale" sechs Tötungsanstalten im Reich errichtet, die in der offiziellen Sprachregelung der Organisatoren als „Euthanasie Anstalten" bezeichnet wurden. Gelegentlich wurde auch der Begriff „Reichsanstalt" verwendet. Reichsweit wurden zwischen Januar 1940 und August 1941 über 70.000 Anstaltspatienten in den Gaskammern der Tötungsanstalten ermordet. Die „T4-Zentrale" war auf äußerste Geheimhaltung bedacht und versuchte den Kreis der Eingeweihten so klein wie möglich zu halten. Trotzdem sickerten schon im Laufe des Jahres 1940 Informationen durch, sei es, dass Anwohner aus der näheren Umgebung der Tötungsanstalten Beobachtungen machten, sei es, dass Angehörige, Juristen, Ärzte und Pflegekräfte misstrauisch wurden, wenn die fadenscheinigen Todesanzeigen nach und nach eintrafen. Einige wenige Ärzte, Juristen und Kirchenvertreter protestierten gegen die organisierten Tötungen. Die Proteste wurden so stark, dass die Aktion in ihrer ursprünglichen Form im Jahr 1941 eingestellt wurde. Mit der Einstellung des Massenmords in den Tötungsanlagen war die „Euthanasie"-Aktion aber nicht zu Ende. Anschließend setzte die „dezentrale Euthanasie" ein: Patienten wurden in den Anstalten in Hungerhäusern gehalten, bis sie in den Heil- und Pflegeanstalten verhungerten oder sie wurden durch Medikamente und Spritzen getötet. In Summe werden die Opfer der „Euthanasie" auf 300.000 geschätzt.

3.6.2.4 Die „Sonderaktion" für jüdische Anstaltspatienten

Zu den Betroffenen der frühen Deportationen im Rahmen der „T4-Aktion" auf Basis der Meldebögen zählten bereits zahlreiche jüdische Patienten. Laut Hinz-Wessels „wurden mindestens 400 jüdische Kranke im Rahmen des Meldebogenverfahrens selektiert und gemeinsam mit nichtjüdischen Patienten in einer der sechs eingerichteten Tötungsanstalten mittels Kohlenmonoxid ermordet".[91] Eine Sonderrolle im Rahmen der „T4-Aktion" nahm die systematische Deportation und Ermordung von jüdischen Anstaltspatienten aus dem gesamten deutschen Reich ein. Unabhängig vom Status der Meldebögen wurden vom Sommer 1940 bis in den Mai 1941 jüdische Anstaltspatienten in einer „Sonderaktion" zwangsweise in Sammelanstalten verlegt. Zur Vorbereitung der Aktion wurden alle Anstalten Mitte April

---

90 Cranach et al. 2018, S. 85
91 Hinz-Wessels 2013, S. 75 oder Lilienthal 2009, S. 8

1940 aufgefordert, ihre jüdischen Patienten, „die an Schwachsinn oder an einer Geisteskrankheit leiden", zu melden.[92] Mit Erlass vom 30. August 1940 aus dem Reichsinnenministerium – Betrifft: Verlegung geisteskranker Juden – wurde die Verlegung jüdischer Anstaltspatienten aus Mecklenburg in Sammelanstalten angeordnet. „Für diese Verlegung kommen nur Volljuden deutscher oder polnischer Staatsangehörigkeit sowie staatenlose Volljuden [Unterstreichung im Original] in Frage. Juden anderer Staatsangehörigkeit (auch Protektoratsangehörige) sind ebenso wie Mischlinge 1. und 2. Grades in diese Aktion nicht einzubeziehen."[93]

In Berlin fanden erste Verlegungen jüdischer Patienten im Rahmen dieser Sonderaktion schon im Juli 1940 statt.[94] In Bayern diente die oberbayerische Heil- und Pflegeanstalt Eglfing-Haar im September 1940 als zentrale Sammelanstalt. Auf die Verlegung in die regionalen Sammelanstalten erfolgte wie bei der allgemeinen „T4-Aktion" die Deportation in die NS-Tötungsanstalten.

Die Sonderaktion unterschied sich von der allgemeinen „Aktion T4" dadurch, dass die Betroffenen allein durch ihre (NS)-Einstufung als geisteskranke „Volljuden" selektiert wurden. Meldebögen und T4-Gutachter wurden nicht eingesetzt. Um die Aktion noch sorgfältiger zu verschleiern, wurden die Todesnachrichten nicht von den Standesämtern der „Euthanasie"-Anstalten (Grafeneck, Hartheim etc.) verschickt, sondern aus einer fiktiven „Irrenanstalt Chelm, Post Lublin" aus dem „Generalgouvernement", also aus dem besetzten Polen. Moritz Bendit gehörte zu den Opfern dieser „Sonderaktion".

3.6.2.5 „T4" in Neufriedenheim

Grundsätzlich gehörten „private Einrichtungen", somit also auch die Kuranstalt Neufriedenheim, zum Kreis der Anstalten, die von der „Aktion T4" betroffen waren. Laut Jenner galten die Verlegungsanordnungen in Sammelanstalten auch für Privatpatienten und sie wurden grundsätzlich auch von den privaten Anstalten

---

92 Wille 2017, S. 42: Reichsinnenministerium an den Regierungspräsidenten von Schleswig. Aus Bayern ist z. B. ein Schreiben des Regierungspräsidenten von Schwaben vom 29.04.1940 an die Filiale der St. Josefskongregation Ursberg erhalten: „Es ist beschleunigt festzustellen und bis 10. V.1940 zu berichten, wieviel Juden (getrennt nach Männern und Frauen), die an Schwachsinn oder an einer Geisteskrankheit leiden, dort untergebracht sind." Das Original des Schreibens befindet sich in Ursberg.
93 Wille 2017, S. 46: Schreiben des Reichsinnenministeriums an das Mecklenburgische Staatsministerium vom 30. August 1940. Aus Bayern liegt z. B. die Abschrift eines Schreibens aus dem Staatsministerium des Innern vom 4. September 1940 mit nahezu identischem Wortlaut (und identischer Unterstreichung) an die St. Josefskongregation Ursberg vor. Der Regierungspräsident von Schwaben wurde also, im Gegensatz zum Schreiben über die Erfassung der jüdischen Patienten vom April 1940, bei der Verlegungsanordnung übergangen.
94 Hinz-Wessels 2013, S. 77

ausgeführt.[95] In Neufriedenheim gab es zahlreiche Kranke mit mehrjährigem Aufenthalt wie Moritz Bendit oder auch Herzog Siegfried, darunter viele Schwerkranke. Trotzdem gibt es bis heute keinen Beleg dafür, dass in Neufriedenheim tatsächlich Meldebögen ausgefüllt worden sind. Insbesondere ist bisher kein Neufriedenheimer Patient bekannt geworden, der auf Basis eines Meldebogens für die „Euthanasie" selektiert wurde. Im Gedenkbuch der Münchner Opfer der „Euthanasie" sind die Verlegungen aus den oberbayerischen Pflegeanstalten in die Heil- und Pflegeanstalt Eglfing-Haar tabellarisch aufgelistet.[96] Unter den „Stammanstalten", also den Abgabeanstalten der Opfer, befinden sich zahlreiche caritative und kirchliche Einrichtungen. Die beiden privaten Münchner Kuranstalten Neufriedenheim und Obersendling fehlen in dieser Liste. Noch deutlicher wird die Nicht-Beteiligung von Neufriedenheim und Obersendling aus Tabelle 3: „Anzahl der Opfer der ‚Aktion T4', die aus bzw. über Eglfing-Haar in eine Tötungsanstalt deportiert wurden […]". Als Stammanstalten werden neben Eglfing-Haar die Anstalten Gabersee, Klingenmünster, Taufkirchen, Schönbrunn, Attl, Ecksberg, Neuötting und Ursberg aufgeführt.[97] Es fehlen wieder: Neufriedenheim sowie Obersendling. Offenbar wurden aus Neufriedenheim und aus Obersendling keine Patienten ermordet, die zuvor über Meldebögen selektiert wurden. Warum die Kuranstalten Neufriedenheim und Obersendling entgegen der Anordnung aus dem Reichsinnenministerium vom September 1939 offenbar nicht in die „Aktion T4" im engeren Sinne einbezogen wurden, darüber gibt es keine Klarheit. Möglicherweise gab es Absprachen mit dem bayerischen Staatsministerium des Innern. Vielleicht waren die Anstalten zu klein und damit zu unbedeutend für die „Aktion T4". Jenner erwähnt ohne Quellenangabe, „daß einige kleinere, eher den Sanatorien zuzuordnende Einrichtungen nicht erfaßt wurden und von den gesamten ‚Euthanasiemaßnahmen' nicht betroffen waren, obwohl in ihnen Patienten lebten, die in anderen Einrichtungen ermordet worden wären."[98] Dazu könnten auch die beiden Münchner Sanatorien mit ihren 50 bis 60 Patienten gezählt haben. Neufriedenheim und Obersendling tauchen ausschließlich als Abgabeanstalten der „Sonderaktion" jüdischer Anstaltspatienten auf. Nachgewiesen sind nur die Opfer Moritz Bendit aus Neufriedenheim sowie Therese Baer und Mathilde Landauer aus Obersendling.[99] Dokumente, die eine Ausnahmeregelung von der Meldebogenerfassung für Neufriedenheim und Obersendling belegen könnten, sind nicht bekannt. Dagegen ist

---

95 Jenner, S. 7
96 Cranach et al. 2018, S. 87
97 Cranach et al. 2018, S. 96
98 Jenner, S. 5
99 Cranach et al. 2018, S. 133 sowie Pohl 2024

klar, dass auch Neufriedenheim und Obersendling in die *Sonderaktion* für jüdische Anstaltspatienten einbezogen worden sind.

Die Psychiatrischen und Nervenkliniken sämtlicher Universitäten im Reichsgebiet waren von der Erfassung der Patienten ausgenommen, da dort „abgesehen von wenigen Demonstrationsfällen, im allgemeinen keine Dauerpatienten verwahrt werden."[100] Daher können wir davon ausgehen, dass auch in der Nervenklinik der Universität München keine Meldebögen ausgefüllt werden mussten. Allerdings wurden vor, während und nach der „Euthanasie"-Aktion routinemäßig Patienten aus der Nervenklinik in die Heil- und Pflegeanstalt Eglfing-Haar verlegt. Wie viele von ihnen anschließend zu „Euthanasie"-Opfern wurden, ist bis heute anscheinend nicht untersucht worden. Die Frage nach der Einbeziehung von Kranken der Universitätsnervenklinik in die „Sonderaktion" für jüdische Patienten wird im Zusammenhang mit der Verlegung von Rosa Hechinger im Anh. A15 diskutiert.

Hinweise auf vorsorgliche Entlassungen von Patienten
Es gibt Hinweise darauf, dass jüdische Patientinnen vorübergehend oder dauerhaft aus Neufriedenheim entlassen worden sein könnten, um der „T4-Sonderaktion" zu entgehen.

Lily Offenbacher hatte Ende 1940 eine Freundin in Neufriedenheim besucht. Nach ihrer Emigration in die Vereinigten Staaten sagte sie im September 1941 aus: „Meine Freundin sagte mir, dass er [Moritz Bendit] der einzige Patient war, der auf diese Weise verschwunden war, während alle anderen jüdischen Patienten vier bis sechs Wochen vor Eintreffen des Busses, der sie abholen sollte, entlassen worden waren."[101] Mit den anderen jüdischen Patienten könnten Julie Weiss und Maria Falkenberg gemeint gewesen sein. Deren Entlassung wäre dann tatsächlich eine vorübergehende gewesen, denn beide verließen Neufriedenheim endgültig erst Mitte 1941. Es ist aber auch nicht auszuschließen, dass andere jüdische Patienten vor der „Sonderaktion" dauerhaft entlassen worden sein könnten. Aus der Liste der bekannten jüdischen Patienten Neufriedenheims (siehe Anh. A9) bietet sich hier allerdings kein weiterer Patient an.

3.6.2.6 Maßnahmen gegen Jüdische Patienten
Mit den „Nürnberger Rassegesetzen" begann 1935 die systematische Ausgrenzung jüdischer Bürger. Juden waren fortan keine „Reichsbürger", sondern nur noch

---

100 Brief aus dem Reichsinnenministerium (Dr. Linden) an die Staatsverwaltung der Hansestadt Hamburg; zitiert nach Klee 1983, S. 123 (Anmerkung 39)
101 Offenbacher 1941

Staatsangehörige 2. Klasse.[102] In einem Runderlass aus dem Reichsinnenministerium vom Juni 1938 wurde die getrennte Unterbringung von jüdischen und nichtjüdischen Patienten in Krankenhäusern sowie in Heil- und Pflegeanstalten angeordnet. Damit sollten sexuelle Kontakte zwischen Juden und nichtjüdischen Menschen, die sogenannte „Rassenschande" vermieden werden.[103] In vielen Anstalten traf diese Anordnung auf großes Unverständnis, da die Umsetzung erhebliche organisatorische und finanzielle Probleme mit sich brachte. Außerdem wurde entgegengehalten, die überall praktizierte räumliche Trennung von Damen- und Herrenabteilungen könne die „Rassenschande" bereits wirksam verhindern.[104] In Neufriedenheim war eine räumliche Trennung in verschiedenen Gebäuden nicht möglich: Die Kuranstalt bestand nur aus einem großen zusammenhängenden Gebäudekomplex. Wahrscheinlich setzte die Leitung von Neufriedenheim den Runderlass in abgewandelter Form um. Jüdische Patienten durften offenbar tagsüber ihr Zimmer nicht verlassen und erst nach Einbruch der Dunkelheit den Kurpark betreten.[105] Es ist daher sehr wahrscheinlich, dass sich jüdische Patienten nicht mit anderen Patienten treffen sollten und dass sie insbesondere auch nicht mehr an den gemeinsamen Mahlzeiten in den Speisesälen teilnehmen durften. Laut Elisabeth Piloty hielt sich Moritz Bendit Ende der 1930er-Jahre fast immer auf seinem Zimmer auf. Er ging allenfalls einmal auf dem Gang spazieren. Sie habe niemals beobachtet, dass er aus seinem Zimmer im 1. Stock die Treppe hinunter oder in den Park gegangen sei. Vgl. Anh. A13. Die Einschränkung seiner Bewegungsmöglichkeiten dürfte Bendit stärker getroffen haben, als die Kontaktverbote zu anderen Patienten, denn wir wissen von früher, dass Bendit den Aufenthalt im Freien und die Ausfahrten liebte. Umso mehr freute sich Bendit aber über die Besuche der Rehm-Enkelin Elisabeth Piloty auf seinem Zimmer.

Eine weitere diskriminierende Maßnahme gegen die Juden wurde Anfang 1939 wirksam. Männliche Juden erhielten zwangsweise den zusätzlichen Vornamen „Israel" und Frauen den Vornamen „Sara". Davon war auch Moritz Bendit betroffen (s. Kap. 3.6.4.1). Diese Maßnahme zielte nicht speziell auf jüdische Anstaltspatienten, sondern auf alle Juden.

3.6.2.7 Vormund Heidenheimer in Schutzhaft
Die Ausgrenzung jüdischer Rechtsanwälte im nationalsozialistischen Deutschland setzte schon kurz nach der Machtergreifung ein: „Bereits am 7. April 1933 wurde

---

102 Lilienthal 2009, S. 2
103 Lilienthal 2009, S. 2f
104 Friedlander 1997, S. 426
105 Fleißer 1994, S. 285; vgl. auch Kap. 3.6.3

mit dem ‚Gesetz über die Zulassung zur Rechtsanwaltschaft' einem Teil der jüdischen Rechtsanwälte ein Berufsverbot erteilt. Jüdische Rechtsanwälte durften nur noch praktizieren, wenn sie vor dem 1. August 1914 ihre Zulassung erworben hatten. Ausgenommen waren Frontkämpfer oder Anwälte, deren Väter bzw. Söhne im Ersten Weltkrieg gefallen waren."[106] Da Heidenheimer bereits 1912 in Nürnberg als Rechtsanwalt zugelassen worden war, war er von diesem Gesetz zunächst nicht betroffen.[107] Heidenheimer konnte 1935 noch die Vormundschaft übernehmen. „Die fünfte Verordnung zum Reichsbürgergesetz vom 27. September 1938 [...] bestimmte endgültig, dass alle Juden aus der Rechtsanwaltschaft ausgeschlossen und bis spätestens zum 30. November 1938 aus der Rechtsanwaltsliste gelöscht werden mussten. [...] Auf Anordnung des Präsidenten der Rechtsanwaltskammer Nürnberg (Nr. 20/38) mussten 43 jüdische Anwälte ausscheiden, weil ihre Zulassung zurückgenommen worden war."[108] Zu diesen 43 Rechtsanwälten gehörte auch Dr. Leo Heidenheimer. Dem Fürther Amtsgericht wurde im Herbst 1938 aus der Kanzlei von Rechtsanwalt Heidenheimer mitgeteilt, „dass Herr Dr. Heidenheimer dahier zur Zeit an der Ausübung der Vormundschaft verhindert ist." Angefügt ist ein Gesuch, das Amtsgericht „wolle zur weiteren Ausübung der Vormundschaft von Amtswegen einen Pfleger aufstellen."[109] Der Brief ist mit dem Stempel von Dr. Leo Heidenheimer versehen, aber von einem Mitarbeiter seiner Kanzlei unterschrieben. Vom 30.11.1938 bis zum 21.12.1938 wurde Heidenheimer im KZ Dachau interniert.[110] Die „Schutzhaft" von Dr. Heidenheimer ist auch auf Moritz Bendits Karteikarte aus dem Stadtarchiv München vermerkt. Im Juli 1939 gelang Heidenheimer und seiner Ehefrau die Emigration nach Argentinien. Er verstarb 1954 im Alter von 68 Jahren in Buenos Aires.[111]

3.6.2.8 Hans Nachtigall übernimmt die Vormundschaft

Am 8.12.1938 wurde der Anwaltsbuchhalter Hans Nachtigall aus Fürth zunächst als Pfleger von Moritz Bendit eingesetzt.[112] Im Dezember 1938 gab Nachtigall zu Protokoll: „Sollte ich für längere Zeit Pfleger sein oder durch Wegfall des Vormunds Vormund werden, so beabsichtige ich, aus Gründen der Sparsamkeit den

---

106 Rieger/Jochem 2010, S. 2
107 Weber R. 2006, S. 163
108 Rieger/Jochem 2010, S. 2
109 Staatsarchiv Nürnberg: AG Fürth V. V. 307/1899, Schreiben vom 24.11.1938
110 Weber R. 2006, S. 163
111 Weber R. 2006, S. 163; unter Bezug auf Bundesarchiv: R 22 Pers. 59469; Bayerisches Hauptstaatsarchiv: OP 41655, Bayerisches Hauptstaatsarchiv: BEG 225034 = K 871
112 Auf einer Karteikarte im Stadtarchiv München ist vermerkt, Nachtigall sei seit dem 8.12.1937 Pfleger. Die Jahreszahl ist offensichtlich ein Übertragungsfehler.

Mündel in einer Heil- und Pflegeanstalt, in welcher der Verpflegungssatz bedeutend niedriger ist, unterzubringen."[113] Im Jahr 1938 wurde für Moritz Bendit in Neufriedenheim ein Tagessatz in Höhe von 11 RM gezahlt. Der niedrigste Tagessatz in der staatlichen Heil- und Pflegeanstalt Eglfing-Haar in der III. Klasse lag im Jahr 1937 im Vergleich dazu bei 2,70 RM.[114] Für die sieben Tage im September 1940, die Moritz Bendit vor seiner Deportation nach Hartheim zwangsweise in Eglfing-Haar interniert wurde, stellte die Heil- und Pflegeanstalt einen Tagessatz von 3,70 RM in Rechnung. Am 17.01.1939 erklärte Nachtigall, er habe inzwischen Rücksprache mit Dr. Heidenheimer gehalten, der ihm erklärt habe, er stelle sein Vormundschaftsamt zur Verfügung. Nachtigall verfasste am 25. Januar 1939 einen Brief an die Stadt München bezüglich der Kennkarte „für den Pflegling". Dieses Schreiben wird auf Bendits Karteikarte erwähnt, verbunden mit der Bemerkung, der Pfleger Nachtigall sei seit Januar 1939 Vormund. Hans Nachtigall sollte Moritz Bendits letzter Vormund werden und zugleich sein einziger „arischer" Vormund.[115]

Wie seine Vorgänger gab Nachtigall zu Beginn seiner Tätigkeit eine Übersicht über das Vermögen von Moritz Bendit ab. Es betrug Ende 1938 etwa 5.500 RM und ca. 32.000 GM. Der größte Anteil mit 26.000 GM entfiel auf die 4 % Rjäsan-Uralsk Eisenbahn-Obl. von 1898. Die Goldmark (GM) war die Währung im Kaiserreich. Die Rjäsan-Uralsk Papiere waren im Prinzip fast wertlos geworden. Sie wurden von Nachtigall im Juni 1940 noch mit einem Kurswert von 26 RM bewertet. Es muss also davon ausgegangen werden, dass diese Obligation seit dem Beginn des Ersten Weltkriegs keine Zinsen mehr abwarf und auch nicht mehr zum Ausgabekurs eingelöst werden konnte. Als Vormund nahm Nachtigall Kontakt zu Louis Bendit in London auf. Dieser habe bei ihm beantragt, Zuschüsse zum Unterhalt seines Bruders an die Bayer. Staatsbank senden zu können. Außerdem habe Louis Bendit zugestimmt, den Unterhalt von Moritz Bendit aus dem Verkauf von Anleihen aus Moritz' Vermögen zu bestreiten. Zudem erfuhr Nachtigall vom Buchhalter der Kanzlei Heidenheimer, dass „bisher alle 14 Tage 200 RM an die Kuranstalt Neufriedenheim bei München durch die Firma S. Bendit & Söhne überwiesen" wurden. Höchstwahrscheinlich ist es der Unterstützung durch Louis Bendit und durch die Firma S. Bendit & Söhne zu verdanken, dass Nachtigall seine ursprüngliche Absicht einer Verlegung von Moritz Bendit in eine preisgünstigere Anstalt nicht weiter verfolgte.

---

113 Staatsarchiv Nürnberg: AG Fürth V. V. 307/1899, Protokoll ohne genaues Datum aus 12/1938
114 von Tiedemann und von Cranach in Cranach et al. 2018, S. 64
115 Lt. Auskunft von Gisela Naomi Blume; Email vom 18. März 2022

3.6.3 Marieluise Fleißer in Neufriedenheim

Die Ingolstädter Schriftstellerin Marieluise Fleißer (1901–1974) erlitt im Sommer 1938 einen Nervenzusammenbruch und hielt sich daraufhin von August bis Ende Oktober im Sanatorium Neufriedenheim auf. In den für die Gesammelten Werke erstellten Notizen, die unter dem Titel „Meine Biografie"[116] veröffentlicht wurden, schreibt Fleißer über das Jahr 1938 über sich selbst in der dritten Person: „Im August hat sie einen Nervenzusammenbruch mit Halluzinationen und wird in die Kuranstalt Neufriedenheim bei München gebracht. [...] Sie arbeitet mit dem Arzt mit. Die älteren Kranken klammern sich an sie. Zwei Tage vor Allerheiligen wird sie entlassen."[117]

Im Jahr 1965, also mehr als ein Vierteljahrhundert nach ihrem Klinikaufenthalt, schrieb sie eine Erzählung mit dem Titel „Die im Dunkeln",[118] in der sie ihre Erlebnisse und Begegnungen mit dem Chefarzt, dem Klinikpersonal und verschiedenen Patienten verarbeitet. Der Titel der Erzählung ist auf eine Begegnung mit einem jüdischen Patienten nachts „im Dunkeln" im Kurpark zurückzuführen. Im übertragenen Sinne zielt der Titel aber sicherlich auch auf sämtliche Patienten, die sich von der Öffentlichkeit abgeschirmt „im Dunkel" des Sanatoriums aufhalten. Bei der nächtlichen Begegnung im Kurpark ist Fleißer wahrscheinlich auf Moritz Bendit gestoßen. Da es sich bei der Erzählung um Literatur mit biografischem Hintergrund handelt, nicht aber um ein Tagebuch oder gar um Geschichtsschreibung, enthält die Erzählung mit Sicherheit fiktive Anteile. Ebenso kann der große zeitliche Abstand zwischen dem Klinikaufenthalt und dem Verfassen der Erzählung dazu geführt haben, dass verschiedene Details durch Gedächtnislücken verfälscht wurden. Für den Leser der Erzählung ist es schwierig zu unterscheiden, welche Passagen der „historischen Wahrheit" entsprechen könnten, und welche fiktiv sind. Verschiedene Details aus dem Kurpark sind Fleißer auf jeden Fall sehr gut in Erinnerung geblieben: z. B. der Springbrunnen, die Steintreppe, die Uhr an der Hauptfassade des Sanatoriums.

3.6.3.1 Schlüsselfiguren in Fleißers Erzählung „Avantgarde"
Zum besseren Verständnis der Neufriedenheim-Erzählung „Die im Dunkeln" wollen wir zunächst auf Fleißers erheblich bekanntere und stärker analysierte Erzählung „Avantgarde" schauen. Diese Erzählung aus dem Jahr 1962 mit dem ursprüng-

---

116 Der Titel „Meine Biografie" stammt laut Häntzschel 2007 vom Herausgeber der Gesammelten Werke.
117 Fleißer 1994, S. 533
118 Fleißer 2016, S. 270–294 und Anh. A10

lichen Titel „Das Trauma" verarbeitet ihre frühen Begegnungen mit Bertolt Brecht aus den 1920er-Jahren, die 1929 mit der Aufführung ihres Theaterstücks „Pioniere in Ingolstadt" im Berliner Theater am Schiffbauerdamm in einen handfesten Theaterskandal mündeten. Für Fleißer waren Brechts Eingriffe in die Regie maßgeblich für den Skandal verantwortlich, der dazu führte, dass sich Fleißer für längere Zeit in Ingolstadt nicht mehr blicken lassen durfte. Nach ihrer Rückkehr nach Ingolstadt wurde Fleißer vom Kleinstadt-Milieu und von ihrer unglücklichen Ehe mit dem Jugendfreund erstickt. Die meisten Einheimischen sahen sie als Nestbeschmutzerin an; unter den Bedingungen des Nationalsozialismus wurde ihre Situation noch schwieriger.

Unter den Fleißer-Experten gibt es in Bezug auf die Erzählung „Avantgarde" einen Dissens über die Frage, ob die Erzählung als „Schlüsselgeschichte" angesehen werden darf, ob also die in der Erzählung eingeführten Figuren feste Zuordnungen zu realen Personen aus Fleißers Umgebung erlauben. Der Herausgeber der Gesammelten Werke, Günther Rühle, gibt in seinen Anmerkungen einen exakten Schlüssel zu den Avantgarde-Figuren vor. Der Dichter: Bertolt Brecht. Der Jude: Lion Feuchtwanger, Polly: Helene Weigel, etc.[119] Der Leser von „Avantgarde" unterliegt schnell dem Trugschluss, in der Protagonistin Cilly Ostermeier Marieluise Fleißer zu erkennen. Fleißer hat allerdings selbst noch erklärt, dass in der Kunstfigur Cilly Ostermeier auch Züge der Brecht-Mitarbeiterin und Brecht-Coautorin Elisabeth Hauptmann verwoben sind. Die Fleißer Biografin Hiltrud Häntzschel geht noch einen Schritt weiter: „Cilly Ostermeier ist darin so etwas wie die Schnittmenge aller Brecht-Frauen."[120] Ebenso überzeugend stellt Häntzschel dar, dass die festen Schlüsselzuordnungen der übrigen Figuren auch keine uneingeschränkte Gültigkeit haben.

3.6.3.2 Authentische und fiktive Erlebnisse

Trotz aller gebotenen Vorsicht kann man davon ausgehen, dass die von Fleißer beschriebenen Begegnungen mit verschiedenen Patienten, auf wahren Erlebnissen beruhen. Der Name Neufriedenheim kommt in der gesamten Erzählung nicht vor, desgleichen die Namen des Arztes und der Patienten. „Neufriedenheim" ist für die Erzählung eigentlich auch unwesentlich. Fleißer wollte aus ihren eigenen Erfahrungen heraus die Situation der Heil- und Pflegeanstalten im Nationalsozialismus im Allgemeinen darstellen. Ihre Erlebnisse hätten sich zur selben Zeit mehr oder weniger genauso gut in einer anderen deutschen Privat-Anstalt ereignen können.

---

[119] Fleißer, Gesammelte Werke Band 4, S. 315
[120] Häntzschel 2007, S. 336

Fleißer hat aber auch erkennbar Informationen in die Erzählung eingearbeitet, die sie erst nach ihrem Aufenthalt in Neufriedenheim erhalten haben kann: „Schon wurden Unheilbare aus den Häusern verschickt. [...] ‚In Linz ist Sammelstation', behauptete der abgemagerte Richter, der sich hinter seiner Krankheit verbarg."[121] Während Fleißers Aufenthalt in Neufriedenheim im Herbst 1938 waren die Krankenmorde noch nicht angelaufen. Die Tötung von Anstaltspatienten setzte erst ein Jahr später bei Kriegsbeginn mit Hitlers „Euthanasie"-Erlass vom September 1939 ein. Seit 1867 gab es eine „Landesirrenanstalt" in Linz-Niedernhart, die 1925 in „Landes-Heil- und Pflegeanstalt Niederhart" umbenannt wurde. Die Tötungsanstalt im nahegelegenen Schloss Hartheim bei Linz wurde aber erst im Frühjahr 1940 in Betrieb genommen.[122] Die Deportationen nach Linz setzten mit der Inbetriebnahme der NS-Tötungsanstalt in Schloss Hartheim ein. Von der „Sammelstation" in Linz konnte der abgemagerte Richter also 1938 noch nichts wissen. Trotzdem hatte sich die Lage der Anstaltspatienten und ganz besonders der jüdischen Patienten bereits seit der Machtübernahme 1933 durch eine Reihe von Gesetzen und Verordnungen zugespitzt. „Fleißers zeitliche Verschiebung der erzählten Ereignisse scheint demnach gerechtfertigt"[123], folgerte der Fleißer-Biograph Moray McGowan bereits 1987.

3.6.3.3 Fleißers Bemerkungen zu den jüdischen Anstaltspatienten

Bevor Fleißer die Begegnungen mit verschiedenen Patienten schildert, kommt sie auf die Situation der jüdischen Anstaltspatienten im Allgemeinen zu sprechen: „In der Anstalt wohnten rassisch Verfolgte nach alten Verträgen, auf die sich der Chef berief. Sie hatten sich eingekauft in einer besseren Zeit." Moritz Bendit ist zweifellos ein Musterbeispiel für einen rassisch Verfolgten, der sich in besseren Zeiten in die Anstalt eingekauft hatte. „Der Chef suchte sie zu behalten. [...] Wie lang kämpfte der Chef mit dem Rücken zur Mauer? Wie lang hielt er es durch, wann verließ ihn der Mut und die Kraft? Die Partei zog ihren strengen Kamm durch jede einzige Anstalt. Die Kranken wussten es nicht offiziell, aber sie hatten Antennen dafür. Das Gerücht flog sie an wie ein Geruch." Mit eindrucksvolleren Worten kann man die Gratwanderung der Ärzte und die Verunsicherung der Patienten wohl kaum schildern.

„Sie [die rassisch Verfolgten] mussten ihm ein einziges Zugeständnis machen: Sie verließen die Zimmer nicht. Ihre frische Luft holten sie, wenn andere schlie-

---

121 Fleißer 1994, S. 285 f
122 Hohendorf und von Tiedemann in Cranach et al. 2018, S. 83
123 MsGowan 1987, S. 115

fen."[124] Nach einem Runderlass aus dem Reichsinnenministerium vom 22.06.1938 sollten jüdische und nichtjüdische Patienten in Heil- und Pflegeanstalten sowie in Krankenhäusern getrennt untergebracht werden.[125] Es ist also sehr wahrscheinlich, dass den jüdischen Patienten in Neufriedenheim das Verlassen ihres Zimmers untersagt war, und dass sie den Kurpark erst nach Einbruch der Dunkelheit betreten durften, wenn Begegnungen mit nichtjüdischen Patienten kaum noch möglich waren. Die Rehm-Enkelin Elisabeth Piloty (1924–2022), die in Neufriedenheim aufwuchs und die sich gut an Moritz Bendit erinnern konnte, weiß zwar nichts von einem Verbot für jüdische Patienten, tagsüber in den Kurpark zu gehen, sie kann sich aber gut daran erinnern, dass Moritz Bendit tagsüber praktisch immer nur auf seinem Zimmer anzutreffen war.[126]

Es fällt auf, dass Fleißer von „rassisch Verfolgten" spricht, obwohl sie wohl ausschließlich jüdische Patienten und Patientinnen meint. Noch offensichtlicher wird die Vermeidung des Begriffs „jüdische Patienten" später bei der nächtlichen Begegnung im Kurpark. Fleißer hatte nach der Veröffentlichung von „Avantgarde" im Jahre 1962 Kritik einstecken müssen. Häntzschel schreibt, die Kritik in *Die Zeit* „verübelt ihr das namenlose Etikett ‚der Jude' für Feuchtwanger als schlimme geschmackliche Entgleisung."[127] Könnte diese Kritik ein Grund sein, dass Fleißer bei „Die im Dunkeln" den Begriff „Jude" vermeidet? Auf jeden Fall ist es recht unwahrscheinlich, dass in Neufriedenheim in der NS-Zeit außer den jüdischen Patienten noch weitere „rassisch verfolgte" Patienten untergebracht waren.

3.6.3.4 Der Chefarzt von „Die im Dunkeln"

Wie schon bei Fleißers Erzählung „Avantgarde" ist auch bei „Die im Dunkeln" vor einer voreiligen Zuordnung der Figuren zu realen Personen Vorsicht geboten. Allein die Tatsache, dass die Erzählung in der Ich-Form geschrieben ist, unterstreicht aber doch stärker als bei „Avantgarde" den autobiografischen Charakter. Die meisten Personen aus dem Milieu Neufriedenheims sind – anders als Brecht und seine Umgebung – öffentlich kaum bekannt. Man muss wohl annehmen, dass Fleißer die Ärzte, von denen sie in Neufriedenheim behandelt wurde, literarisch zu einer Person, dem „Chefarzt", zusammengefasst hat. Da eine detaillierte Personenbeschreibung des Arztes nicht gegeben wird, gibt es keine direkten Hinweise zur Identifizierung des Chefarztes. Nach seinem ersten Auftreten wird er von Fleißer meist einfach als „der Chef" bezeichnet. Nicht einmal sein Alter verrät Fleißer dem

---

[124] Fleißer 1994, S. 285
[125] Lilienthal 2009, S. 2f
[126] Siehe Anhang A13, Erinnerungen einer Rehm Enkelin an Moritz Bendit
[127] Häntzschel 2007, S. 330

Leser. Klar ist, dass der 78-jährige Besitzer und Direktor von Neufriedenheim, Ernst Rehm, auch noch im Jahre 1938 die Funktion des leitenden Arztes innehatte. Sein Schwiegersohn Leo Baumüller (*1891) fungierte als Rehms Vertreter und benötigte dafür eine Lizenz zur Anstaltsleitung.[128] Daher wurde Baumüller gelegentlich auch als „Leiter von Neufriedenheim" wahrgenommen. Ein vager Hinweis auf Ernst Rehm ist vielleicht in folgender Bemerkung enthalten: „Der Chef trug seine Unabhängigkeit vor sich her wie seinen leichten Bauch, mit Festigkeit und gelassen."[129] Die Betonung der Unabhängigkeit deutet auf den Direktor und Eigentümer des Sanatoriums Ernst Rehm, ebenso das Zitat des Chefs: „Ich leide an Gedankenflucht, ich bin so zerstreut." Es gibt aber auch zumindest zwei Aussagen der Erzählung, die stärker auf Rehms Schwiegersohn Leonhard Baumüller zutreffen, als auf Rehm. Die Bemerkung: „Ich las in seinen Gedanken, dass er dem Hitler misstraute."[130] passt nicht auf Direktor Rehm, denn Rehm war im Gegensatz zu Baumüller ein überzeugter Nationalsozialist. Die andere Bemerkung, die nicht auf Ernst Rehm zutrifft, ist wohl noch eindeutiger: „Am Sonntag wurden sie [die jüdischen Patienten] von wunderschönen jungen Mädchen getröstet, das waren die Töchter, die Nichten." Rehms vier Töchter waren 1938 bereits um die 40 Jahre alt, also in etwa gleich alt wie Marieluise Fleißer; Leonhard Baumüller hatte zwar keine Töchter, aber drei Nichten zwischen neun und vierzehn Jahren. Zu diesen Nichten zählte auch Elisabeth Piloty, die sämtliche anderen Rehm-Enkel überlebte.

3.6.3.5 Begegnungen mit Patienten

Zunächst trifft Fleißer auf den „abgemagerten Richter", der die Krankenmorde vorhersagte und der sich fühlte „als eine Figur, der man nicht glaubt. [...] Nie wäre er in die Anstalt gekommen ohne die braune Zeit. In einer anderen Zeit hätte er sich ertragen." Umgekehrt gab es auch NS-begeisterte Patienten: „Die Opfer der Zeit gab es auch anders herum. Leidenschaftliche Mitläufer, die der Geltungsdrang verzehrte, wenn sie nicht herankamen ans fördernde Band." Ein solcher Patient ist der „heißspornige Pater", der von der Kanzel predigte: „Den Führer hat uns der Herrgott geschickt [...] Sein Orden wünschte ihn in der Anstalt verborgen."

3.6.3.6 Die nächtliche Begegnung im Kurpark

Fleißers Protagonistin hatte von den Ärzten die Erlaubnis, nachts vor dem Schlafengehen noch einmal im Kurpark spazieren zu gehen. „Die nächtliche Begegnung werde ich nie vergessen, viel später holte sie mich ein, da war sie mir schrecklich

---

128 Staatsarchiv München: SpkA Leonhard Baumüller; Schreiben vom 02.11.1946
129 Fleißer 1994, S. 284
130 Fleißer 1994, S. 284

klar." In dieser Nacht hatte sie sich verspätet: „Ich hastete dem Brunnen zu vor dem nachtdunklen Haus. Da huschte einer vom Brunnen, fledermäusig, als hätte ich ihn über die Entfernung weg alarmiert. Er flüchtete vor mir wie ein Wisch, im Stillstand hatte ich ihn nicht unterschieden. Den Wisch in Hosen sah ich zickzackig den Lichtschein spalten. Nah am Portal floh er doch ratlos. [...] An ihm vorbei trat ich die Steinstufen hinauf, er klebte zitternd daneben. [...] Er ertrug nicht, dass es mich gab. [...] Es war der rassisch Verfolgte, entdeckte ich am anderen Tag, der Mann mit den 40 Christusbildern in seiner Zelle, vor denen er sich anklagte, den Rock zerriss. Ihn hatte die Religion geschlagen. Er lebte schon zwei Jahrzehnte hier mit seinen Bildern und war nicht heilbar. Täglich bereute er, als sei er nach zweitausend Jahren unmittelbar an der Kreuzschlagung schuld, und jetzt brach eine braune Zeit über ihn herein und holte den sich schuldig Fühlenden furchtbar ein. Denn wenn der Richter recht bekam in seiner galligen Ahnung, wenn der Chef aufgeben musste und wenn er der Gewalt wich an jenem Tag, wo nichts mehr retten kann, weil es dann heißt, entweder er oder ihr beide zusammen, er aber in jedem Fall – dann war dem Verfolgten nicht mehr zu helfen, dann musste er doch noch nach Linz."

Abb. 3.7: Die Hauptfassade von Neufriedenheim
Am Brunnen und auf der Steintreppe vor dem Portal spielte sich die nächtliche Begegnung ab.

Bei aller gebotenen Vorsicht: Vieles spricht dafür, als handele es sich hier um eine Begegnung zwischen Marieluise Fleißer und Moritz Bendit. Bendit war der einzige jüdische Patient, der 1938 seit mehreren Jahrzehnten in Neufriedenheim verbrachte.[131] Er war auch der einzige jüdische Patient aus Neufriedenheim, der am 20.09.1940 mit ca. 190 weiteren jüdischen Anstaltspatienten aus Bayern in Hartheim bei Linz ermordet wurde. Fleißers Einleitung, dass diese Begegnung sie erst viel später einholte, dass sie ihr erst viel später „schrecklich klar" wurde, deutet darauf hin, dass sie von der Tötungsanstalt in Hartheim bei Linz erst viel später, vermutlich in der Nachkriegszeit, Kenntnis erhalten hat. Möglicherweise hat sie erfahren, dass Bendit zu den Opfern der Sonderaktion für jüdische Anstaltspatienten gehörte. Auf jeden Fall muss es ein Ereignis in der Nachkriegszeit gegeben haben, das Fleißer an die Begegnung im Kurpark erinnerte und ihr die Augen öffnete.

Was aber noch dafür spricht, dass es sich in jener Nacht um eine Begegnung mit Moritz Bendit gehandelt haben könnte, sind die Visitationsberichte von Dr. Wiener aus dem Jahr 1904 und von Bendits Vormund Feistmann aus dem Jahre 1909 sowie Beschreibungen aus dem Entmündigungsbeschluss von 1899. Wiener stellte fest, dass Bendit gerne an die frische Luft ging und er beschrieb Einschränkungen von Bendits Bewegungsfähigkeit: „Da die Muskulatur seiner rechten oberen und unteren Extremität im starren Zustand" sei, könne „er nur ganz kurze Schrittchen machen." Schon im Entmündigungsbeschluss wurde festgestellt, dass Bendit „körperlich durch eigentümliche Störungen in der Funktion des Muskelapparates in seiner Bewegungsfähigkeit gehemmt" sei. Auch Fleißer beschreibt einen unnatürlichen Bewegungsablauf des Patienten, wenn sie ihn „fledermäusig" huschen sah und wenn er „zickzackig" den Lichtschein spaltete. Bendit war scheu und vermied nach Möglichkeit den Kontakt zu anderen Patienten, wie es Feistmann schon 1909 vermerkte. Diese Scheu kommt auch im „Zittern" bei der Begegnung mit Fleißer zum Ausdruck. Seine Angst vor Kontakten hatte mit Sicherheit durch den offen propagierten Antisemitismus der Nationalsozialisten noch einmal einen neuen Schub erfahren.

Feistmann beschrieb nach seiner Visite erstmalig die religiösen Wahnvorstellungen des Patienten. Bendit beschäftigte sich intensiv mit dem Verhältnis zwischen Christentum und Judentum, und er sah als Jude schon früh eine Überlegenheit des Christentums, wenn er 1909 gegenüber Feistmann erklärte: „Alle Juden müssten Christen werden." Bei Fleißer fühlt er sich im Jahre 1938 als Jude schuldig an der Kreuzschlagung Jesu vor zweitausend Jahren. Offenbar waren die religiösen Wahnvorstellungen auch im Jahr 1938 noch präsent.

---

131 Lt. Stadtarchiv München: Biographisches Gedenkbuch der Münchner Juden war er der einzige.

Als Fazit kann man festhalten: Es gibt sehr starke Anzeichen dafür, dass die von Fleißer beschriebene Schlüsselszene der Erzählung „Die im Dunkeln" auf einer Begegnung mit dem damals 75-jährigen Moritz Bendit basiert. Ein sicherer „Beweis" kann aber nicht geführt werden.

3.6.4 Die Einführung von Kennkarten

Zum 1. Oktober 1938 wurde im Deutschen Reich die Kennkarte, ein Vorläufer des Personalausweises, eingeführt. Alle Staatsbürger konnten ab dem 15. Lebensjahr eine Kennkarte beantragen. Für männliche Staatsangehörige bestand ab dem 18. Lebensjahr eine Kennkartenpflicht, ebenso für Jüdinnen und Juden. Die Kennkarte wurde doppelt ausgestellt. Ein Exemplar verblieb bei der ausstellenden Behörde. Viele dieser Kennkarten-Doppel sind bis heute z. B. im Stadtarchiv München erhalten. Die Kennkarten der Jüdinnen und Juden waren mit einem eingedruckten „J" markiert. Das eingedruckte „J" war diskriminierend und muss als eine Vorstufe zum 1941 eingeführten „Judenstern" betrachtet werden.

3.6.4.1 Moritz Bendits Kennkarte

Für Moritz Bendit wurde am 3. April 1939 vom Polizeipräsidium München eine Kennkarte ausgestellt. Sie wurde unter Mitwirkung seines Vormunds Hans Nachtigall angefertigt. Nachtigall kommunizierte bezüglich Bendits Kennkarte mit den Behörden.[132] Das Kennkarten-Doppel ist im Stadtarchiv München erhalten. Bendits Kennkarte hätte eine Gültigkeit von fünf Jahren haben sollen. Die Karte ist in sauberer Sütterlin-Handschrift ausgefüllt. Neben einem Passfoto enthält sie einige weitere interessante Informationen. Bendit hat diese Kennkarte nicht unterschrieben, noch hat er seine Fingerabdrücke abgegeben. In den Feldern rechts neben dem Passfoto, die für Fingerabdrücke des rechten und linken Zeigefingers vorgesehen waren, ist notiert: „B. ist […] nicht in der Lage Unterschrift abzugeben, auch können Fingerabdrücke nicht genommen werden." Diese Bemerkung ist nicht überzeugend. Dass Bendit Briefe schreiben konnte, ist mehrfach belegt. Er schrieb im Sommer 1892 an Dr. Klüpfel, 1909 an seine Vettern in Fürth und 1920/21 an seinen Vormund Walter Erdmann. Allerdings unterlag seine Schreibfähigkeit gewissen Schwankungen. So hatte er im Jahr 1897 größere Schwierigkeiten, einen Brief zum 70. Geburtstag seines Vaters zu verfassen. Nach allem was wir wissen, war Bendit im Alter von 75 Jahren noch geistig rege, bekam zum Geburtstag 1940 noch

---

132 Auf Moritz Bendits Kartei-Karte aus dem Stadtarchiv München ist vermerkt, Nachtigall sei seit Januar 1939 Bendits Vormund „lt. dessen Brief v. 25.1.39 bezgl. Kennkarte".

Bücher geschenkt und sollte das Schreiben grundsätzlich nicht verlernt haben. Es ist sogar recht wahrscheinlich, dass Bendit noch wenige Tage vor seiner Ermordung eine Liste der Kuranstalt Neufriedenheim eigenhändig unterzeichnet hat. Siehe dazu das Kap. 3.6.10.3. Daher ist es eher wahrscheinlich, dass sich Bendit entweder weigerte, die Kennkarte mit dem eingedruckten „J" und dem Zwangsvornamen „Israel" zu unterschreiben, oder dass ihm die Leitung des Sanatoriums die Kennkarte vorenthielt, um ihn nicht unnötig aufzuregen. Im Feld „Unveränderliche Kennzeichen" ist eine „Narbe am Nasenrücken" vermerkt. Von welcher Verletzung diese Narbe stammt und wann er sie sich zugezogen hat, ist nicht bekannt. In der frühen Patientenakte aus Bendorf wird diese Narbe offenbar noch nicht erwähnt. „Degenerationszeichen" am Ohr, wie sie in der Bendorfer Krankenakte erwähnt werden oder in einem Gutachten von Dr. Klüpfel,[133] sind dagegen auf der Kennkarte nicht vermerkt.

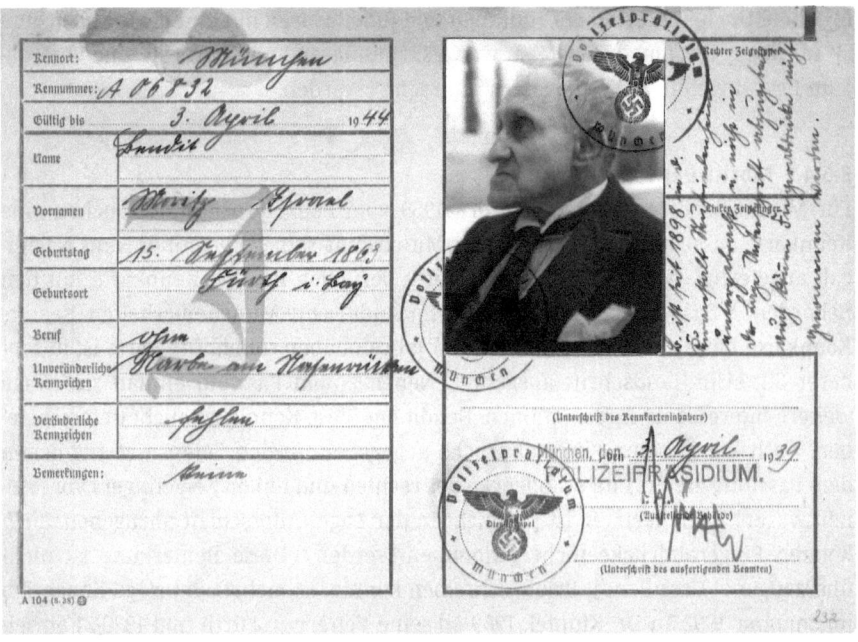

Abb. 3.8: Moritz Bendits Kennkarten-Doppel (1939)
Die Kennkarte wurde am 3. April 1939 vom Polizeipräsidium München ausgestellt.[134]

---

[133] ALVR: Dr. Klüpfel registrierte 1892 „an den Ohren und am Kopf deutliche stigmata hereditatis".
[134] Stadtarchiv München: Kennkarten-Doppel Moritz Bendit: DE-1992-KKD-0232

Besonders wertvoll ist das Foto, denn es sind insgesamt nur vier Fotos von Moritz Bendit erhalten. Die ersten drei Fotos stammen noch vom Ende des 19. Jahrhunderts. Auf der Kennkarte haben wir das einzige Foto aus seinen letzten Lebensjahren. Der 75-Jährige ist im Profil abgebildet. Sein linkes Ohr ist auf dem Foto gut sichtbar. Die Narbe am Nasenrücken ist nicht auszumachen. Bendit trägt Anzug mit Krawatte sowie ein sorgsam gefaltetes Einstecktuch. Schon auf dem Foto von 1898 trug Moritz ein Stecktuch, als einziger von den neun Firmeninhabern, die auf der Jubiläumstafel porträtiert sind. Offenbar legte Moritz Bendit zeitlebens Wert auf eine elegante Kleidung. Das deckt sich mit den Erinnerungen von Elisabeth Piloty: „Picobello angezogen; jeden Tag mit Hemd, mit Krawatte, mit Anzug."

Auf der unbedruckten Rückseite des Kennkarten-Doppels befindet ich ein mit Bleistift geschriebener handschriftlicher Vermerk: „14.9.40 gkrank nach Eglfing".

Neben der Kennkarte gibt es im Stadtarchiv München noch eine Karteikarte vom Meldeamt zu Moritz Bendit. Auf der Karteikarte ist u. a. die Anmeldung von Moritz Bendit in Neufriedenheim am 30.12.1898 vermerkt. Auf telefonische Anfrage in Neufriedenheim wurde dem Meldeamt der Stadt München am 30.01.1939 bestätigt, dass sich Moritz Bendit nach wie vor in der Kuranstalt befindet. Ebenso ist auf der Karteikarte die Vergabe des zusätzlichen Vornamens „Israel" ab dem 1.1.39 festgehalten. Zudem gibt es im Feld „Allgemeine Vormerkungen" verschiedene Angaben zum Vormund Hans Nachtigall.[135]

3.6.5 Die Ereignisse im Jahr 1940

Im Jahr 1940 spitzte sich die Lage insbesondere für jüdische Anstaltspatienten extrem zu. Wir betrachten zunächst zwei andere jüdische Patientinnen, die in Neufriedenheim sehr unterschiedliche Erfahrungen machten. Weitere Einblicke in die Lage der jüdischen Patienten im Jahr 1940 in Neufriedenheim erlaubt eine Eidesstattliche Erklärung aus dem Jahr 1946, die von der ehemaligen Patientin Mathilde Schneider zugunsten von Leonhard Baumüller abgegeben wurde. Abgerundet wird das Bild für jüdische Patienten in Neufriedenheim durch eine Aussage von Lily Offenbacher, die kurz nach Bendits Deportation im Herbst 1940 eine Freundin in der Kuranstalt besuchte.

Zum Abschluss fassen wir zusammen, was über die letzten Wochen und Tage aus dem Leben von Moritz Bendit bekannt ist. Seine Ermordung, höchstwahrscheinlich in Schloss Hartheim, wurde durch eine staatlich angeordnete Verlegung nach Eglfing eingeleitet. Eglfing diente im September 1940 als Sammellager für

---

[135] Stadtarchiv München: Einwohner-Meldekarte Moritz Bendit

sämtliche jüdische Anstaltspatienten aus Bayern. Von Eglfing aus startete wenige Tage später die Deportation nach Hartheim. Dort wurden ca. 192 jüdische Kranke in der Gaskammer ermordet.

3.6.6 Rosa Hechinger

Die Patientin Rosa Hechinger (1899–1940) werden wir hier, trotz ihres extrem kurzen Aufenthalts in Neufriedenheim, etwas ausführlicher behandeln, weil sie sich in Briefen sehr negativ über ihre Behandlung als Jüdin geäußert hat.

Rosa Hechinger litt an Schizophrenie. Nach einem Suizidversuch im Jahre 1936 wurde sie vorübergehend ins Schwabinger Krankenhaus eingeliefert und verbrachte anschließend eineinhalb Jahre in der Heil- und Pflegeanstalt Eglfing-Haar. 1938 folgten aufgrund familiärer Probleme ein zweiter Suizidversuch und ein erneuter Aufenthalt in Eglfing. Da das Deckblatt ihrer Krankenakte aus Eglfing-Haar erhalten ist, sind die Ein- und Austrittstermine dieser Aufenthalte in Eglfing-Haar genau dokumentiert.[136] Die Eglfinger Krankenakte selbst ist dagegen nicht erhalten. Rosa Hechingers Ehemann Julius „Uli" Hechinger war bei der Israelitischen Kultusgemeinde München angestellt.[137] Am 8. August 1940 wurde Rosa Hechinger wegen Manie in Neufriedenheim eingeliefert. Sie schrieb am 12. August aus Neufriedenheim einen Brief an die Familie ihrer Schwester: „Ich liege zur Zeit krank in Neufriedenheim ein herrliches Sanatorium. Ich musste mich mit Gertraud [?], Uli [ihr Ehemann Julius][138], besonders mit Paul [ihr Sohn] so aufregen, dass ich ins Nervensanatorium [kam]. Uli ist einverstanden gewesen, ein arischer Nerven- und Seelenarzt auch. Uli hat sich aber geirrt, hier will man mich nicht riechen!!!! [sic!] Hoffentlich bin ich bald daheim. Wir haben auch zu wenig Geld. Uli arbeitet Tag und Nacht verdient zu wenig dafür, alles für seine Glaubensgenossen." Nach nur fünf Tagen Aufenthalt in Neufriedenheim wurde sie in die Nervenklinik der Universität verlegt. Im Begleitschreiben äußert sich Dr. Otto Rehm, der jüngste Bruder von Direktor Ernst Rehm aus Neufriedenheim: „Die Kranke ist seit 8.8.40 hier wegen Manie in Behandlung. Die manische Erregung hat sich in den letzten Tagen gesteigert. Frau H. war 1939 in der Heil- und Pflegeanstalt Eglfing-

---

136 von Cranach et al. 2018, S. 132
137 Archiv LMU: Krankenakte Rosa Hechinger. Lt. Otto Rehm war Rosa Hechinger die „Ehefrau des Geschäftsführers der Israel. Gemeinde München"; Brief vom 12.08.1940 Sanatorium Neufriedenheim an Universitäts-Nervenklinik
138 Stadtarchiv München: Biographisches Gedenkbuch der Münchner Juden; zu Dr. jur. Julius Hechinger: „Er spielte eine führende Rolle in der IKG München." Julius Hechinger wurde am 13.07.1942 aus München an einen unbekannten Ort in Polen deportiert und ermordet.

Haar wegen Schizophrenie in Behandlung, soll nach der Entlassung gesund gewesen sein und leidet seit Februar ds. Jhr. an einem erneuten Erregungszustand, in dem sie schließlich gewalttätig wurde."[139] Einen Grund für die nach wenigen Tagen Aufenthalt erfolgte Verlegung in die Nervenklinik der Universität nennt Rehm nicht. Rosa Hechinger schrieb an ihre Tante, sie sei auf ihren eigenen Wunsch verlegt worden: „Seit 12.8. bin ich freiwillig von Neufriedenheim weggegangen u. bin jetzt sehr gut in der Nervenklinik Nußbaumstr. 7/I untergebracht, II. Klasse bin sehr zufrieden, doch möchte ich bald wieder zu meinem lieben Mann heim u. zu Paul."[140]

Der kurze Aufenthalt von Rosa Hechinger in Neufriedenheim ist eher ungewöhnlich. In einem Hausprospekt von ca. 1938 empfiehlt das Sanatorium einen Mindestaufenthalt von drei Monaten. Wir wissen allerdings, dass auch Tilly Wedekind im Dezember 1917 Neufriedenheim schon nach wenigen Tagen verließ. Die Unzufriedenheit Rosa Hechingers, die zu ihrer selbstbestimmten Verlegung führte, deutet auf eine von ihr empfundene antisemitische Grundstimmung in Neufriedenheim hin.

Nachdem sich Rosa Hechinger anfangs grundsätzlich zufrieden über die Nervenklinik der Universität geäußert hatte, zeigte sie sich schließlich aber auch über die dortigen Verhältnisse enttäuscht und bekräftigte zugleich noch einmal ihre Kritik an Neufriedenheim: „Meine Krankheit ist die: Wenn mich irgendjemand beleidigt oder angreift, dann kann ich mich oft tagelang beherrschen, aber wehe, wenn die Bombe platzt. Dann schreie ich sogar. Das ist hässlich und ich bemühe mich & arbeite 2 Jahre daran es mir abzugewöhnen. Nun ist das aber für mich sehr schwer, da ich Jüdin bin und sowohl in Neufriedenheim als auch hier das fühlen muss."[141] Ein namentlich nicht bekannter Arzt der Universitäts-Nervenklinik schrieb ins Kranken-Journal: „Patientin ist in ihrem ganzen Verhalten ausgesprochen hypnotisch. Dauernd in Bewegung schreibt sie unzählige Karten und Briefe, klingelt die Schwester in einem fort, verträgt sich scheinbar gut mit ihren Mitpatienten, um im nächsten Augenblick den größten Krach mit ihnen zu haben. Will so und so oft den Arzt sprechen." Viele dieser Briefe und Karten erreichten ihre Adressaten nie, weil sie in der Klinik zurückgehalten und in ihrer Krankenakte abgelegt wurden. Am 9. September vermerkte der Arzt: „Wegen des ausgesprochen hypoman. Zustandes der Patientin kann eine Entlassung nach Hause z.Zt.

---

139 Laut dem Deckblatt ihrer Krankenakte aus Eglfing-Haar in von Cranach et al. 2018, S. 132 war Rosa Hechinger zuletzt vom 29.04.1938 bis 16.07.1938 in der Heil- und Pflegeanstalt, nicht aber 1939.
140 Archiv LMU: Krankenakte Rosa Hechinger, Brief an Josephine Reis vom 19.08.1940
141 Archiv LMU: Krankenakte Rosa Hechinger, Brief an Dr. Mikorey (Universitäts-Nervenklinik) vom 29.08.1940

noch nicht in Betracht gezogen werden. Patientin ist Jüdin und würde draußen durch ihr auffallendes Wesen und unbeherrschtes Auftreten besonders unliebsames Aufsehen erregen. Deshalb erfolgt heute auf ärztliche Veranlassung und im Einverständnis mit dem Ehemann die Verlegung in die Heil- und Pflegeanstalt Eglfing-Haar." Man darf wohl davon ausgehen, dass ein Einverständnis von Rosa Hechinger zu dieser neuerlichen Verlegung nicht vorgelegen hat. Die Verlegung Rosa Hechingers vom 9. September 1940 aus der Universitätsnervenklinik in die Heil- und Pflegeanstalt Eglfing-Haar wirft Fragen auf, die wir in Anh. A15 gesondert untersuchen.

Rosa Hechinger zählte zusammen mit Moritz Bendit zu den 192 jüdischen Kranken, die am 20.09.1940 im Rahmen der „Sonderaktion für jüdische Anstaltspatienten" aus Eglfing-Haar nach Hartheim deportiert und durch Giftgas ermordet wurden.[142]

3.6.7 Julie Weiss

Das Schicksal der Patientin Julie Weiss (1901–1942) wird im Biographischen Gedenkbuch der Münchner Juden beschrieben. Weitere Informationen enthält ein ärztliches Begleitschreiben von Leonhard Baumüller anlässlich ihrer Verlegung von Neufriedenheim in das Israelitische Krankenhaus München. Außerdem erinnert sich die Rehm Enkelin Elisabeth Piloty sehr lebhaft an Julie Weiss. Weiss wurde erstmalig im Januar 1930 in Neufriedenheim aufgenommen. „Julie Katharina Weiss litt an einer schweren Rückgratverkrümmung und war an beiden Beinen gelähmt" schreibt das Biographische Gedenkbuch der Münchner Juden.[143] Laut Leonhard Baumüller war ihr Zustand durch eine Kinderlähmung hervorgerufen worden. Sowohl Baumüller als auch das Biographische Gedenkbuch vermerken nur diese körperlichen Behinderungen. Falls keine zusätzliche psychische Erkrankung vorgelegen haben sollte, wäre Julie Weiss eine Ausnahmepatientin in Neufriedenheim gewesen. Aus den Quellen geht hervor, dass sich Leonhard Baumüller vorbildlich um Julie Weiss kümmerte. Julie Weiss und eine weitere jüdische Patientin aus Neufriedenheim wurden im Gegensatz zu Moritz Bendit im September 1940 nicht in die Sonderaktion für jüdische Anstaltspatienten einbezogen. Möglicherweise blieben beide verschont, weil sie nicht in die Kategorie der geisteskranken Patienten fielen. Ein andere Möglichkeit wird von Lily Offenbacher angedeutet: Die vor der Deportation vom September 1940 bewahrten jüdischen Patienten könnten vorübergehend als geheilt aus der Anstalt entlassen worden sein. Sollte

---

142 Stadtarchiv München: Biographisches Gedenkbuch der Münchner Juden, Rosa Hechinger
143 Stadtarchiv München: Biographisches Gedenkbuch der Münchner Juden, Julie Weiss

Baumüller Julie Weiss und Maria Falkenberg im September 1940 tatsächlich vorübergehend entlassen haben, so geschah das, um eine Verlegung nach Eglfing zu verhindern. Wahrscheinlich ahnte oder wusste er, was den jüdischen Patienten, die im September 1940 nach Eglfing verlegt wurden, bevorstand. Hinz-Wessels berichtet über Einzelfälle aus einer anderen Anstalt, in der Jüdinnen durch eine Entlassung vor der frühen Mordaktion bewahrt werden konnten. „Derartige Fälle zeigen, dass die behandelnden Anstaltsärzte durchaus über Handlungsspielräume verfügten."[144]

Der besondere Einsatz von Baumüller für Julie Weiss ist umso bemerkenswerter, als ihre Angehörigen gegen Ende ihres Aufenthalts in Neufriedenheim nicht mehr zahlungsfähig waren. Laut Elisabeth Piloty bewohnte Julie Weiss ein sehr kleines schmales Zimmer im ersten Obergeschoss des Sanatoriums (s. Anh. A14). Aufgrund ihrer Lähmung konnte sie das Zimmer nicht aus eigener Kraft verlassen. Sie machte sich in Neufriedenheim nützlich als fleißige und geschickte Handarbeiterin. Baumüller schrieb an Dr. Julius Spanier, den Leiter des Israelitischen Krankenhauses München: „Im Übrigen hat sich gezeigt, dass Fräulein Weiss sehr intelligent und hilfsbereit ist, und ich habe sie zeitweise mit allen möglichen Arbeiten im Hause betraut, sie schreibt auch sehr gewandt Maschine." Wenn man die sorgsame Behandlung von Julie Weiss und Moritz Bendit in Neufriedenheim betrachtet, fällt es schwer, die Empfindungen von Rosa Hechinger über eine judenfeindliche Grundhaltung in Neufriedenheim nachzuvollziehen. Vielleicht geriet Hechinger im August 1940 mit Otto Rehm an den falschen Arzt. Es ist aber auch naheliegend, dass Teile der Belegschaft antisemitisch eingestellt waren.

3.6.8 Dr. Therese Baer

Die jüdische Nervenärztin Therese Baer (1895–1940) hat weder als Ärztin in Neufriedenheim gearbeitet, noch gehörte sie zu den Neufriedenheimer Patienten. Sie wurde aber, wie Moritz Bendit, als Patientin einer privaten Münchner Kuranstalt ein Opfer der „Sonderaktion" für jüdische Anstaltspatienten. Ihr Vater, der Kaufmann David Baer starb bereits ein Jahr nach ihrer Geburt, ihre Mutter, Jella Baer geb. Reiß (*1876) starb am 14. Juni 1942 in der Nervenklinik der Universität.[145] Eine Auswertung der Krankenakte von Jella Baer befindet sich im Anhang A16.

Als gebürtige Münchnerin besuchte Therese Baer die Höhere Töchterschule und das Wolpertsche Mädchengymnasium in München und legte im Jahr 1915 ihr Abitur am Staatl. Humanistischen Gymnasium in Fürth ab. Ab dem WS 1915/16 stu-

---

144 Hinz-Wessels, S. 81
145 Biographisches Gedenkbuch der Münchner Juden, Gabriele Jella Baer

dierte sie in München Medizin (Physikum 1918, Staatsexamen 1921) und promovierte im Jahr 1922.[146] Bereits ab 1918 wohnte sie in der Kuranstalt Obersendling bei Karl Ranke. Dort praktizierte sie auch zeitweise. Die genauen Zeiträume sind nicht bekannt. Von 1933 bis 1938 führte sie eine eigene Praxis in der Wohnung ihrer Mutter in der Beethovenstraße 1. 1937 verkaufte ihre Mutter die Wohnung. Ab dem 28. September 1938 wohnte Therese Baer in der Mozartstraße 15. Kurz darauf erkrankte sie an Schizophrenie. Im Jahr 1939 wurde sie entmündigt und unter Pflegschaft gestellt. Im Vormundschaftsregister des Amtsgerichts München aus dem Jahr 1939 ist sie unter der laufenden Nr. 572 eingetragen. Das spricht für ein Verfahren im ersten Quartal 1939. Im Vormundschaftsregister ist vermerkt, dass ihre Akte vernichtet wurde. Nach ihrer Erkrankung kam sie als Patientin in die Kuranstalt Obersendling. Am 14. September 1940 wurde sie wie Moritz Bendit im Rahmen der Sonderaktion für jüdische Anstaltspatienten in die Heil- und Pflegeanstalt Eglfing-Haar verlegt und gehörte ebenfalls zu den 191 jüdischen Kranken, die am 20. September 1940 nach Hartheim deportiert und dort ermordet wurden.[147]

3.6.9 Lily Offenbachers „Bericht über Gnadentod"

Die aus München stammende Jüdin Lily Offenbacher konnte im Juni 1941 über Lissabon in die USA emigrieren. Im September 1941 gab sie ihr Wissen über das „Euthanasie"-Programm dem „U. S. Coordinator of Information" preis.[148] Die erste von insgesamt 42 Juden-Deportationen aus München fand am 20. November 1941 statt[149], als sich Offenbacher bereits in den USA befand. Ihr Bericht belegt, dass die Krankenmorde aufmerksamen Bürgern nicht verborgen geblieben waren: „Im Juli 1940 kursierten die ersten Gerüchte, dass geisteskranke jüdische Personen nicht mehr von Irrenanstalten aufgenommen wurden. Die Verwandten von Patienten, die sich bereits in einer solchen Einrichtung befanden, konnten den Aufenthaltsort dieser Patienten nicht in Erfahrung bringen. Die einzige Antwort auf wiederholtes Nachfragen war, dass alle Patienten nach Eglfing geschickt wurden, eine Anstalt für Geistesgestörte, oder nach Linz, wo sich eine andere Einrichtung ähnlicher Art befindet. [...] Deshalb wurde das Schicksal dieser Menschen überall diskutiert. Einem Gerücht zufolge waren sie alle nach Polen gebracht worden. Alle hielten eine solche Entwurzelung von Patienten, deren einziger Trost eine gewisse

---

146 Biographisches Gedenkbuch der Münchner Juden (Therese Baer) sowie „Ärztinnen im Kaiserreich" (Charité)
147 Stadtarchiv München: Biographisches Gedenkbuch der Münchner Juden
148 Offenbacher 1941 nach freundlichem Hinweis von Sibylle von Tiedemann
149 Jäckle 1988, S. 47

Routine und ein geregelter Tagesablauf ist, für äußerst grausam." In der jüdischen Gesellschaft Münchens sickerten also spätestens im Sommer 1940 Gerüchte über die Verlegungen von Anstaltspatienten nach Linz durch. „Linz" steht dabei entweder als Synonym für die Tötungsanstalt Schloss Hartheim oder für die ca. 15 km entfernte Heil- und Pflegeanstalt Niedernhart bei Linz. Die Sonderaktion für jüdische Anstaltspatienten war im Juli 1940 in Bayern noch nicht im Gang. Allerdings wurden auch schon zuvor durch die Meldebogen-bezogene „Euthanasie" reichsweit mindestens 400 jüdische Patienten selektiert. Laut Hinz-Wessels gibt es deutliche Anzeichen dafür, dass die „jüdische Rasse" ein bevorzugtes Selektionskriterium war.[150] Die Deportation von Eglfing in die Tötungsanstalt Hartheim bei Linz mit 70 männlichen Patienten im Mai 1940 war vermutlich die erste Deportation mit Ziel Hartheim. Frühere Deportationen gingen in die Tötungsanstalt Grafeneck.[151] Es ist also gut möglich, dass Lily Offenbacher im Sommer 1940 von Verlegungen nach Linz gehört hat.

Niedernhart bei Linz hatte später u. a. die Funktion einer „Zwischenanstalt". Wenn eine deportierte Gruppe von Kranken zu groß war, um am selben Tag in der Gaskammer von Schloss Hartheim ermordet zu werden, diente Niedernhart gelegentlich als „Zwischenlager". Die ebenfalls bekannten Gerüchte um eine Deportation nach Polen gehen vermutlich auf die aus der Anstalt Chelm verschickten Todesnachrichten zurück.

Ausführlich berichtet Offenbacher über den Besuch bei einer Freundin in einem Münchner Privatsanatorium, ohne das Sanatorium beim Namen zu nennen. In München gab es neben dem Sanatorium Neufriedenheim nur noch die Kuranstalt Obersendling. Aus dem Kontext geht eindeutig hervor, dass Offenbacher das Sanatorium Neufriedenheim besuchte: „Der Chefarzt ist als begeisterter Nazi bekannt." trifft auf Direktor Ernst Rehm zu, nicht aber auf den Leiter von Obersendling, Karl Ranke. Zum anderen erzählte ihr ihre Freundin, „dass ein geisteskranker jüdischer Mann in einem Autobus weggebracht worden war. Man sagte ihnen, dieser Mann sei nach Eglfing gekommen. [...] Der Patient hatte seit Jahren in dem Sanatorium gelebt. [...] Meine Freundin sagte mir, dass er der einzige Patient war, der auf diese Weise verschwunden war." Auch diese Aussage trifft bei den Münchner Privatsanatorien nur auf Neufriedenheim zu. Aus der Kuranstalt Obersendling wurden am 14.09.1940 Therese Baer und Mathilde Landauer nach Eglfing verlegt, aber kein männlicher Patient. Es gibt also keinen Zweifel daran, dass es sich bei dem jüdischen Mann, von dem Lily Offenbachers Freundin erzählte, um Moritz Bendit gehandelt haben muss. Weiter berichtete Offenbachers Freundin: „Der Patient hatte seit Jahren in dem Sanatorium gelebt und war sehr beliebt. Sein Lieb-

---

150 Hinz-Wessels 2013, S. 75
151 Cranach et al. 2018, S. 83

lingsausspruch war: ‚Ich bin nicht arisch, aber trotzdem blöd'. Wegen seiner Beliebtheit versuchten seine Pfleger und Pflegerinnen, ihn an ihrem freien Tag in Eglfing zu besuchen. Sie wurden nicht zu ihm vorgelassen und wirkten bei ihrer Rückkehr sehr besorgt." Der Lieblingsspruch zeigt Bendit von seiner humorvollen Seite. Schon aus Bendorf wurde berichtet, dass Bendit Witze erzählte oder hintersinnige Sprüche von sich gab. Bendit durfte sich sicherlich nur deshalb so despektierlich über Arier äußern, weil man es ihm wegen seiner Krankheit nicht übelnahm.

Offenbacher berichtet über einen weiteren Fall einer jüdischen Patientin aus einem anderen Sanatorium. Die Oberin dieses nicht identifizierbaren Sanatoriums[152] habe dem „arischen" Verwandten auf Anfrage mitgeteilt, die Patientin sei auf Anordnung der Regierung weggebracht worden. Im Juli oder August 1940 habe der Verwandte dann die Sterbeurkunde zusammen mit einer Urne mit ihrer Asche erhalten. „Mehrere meiner Freunde machten ähnliche Erfahrungen." Schreibt Offenbacher. Wenn die Zeitangabe Juli oder August 1940 stimmt, kann es sich in diesem Fall nicht um eine Patientin der „Sonderaktion" der jüdischen Anstaltspatienten aus Bayern vom September 1940 gehandelt haben. Möglicherweise stammte diese Patientin aus Berlin oder Brandenburg, wo die „Sonderaktion" für jüdische Kranke schon im Juni 1940 startete.[153] Es könnte sich aber auch um eine jüdische Patientin handeln, die im allgemeinen Rahmen der „T4-Aktion" aufgrund ihres Meldebogens für die Tötung selektiert wurde. Die Aussage von Offenbacher belegt, dass auch schon vor dem Herbst 1940 klare Hinweise für die Tötung von Anstaltspatienten vorhanden waren.

3.6.10 Die Deportation und Ermordung von Moritz Bendit

Moritz Bendit wurde am 14. September 1940 im Rahmen der „T4-Sonderaktion" und auf Anordnung aus dem Bayerischen Innenministerium von Neufriedenheim zwangsweise in die Heil- und Pflegeanstalt Eglfing-Haar verlegt. Am 20. September wurde er zusammen mit ca. 191 jüdischen Anstaltspatienten aus ganz Bayern in eine NS-Tötungsanstalt deportiert; höchstwahrscheinlich in die „Reichsanstalt" Hartheim bei Linz. Dort wurde er vermutlich noch am Ankunftstag durch Giftgas ermordet.

---

152 Möglicherweise eine kirchliche Einrichtung. Die Oberin teilte dem Verwandten mit, sie wolle für die Patientin beten.
153 Klee 1983, S. 259

3.6.10.1 Zigarren und Dinge des täglichen Lebens

Moritz Bendits letzter Vormund Hans Nachtigall hat in der Entmündigungsakte verschiedene Belege des Sanatoriums Neufriedenheim aus den letzten Wochen von Moritz Bendit aufbewahrt. Das war ungewöhnlich, erlaubt uns aber einen kleinen Einblick in Bendits Alltag in der Kuranstalt. Zunächst liegen zwei Rechnungen über Zigarren (150 Stück) vom 20. Juni und vom 26. August 1940 (ohne Mengenangabe) vor.[154] Wir können also davon ausgehen, dass Bendit mindestens zwei bis drei Zigarren am Tag rauchte. Vgl. dazu auch Anhang A13.

Drei Tage nach Bendits Verlegung nach Eglfing, stellte die Kuranstalt eine letzte Rechnung: Rauchwaren, dazu ein Friseurbesuch für 3,50 Mark, Porto, Telefon, Zündhölzer und „Bedienung für 14 Tage" (1. – 14. September), 14 Flaschen Limonade. Offenbar trank Bendit täglich eine Flasche Limonade. Neben den Kosten für „Pension und ärztliche Behandlung" von 11,- RM pro Tag wurde noch ein eigener Pfleger für vier halbe Tage à 3,50 RM berechnet.[155] Bendit stand in seinen letzten Tagen in Neufriedenheim also immer noch ein eigener Pfleger zur Seite, wenn auch nur noch zweimal wöchentlich für einen halben Tag.[156]

3.6.10.2 Letzte Geburtstagsgeschenke

Am 15. September 1940 hätte Moritz Bendit seinen 77. Geburtstag in Neufriedenheim feiern sollen. Die Geburtstagsgeschenke waren einige Tage zuvor bereits besorgt worden: ein Zwicker mit Schnur für 12 Mark und zwei Bücher für 3,50 Mark.[157] Zu gerne würden wir die Buchtitel wissen. Sie sind aber auf der Rechnung nicht angegeben. Jedenfalls las Bendit auch im Alter noch Bücher und benötigte dafür eine Lesehilfe. Weiter aufgeführt sind Hygieneartikel: Parfüm und Seife für 2 Mark, Nivea Creme für 1 Mark und Fußbäder der Marke Efasit[158] für 2 Mark; schließlich wurden Birnen für 1 Mark genannt, vermutlich aus dem Obstgarten des Sanatoriums. Bendits Vormund Nachtigall überwies den Rechnungsbetrag wie üblich ohne Rückfrage. Ein Detail der Geschenkeliste verdient aber besondere Aufmerksamkeit.

---

154 Staatsarchiv Nürnberg: AG Fürth V. V. 307/1899. Rechnungen vom 20.06.1940 und vom 26.08.1940
155 Staatsarchiv Nürnberg: AG Fürth V. V. 307/1899. Rechnung vom 17.09.1940
156 Im Jahr 1921 stand Bendit täglich ein Pfleger zur Verfügung.
157 Staatsarchiv Nürnberg: AG Fürth V. V. 307/1899. Geschenkeliste vom 12.09.1940
158 efasit® ist eine Marke der Fußpflegeserie der TOGAL-WERK AG aus München.

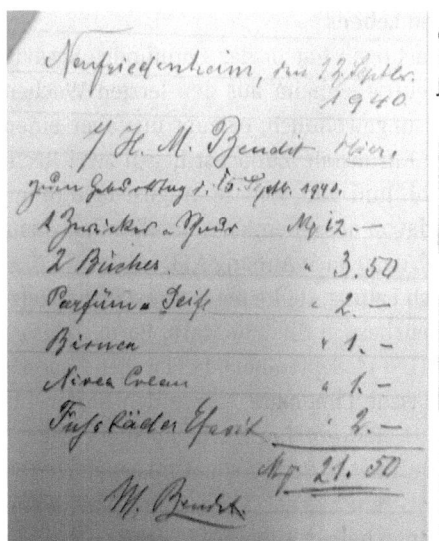
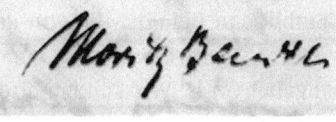

oben:
Moritz Bendits Unterschrift aus dem Jahr 1892

unten:
Schriftzug M.Bendit auf der Liste der Geburtstagsgeschenke aus dem Jahr 1940

Abb. 3.9: Liste der Geburtstagsgeschenke und Unterschriften (1892, 1940)

3.6.10.3 Die Unterschrift von Moritz Bendit

Auffällig an der Zusammenstellung ist die Bestätigung „M. Bendit" in der untersten Zeile der Rechnung mit einer erkennbar abweichenden Handschrift. Es sieht so aus, als könnte Moritz Bendit den Erhalt der Geschenke selbst gegengezeichnet haben. Um zu überprüfen, ob es sich hierbei tatsächlich um eine Unterschrift von Moritz Bendit handelt, vergleichen wir die Unterschrift von 1940 mit der eigenhändigen Unterschrift von Moritz Bendit unter dem Brief an Dr. Klüpfel aus dem Jahr 1892.[159]

Oben sehen wir die Unterschrift des 28-jährigen Moritz Bendit aus dem Jahr 1892, unten den Schriftzug „M. Bendit" (von der Liste der Geburtstagsgeschenke) vom September 1940. Zwischen beiden Schriftproben liegen 48 Jahre. Einige Gemeinsamkeiten sind auch für den Laien auffällig. Das große „M" ist weder in lateinischer Schreibschrift noch in Sütterlin geschrieben und sehr ähnlich. Beim Nachnamen sind die ersten drei Buchstaben in einer ähnlichen Schreibschrift geschrieben, das kleine „d" dagegen jeweils in Sütterlin. Aufgrund dieser Ähnlichkeiten ist es durchaus vorstellbar, dass Moritz Bendit die Liste der Geburtstagsgeschenke ei-

---

[159] Archiv des Landschaftsverbands Rheinland: ALVR 103.353

genhändig gegengezeichnet hat.[160] Da Bendit am 14. September, also einen Tag *vor* seinem Geburtstag, nach Eglfing verlegt wurde, wäre es naheliegend, dass ihm die bereits besorgten Geschenke mitgegeben wurden. Das hätte den Vorgaben entsprochen. So schrieb z. B. der Württembergische Innenminister im Januar 1940 in einer Verlegungsanordnung an eine Heil- und Pflegeanstalt: „Der Transport ist von der Abgabeanstalt vorzubereiten. […] Das gesamte Privateigentum ist in ordentlicher Verpackung mitzugeben."[161] Eine entsprechende Anordnung dürfte das Sanatorium Neufriedenheim anlässlich Bendits Verlegung ebenfalls erhalten haben. Bendits Unterschrift könnte dem Sanatorium als Beleg für Hans Nachtigall gedient haben, dass Bendit die Geschenke tatsächlich noch vor seiner Verlegung erhalten hat.

3.6.10.4 Die „Verlegung" der jüdischen Patienten nach Eglfing-Haar

Am 15. April 1940 hatte das Reichsinnenministerium in Berlin alle Anstaltsleitungen im Deutschen Reich aufgefordert, innerhalb von drei Wochen alle jüdischen Patienten zu melden. In Berlin und Brandenburg wurden daraufhin schon im Juli die ersten jüdischen Kranken deportiert und ermordet. Am 30. August 1940 folgte eine Verordnung, alle jüdischen Anstaltspatienten unabhängig vom Inhalt ihres Meldebogens in Sammelanstalten zu verlegen. Für Bayern wurde die Heil- und Pflegeanstalt Eglfing-Haar als Sammelanstalt bestimmt.[162] Im August 1940 befanden sich neben Moritz Bendit noch mindestens zwei weitere jüdische Patientinnen mit einer Aufenthaltsdauer von mehr als zehn Jahren in Neufriedenheim: Maria Falkenberg und Julie Weiss. Im Gegensatz zu Bendit, der am 14.09.1940 nach Eglfing-Haar verlegt wurde, blieben Maria Falkenberg und Julie Weiss von der Sonderaktion für jüdische Anstaltspatienten im September 1940 verschont.[163] Möglicherweise wurden sie vor dem 14. September von der Anstaltsleitung vorübergehend nach Hause entlassen. Bendit hätte nicht mehr nach Hause entlassen werden können. Sein letzter verbliebener Bruder Louis lebte in London und auch seine übrigen Verwandten waren inzwischen aus Deutschland emigriert oder verstorben.

---

160 Eine professionelle graphologische Analyse der beiden Schriftzüge wäre zwar wünschenswert, konnte aber im Rahmen der Untersuchungen für die vorliegende Dokumentation nicht durchgeführt werden.
161 Klee 1983, S. 125
162 von Tiedemann und Eberle in Cranach et al. 2018, S. 132; Schmidt 2012, S. 51
163 Vgl. Kap. 3.6.7

3.6.10.5 Die Rolle des Städtischen Rettungsdienstes München

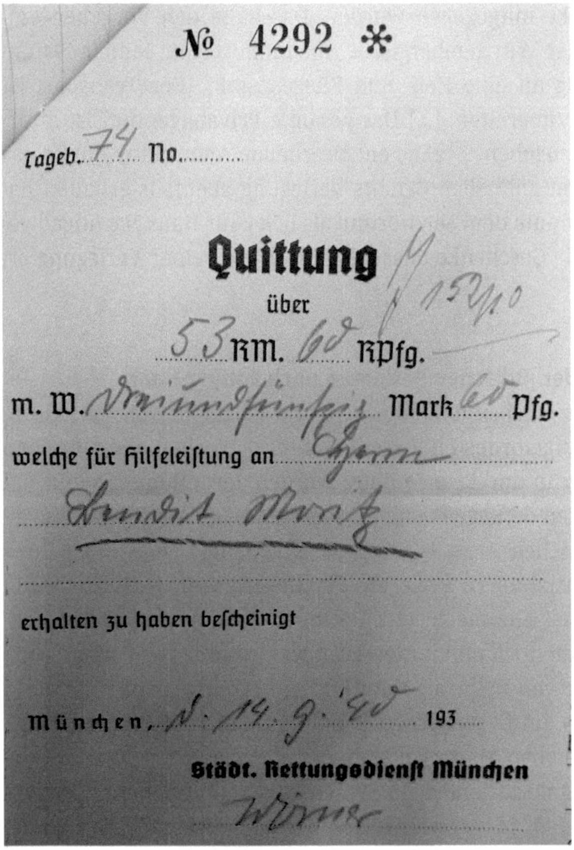
№ 4292 *

Tageb. 74 No.

Quittung

über

53 RM. 60 RPfg.

m. W. dreiundfünfzig Mark 60 Pfg.

welche für Hilfeleistung an Herrn

Bendit Moritz

erhalten zu haben bescheinigt

München, d. 14. 9. '40 193

Städt. Rettungsdienst München

Abb. 3.10: Quittung des Städtischen Rettungsdienstes München

Die Abholung von Moritz Bendit aus Neufriedenheim erfolgte durch den Städtischen Rettungsdienst München. Die Kosten von 53,60 RM für „Hilfeleistung“ durch den Rettungsdienst hat Bendits letzter Vormund Hans Nachtigall dem Sanatorium erstattet. Die Quittung des Rettungsdienstes ist auf den 14.09.1940 datiert. Die Kosten von 53,60 RM erscheinen recht hoch. Das Rote Kreuz legte „im April 1943 einen Einheitstarif von 9,50 RM pro Krankentransport fest und hob damit ein Mehrstufensystem auf, in dem die Gebühren der wirtschaftlichen Situation des Versorgten entsprechend zwischen sieben und zwölf RM erhoben worden waren.“[164] Der städ-

164 Christians 2013, Fußnote 318 auf S. 88

tische Rettungsdienst soll etwas höhere Gebühren verlangt haben. Diese Angaben beziehen sich offenbar auf innerstädtische Krankentransporte. Ein Transport über ca. 35 km von Neufriedenheim nach Eglfing dürfte teurer gewesen sein.

Es ist denkbar, dass der Städtische Rettungsdienst München an diesem Septembertag mehrere Patienten aus anderen oberbayerischen Anstalten verlegt hat, z. B. Therese Baer und Mathilde Landauer, die am selben Tag aus der Kuranstalt Obersendling nach Eglfing-Haar abgeholt wurden. Für einen einzelnen Patienten wäre kein Bus erforderlich gewesen. Wahrscheinlich handelte es sich bei dem Transportfahrzeug nicht um einen Autobus sondern nur um einen größeren Rettungs- bzw. Krankenwagen.[165] Der Städtische Rettungsdienst München hatte 1940 ein innerstädtisches Monopol auf Krankentransporte. So wurde z. B. auch Rosa Hechinger am 12. August 1940 durch den Rettungsdienst von Neufriedenheim in die Nervenklinik der Universität gefahren. 1943 wurde der Münchner Rettungsdienst aufgelöst. Seine Aufgaben wurden im Zuge der Gleichschaltung dem Deutschen Roten Kreuz übertragen.[166] Schmidt berichtet ohne konkretere Angaben zum Transportdienstleister, die Patienten seien aus den oberbayerischen Anstalten mit einem „normalen Bus" nach Eglfing-Haar gebracht worden. Erst bei der anschließenden Deportation von Eglfing-Haar in die Tötungsanstalt sei der „äußerlich furchterregende Todeswagen" der Gemeinnützigen Krankentransport G. m. b. H. eingesetzt worden.[167] Allerdings wurden nur bei den frühen Deportationen von Eglfing in die Tötungsanstalt Grafeneck Busse eingesetzt. Die Transporte nach Hartheim erfolgten bis nach Linz mit der Bahn. Eglfing verfügte über einen eigenen Gleisanschluss. Für die kurze Reststrecke vom Bahnhof Linz zur Tötungsanstalt Hartheim wurden wiederum Busse eingesetzt.[168]

3.6.10.6 Bendits Aufenthalt in Eglfing

Vom 14. bis zum 20. September 1940 hielt sich Moritz Bendit in der Heil- und Pflegeanstalt Eglfing auf, die als Sammelanstalt diente. Er verbrachte also insbesondere seinen 77. Geburtstag am 15. September in Eglfing. Die männlichen jüdischen Patienten wurden für wenige Tage provisorisch im völlig überbelegten Haus 25 einquartiert. Die Frauen waren in einem separaten Haus untergebracht. „In beiden Häusern muss eine unvorstellbare Enge geherrscht haben. [...] Der geplante

---

165 Lily Offenbachers Freundin sprach von einem „Autobus".
166 Stadtarchiv München: AFO-90: Rettungsdienste und Krankentransporte 1928–1942
167 Schmidt 2012, S. 44 – Demnach wurden jüdische Patienten mit einem „Omnibus" aus Taufkirchen abgeholt.
168 Cranach et al. 2018, S. 94

Mord machte aus der Klinik für ein paar Tage ein Zentrum jüdischer Anstaltspatienten."[169]

Ein letztes Lebenszeichen von Moritz Bendit wurde von Gerhard Schmidt dokumentiert: „Nach Bericht eines Pflegers, der sich eine Privatliste mit neunundsiebzig Namen angelegt hatte, waren viele ältere Herren darunter, ein Stadtrat aus dem Rheinland, Kaufleute, Rechtsanwälte, ein Bekannter von Thomas Mann. ‚Geistig hat man sich sehr gut mit ihnen unterhalten können' ‚Ein komisches Gefühl, dass mit uns nichts Gutes geschieht' hatte Herr B.[endit] aus Neufriedenheim."[170]

Als ihn seine früheren Pflegerinnen und Pfleger aus Neufriedenheim kurz nach seiner Verlegung in Eglfing besuchen wollten, wurden sie nicht zu ihm vorgelassen und kehrten unverrichteter Dinge wieder zurück (vgl. Lily Offenbachers „Bericht über den Gnadentod", Kap. 3.6.8). Möglicherweise war Bendit zu diesem Zeitpunkt bereits in der Tötungsanstalt ermordet worden.

3.6.10.7 Eidesstattliche Erklärung von Mathilde Schneider

Die ehemalige Neufriedenheimer Patientin Mathilde Schneider (*1898) gab am 26.06.1946 im Spruchkammerverfahren von Leonhard Baumüller folgende Erklärung ab: „Während meines Kuraufenthaltes 1940 erwähnte Geheimrat Rehm, dass die jüdischen Patienten nur durch Dr. Baumüller in der Anstalt gehalten würden. Er hat auch wiederholt mir gegenüber betont, dass Dr. Baumüller bei der Regierung als Judenfreund bekannt sei."[171] Ernst Rehm starb im April 1945 eines natürlichen Todes. Er konnte sich gegen Schneiders Erklärung nicht mehr verteidigen. Im Kern passt Schneiders Aussage allerdings sehr gut in das Gesamtbild. Die Bemerkung von Walter Schultze am Rand einer von der Kanzlei des „Führers" aus Berlin angeforderten Politischen Beurteilung von Direktor Rehm scheint die Aussage von Mathilde Schneider zu untermauern (vgl. Kap. 3.6.2.1). Schultze hatte Rehm als „sehr alten Herrn" und als eher unbedenklich eingestuft, zugleich aber vor Leonhard Baumüller gewarnt. Auch nach den Aussagen von Elisabeth Piloty kümmerte sich Dr. Baumüller vorbildlich um Julie Weiss. Es spricht Vieles dafür, dass sich vor allem Dr. Baumüller für den Verbleib der jüdischen Patienten stark machte, während die jüdischen Kranken in der NS-Zeit von Direktor Ernst Rehm eher geduldet wurden.

---

169 von Tiedemann und Eberle in Cranach et al. 2018, S. 134
170 Schmidt 2012, S. 52
171 Staatsarchiv München: SpKA K 93 – Leo Baumüller

3.6.10.8 Die Ermordung von Moritz Bendit

Im Kapitel über die „Aktion T4" (Kap. 3.6.2.3) wurde schon berichtet, dass die Krankenmorde unter strenger Geheimhaltung abliefen. Das gilt in erhöhtem Maße für die „Sonderaktion" für jüdische Patienten. Die Angehörigen der Kranken wurden zunächst getäuscht, ihre Verwandten seien auf Veranlassung aus dem Innenministerium „in eine andere Anstalt" verlegt worden. Die abgebende Anstalt kenne den Namen der Aufnahmeanstalt nicht. Die neue Anstalt werde sich sobald wie möglich mit den Angehörigen in Verbindung setzen. Die „Aufnahmeanstalt" meldete sich dann regelmäßig erst nach mehreren Monaten. In einem „Trostbrief" wurde den Angehörigen mitgeteilt, der Patient sei inzwischen in der „Irrenanstalt Chelm, Post Lublin" verstorben. Eine Sterbeurkunde wurde beigefügt. Mit separatem Schreiben wurden die Kosten für den mehrmonatigen „Anstaltsaufenthalt" in Chelm sowie für die „Einäscherung" in Rechnung gestellt. Auf diese Weise ließ sich die „T4-Organisation" ihre Kosten von den Opfern und deren Kostenträgern finanzieren. Tatsächlich wurden die Trostbriefe in Berlin verfasst, und nicht in Polen.[172] Das „Standesamt" der „T4-Zentrale" achtete darauf, die Sterbedaten über einen größeren Zeitraum zu strecken, nachdem im Frühjahr 1940 einigen Behörden aufgefallen war, „dass zu viele Kranke am gleichen Tage an demselben Ort" verstorben gemeldet worden waren.[173] Noch nach dem Krieg behaupteten die T4-Organisatoren an Eides statt, die Juden seien ins Generalgouvernement verlegt worden. Kein Jude sei in einer der sechs „Euthanasie Anstalten" getötet worden.[174]

Moritz Bendit wurde am 20. September aus Eglfing-Haar deportiert. Im Abgangsbuch von Eglfing-Haar ist für die ganze 191-köpfige Gruppe der jüdischen Anstaltspatienten lediglich eingetragen, sie sei „verlegt" worden – ohne nähere Angaben zum Ziel der „Verlegung". Bei den übrigen Deportationen von Eglfing in NS-Tötungsanstalten wurde im Abgangsbuch üblicherweise das Ziel „Reichsanstalt" angegeben. Damit war fallweise eine der Tötungsanstalten Grafeneck oder Hartheim gemeint. In seltenen Fällen wurde im Abgangsbuch auch Niedernhart angegeben.[175] Niedernhart diente zeitweise als „Zwischenanstalt" für die „Reichsanstalt" Hartheim. Von Eglfing führten die ersten Deportationen ab Januar 1940 in die „Reichsanstalt" Grafeneck und etwa ab Mai 1940 überwiegend in die „Reichsanstalt" im Schloss Hartheim bei Linz. Die Deportation der jüdischen Anstaltspatienten vom 20. September 1940 führte höchstwahrscheinlich ebenfalls in der Tötungsanstalt im Schloss Hartheim.

---

172 Klee 1983, S. 261
173 Klee 1985, S. 138
174 Friedlander 1997, S. 419
175 Siehe Anh. A8; Nikolaus Braun zu den Zielen der Deportationen

Amtsrichter Eichner aus Fürth erhielt im Oktober 1940 auf Nachfrage nach dem Verbleib von Moritz Bendit von Eglfings Anstaltsleiter Dr. Pfannmüller das folgende standardisierte Antwortschreiben: „Bendit Moritz wurde am 20.9.40 mit einem Sammeltransport jüdischer Anstaltspfleglinge gemäß einer Entschließung des Staatsministeriums des Innern in eine andere Anstalt verlegt. Der Name der Anstalt ist uns nicht bekannt. Die Angehörigen werden von der Aufnahmeanstalt benachrichtigt werden."[176] Auf eine erneute Anfrage hin wurde Bendits Vormund Nachtigall sowie Richter Eichner von der Heil- und Pflegeanstalt Eglfing empfohlen, den Aufenthalt von Bendit direkt bei der „Gemeinnützigen Krankentransportgesellschaft" (GeKraT) zu erfragen. Eichner schrieb daher am 5. März 1941 an die GeKraT: „Auf Anregung der Heil- und Pflegeanstalt Eglfing-Haar ergeht hiermit an Sie die Anfrage, was Ihnen über den derzeitigen Aufenthalt des Bendit bekannt ist. Der Vormund [...] gibt an, die gleiche Anfrage bereits im Dezember 1940 an Sie gerichtet, eine Antwort aber bisher von Ihnen nicht erhalten zu haben." Erst auf diese dritte Nachfrage erhielt das Amtsgericht Fürth Ende März 1941 eine Antwort mit dem Briefkopf einer „Irrenanstalt Chelm, Post Lublin". Das Schreiben ist mit dem Aktenzeichen X 1023/Ly versehen und mit Chelm, den 26. März 1941 datiert. „Das an die Gemeinnützige Krankentransport G. m. b. H., Berlin, gerichtete Schreiben vom 5.3.41 wurde uns zuständigkeitshalber übersandt. Wir teilen dazu mit, dass der Patient Moritz Israel Bendit, geb. am 15.9.1863 zu Fürth/Bayern, am 19. Jan. 1941 in unserer Anstalt verstorben ist."[177] Laut Hinz-Wessels steht das X im Aktenzeichen für die jüdischen „Euthanasie"-Opfer der Sonderaktion. Die darauffolgende Zahl wurde offenbar fortlaufend vergeben. „Indirekt liefern die Geschäftszeichen damit auch einen Hinweis auf die Zahl der in der Sonderaktion Getöteten."[178] Das höchste bekannte Aktenzeichen trägt die Nummer X 2490.[179] Amtsrichter Eichner notierte auf dem Schreiben zu Moritz Bendit handschriftlich: „Pfleger Nachtigall hat, wie er unlängst angab und vorwies, bereits Todesanzeige in Händen." Die Sterbeurkunde wurde in der Entmündigungsakte nicht abgelegt. In den Akten gibt es keine Hinweise darauf, dass Eichner oder Nachtigall den Wahrheitsgehalt des Schreibens der „Irrenanstalt Chelm" angezweifelt hätten. Vormundschaftsrichter sowie Vormünder gehörten eigentlich zu einem Personenkreis, der frühzeitig hätte misstrauisch werden müssen. So schrieb ein Stuttgarter Generalstaatsanwalt, allein beim Vormundschafts- und Nachlassgericht Stuttgart seien bis Mai 1940 ca. 60–70 Todesbescheinigungen aus Grafeneck und anderen Anstalten eingegangen. Bemerkenswert sei nicht nur, dass die kleine Anstalt Gra-

---

176 Staatsarchiv Nürnberg: AG Fürth V. V. 307/1899, Schreiben vom 21.10.1940
177 Staatsarchiv Nürnberg: AG Fürth V. V. 307/1899, Schreiben vom 26.03.1941
178 Hinz-Wessels 2013, S. 84
179 Hinz-Wessels 2013, S. 86

feneck über ein eigenes Standesamt verfüge, sondern auffällig sei auch die „stereotype Art" dieser Todesanzeigen.[180] Noch weiter ging der mutige Vormundschaftsrichter Lothar Kreyssig aus Brandenburg. Er schrieb am 8. Juli 1940 einen Brief an den Reichsjustizminister: „Im Ablauf von etwa zwei Monaten bis heute habe ich mehrere Aktenstücke vorgelegt bekommen, in welchen Vormünder und Pfleger von Geisteskranken berichten, dass sie von einer Anstalt in Hartheim/Oberdonau die Nachricht erhalten hätten, ihr Pflegling sei dort verstorben."[181] Man darf also wohl davon ausgehen, dass Eichner und Nachtigall aus Fürth bis zum Frühjahr 1941 ebenfalls Informationen über mehrere „Sterbefälle" von entmündigten Patienten erhalten haben müssen. Hinz-Wessels geht von insgesamt etwa 2.500 beurkundeten Sterbefällen des „Sonderstandesamts" Cholm aus.[182]

3.6.10.9 Das Deportationsziel

Die Verschleierungstaktik der „T4"-Organisation sorgte lange Zeit für eine beabsichtigte Verwirrung über das Deportationsziel des Judentransports vom 20. September 1940. Dazu tragen insbesondere Aussagen von Personen bei, die mit der Organisation der „Euthanasie" maßgeblich befasst waren. Viktor Brack sagte beim Nürnberger Ärzteprozess unter Eid aus, in den „Euthanasie Anstalten" der NS-Zeit seien keine jüdischen Patienten getötet worden. Sie seien dagegen in Anstalten auf polnischem Gebiet verlegt worden.[183] Aussagen von Karl Brandt und Hermann Pfannmüller gingen in dieselbe Richtung. Der stellvertretende Leiter von Eglfing, Moritz Schnidtmann, vermutete im Jahr 1946 eine polnische Anstalt als Deportationsziel des Judentransports vom 20. September 1940.[184] Laut Friedlander täuschten Brack und seine Mitstreiter mit ihren Lügen Staatsanwälte Richter und Historiker. Tatsächlich war in der Nachkriegszeit die Auffassung noch lange verbreitet, die jüdischen Patienten seien ins „Generalgouvernement", also nach Polen deportiert worden. Möglicherweise könne es sogar noch einzelne Überlebende geben. Zu den Getäuschten gehörte möglicherweise sogar Gerhard Schmidt, dem die Amerikaner unmittelbar nach dem Krieg die Leitung der Heil- und Pflegeanstalt Eglfing-Haar anvertrauten. Der unbelastete Schmidt befasste sich als einer der Ersten mit der Aufklärung der Krankenmorde. Schmidt war sich darüber bewusst, dass die Todesnachrichten aus Chelm/Cholm gefälscht waren. Anscheinend schloss er trotzdem nicht aus, dass die jüdischen Patienten nach Polen deportiert worden

---

180 Klee 1983, S. 221
181 Klee 1985, S. 201
182 Hinz-Wessels 2013, S. 78–80 zitiert nach Cranach et al. 2018, S. 132
183 Friedlander 1997, S. 441 f
184 Affidavit, Eidesstattliche Erklärung Schnidtmann vom 08.11.1946

seien: „Darum wurden die jüdischen Pfleglinge ins unerreichbare, unkontrollierbare ‚Generalgouvernement' verschleppt, weil man auf diese Weise den zum Teil wohlhabenden Angehörigen oder den zahlenden Verbänden, die den wahren Todestermin niemals erfuhren, beliebig hohe Rechnungen aufbürden konnte."[185] Schloss Hartheim wurde von Schmidt als mögliches Deportationsziel des Judentransports nicht in Erwägung gezogen.

Die Aussagen eines Augenzeugen aus den Jahren 1960/61 belegen die Tötungen von jüdischen Anstaltspatienten in der NS-Tötungsanstalt Brandenburg im Juni 1940. Unabhängig davon belegen Eintragungen aus dem Jahr 1940 im Taschenkalender eines beteiligten Arztes die Ermordungen von jüdischen Kranken in Brandenburg im September 1940.[186] Auch wenn vergleichbare eindeutige Belege für die Deportation der bayerischen Juden vom September 1940 in die Tötungsanstalt Hartheim nicht vorliegen, so gibt es doch keinen vernünftigen Zweifel daran, dass die Deportation von Eglfing-Haar am 20.09.1940 ebenfalls in eine NS-Tötungsanstalt führte. Friedlander vermutete Grafeneck oder Hartheim. Heute geht die herrschende Meinung der Historiker von Hartheim aus.

Eine Anfrage bei der Dokumentationsstelle in Hartheim am 26.04.2021 wurde wie folgt beantwortet: „Ihre E-Mail beschreibt das Dilemma des Transports vom 20. September 1940 ziemlich genau. Jene jüdischen PatientInnen, die auf Anordnung des Bayrischen Innenministers ab Anfang September nach Eglfing-Haar gebracht werden mussten, wurden dort offiziell weder aufgenommen noch am 20. September abgemeldet. Von den meisten jüdischen Opfern in Bayern, weiß man daher nur, dass sie aus ihren Stammanstalten nach Eglfing-Haar gebracht wurden. Was alles noch komplizierter macht, ist der Umstand, dass die jüdischen PatientInnen angeblich nach Chelm/Cholm in Polen gebracht worden seien und dort zumeist Monate nach dem Transport gestorben sein sollen. In Chelm gab es 1940 jedoch keine Einrichtung mehr, wo die PatientInnen angeblich hin verlegt worden seien. Chelm findet sich aber tatsächlich in verschiedenen Sterbeaufzeichnungen. Nachdem die ‚Aktion T4' jedoch einer gewissen Logik folgte und sehr pragmatisch aufgezogen war, ist davon auszugehen, dass die nächstgelegene Tötungseinrichtung angesteuert worden ist. Da man davon ausgeht, dass die Transporte vom September 1940 von Eglfing nach Hartheim gingen, kommt daher nur die Tötungsanstalt in Betracht. Beweisen lässt sich das jedoch nicht."[187]

Auch Nikolaus Braun, Leiter des Bezirksarchivs des Bezirks Oberbayern, geht davon aus, dass die Deportation vom 20.09.1940 nach Hartheim führte (vgl. Anh. A12).

---

185 Schmidt 2012, S. 53
186 Friedlander, S. 440 f
187 Email Peter Eigelsberger, Dokumentationsstelle Hartheim, vom 26.04.2021

Eine „Verlegung" ins „Generalgouvernement" kann auf jeden Fall ausgeschlossen werden.

3.6.10.10 Die Reichsanstalten

Der Begriff „Reichsanstalt" deutet zunächst auf eine Anstalt mit einer Trägerschaft durch das Deutsche Reich hin, etwa im Gegensatz zu einer Kreis- oder Bezirksanstalt. Im Zusammenhang mit der „Euthanasie" der NS-Zeit steht der Begriff „Reichsanstalt" für eine NS-Tötungsanstalt. Im November 1946 gab der ehemalige stellvertretende Direktor von Eglfing-Haar, Dr. Schnidtmann folgende eidesstattliche Erklärung ab: „Infolge meiner Stellung erhielt ich Kenntnis über die Verlegungen von Patienten nach Reichsanstalten. Nach ein paar Monaten erfuhr ich, dass die Patienten in diesen sogenannten Reichsanstalten getötet wurden. [...] Insgesamt sind aus der Heil- und Pflegeanstalt EGLFING-HAAR ca. 12 Transporte mit rund 80–100 Patienten verlegt worden. Außer diesen Verlegungen ging ein ausschließlicher Judentransport am 20.IX.1940 vermutlich nach einer polnischen Anstalt."[188] Schnidtmann lag mit dieser letzten Vermutung falsch. Bemerkenswert ist seine Unterscheidung zwischen den „Reichsanstalten" und einer im besetzten Polen gelegenen Anstalt, die er nicht als „Reichsanstalt" bezeichnen wollte. Für Schnidtmanns legte der Begriff Reichsanstalt offenbar nahe, die Anstalt müsse sich im Gebiet des Deutschen Reichs befinden.

Wir haben schon erwähnt, dass laut Angaben in den Abgangsbüchern von Eglfing-Haar die „Euthanasie"-Opfer in aller Regel in eine „Reichsanstalt" verlegt wurden. Eine Ausnahme bildet in den Abgangsbüchern die Judendeportation vom 20. September 1940. Die jüdischen Opfer wurden ohne nähere Präzisierung einfach „verlegt". Die Einträge in den Abgangsbüchern und die Aussagen von Schnidtmann ähneln sich in diesem Punkt also. Schließlich sollten die fingierten Trostbriefe die Angehörigen der Opfer aus Chelm/Cholm glauben lassen, die Betroffenen seien ins Generalgouvernement verlegt worden.

Während die Tötungsanstalt in Hartheim in den Abgangsbüchern von Eglfing in der Regel als „Reichsanstalt" bezeichnet wurde, trat sie nach außen als „Landesanstalt" auf. Die Trostbriefe, die zur (Des-)Information der Angehörigen im „Standesamt" von Hartheim erstellt wurden, waren mit dem Briefkopf „*Landes*anstalt Hartheim" versehen.[189] Auch die „Trostbriefe" aus Grafeneck trugen den Absender „*Landes*pflegeanstalt Grafeneck, Kreis Münsingen."[190] Das ehemalige Jagdschloss und spätere Behindertenheim in Grafeneck wurde im Oktober 1939 durch den

---
188 Affidavit, Eidesstattliche Erklärung Schnidtmann vom 08.11.1946
189 Cranach et al. 2018
190 Materialien Grafeneck 1940, S. 28

Landrat von Münsingen „für *Zwecke des Reiches*" beschlagnahmt und anschließend zur Tötungsanstalt umgebaut.[191] Die „T4-Zentrale" in Berlin bezeichnete die Tötungsanstalten wiederum abweichend als „Euthanasie Anstalten".

3.6.10.11 Bendit als Opfer der Sonderaktion für jüdische Anstaltspatienten

Dass Moritz Bendit zu den Opfern dieser Sonderaktion gehörte, ist zunächst im „Biografischen Gedenkbuch der Münchner Juden 1933–1945" vermerkt: „Am 14.09.1940 wurde Moritz Bendit aus der Kuranstalt Neufriedenheim, Fürstenrieder Straße 155, nach Eglfing-Haar verlegt. Eine knappe Woche später, am 20.09.1940 wurde er mit anderen jüdischen Patienten von Eglfing-Haar nach Schloss Hartheim bei Linz [...] deportiert und noch am Ankunftstag mit Kohlenmonoxid ermordet."[192] Es gibt aber auch etliche weitere Quellen, die belegen, dass Bendit zu den Opfern der Sonderaktion gehörte. Gerhard Schmidt schrieb über die jüdischen Kranken vom September 1940 in Eglfing: „,Ein komisches Gefühl, dass mit uns nichts Gutes geschieht' hatte Herr B. aus Neufriedenheim."[193] Auch in der Liste der Opfer der Sonderaktion jüdischer Anstaltspatienten, die von Braunmühl im Jahr 1946 für die Amerikaner zusammenstellte, ist der Name Bendit aufgeführt.[194] Die Entmündigungsakte von Moritz Bendit belegt unabhängig davon die Verlegung von Moritz Bendit am 14.09.1940 von Neufriedenheim nach Eglfing-Haar sowie den vorübergehenden Aufenthalt in Eglfing-Haar bis zum 20.09.1940. Es liegt eine abschließende Kostenrechnung aus Neufriedenheim vom 17.09.1940 für Bendits Vormund Hans Nachtigall vor. Darin wird der Pensionspreis vom 1.9. bis zum 14.9. erhoben. Auch die Quittung No. 4292 über den Erhalt von 53,60 RM vom „Städt. Rettungsdienst München" vom 14. September kann als zusätzlicher Nachweis für die zwangsweise Verlegung angesehen werden. Ferner stellte die „Heil- und Pflegeanstalt Eglfing-Haar" eine Rechnung über „Verpflegsgeld" vom 14.9.40 bis 20.9.40, sieben Tage à 3,70 RM = 25,90 RM aus.[195] Abschließend liegt noch eine weitere Kostenrechnung aus Neufriedenheim vom 16. November 1940 vor über Zimmer-Desinfektion, Maler-Reparatur, Matratze- und Bettenreinigung. Man war sich in Neufriedenheim also im Klaren darüber, dass es für Bendit keine Rückkehr gab. Das Amtsgericht Fürth erhielt, wie bereits erwähnt, auf Anfrage von der Heil- und Pflegeanstalt Eglfing-Haar am 21. Oktober 1940 folgende Auskunft: „Bendit Moritz wurde am 20.9.40 mit einem Sammeltransport jüdischer Anstaltspfleglinge gemäß

---

191 T4-Tötungsanstalt Grafeneck (Gedenkstätte Grafeneck)
192 Stadtarchiv München: Biographisches Gedenkbuch der Münchner Juden
193 Schmidt 2012, S. 52
194 Affidavit, Eidesstattliche Erklärung Schnidtmann vom 08.11.1946
195 Staatsarchiv Nürnberg: AG Fürth V. V. 307/1899, Rechnung vom 28.09.1940

einer Entschließung des Staatsministeriums des Innern in eine andere Anstalt verlegt."

Im April 1941 schickte die „Irrenanstalt Cholm, Post Lublin" eine Rechnung mit Gesch.-Z: „198 (1023) L." an Bendits Vormund Hans Nachtigall. Die Anstalt stellte „Pflegekosten vom 26.9.40–19.1.41 = 116 Tage à 3.- RM" sowie „Einäscherungskosten" in Höhe von 65.- RM in Rechnung.[196] Nachtigall zahlte die Rechnung aus Chelm am 16.04.1941 auf ein Postscheckkonto an die „Irrenanstalt Cholm; Verrechnungsstelle Deutschland". Der Mord an Moritz Bendit wurde durch die gefälschte Rechnung aus seinem eigenen Vermögen finanziert.

Mehr oder weniger gleichlautende Schreiben aus Cholm gingen für alle Opfer der Judendeportation an die jeweiligen Angehörigen oder Träger. Die Josefskongregation Ursberg erhielt z. B. folgendes Schreiben: „Der jüdische Geisteskranke Josef Israel St., geb. am 27. April 1923 befand sich seit dem 22. September 1940 in unserer Anstalt und ist am 22. Januar 1941 hier verstorben."[197] Allein schon die Tatsache, dass die beiden jüdischen Patienten Moritz Bendit und Josef St., die am 20.09.1940 gemeinsam aus Eglfing-Haar deportiert wurden, einerseits angeblich am 26.09.1940 (Bendit) und andererseits angeblich am 22.09.1940 (Josef St.) in Cholm aufgenommen worden sein sollen, dokumentiert die Verlogenheit der Tötungsaktion. Friedlander schreibt: „Das gesamte Unternehmen Chelm, das die Konten von T4 füllen sollte, war ganz und gar amateurhaft".[198]

3.7 Nach Moritz Bendits Tod

Bendits Tod wurde erst mit einigen Monaten Verspätung bekanntgegeben und seine Ermordung als natürlicher Tod dargestellt. Aus der Zeit nach seinem Tod liegen noch einzelne Dokumente in seiner Entmündigungsakte vor. Zudem gibt es vereinzelte weitere Quellen, die sich mit Bendit befassen.

3.7.1 Rätselhafte Aussagen von Hans Nachtigall

Moritz Bendit hatte vierteljährlich Beiträge in Höhe von 3,- RM an die Israelitische Kultusgemeinde München zu entrichten. Sein Vormund Hans Nachtigall überwies 12,- RM in einem Betrag und schrieb am 3. Oktober 1940 an das Bankhaus Seiler & Co. in München: „Es handelt sich hier um Kopfgeld anstelle des Beitrags. [...] Ich

---
196 Staatsarchiv Nürnberg: AG Fürth V. V. 307/1899, Rechnung vom 09.04.1941
197 Schmidt 2012, S. 53
198 Friedlander 1997, S. 444

habe aber den Betrag auf einmal überweisen lassen." Warum Nachtigall hier von „Kopfgeld" spricht, bleibt unklar. Möglicherweise steht „Kopfgeld" für den Zwangsbeitrag, den alle Juden an die „Reichsvereinigung der Juden in Deutschland" zu entrichten hatten. Diese Reichsvereinigung war im Juli 1939 per Verordnung aus dem Reichsinnenministerium installiert worden. Alle Juden und Jüdinnen waren beitragspflichtig.[199]

Rätselhaft an Nachtigalls Schreiben sind aber vor allem zwei andere Details: „Als Vormund über Herrn Moritz Israel Bendit in Neufriedenheim, *Wolfratshauserstr. 88* [Hervorhebung durch den Autor] habe ich [...] 12 RMk. überweisen lassen." Die Adresse stimmt nicht. Neufriedenheims Anschrift in München-Laim war *Fürstenriederstr. 155*. Nachtigall verwendete hier versehentlich die Adresse der Kuranstalt Obersendling von Dr. Ranke, Wolfratshauserstr. 88. Das kann kein Zufall sein. Möglicherweise übte Nachtigall eine weitere Vormundschaft für eine jüdische Patientin aus der Kuranstalt Obersendling aus und hat einen „Serienbrief" zweimal (für verschiedene Patienten) verschickt. Bisher konnte allerdings nicht geklärt werden, ob es eine aus dem Raum Fürth stammende entmündigte jüdische Patientin in Obersendling gab, die von Nachtigall bevormundet wurde. Eine Kandidatin wäre eventuell Dr. Therese Baer, die am 14.09.1940 von Dr. Rankes Klinik in Obersendling nach Eglfing verlegt wurde und am 20. September zusammen mit Moritz Bendit nach Hartheim deportiert wurde (vgl. Kap. 3.6.8). Da ihre Vormundschaftsakte vernichtet wurde, lässt sich leider nicht mehr feststellen, wer als ihr Pfleger eingesetzt wurde. Es wäre merkwürdig, wenn das Amtsgericht München einen Pfleger aus Fürth eingesetzt hätte. Therese Baer muss aber auch eine Beziehung zu Fürth gehabt haben, denn sie hatte dort ihr Abitur abgelegt. Nachtigall beschließt seinen Brief an das Bankhaus Seiler & Co. mit den Worten: „Moritz Israel Bendit befindet sich seit etwa 1 Woche nicht mehr in München." Nachtigall wusste also am 3. Oktober, dass sich Bendit nicht mehr in Neufriedenheim befand. Er war aus Neufriedenheim über Bendits Verlegung vom 14. September nach Eglfing-Haar informiert worden. Ob Nachtigall Anfang Oktober 1940 auch schon wusste, dass Bendit am 20. September von Eglfing-Haar in eine unbekannte Anstalt verlegt worden war, geht aus dieser Schlussbemerkung nicht hervor. Eglfing und Haar sind östliche Vororte der Stadt München. Sie gehören dem Landkreis München an, nicht aber der Stadt München.

---

199 Wille 2017, S. 23

3.7.2 Die Einziehung des Nachlasses

Die Bayerische Staatsbank Fürth stellte am 3. April 1941 eine Übersicht über das hinterlassene Vermögen von Moritz Bendit zusammen. Die Effekten hatten einen aufsummierten Kurswert von ca. 12.000 RM. Hinzu kam noch ein Guthaben auf dem Sparbuch in Höhe von ca. 4.800 RM. Am 16.05.1941 wurde vom Amtsgericht Fürth ein Nachlasspfleger eingesetzt. Dieser schrieb: „Aus den Akten habe ich entnommen, dass Mündel 7 Geschwister hatte, deren Aufenthalt z.Zt. unbekannt ist; vermutlich befinden sie sich sämtlich im Ausland." Ohne weiteres hätte der Nachlasspfleger vom Vormund Nachtigall erfahren können, dass Moritz' Bruder Louis in London lebte, und dass er Ansprüche auf das Erbe gehabt hätte, die weit über das noch vorhandene Vermögen hinausgingen. Allerdings war es im Zweiten Weltkrieg wohl unvorstellbar, das Erbe an den Bruder in London auszuzahlen. Über die Aktivitäten des Nachlasspflegers gibt es keine weiteren Informationen. Es liegt jedoch ein Schreiben vom Finanzamt Fürth an das Amtsgericht Fürth vom 23. Mai 1944 vor, in dem mitgeteilt wird, „dass der Nachlass des nebengenannten Juden zu Gunsten des Deutschen Reiches eingezogen wurde (Deutscher Reichsanzeiger Nr. 107 vom 13.5.44)."

3.7.3 Liste des Arolsen-Archivs

Das Amtsgericht Fürth erstellte am 12. August 1948 eine Tabelle über „Deutsche Juden" als „Nachtrag zu dem bereits eingereichten Verzeichnis".[200] Es handelt sich um eine „Liste aller gerichtlichen und behördlichen Vorgänge und Akten, die über Angehörige der Vereinten Nationen geführt werden." Auf dieser Liste steht auch Moritz Bendit mit seinem Geburtsdatum sowie mit dem Datum und dem Aktenzeichen seiner Entmündigung. Ein Todesdatum wird nicht genannt. Offenbar galt Bendit 1948 in Fürth noch als vermisst. In der Spalte „Aufbewahrungsort der Originalurkunde" ist vermerkt: „Akt (2 Bände) liegt beim Amtsgericht Fürth (Bay)". Die Liste „Deutsche Juden" wurde vom Arolsen-Archiv digitalisiert und ist im Internet frei einsehbar. Mit dem bekannten Entmündigungsdatum und dem Aktenzeichen ließ sich das Dokument im Staatsarchiv Nürnberg auffinden. Ohne den Fund der Fürther Tabelle aus dem Arolsen-Archiv wären auch die aufschlussreichen Dokumente zum Leben von Moritz Bendit: seine Entmündigungsakte und seine Bendorfer Krankenakte wohl in den Archiven verstaubt, und die hier vorliegende Biografie von Moritz Bendit wäre nicht entstanden.

---

[200] Arolsen Archiv: Signatur 69921630

Anhang

A1 Stammbaum der Familie Rehm

Die Eltern von Ernst Rehm:

Tab. A1: Die Eltern von Ernst Rehm

Name	geboren / Geburtsort	gestorben / Sterbeort	Beruf / Stellung
Heinrich Rehm	20.10.1828 Ederheim	1.4.1916 Neufriedenheim	Medizinalrat; Bezirksgerichtsarzt
Creszenzia Rehm geb. Baldauf	13.7.1833	28.3.1913 Neufriedenheim	

Ernst und Elisabeth Rehm und die Geschwister von Ernst Rehm:

Tab. A2: Die Geschwister von Ernst Rehm

Vorname	geboren / Geburtsort	gestorben / Sterbeort	Beruf / Stellung	zum Vergleich Degener 1909[1]
Ernst	15.01.1860 Sugenheim	12.04.1945 Neufriedenheim	dirigierender Arzt der Kuranstalt Neufriedenheim	Ernst
Elisabeth geb. Otto	12.06.1868 Peine	27.01.1932 Neufriedenheim	Kunststudentin	
Emma	26.04.1861 Sugenheim	14.01.1941 Neufriedenheim	„Medizinalrats-Tochter"	Emma
Wilhelm	7.12.1862 Sugenheim	28.04.1910 München	Ministerialrat im bay. Verkehrsministerium	W.
Ferdinand	12.9.1864 Sugenheim	9.10.1924 Bruckberg	Apotheker	Fr.
Otto Heinrich	12.3.1866 Sugenheim	1.4.1866 Sugenheim	wurde nur drei Wochen alt	bei Degener nicht aufgeführt
Henriette	2.4.1867 Sugenheim	1.4.1868 Sugenheim	wurde nur ein Jahr alt	bei Degener nicht aufgeführt

---

[1] Degener 1909: Wer ist's? – Unsere Zeitgenossen

Vorname	geboren / Geburtsort	gestorben / Sterbeort	Beruf / Stellung	zum Vergleich Degener 1909[1]
Sophie	6.11.1869 Sugenheim	04.02.1941 Neufriedenheim	„Medizinalrats-Tochter"	Sophie
Karl (Carl)	18.8.1871 Windsheim	8.2.1898 Regensburg	Dr. jur.	K.
Otto	28.7.1876 Lohr a. M.	25.01.1941 Neufriedenheim	Facharzt für Nervenkrankheiten	Otto

Degener zählt die beiden früh verstorbenen Geschwister Otto Heinrich und Henriette nicht mit auf. Die Vornamen Wilhelm, Ferdinand und Karl sind bei ihm abgekürzt notiert.

Tab. A3: Rehms Töchter und ihre Familien

Tochter	geboren gestorben	Eheschließung	Schwiegersohn	geboren gestorben	Kinder
Karoline	18.02.1890 † 1975	07.09.1915	Otto Wuth	19.05.1885 09.03.1946	Ernst Otto (1917–1941) Hans Berthold (1920–1941) Georg (1921–2005)
Hedwig	21.06.1891 19.09.1942	10.02.1920	Heinrich Dingler	10.02.1887	Ernst Adolf (1921–1942) Elisabeth (*1922)
Hilda (Hildegard)	20.07.1892 07.06.1979	22.05.1919	Leonhard Baumüller	16.09.1891 04.12.1963	Ernst (1920–1962), Heinrich (1921–1979) Peter (1925–2008)
Gertrud	15.10.1898 22.07.1968	1923	Otto Piloty	28.09.1898 09.02.1972	Elisabeth (1924–2022) Hildegard (*1927) Brigitte (1928–1959) Hannes Ernst (*1932)

Abb. A1: Die Rehm-Töchter mit ihren Familien in Neufriedenheim

Dieses Foto zeigt die vier Töchter der Familie Rehm mit ihren Familien. Mit abgebildet ist Elisabeth Rehm, nicht aber Ernst Rehm. Das Foto wurde aus Anlass des 70. Geburtstags von Ernst Rehm am 15. Januar 1930 von Eugenie Piloty aufgenommen. Die beiden jüngsten Enkelinnen auf dem Bild sind Brigitte Piloty (*18.03.1928) auf dem Arm ihrer Mutter und Hildegard Piloty (*22.01.1927) in der vorderen Reihe ganz links. Bis auf Hannes Ernst Piloty (*14.03.1932), der erst wenige Wochen nach dem Tod von Elisabeth Rehm auf die Welt kam, sind sämtliche Enkelkinder von Ernst und Elisabeth Rehm abgebildet. Es fehlt Schwiegersohn Otto Wuth, da die Wuths zu diesem Zeitpunkt bereits geschieden waren. Von links nach rechts: Familie Piloty mit drei Töchtern: Elisabeth Piloty, die zweite von links in der vorderen Reihe; Familie Baumüller mit ihren drei Söhnen, Elisabeth Rehm, Karoline Wuth mit ihren drei Söhnen, und Familie Dingler mit Sohn und Tochter.

A2 Familiengrab der Familie Rehm

Das Doppel-Familiengrab der Familie Rehm befand sich auf dem Münchner Waldfriedhof, Alter Teil unter der Nummer 34 – W – 13 a) und b).

Unter Nr. 34 – W – 13 b) wurden Heinrich Rehm und seine Frau Creszenzia beerdigt.

Im Grabbuch des Waldfriedhofs sind verschiedene handschriftliche Bemerkungen eingetragen.

Tab. A4: Das Familiengrab auf dem Münchner Waldfriedhof

Name	Todestag	Feuerbestattung	Datum Beerdigung	Bemerkungen Die Kommentare aus dem Grabbuch des Waldfriedhofs sind kursiv gedruckt.
Heinrich Rehm	01.04.1916		03.04.1916	Vater
Creszenzia Rehm	21.03.1913		31.03.1913	Mutter
Dr. jur. Carl Rehm	08.02.1898			Bruder – „Gebeine am 30. V. 1913 von Regensburg hierher überführt"
Wilhelm Rehm	28.04.1910		30.04.1910	Bruder – bei seinem Tod wurde das Familiengrab von Heinrich Rehm angelegt
Else Rehm	27.01.1932		02.02.1932	erste Ehefrau; „Urne direkt vor dem Denkmal beerdigt"
Paul Schwemann	14.12.1937	16.12.1937	20.12.1937	„1. Ehemann der Ehefrau des jetzigen Grabbesitzers" „Oberbergrat, 64 J."
Emma Rehm	14.01.1941	16.01.1941	08.02.1941	Schwester
Otto Rehm	25.01.1941	25.01.1941	08.02.1941	Bruder
Sofie Rehm	03.02.1941	06.02.1941	08.02.1941	Schwester
Marie Rehm	15.01.1942	19.01.1942	23.01.1942	zweite Ehefrau „Marimargret"
Ernst Rehm	12.04.1945	17.04.1945	27.04.1945	nach ihm keine weiteren Bestattungen

Von den 9 Geschwistern wurden also 6 im Familiengrab auf dem Waldfriedhof beerdigt. Eine Besonderheit stellt die Bestattung von Paul Schwemann im Rehmschen Familiengrab dar. Paul Schwemann war ein Patient der Anstalt. Marimargret Schwemann ließ sich 1935 von ihrem Mann scheiden, um den verwitweten Ernst Rehm zu heiraten. Aus der Kennzeichnung Schwemanns als „Oberbergrat, 64 J.", in Verbindung mit seiner Todesanzeige (ehem. Oberbergrat, ehem. Bergwerksdirektor), lässt sich seine Spur nach Lippstadt (Geburtsort) und Saarbrücken eindeutig nachverfolgen.

Im Grabbuch sind weitere Kommentare enthalten. Das Grab wurde am 30.04.1910 von Heinrich Rehm zunächst auf die Dauer von 15 Jahren angelegt; also kurz nach dem Tod von Sohn Wilhelm. 1925 wurde das Grab vom neuen Grabbesitzer Ernst Rehm um 15 Jahre verlängert, bis zum 30.4.1940.

Nach dem Tod von Ernst Rehm ging der Grabbesitz an seine Schwägerin (aus zweiter Ehe) Magdalene Ludwig über. Magdalene Ludwig verlängerte das Grab zuletzt am 30.4.1970 um weitere sieben Jahre. In diesem Zeitraum wird Fr. Ludwig wohl selbst gestorben sein, denn nach Ablauf der Frist am 30.04.1977 wurde das Grab aufgelöst. Die Grabstelle wurde neu vergeben.

A3 Berichte aus Schloss Fürstenried von Dr. Rehm an König Ludwig II.

In seiner Zeit als „Prinzenarzt" in Schloss Fürstenried musste Ernst Rehm im zweiwöchigen Abstand Berichte über den Zustand von Prinz Otto verfassen. Diese Berichte waren direkt an König Ludwig II. gerichtet. Drei dieser Berichte von Ende 1883/Anfang 1884 sind erhalten.[2]

Erster Bericht vom 16. November 1883:

Allerdurchlauchtigster
Großmächtigster König
Allergnädigster König und Herr!

Das Befinden Seiner Königlichen Hoheit des Prinzen Otto war in der ersten Hälfte dieses Monats im allgemeinen das gleiche wie im vorigen Monate. Seine Königliche Hoheit waren meistens von Sinnestäuschungen und Wahnideen so befangen, daß Höchstdieselben nicht zu einer klaren Auffassung Ihrer Lage gelangen konnten. Die vielen Sinnestäuschungen, vorwiegend feindlicher Natur, hatten zur Folge, daß der hohe Kranke oft recht übel gelaunt war u. dann in Wort und That dieser Gereiztheit freien Ausdruck verlieh. Dies zeigte sich namentlich bei den Gelegenheiten, bei welchen Seine Königliche Hoheit die Hilfe der Pfleger nothwendig hatten, nemlich beim An- und Auskleiden. So waren Höchstdieselben an 9 Tagen der Berichtzeit gegen Ihre Umgebung gewaltthätig, an einem Tage (10. Nov.) in so hohem Grade, daß trotz wiederholter Bemühungen Seine Königliche Hoheit nicht angekleidet werden konnten. Selbst und ohne fremde Hilfe kleideten sich Königliche Hoheit an 6 Tagen an, an den übrigen war die Beihilfe des Pflegepersonals dazu nothwendig.

Die Verwirrtheit, welche des hohen Kranken Sinne umfing, zeigte sich auch darin recht deutlich, daß seine Königliche Hoheit nur 7 mal bei den gemeinsamen Mahlzeiten zu erscheinen die Gnade hatten. Auffällig war in den letzten 14 Tagen, was auch schon im vorigen Monate zu konstatieren war, das geringe Luft-Bedürfnis Seiner Königlichen Hoheit; Höchstdieselben geruhten nur 2 mal spazieren zu fahren, gingen auch trotz des vielfach schönen Wetters niemals in den Garten. Offenbar in folge einer gewissen Abspannung hatten Seine Königliche Hoheit größere Neigung als sonst zum Schlaf, indem Höchstdieselben im Durchschnitt täglich 9 ¾ Stunden schliefen.

---

2 Alle Berichte: Geh. Hausarchiv: Kabinettsakten König Ludwig II – 63

In den letzten Tagen ist eine deutliche Besserung im Befinden Seiner Königlichen Hoheit eingetreten, Höchstdieselben waren zwar meist noch verwirrt, aber nicht mehr so aufgeregt wie vorher; namentlich hervorzuheben ist der 13. Nov., an welchem Seine Königliche Hoheit ausfuhren und aus eigener Initiative zuerst vom allerunterthänigst Unterzeichneten, sodann vom Adjutanten Baron v. Gumppenberg Cigarren verlangten; eine weitere Conversation anzuknüpfen gelang jedoch auch damals nicht.

Die körperlichen Funktionen Seiner Königlichen Hoheit sind vollständig in Ordnung.

In allertiefster Ehrfurcht
erstirbt
Eurer Königlichen Majestät
allerunterthänigst treugehorsamster

Fürstenried, den 16. November 1883

Dr. Ernst Rehm

Zweiter Bericht vom 1. Dezember 1883:

Allerdurchlauchtigster
Großmächtigster König
Allergnädigster König und Herr!

Die in den letzten Tagen der ersten Hälfte dieses Monates eingetretene Besserung im Befinden Seiner Königlichen Hoheit dauerte auch in der zweiten Hälfte des Monats fort. Seine Königliche Hoheit waren zwar während des größten Teils dieser Zeit verwirrt, die Gemütsstimmung aber war vorwiegend eine heitere und ruhige. Sehr häufig gingen Höchstdieselben vergnügt lachend im Corridor auf und ab, saßen auch öfter, ruhig in den Tageszeitungen, oder in Wappenbüchern und Gotha'ischen Kalendern blätternd, auf dem Diwan. Man darf aus diesem Verhalten den Schluß ziehen, daß die Sinnestäuschungen, welche die Aufmerksamkeit des Hohen Kranken beständig in Beschlag nahmen, in der Hauptsache einen angenehmen, heiteren Charakter hatten. Immerhin kamen dazwischen Tage, an denen Seine Königliche Hoheit aufgeregt waren und viel über Baron Branka[3] schimpften. Letzte-

---

3 Baron Wilhelm von Branka (auch Branca); einer von Prinz Ottos Adjutanten

rer spielt überhaupt in den Halluzinationen Seiner Königlichen Hoheit die größte und fast alleinige Rolle als Verfolger, wie aus manchen Äußerungen Höchstdesselben zu entnehmen ist. Öfter fielen Worte wie: „Branka, laß' mich doch in Ruh'"; „Branka, du gemeiner Hund"; „ich werde dich zur Rechenschaft ziehen". Einmal waren die Gesichtstäuschungen so widerwärtige, daß Seine Königliche Hoheit in Weinen ausbrachen: „Branka, schau mich nicht so an, das tut man einem ritterlichen Herrn nicht." Am 29. ds. waren es namentlich Gehörstäuschungen, welche den Hohen Kranken quälten und am Essen, Trinken und Rauchen verhinderten.

Im Allgemeinen jedoch traten, wie gesagt, Sinnestäuschungen angenehmer Natur in den Vordergrund, deren Einfluß auf die Stimmung des Hohen Kranken sich namentlich auch darin zeigte, daß Höchstdieselben sich die kleinen Hilfeleistungen der Pfleger beim Waschen, An- und Auskleiden jedes mal ruhig und geduldig gefallen ließen.

Von der Gegenwart Ihrer Königlichen Hoheiten, der Herzogin von Modena[4] und der Prinzessin Therese, Höchstwelche Seine Königliche Hoheit am 27. November besuchten, nahmen Höchstdieselben keine Notiz.

Spazierfahrten geruhten Seine Königliche Hoheit fünf zu machen, welche sämmtlich zur Zufriedenheit verliefen. Bei den gemeinsamen Mahlzeiten hatten Höchstdieselben sechsmal zu erscheinen die Gnade, ohne jedoch je zu einer Conversation sich bewegen zu lassen.

Das körperliche Befinden Seiner Königlichen Hoheit ist vollkommen zufriedenstellend.

Die körperlichen Funktionen Seiner Königlichen Hoheit sind vollständig in Ordnung.

In allertiefster Ehrfurcht
erstirbt
Eurer Königlichen Majestät
allerunterthänigst treugehorsamster

Fürstenried, den 1. Dez. 1883

Dr. Ernst Rehm

---

4 Adelgunde Auguste von Bayern (1823–1914); Tochter von König Ludwig I.

Dritter Bericht vom 16. Januar 1884:

Allerdurchlauchtigster
Großmächtigster König
Allergnädigster König und Herr!

In den letzten beiden Monaten war im Befinden Seiner Königlichen Hoheit des Prinzen Otto von Bayern insofern eine Besserung eingetreten, als die Stimmung Höchstdesselben vorwiegend eine heitere war; mit Ausnahme von einigen Tagen waren Seine Königliche Hoheit gut gelaunt, die Halluzinationen meist freundlicher Natur, stärkere Erregungen und Gewaltthätigkeiten gegen die Umgebung kamen in geringem Maße vor.

Im Wesentlichen das Gleiche kann auch von der ersten Hälfte dieses Monats berichtet werden. Mit Ausnahme des 7. Januar waren Seine Königliche Hoheit in der Regel ruhig, vergnügt und freundlich. Die Sinnestäuschungen waren dem Hohen Kranken meist angenehm, so daß Seine Königliche Hoheit öfter in lautes Lachen ausbrachen, ebenso konnte man aus den Selbstgesprächen, die der Hohe Kranke führte, entnehmen, daß sich Höchstdieselben angenehm berührt, oder wie sich Seine Königliche Hoheit einmal ausdrückten, „geschmeichelt" fühlten. Nur am 7. Jan. waren Seine Königliche Hoheit sehr ungehalten über Höchstdessen vermeintliche Verfolger, schimpften laut und waren mehreremale gegen die Pfleger bei deren kleinen Dienstleistungen sehr gewaltthätig. Auch an einigen anderen Tagen kamen hie und da feindliche Halluzinationen vor, doch vermochten dieselben immer nur auf kurze Zeit die Stimmung des Hohen Kranken in unangenehmer Weise zu beeinflussen. Andererseits ist als ungünstig hervorzuheben, daß die Aufmerksamkeit Seiner Königlichen Hoheit durch die Sinnestäuschungen fast beständig in Beschlag genommen war, so daß es dem Hohen Kranken nicht möglich war, an äußeren Ereignissen irgend welchen Antheil zu nehmen. Unter diesen Umständen ging auch der Besuch Ihrer Majestät der Königin-Mutter[5] unbeachtet vorüber, obwol ihre Majestät mehrmals versuchten mit Höchstihrem Sohn ein Gespräch anzuknüpfen.

Das körperliche Befinden Seiner Königlichen Hoheit, das im vorigen Monate etwas weniger günstig erschienen war, ist gegenwärtig wieder vollständig befriedigend; zu dieser erfreulichen Thatsache mag der Umstand viel beigetragen haben, daß Seine Königliche Hoheit in diesem Monate mehr in die frische Luft kamen; Höchstdieselben geruhten fünfmal Spazierfahrten zu unternehmen, teils aus eigener Initiative, teils auf Anregung von Seite des Arztes, und hatten außerdem

---

5 Königin Marie von Bayern (1825–1889); Mutter von Ludwig II. und Prinz Otto.

die Gnade, was sonst selten vorkam, am 10. Jan. bei prachtvollem Wetter fast den ganzen Tag im Garten zu promenieren.

Zu bemerken ist noch, daß Seine Königliche Hoheit täglich sich selbst anklei-deten und zehnmal bei den gemeinsamen Mahlzeiten zu erscheinen die Gnade hatten.

In allertiefster Ehrfurcht
erstirbt
Eurer Königlichen Majestät
allerunterthänigst treugehorsamster

Fürstenried, den 16. Januar 1884

Dr. Ernst Rehm

A4 Antrag auf Genehmigung zum Abhalten der Psychiatrie-Vorlesung

Rehms Antrag vom 25. Juni 1886

Exp. Nr. 2199　　　　　　München, 25. Juni 1886
Königliche Direktion der　25. Jun. 86 Nm 17140
Kreisirrenanstalt München

An die

Kgl. Regierung von Oberbayern
Kammer des Innern

Betreff:
Abhaltung der psychiatrischen Klinik

    Der Unterzeichnete berichtet königlicher Regierung gehorsamst, daß er von der medicinischen Fakultät im Einverständnis mit Senat und dem Ministerial-Referenten Herrn v. Ziegler ersucht worden ist bis zum Schluße des Semesters die psychiatrische Klinik abzuhalten. Derselbe bittet daher Königliche Regierung um die Erlaubniß 2 mal wöchentlich – Mittwoch und Samstag v. 4–6 Uhr – Klinik halten zu dürfen. Die erste Vorlesung würde Mittwoch den 30. Juni treffen.

                Gehorsamst!

              Dr. Ernst Rehm

Antwortschreiben:

ad 17140
Rescribatur[6]

Betr. Abhaltung der psychiatrischen Klinik

> Auf den Bericht vom 25. d. Mts. in bez. Betr. wird erwidert, daß gegen die Übernahme der psychiatrischen Klinik an der Kreisirrenanstalt durch den stellvertretenden II. Oberarzt Dr. Rehm bis zum Schlusse des Sommersemesters eine Erinnerung nicht besteht.

München, 28. Juni 1886

Staatsarchiv München

---

6 Rescribatur: „es wird erwidert"

A5 Briefe von Heinrich Dingler und Ernst Rehm an die Gemeinde Neuried 1930–1933

Die Originale liegen im Gemeindearchiv Neuried unter der Signatur A611/2.

Brief von Heinrich Dingler:

Murnau 266.   12.01.31

Sehr geehrter Herr Bürgermeister!

[...]

Wie sie wissen lasse ich gerne den Neuriedern die Pacht günstiger zukommen als Anderen sofern dies ohne allzugroße Verluste geht. Trotzdem schon mehr geboten wurde, forderte ich von den Neuriedern nur 20 M, sie dürfen dann aber nicht verlangen, dass ich ihnen den Jagdpacht sowie meine eigenen Aufwendungen noch dazu schenke; das geht nun in der heutigen Zeit leider nicht.

Für meine Person verlange ich pro Tgw bestelltes Land 15 M für Arbeit sowie den Preis für das tatsächlich aufgewendete Saatgut. Ferner habe ich für Weideanlage ca 100 M pro Tgw aufgewendet einschl. Umzäunung von denen ich 40 % verlange.

Sie wissen dass ich nicht so stehe, dass ich auf diese Beträge ohne weiteres verzichten könnte. Natürlich braucht die Zahlung nicht sofort zu sein.

Sollten unter dieser Voraussetzung die Neurieder glauben die Pacht ablehnen zu müssen, so bitte ich umgehend um Bescheid um andere Interessenten nicht zu lange auf Antwort warten zu lassen.

Eine Bedingung ist noch die, dass bei der Weitergabe der Grundstücke der neue Wirtspächter nach Bedarf Land erhält.

Leider bin ich an einer Mittelohrentzündung ziemlich schwer erkrankt, sodass ich in den nächsten Tagen noch nicht persönlich nach Neuried kommen kann.[7]

Mit den besten Grüßen an Ihre Frau Gemahlin

Ihr ergeb.
Heinrich Dingler

---

[7] Heinrich Dingler unternahm von März bis Dezember 1931 eine Motorradfahrt von Ägypten bis nach Südafrika (Raim 2021, S. 221). Den weiteren Schriftverkehr mit der Gemeinde Neuried zur Pacht übernahm sein Schwiegervater Ernst Rehm selbst.

Pachtvertrag vom 07.02.1931

Herr Geheimrat Dr. Ernst Rehm in Neufriedenheim verpachtet an die Gemeinde Neuried seine in der Gemarkung Neuried liegenden Grundstücke – mit Ausnahme der um das Hausanwesen Nr. 30 liegenden – in der ungefähren Größe von 97 Tagwerk auf 10 Jahre zur landwirtschaftlichen Nutzung.

Die Pachtzeit läuft von 1. Jan. 1931 bis 31. Dezember 1940. Der jährliche Pachtpreis beträgt 20 M per Tagwerk, doch hat hiebei der Pächter keinen Anspruch auf den Jagdpacht. Die Felder werden gepflügt übergeben und nach Ablauf der Pacht ebenso übernommen.

Die besonderen Aufwendungen darüber hinaus für Herbstbestellung sowie Weideanlage müssen abgelöst werden.

Der Pächter hat die Felder ordnungsgemäß zu bewirtschaften, zu düngen und das Unkraut im Rahmen des in einer neuzeitlich geführten Wirtschaft üblichen [Vorgehens] zu bekämpfen.

Grundstücke, die verkauft oder zu anderen Zwecken verwendet werden sollen (Kiesausbeute), sind mit Ablauf eines Wirtschaftsjahres freizugeben, doch braucht für diese Stücke für das letzte Wirtschaftsjahr keine Pacht bezahlt zu werden.

Zur Anerkennung unterschrieben:

Neuried, 6. Februar 1931   München, 7. II. 31

Kaiser, 1. Bürgermeister   DrRehm

<u>wenden!</u>

auf Rückseite:

Nachtrag: Ich stelle fest, daß die verpachteten Grundstücke <u>100 Tagwerk</u> (genau 99,82) groß sind.
DrRehm

Der Pachtzins muß ... jährlich M. 2000.- ... Dezember jeden Jahres an DrRehm gezahlt werden.
DrRehm

Brief Ernst Rehm vom 19.03.1931

Kuranstalt Neufriedenheim   19.3.31
München 12

An die Gemeindeverwaltung Neuried.

Unter Bezugnahme auf unseren Pachtvertrag vom 6. Febr. 1931 erlaube ich mir mitzuteilen, daß der Kieswerkunternehmer Stefan Röhrl in München, mit dem ich schon seit vorigem Jahr in Verhandlungen gestanden bin, mir heute den Antrag gemacht hat, ihm 5 Tagwerk, die an der Kiesgrube Pl. Nr. 29 anstoßen, zur Errichtung eines Kieswerkes zu verkaufen. Er möchte mit den Arbeiten sofort beginnen, benötigt aber zunächst nur 2 Tagwerk.
 Ich stelle nun das Ersuchen an den verehrt. Gemeinderat, sogleich, noch vor Beginn der landwirtschaftlichen Anbauarbeiten, die an der Kiesgrube anstoßenden 2 Tagwerk mir zum Verkauf **zu überlassen**.
 Da die Gemeinde an der Errichtung des Quetschwerkes auch ein gewisses Interesse hat, so hoffe ich, daß die Gemeinde mein Ersuchen bewilligen wird.
 Ich bin dafür bereit, die noch nicht verpachteten Plan Nummern 64b und 105, die an das Wirtschaftsanwesen anstoßen, ebenfalls der Gemeinde in Pacht zu geben.
 Ich bitte um baldige Nachricht, da die Sache eilt, und werde dann persönlich zur Rücksprache nach Neuried kommen.

Hochachtungsvoll
DrRehm

Brief von Ernst Rehm vom 21.11.1931

Kuranstalt Neufriedenheim   Post München 12, den 21.11.31
München
Fürstenrieder Str. 155
Fernsprech-Nr. 61 9 09

An die verehrl. Gemeindeverwaltung Neuried

Ich bestätige den Empfang von M. 200, a'c. des Pachtzinses. Ich bitte dafür zu sorgen, daß der Pacht nun bald bezahlt wird. Verabredeter Termin ist der i. Dezember.

Hochachtungsvoll ...
DrRehm
Ich bitte den Betrag meinem
Konto bei der Münchner Industriebank
München, Frauenplatz 2 zu überweisen.

Brief von Ernst Rehm vom 08.12.1931

Kuranstalt Neufriedenheim Post München 12, den 8.12.31
München
Fürstenrieder Str. 155
Fernsprech-Nr. 61 9 09

An den Gemeinderat Neuried.

Obwohl der Pachtzins am i. Dez. fällig war und ich noch ausdrücklich gebeten habe, ihn abzuführen, habe ich bis jetzt nichts erhalten.
 Ich brauche den Zins notwendig zur Bezahlung meiner Bankzinsen und ersuche daher noch einmal, möglichst bald die fällige Summe an die Industriebank München abzuführen. Sollte das nicht geschehen, so wäre ich genötigt, die Summe der Bayer. Vereinsbank abzutreten.
 Außerdem hat die landwirtschaftliche Berufsgenossenschaft für die landwirtschaftliche Unfallversicherung M. 73.70 verlangt, die ich von den Pächtern zurückfordern kann. Ich ersuche nun diese Summe ebenfalls zu überweisen.

Hochachtungsvoll DrRehm

Brief von Ernst Rehm vom 19.12.1931

Kuranstalt Neufriedenheim
München
Fürstenrieder Str. 155
Fernsprech-Nr. 61 9 09

~~Post München 12~~, den 19.12.31
z. Z. ... , Kamnik, Jugoslawien[8]

An den Gemeinderat Neuried.
Ich bestätige dankend den Empfang von M. 200,-
1113,-
<u>280,-</u>
zusammen 1593 als Pachtzins

Da ich am 1. Januar große Zinszahlungen zu machen habe, so bitte ich den Rest des Pachtzinses in den nächsten Tagen auch zur Einzahlung zu bringen, sodaß ich bestimmt vor dem i. Jan. darüber verfügen kann. Ich nehme an, daß auch der Beitrag zur landwirtschaftl. Berufsgenossenschaft mit M. 73.70, wie ich gebeten habe, direkt abgeführt wurde.

Ich verbleibe mit besten Grüßen und Wünschen für den Bürgermeister und den ganzen Gemeinderat

Hochachtungsvoll
DrRehm

Brief von Ernst Rehm vom 02.01.1932

Kuranstalt Neufriedenheim
München
Fürstenrieder Str. 155
Fernsprech=Nr. 61 9 09

Post München 12, den 2.1.32

An den Gemeinderat Neuried.

Das geb. [?] Schreiben vom 19.12.31 habe ich erhalten, ebenso den von Ihnen berechneten Pachtzins von M. 1685.66. Für die abgezogenen Beträge für Wohlfahrtsabgabe, Bezirksumlage, Gdeumlage[9], zus. M 214.34 bitte ich um Quittungen.

---

8 Kamnik in Slowenien
9 Gemeindeumlage

Daß es den Landwirten schlecht geht, weiß ich. Anderen geht es ebenso schlecht, insbes. auch mir; da zahlungsfähige Kranke für meine Anstalt immer weniger werden, da Steuern aber, Staats- und namentlich städtische Steuern unsinnig in die Höhe getrieben werden. Ich glaube, daß die Landwirte doch immer noch besser daran sind.

Was den Beitrag zur landwirtsch. Berufsgenossenschaft betrifft, so hat die Genossenschaft ausdrücklich darauf hingewiesen, daß der Beitrag von den <u>Pächtern</u> eingefordert werden kann, was ja auch selbstverständlich ist, da die Unfallversicherung für den <u>Betrieb</u> da ist und nicht für das Land als solches.

Trotzdem will ich <u>für heuer</u> darauf verzichten, in Betracht Ihres Schreibens. Hoffentlich wird für die Landwirtschaft einmal gründliche Hilfe geboten.

Noch eine Bitte habe ich: den Karl Blessing jun. aufzufordern, er möge mir den Pacht sofort bezahlen.

Ich verbleibe mit besten Grüßen hochachtungsvoll
DrRehm

Brief von Ernst Rehm vom 04.08.1932

Kuranstalt Neufriedenheim   Post München 12, den 4.8.32
München
Fürstenrieder Str. 155
Fernsprech-Nr. 61 9 09

Sehr geehrter Herr Bürgermeister!

Ihr Brief hat mich erst jetzt erreicht, da ich seit 25.8.[10] mich auf Reisen befinde.

Der große Stadel ist mit der Wirtschaft an die Hackerbrauerei verpachtet und ich war der Meinung, daß letztere den Stadel an die Gutsverwaltung Fürstenried weiter verpachtet hat.

Ich bitte Sie aber, sich telefonisch an die Hackerbrauerei zu wenden, die Ihnen gewiss entgegen kommen wird. Hoffentlich hat nicht inzwischen die Gutsverwaltung Fürstenried, die nach dem Brand wahrscheinlich Bedarf haben wird, die Scheune gemietet.

Ich bitte sich bei der Hackerbrauerei auf mich zu berufen.

---

10 Das Datum 25.8. passt nicht zum Datum des Briefes: 4.8.32. Vermutlich meinte Rehm: 25.7. statt 25.8.

Mit besten Grüßen Hochachtungsvoll
Ihr ergeb. DrRehm

Brief vom 08.10.1932

Kuranstalt Neufriedenheim   Post München 12, den 8.10.32
München
Fürstenrieder Str. 155
Fernsprech-Nr. 61 9 09

Sehr geehrter Herr Bürgermeister!

nachdem ich auf den Pachtzins für 1932 verzichtet habe, kann ich auch den Betrag für die landwirtschaftliche Berufsgenossenschaft nicht zahlen. Ich bitte Sie daher beiliegende Zahlung zu erledigen.

Mit bestem Gruß
DrRehm

Brief vom 03.11.1932

Kuranstalt Neufriedenheim   Post München 12, den 3.11.32
München
Fürstenrieder Str. 155
Fernsprech-Nr. 61 9 09

Sehr geehrter Herr Bürgermeister!

Ihr freundliches Schreiben vom 17. Okt. kann ich nicht unwidersprochen lassen.
    Sie schreiben, die Landwirte seien nicht gewillt, die Unfallversicherung zu zahlen. Darauf kommt es nicht an, denn die Pächter sind gesetzlich verpflichtet dazu. Trotzdem werde ich die kleine Summe bezahlen.
    Im Uebrigen muß ich doch darauf hinweisen, daß die Herren Landwirte zufrieden sein können, daß ich Ihnen den ganzen Pacht erlassen habe. Denn der Schaden, den sie erlitten haben, durch die Vermessung[11], ist ja minimal, und sie

---

11 Vermessung für die Parzellierung der Grundstücke

haben den ganzen Ertrag, und wenn sie auch nichts verkaufen können, so haben sie doch genug zu essen.

Daß ich jetzt die Grundstücke verkaufen muß, ist mir selbst nichts weniger als angenehm, ich bin aber durch die allgemeine wirtschaftliche Lage dazu gezwungen.

Hochachtungsvoll grüßt Sie Ihr ergeb.
DrRehm

A6 Der Suizid von Otto Wuth

Der folgende Artikel von „R. C." erschien am 16. März 1946 im Garmischer „Hochlandboten", nachdem Otto Wuth am Morgen des 7. März 1946 erhängt aufgefunden wurde:

Entlarvter Nazi begeht Selbstmord
Der Fall Prof. Wuth

Es ist zweifellos so, daß unser schönes Werdenfelser Land auf viele Menschen eine besondere Anziehungskraft ausübt, und zwar nicht nur auf solche, welche die Schönheit der Natur bewundern wollen. Gar manche, welche Grund haben, möglichst viele Kilometer zwischen den Schauplatz ihrer früheren Naziheldentaten und die darüber noch vorhandenen Akten und Unterlagen neuen „demokratischen" Wirkungskreis andererseits zu legen, halten die Gegend am Südrande des deutschen Zonengebildes als für ihre Deckungsbestrebungen sehr geeignet. Daß außerdem der Nachrichtenverkehr mit der russischen Zone z. B. noch nicht recht zu klappen scheint, ist manchen dieser Herrschaften bestimmt kein Anlaß, sich zu beklagen.

Leider – für solche Fälle wenigstens – ist die Nachforschungsmöglichkeit in anderen Zonen nicht so schlecht, wie manche glauben.

So spekulierte auch Prof. Wuth falsch, als er vor ca. acht Monaten das erstemal auf seine unglaubhaften Angaben im Fragebogen hin untersucht wurde. Das Militärgericht hat ja nun im Laufe der Zeit schon etliche Fragebogenfälscher überführt, aber ein so raffinierter und hartnäckiger Lügner wie Prof. Wuth war doch eine einmalige Erscheinung.

Trotzdem bereits seit Monaten sehr belastendes Material vorhanden war, verstand er es, das Gericht so von seiner Unschuld zu überzeugen, daß das Verfahren vorläufig eingestellt wurde, bis neues Material beigebracht werden könne. Prof. Wuth fühlte sich, da über diese Arbeit Monate und Monate vergingen, bereits wieder so sicher, daß er stolz in seinem Wagen umherfuhr, sich auch nach einem neuen Betätigungsfeld umsah, und sogar darum bat, daß, nachdem es nun doch wohl erwiesen sei, daß er nie Nazi gewesen sei, man doch den Fall ganz niederschlagen möchte, damit er wieder arbeiten könnte.

Aber, und das sollte allen anderen Nazis, die sich heute noch so sicher fühlen, eine Warnung sein: zwei Tage nach seinem Antrag trafen bereits die ersten amtlichen Nachrichten über die aktive Nazitätigkeit des unschuldigen Professors ein. Aber er gab sich noch nicht geschlagen. Verhandlungen über Verhandlungen wurden anberaumt, Prof. Wuth leugnete, leugnete selbst über amtliche Briefe hinweg, er sei unschuldig, nie habe er etwas mit den Nazis zu tun gehabt, geschweige denn sei er in einer Parteiorganisation gewesen. Aber Telefon, Telegraf und sogar die Dienststelle des kommandierenden Generals in Berlin verfolgten jetzt die Fährte des Prof. Wuth, wie man einen Verbrecher verfolgen muß, als der er sich dann auch herausstellte, denn anders kann man einen Mann nicht bezeichnen, der die Militärregierung acht Monate lang an der Nase herumführt, einen armen, alten, unschuldigen gehetzten kranken Mann markiert, der die wertvolle Zeit der Leute, die sich für den Wiederaufbau Deutschlands in demokratischer Form einsetzen, nach seinem Belieben verschwendet und somit das Erreichen des großen Zieles verzögert. Ein Mann, der auch dann noch leugnet, als man ihm bereits mitteilt, daß die Fotokopien seiner Akten unterwegs sind, in denen er mit eigener Handschrift ausgefüllt hat, daß er nicht nur Parteigenosse, sondern sogar Gründungsmitglied einer Ortsgruppe der NSDAP. in der Schweiz war, sich hervorragend an Spenden für die Partei beteiligt hat, Mitglieder für die NSDAP. warb, förderndes Mitglied der SS. war und die Beurteilung des gesamten Nachwuchses der SS. unter sich hatte und in engster Fühlung mit der Kanzlei des „Führers" stand.

Da das Material sich bereits in elf Beweisen als so überwältigend erwies, wurde Prof. Wuth noch vor dem Eintreffen der Fotokopien verurteilt, aber er fühlte sich auch da noch völlig unschuldig. Erst als sich die Türen für ein Jahr hinter ihm schlossen, dachte er vielleicht das erstemal über sein Tun nach und da packte ihn das schlechte Gewissen ob des sich auf dem Weg befindlichen Materials so sehr, daß er fürchten mußte, daß man vielleicht noch mehr, als bereits aufgedeckt hat, herauskäme, und so zog er dann in letzter Minute den Freitod durch Erhängen vor. R. C.

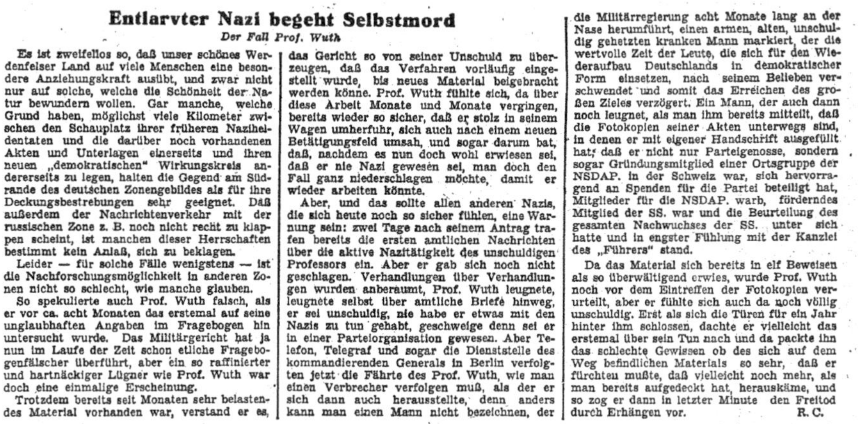

Abb. A2: Artikel: „Entlarvter Nazi begeht Selbstmord"

A7 Leonhard Baumüllers Spruchkammerakte

In Leonhard Baumüllers Spruchkammerakte befinden sich einige Dokumente und Zeugenaussagen, die seine judenfreundliche Haltung belegen. Im Mai 1941 durfte er die jüdische Patientin Julie Weiss nicht länger in Neufriedenheim betreuen. Es war der Zeitpunkt gekommen, den Marieluise Fleißer so zutreffend beschrieb: „ ... wenn der Chef aufgeben musste und wenn er der Gewalt wich an jenem Tag, wo nichts mehr retten kann, weil es dann heißt, entweder er oder ihr beide zusammen, er aber in jedem Fall – dann war dem Verfolgten nicht mehr zu helfen." In dieser Situation schrieb Baumüller einen Brief an den leitenden Arzt des Israelitischen Krankenhauses in München, Dr. Spanier: „Wie sie wissen werden, ist es uns seit einigen Tagen verboten jüdische Patienten weiter zu behandeln, und die Patientin muss daher im Lauf dieser Woche unser Haus verlassen. Ich empfehle sie Ihrer ärztlichen Fürsorge und bitte Sie, die Patientin in den nächsten Tagen in Ihr Krankenhaus aufnehmen zu wollen." Es ging um die Patientin Julie Weiss, die seit ca. 15 Jahren in Neufriedenheim lebte, und die eine enge Bindung zur Familie Baumüller hatte. Baumüller schreibt, welche Medikamente Julie Weiss bei ihm bekam und fährt fort: „Im Übrigen hat sich gezeigt, dass Fräulein Weiss sehr intelligent und hilfsbereit ist, und ich habe sie zeitweise mit allen möglichen Arbeiten im Hause betraut, sie schreibt auch sehr gewandt Maschine." Julie Weiss wurde ein Jahr später nach Theresienstadt deportiert und in Auschwitz ermordet.[12]

Die Patientin Mathilde Schneider hielt sich 1940 zu einem Kuraufenthalt in Neufriedenheim auf. Sie schrieb in einer eidesstattlichen Erklärung: „Während meines Kuraufenthaltes 1940 erwähnte Geheimrat Rehm dass die jüdischen Patienten nur durch Dr. Baumüller in der Anstalt gehalten würden. Er hat auch wiederholt mir gegenüber betont, dass Dr. Baumüller bei der Regierung als Judenfreund bekannt sei. Ich selbst weiß, dass die jüdischen Patienten sehr viel auf Dr. Baumüller hielten und sich seiner Unterstützung bewusst waren. Ich selbst habe Frl. Julie Weiss, die als letzte jüdische Patientin Neufriedenheim verließ, näher gekannt und weiß dass Dr. Baumüller beim Übertritt dieser Patientin in das jüdische Krankenhaus, Hermann Schmidtstr., sich derselben aufs Wärmste annahm und ihr ein ärztliches Begleitschreiben an Dr. Spanier mitgab. Ich weiß auch, dass Dr. Baumüller, trotz des Verbotes diese Patientin im jüdischen Krankenhaus wiederholt besucht hat und ebenso habe ich sie in seinem Auftrag immer wieder besucht."

---

[12] Stadtarchiv München: Biographisches Gedenkbuch der Münchner Juden. Julie Katharina Weiss

Dr. med. Franz Christ vom Krankenhaus St. Vinzenz in Pfronten schrieb am 28.06.1946 in einer eidesstattlichen Erklärung: „Als ich im Jahre 1943 auf Grund eines Vorstoßes der Gestapo von meinem Augsburger Posten abberufen wurde, da war es mir klar, dass ich nur durch eine länger dauernde Erkrankung ein wenigstens vorübergehendes Aussetzen der Belästigungen von Seiten der Gestapo erwarten konnte. Es waren damals die Herren Dr. L. Baumüller und Herr Geheimrat Dr. Bumke, denen ich ganz offen meine gefährliche Lage erzählte und diese beiden Herren fanden auch den Mut, mich zu decken und mich dadurch eine Reihe von Monaten vor einem weiteren Zugriff der Gestapo zu bewahren. Es ist klar, dass diese beiden Herren Baumüller und Bumke damit auch für sich sehr viel riskierten, denn es war sehr gefährlich, für einen Menschen einzutreten, der das Missfallen der Gestapo auf sich gezogen hatte."

Baumüller selbst schrieb an die Spruchkammer: „1936 war ich Oberarzt in der meinem Schwiegervater Dr. Ernst Rehm gehörenden Kuranstalt Neufriedenheim. Als Vertreter meines Schwiegervaters musste ich eine Konzession zur Führung der Anstalt haben. Als mein Schwiegervater sie für mich erneuern lassen wollte, wurde ihm erklärt, dass dem Gesuch nicht stattgegeben werde, weil ich nicht Pg[13] sei und als Judenfreund bekannt sei. Ich habe nämlich trotz des Verbotes jüdische Patienten weiterbehandelt und insbesondere 2 jüdische Patientinnen die seit Jahren in meiner Behandlung standen, bis zum äußersten Termin in der Anstalt behalten, obwohl sie inzwischen verarmt waren."[14]

Leonhard Baumüller eröffnete Ende 1942 nach dem Verkauf und nach der Bombardierung Neufriedenheims eine Praxis in Schwabing, die er auch nach dem Krieg weiterführte.

Die 1946 geborene Tochter des KZ-Überlebenden Max Mannheimer, Eva Faessler war als Kind bei Leo Baumüller in Behandlung. Sie lobte seine Einfühlungsvermögen und seine Warmherzigkeit. Hilda Baumüller habe in der Praxis assistiert, selbst aber keine Patienten behandelt.[15]

---

[13] Pg: „Parteigenosse" = Mitglied der NSDAP
[14] Staatsarchiv München: SpKA K93, Leonhard Baumüller Schreiben vom 02.11.1946
[15] Telefonat Frau Faessler am 2.10.2016; kurz nach dem Tod ihres Vaters war ein Artikel in der Süddeutschen Zeitung erschienen, in dem über erste Recherchen zu Neufriedenheim berichtet wurde.

A8 Familie Bendit

Die Familie von Fanny und Carl Bendit

Tab. A5: Moritz Bendit, seine Eltern und seine Geschwister

Carl (Karl) Bendit	1827–1899	Vater
Fanny (Franziska) Bendit geb. Putzel	1834–1897	Mutter
Avigdor Viktor Bendit	1856–1858	sein Grab ist in Fürth erhalten
Siegfried Bendit	1857–1924	emigriert nach London
Rosalie Bendit	1859–1860	
Meier Max Bendit	1861–1928	emigriert nach London; gestorben in München
Ludwig (Louis) Bendit	1862–1958	emigriert nach London
Moritz Bendit	1863–1940	
Emil Bendit	1866–1867	
Frieda Bendit	1870–1871	

Moritz Bendit war das sechste von acht Kindern seiner Eltern. Die Angaben zu den vier im Kleinkindalter verstorbenen Geschwistern von Moritz Bendit stammen von Gisela N. Blume.[16] Beim Tod von Carl Bendit wurde dessen Erbe unter den vier Brüdern (Siegfried, Meier Max, Louis und Moritz) aufgeteilt. Jeder erhielt ein Viertel als Anteil. (Vgl. Kap. 3.3.4).

Unternehmertafel – Vom Firmengründer bis zu Moritz Bendit

Tab. A6: Unternehmertafel – Ausschnitt (nach Michael Müller)

Generation		Gesellschafter von – bis
1.	Seligman Bendit (1746–1819)	1798–1819
2.	Mayer Bendit (1781–1860)	1817–1860
3.	Carl Bendit (1827–1899)	1855–1899
4.	Moritz Bendit (1863–1940)	1891–1900

---

16 Email vom 26.02.2023

Die vollständige Unternehmertafel findet sich bei Müller, S. 13. Müller ging allerdings versehentlich davon aus, Moritz Bendit sei bereits 1916 in Neufriedenheim verstorben.

A9 Jüdische Patienten in Neufriedenheim in der NS-Zeit

Die folgende Tabelle beruht auf einer Auswertung des Biographischen Gedenkbuchs der Münchner Juden. Sie enthält in alphabetischer Reihenfolge alle Juden, die während der NS-Zeit zeitweise der Neufriedenheimer Adresse „Fürstenrieder Straße 155" zugeordnet waren. Die fett gedruckten Patienten wurden in der NS-Zeit in Neufriedenheim aufgenommen.

Tab. A7: Jüdische Patienten in Neufriedenheim in der NS-Zeit

lfd. Nr.	Name	Geburtsdatum	Aufenthalt in Neufriedenheim
1	Moritz Bendit	15.09.1863	31.12.1898–14.09.1940
2	Anton Bock	07.11.1884	ohne Zeitangabe
3	**Regina Cohen**	**30.07.1868**	**1933–1938**
4	Maria Falkenberg	12.01.1885	07.01.1926–21.08.1941
5	Berta Gumbel	23.09.1864	15.2.1932–30.6.1935
6	**Gertrud Henoch**	**17.09.1908**	**27.07.1934–07.12.1937**
7	Charlotte Hirschberg	09.07.1861	11.09.1931–27.06.1938
8	Charlotte Königsberger	22.08.1880	08.01.1933–01.10.1934
9	**Samuel Kronheimer**	**11.07.1855**	**30.03.1937–11.06.1937**
10	**Moritz Neuhaus**	**05.10.1851**	**09.06.1939–02.04.1940**
11	**Ludwig Weil**	**10.04.1854**	**04.1939**
12	Julie Weiss	30.05.1901	19.01.1930–10.06.1941

Moritz Bendit ist der einzige Patient aus der Stammanstalt Neufriedenheim, der im September 1940 im Rahmen der „Sonderaktion für jüdische Anstaltspatienten" zu einem „Euthanasie"-Opfer wurde. Rosa Hechinger hielt sich nur kurz vom 08.08.1940 bis 12.08.1940 in Neufriedenheim auf und wurde dann in die Nervenklinik der Universität verlegt. Auch sie wurde zusammen mit Moritz Bendit am 20.09.1940 in Hartheim ermordet. Ihr Aufenthalt in Neufriedenheim ist im Biographischen Gedenkbuch der Münchner Juden nicht vermerkt.

Die Patientinnen Maria Falkenberg und Julie Weiss sind auf dem Gruppenfoto Abb. 2.8 (1931) mit abgebildet, Falkenberg auch auf Abb. 3.5 (im Zentrum der Gruppe mit „V-Kragen" beim Anstaltsball 1928).

Im Biographischen Gedenkbuch der Münchner Juden sind drei weitere jüdische Patienten aus Neufriedenheim aufgeführt, deren Aufenthalt in Neufriedenheim bereits vor Beginn der NS-Zeit endete, die später ebenfalls zu Opfern der Nationalsozialisten wurden:

Tab. A8: Weitere jüdische Patienten Neufriedenheims (von den Nazis ermordet)

lfd. Nr.	Name	Geburtsdatum	Aufenthalt in Neufriedenheim
1	Paul Pinkus Aron Dobriner	17.08.1863	13.08.1925–14.03.1926
2	Max Kaufmann	18.06.1876	17.11.1924–01.10.1925
3	Josef Neuburger	24.12.1875	09.09.1922–28.10.1922

A10 Marieluise Fleißer: Die im Dunkeln

Die Erzählung „Die im Dunkeln" von Marieluise Fleißer entstand im Jahre 1965. Fleißer verarbeitet in diesem Werk ihre Erlebnisse von einem dreimonatigen Aufenthalt in der Kuranstalt Neufriedenheim im Spätsommer/Herbst 1938. Die Seitenangaben im Text: [S. 270] beziehen sich *auf das Ende der Seite* in Marieluise Fleißers Gesammelten Werken, Dritter Band. Wir danken dem Suhrkamp Verlag für die freundliche Genehmigung.

Die im Dunkeln

Ins Theater drang ich ein als ein frecher Wicht. Ich gehörte da nicht hin, ich zählte ja nicht. Zwanghaft schlüpfte ich ein und hatte einen lechzenden Durst, daß mich was tränkte, nur hatten sie es nicht im Becher. Ich saß da mit meiner Bestürzung. Ungestillt ging ich zum Kreuztor hinaus, die Wüste begleitete mich. Die Straße war immer leer, ich hielt es für keinen Zufall. Immer ging ich auf meiner Straße der Verdammten allein.
Ich habe die Vermutung, im Theater führte ich mich sonderbar auf. Ich lachte an ganz unglaublichen Stellen. Wie sie es sagten, das verzerrte sich mir oder spaltete sich wunderlich auf, es lächerte mich. Ich wurde von meinem Gelächter erschüttert.
Ein Entsetzen schlich mir in den Rücken und war das Entsetzen derer, die hinter mir saßen, es wurde so dicht. Ich tat unverfroren und wieder lachte ich aus meiner Hölle herauf.
Durfte ich etwa nicht fühlen, wenn ich schon drin war?
Die Gebärden der Schauspieler veränderten sich und fingen an sich auf mich zu beziehn. Sie stachen her mit dem Arm. Ich schaute ihnen ungläubig zu, denn der Arm verlängerte sich, ich wußte nicht, wie sie das machten. Sie heckten was gegen mich aus und alles brachten sie fertig im Text, als gehöre es zur Rolle. Sie stellten sich vorn an die Rampe, da waren sie näher bei mir. Kunstvoll holten sie Luft ein. Der Kopf schwoll ihnen an mir zum Hohn, die Anstrengung hob sie auf die Zehenspitzen hinauf. Sie sammelten soviel Luft in ihren Blasbalg, daß sie gerade nicht platzten, und dann bliesen sie aus dem Balg die Luft auf mich herunter, warum wußte ich nicht.
Ich saß auf meinem Stuhl wie gebannt. Ich hatte schon lang nicht mehr gelacht.
Das Blasen hörte ich zischen und wie es überging in einen [S. 270] pfeifenden Ton. Sie trafen mich so genau, als bliesen sie mich durch ein Schlüsselloch an. Und so hallend pfiffen sie wie ein Zug. Meine Haare stellten sich langsam auf.

Ich hatte nicht mit einem solchen Betragen gerechnet. Aus meiner kahlen Wüste war ich geflohn, in der es nichts gab als Zahlen mit dem Zwang auf die Zahlen zu achten. Aus der Verzweiflung nur war ich hier. Ich wollte ja nur aus meiner Wüste heraus. Jetzt duldeten das diese Hitler-Schauspieler nicht.

Ich rührte mich nicht von meinem Platz. Etwas Furchtbares drang auf mich ein, und ich konnte nichts tun, ich konnte mich dem nicht entziehn. In mir wuchs eine Schuld, an der ich nicht schuld war.

Mit allen anderen ging ich hinaus. Da stieß es mir auf, daß ich an ihrem Verhalten nichts Ungewöhnliches merkte, sie schnitten mich höchstens. Wie eine Unsichtbare schoben sie mich vor sich her. Sie brachten sich um die Schadenfreude, was ich nicht einmal glaubte.

Verstört stellte ich mich an den Randstein. Ich stand noch lang vor der Pforte, die brausend sich leerte. Die Schwärme teilten sich um mich herum. Ich war sehr niedergeschlagen. Ich grübelte an dem Rätsel, nur auf den Grund kam ich nicht.

Im Laden machte ich meine Sache wie immer, mir merkte keiner was an. Die Spielzeit lief nicht mehr lang. Ich mußte nicht unbedingt in ein Theater hinein, wenn es mich verstieß. Was ich wollte, spielten sie doch nicht. Aber lesen konnte ich auch nicht. Ich konnte mich nicht mehr füllen. Ein Gespenst sog es mir weg. Da hielt ich es nicht mit mir aus.

Ich war sehr umgetrieben im Frühjahr, vom Nickl sah ich nicht viel. Ich war schon vom Laden daheim, müd mußte ich sein, aber es jagte mich auf und hinunter. Auf der Straße wußte ich nicht einmal, was ich dort sollte. Ich lief mir nur immer davon.

»Ich schnappe bloß frische Luft,« sagte ich dafür. Ich ging auf der Reichsstraße 13 herum zwischen den fremden Wiesen [S. 271] und Gärten wie eine Versprengte. Feindselig standen die letzten Häuser nach Friedrichshofen hinaus, zögernd wurde gebaut. Ich war mir ganz überlassen, eine Ansprache hatte ich nicht. Aber ich hatte sonst auch keine Menschen gebraucht.

Das ist nicht wahr, daß man einen Menschen überall hinstellen kann, ein falscher Platz bleibt immer falsch. Natürlich kann man den Widerstrebenden zwingen. Sehr lang sogar kann man ihn zwingen, da wird ein böser Schaden daraus. Unter wahren Foltern wird was verdorben.

In eine Öde starrte ich hinein ohne Trost. Einen Fehler mußte ich mästen mit meiner ganzen Person, ich wurde von einem mir aufgezwungenen Fehler gefressen. Umsonst rannte ich dagegen an, ich mußte schrumpfen. Ich krümmte mich unter dem fremden Gesetz, das mich beschnitt. Mir war nichts von meinem eigentlichen Leben geblieben. Die ich liebte, waren im Ausland, alle waren sie fort. Von den Spruchbändern fiel das Leid auf mich herunter. Eine Schuld wuchs in mir, an der ich nicht schuld war.

Wenn einer empfänglich wird für das, was man sonst nicht empfängt, was man nicht mit rechten Dingen empfängt, hat er schon viel hinter sich, es geht immer noch weiter, fragt sich wie lang.
In einer Spalte der Verlorenen hauste ich, und es spielte sich vor dir ab und dir, seines Bruders Hüter war keiner. Die Stunden wurden ein Kapital, das mir nicht zustand. Mir waren meine bitter nötigen Stunden genommen. Ich mußte mich plündern lassen und schrumpfen. Ich kämpfte um einen ungenügenden Rest, daß er mir blieb.
Ich wollte nichts wahrhaben, einstweilen half ich mir immer noch selbst.
Und doch scheuchte mich viel, ich wurde niedergeschlagen. Ich weiß es noch gut, an dem Abend wehte ein sprunghafter Wind, als einer zwanzig Schritt hinter mir mit dem Stock über den Zaun fuhr. Es war ein unverkennbares Geräusch von einem, der schlendert, jemand machte sich einen Spaß. Ich schaute mich noch danach um, aber da war nur der Zaun [S. 272] und war keiner, der ging. Weit und breit war da keiner. Ich verzog mich verstört. Ich hatte was dicht im Nacken.
Am anderen Tag zuckte ich nur mit den Achseln, ich konnte so was nicht brauchen.
Ich schmiß es zum übrigen. Gewaltsam stieß ich es weg. Es suchte mich, ohne daß ich es suchte. Das Meiste habe ich schnell wieder vergessen. Wie Fetzen trieb es mir davon, ich nahm die Dinge nicht auf.
Ich war schon auf der Flucht, leicht mußte ich mich machen und dünn. In mir redete es, ich werde dich lehren, wie du dich schützt. In mir log es, ich werde dich lehren, wie du dich schützt. In mir versprach es, ich zeige dir was, das hast du noch nie erfahren. Da war es der Tod.
Der Nickl hatte davon keine Ahnung. Der Nickl kam spät heim und warf sich dem Schlaf in den Arm, das brachte schon sein Beruf. Ich beklagte mich da nicht. Wenn bei den anderen Feierabend war, fing es bei ihm erst recht wieder an und wurde eine zähe Verpflichtung, nach außen schaute es vielleicht nicht so aus.
Der Abend hatte nur sieben Stunden. Der Nickl war mit seinem persönlichen Magen allein. Er war angewiesen auf seine Leber und hatte nur die; mörderisch mußte er sie überfüttern. Drei Wirtschaften mußte er vertilgen von seiner Liste oder auch vier und überall sitzen. Nie wurde es das wahre Gespräch und schon gar nicht ein Spaß. Es lief hinaus auf ein stets wiederholtes Gefasel, und sie stanken sich an. Da durfte sich der Nickl nicht anmerken lassen, wie es ihn wegtrieb. Da wurde das Trinken zur Strafe. Da wurde das Trinken gefährlich, der Nickl war motorisiert.
Der Nickl zuckte nicht mit der Wimper und gab die Sitzfigur ab. Er verschenkte größenwahnsinnig die Zeit. Der Wirt merkte es sich kleinlich. Der Wirt schrieb den Verzehr genau in die Gegenleistung hinein, anders bestellte er nicht. Zu leicht

befunden war schon vertan. Der Nickl war unverwüstlich, mit der Angabe lief er herum. Er war so lang unverwüstlich, bis es ihn knickte.
[S. 273]
Der Nickl mußte schon Glück haben bei dem Beruf und tagaus und tagein. Einmal lag er die ganze Nacht in einem Graben und sein Motorrad auch, der Nickl war nicht bei Bewußtsein. Er hatte seinen Unfall, ich ahnte es nicht, weil ich schlief. Ein Mann hat ihn, als es schon hell war, im Graben entdeckt und geweckt. Er hat ihm noch aus dem Graben zu seinem Motorrad verholfen, der Nickl stellte sich an wie ein Klotz.
Sein schweres Rad drohte ihn an. Sein angewachsener Arm war ihm feind, die Technik unzugänglich wie durch ein Rätsel, er versuchte zu schieben. Der Mann hatte keine Zeit mehr, der Mann fuhr zur Arbeit und hatte schon mehr als ein anderer getan, er ließ ihn hinten. Da mußte der Nickl sich vergewaltigen und seinen Motor. Er bestieg ihn wie den Hengst, der bäumend ihm drohte. Ächzend schraubte er sich auf der Drohung davon, die Augen wie ein Frosch und geschnitten vom Sturm. Wie er heimkam, wußte er nicht. Dann wollte er einzig schlafen. Er legte sich samt dem Leder hinein.
Aus dem Bett zog ich den Nickl wie mit der Winde heraus, weil er anders nicht hochkam. Er glotzte mich als ein Schwachsinniger an, das erbitterte mich.
»Ich bin gestürzt,« erklärte er mir lallend, sein Gehirn war so erschüttert.
Für den Arzt hatte er keine Zeit, die Konkurrenz war am Sprung. In den Dörfern duldeten sie die Ausnahme nicht. Das war sein spanischer Stiefel. Die Kundschaft versetzen hieß soviel wie auf die Kundschaft verzichten. Abgehängt war einer gleich. In dem Beruf wird man nicht krank. Da trank der Nickl seinen Kaffee brühwarm aus, kaufte sich die Motorradbrille neu und fuhr wieder auf Tour. Ein paar Tage war er noch ganz benommen.
Ich konnte es schon dem Nickl nicht antun, daß ich meine Nerven verlor. Aber die Angst fackelte nicht. Mit keinem Gedanken zog ich sie her, da hatte sie mich schon gepackt, nicht einmal piep konnte ich sagen, und es schleuderte mich. Da war es schon schlimm. Ich trug es stumm. Zu nichts Gutem konnte es führen, ich konnte mich noch verletzen.
[S. 274]
Ich setzte mich im Bett auf neben dem Nickl, auf einmal hatte mich was geweckt. Den Nickl starrte ich an, als er schlief, ich sah ihn zum erstenmal offenbar. Er lag da als ein Ungeheuer. Das konnte ich nicht brauchen, und ich legte mich schnell wieder hin. Ich grub mich ganz unter die Decke hinein, weil ich floh. Aber legte ich mich jedesmal hin?
Denn als Nächster war es der Nickl, der mich in das Meiste hineinzwang, was gegen die Abmachung war. Ich fühlte mich hintergangen.

Der Nickl war falsch geworden. Ich hatte ihm mit der Heirat vertraut, gleich danach wurde er falsch. In den ersten Wochen schon nahm er sein Versprechen zurück, er wollte es ja gar nicht halten.

Ich muß nichts zu tun haben mit seinem Geschäft, das machen schon die anderen, hatte er mir versprochen, als er sah, anders willige ich nicht ein und nie. Ich willigte ein, weil ich glaubte. Da hatte er mich, aber mich hatte der Schrecken. In allem Anfang schon fiel er um, er hielt es sogar für eine Erpressung.

Weil ich keinen Ausweg hatte, konnte er mich nur übertölpeln, und weil das Leid von den Spruchbändern fiel. Weil das Leid von den Spruchbändern fiel, mußte ich mich verlassen auf ein Versprechen, das leer war. Denn ich war nicht erwünscht, wenn ich schrieb.

Daß er falsch wurde, dazu wurde der Nickl durch seine Lage gezwungen, soviel sah ich dann selber. Es hatte uns beide gewürgt. Ich hatte das Nachsehn, ich fügte mich ja. Aber ich habe mich da übernommen.

Weil es lang dauerte, streckte es erst noch die wahren Krallen heraus, ich mochte mich noch so sehr winden. Da hatte es mich in den Fängen, davon wird einer bös. Leicht kennt er sich nicht mehr aus.

Der Nickl wußte es nicht, mit wem er sich einließ, auch ich wußte das nicht. Es hatte tief in seinem Dunkel geschlafen. Zuvor mußte ich es spüren am eigenen Leib. Jahr nach Jahr mußte es mich verletzen. So nur wurde der große Schaden [S. 275] daraus. Ich spürte je länger, je mehr, ich wurde gefressen. Da war ein unwissender Nickl der Nächste dazu. Und pfui über mich, ich konnte die Krallen nicht lieben, ich derpackte es nicht.

Noch eine Nacht schlief ich neben dem Nickl, in dieser gnädigen Nacht erschreckte mich nichts. Um sechs Uhr dann in der Früh sprangen wir gefährlich aus unserem Bett, er auf der seinen Seite, ich auf der meinen. Wir prellten mit unseren beiden Füßen heraus, es jagte uns hoch aus dem Tiefschlaf. Im Tiefschlaf hatten wir es gehört alle zwei und standen im Hemd und schauten uns wie die Schuldigen an. Denn mein eigener Vater hatte drunten auf der Straße ganz deutlich gerufen, kein Vogel weckt einen so laut.

»Das ist der Pappa,« sagte der Nickl sofort.

Da hatte mein Vater sich auf einen weiten Weg gemacht schon in aller Früh. Ich stürzte ans Fenster und ich fürchtete mich, mit dem Leib stand keiner drunten.

Der Nickl hätte ihn finden müssen, weil er den Mantel anzog und ihn suchte, der Nickl ging eigens hinunter, er hatte den Ton noch im Ohr. Mutlos kam der Nickl von der Straße herauf.

Zweimal hatte mein Vater mich bei meinem Namen gerufen, die kurze Silbe nur, wie er mich anrief als Kind.

Da war es merkwürdig, daß es den Nickl aus seinem gesunden Schlaf riß, bei mir wundert das einen ja nicht. Der Nickl war ganz schön derb, aber was soll ich sagen, es ging ihm durch und durch.
Es war ein so dringendes Rufen.
Aus großer Not rief mein Vater mich in aller Früh und war doch um die gleiche Stunde versenkt in einen finsteren Schlaf, kein Gedanke fiel da hinein oder heraus. Und doch fiel einer heraus.
Der Nickl rückte als erstes ihm auf den Hals. In der Stadt läutete er ihn aus seinen Federn herauf. Mein Vater wußte von nichts.
Mein Vater hat im Schlaf mehr gewußt als im Wachen, [S. 276] ganze Wochen hatte er mich nicht einmal gesehn. Daß es höchste Zeit ist, hat er gewußt und hat im Schlaf uns beide gewarnt. Da haben wir empfangen, was man sonst nicht empfängt, und mein eigener Vater, der hat gesendet.
An dem Tag traf den Nickl die kleine Tour, er schaute am Mittag zum Essen herein. Ich habe nicht eigens gekocht, dem Nickl verging das Essen. Das war das einzige Mal, da schmierte ich ihn aus.
Denn da hatte ich es schon angestellt, und da rollte es schon. Beim Kreisleiter mit seinen Mannen war ich da schon gewesen.
In der Anstalt warfen sie es mir vor, daß ich gleich bis zum Kreisleiter ging. Es war auch ein ziemliches Unterfangen für mich, zumal ich in der Vorstellung lebte, sie überwachen mich schon, jeder Brief wird gelesen.
In der Verzweiflung überfällt einen der Mut, da kam ich ihnen zuvor. Er sprang so jäh mich an wie ein Zorn, und so zwanghaft stieß mich der Mut, daß ich eben zum Kreisleiter trabte, den Mann habe ich nie anders als von weitem gesehn. Ich hatte da wohl nichts zu suchen. Die Sprengkraft trieb mich bis zu meinen Peinigern hin, hinterher erschreckte es mich.
Ich trabte wirklich, ich hatte kein Maß mehr für das, was ich tat. Noch höre ich mich stampfen, als schlüge ich Funken aus dem Pflaster heraus.
An der Oberen Pfarr packte ein fremder Mann mich am Arm, als ob er mich aufhalten wolle in meiner Zerstörtheit, und ich mäßigte mich, oh, ich sprach schon noch an.
In der Kreisleitung ließ ich mich nicht abspeisen, als sie mir einen anderen schickten, ich verlangte den Leiter. Den mußte ich überfahren mit meiner Not, weil er mir der Verantwortliche war, so schrie es aus mir herauf. Ich war da schon an der richtigen Stelle.
Er hatte einen mannsgroßen Hitler im Rücken und stand kleiner davor. Wer hereinkam, machte vor dem Bild seinen Arm lang, nicht vor ihm. Ich hatte so was in keinem Zimmer [S. 277] erlebt, und ich gaffte. Die Stiefel hörte ich knallen. Das Bild schaute mich absichtlich an und war so groß wie ein Mann. Ich hatte dafür keinen Arm.

Beim ersten Atemzug forderte ich es schon. »Sie müssen mich in Schutzhaft nehmen,« fuhr ich ihm hin, »mein Mann bringt mich um.«
Soviel hatte ich gewollt, ich gab nur die Rohform, es überwältigte mich.
»Das ist eine sehr schwere Beschuldigung,« sagte der Kreisleiter.
Mir zuckten die Lippen, alles war schon heraus, mochte es mich nun verschlucken.
»Wenn Ihr Mann Sie umbringt,« sagte er wieder, »müssen Sie zur Polizei gehn, das ist dafür die zuständige Stelle.«
»Zur Polizei kann ich eben nicht gehn,« stieß ich über die Lippen, da kam die rauhe Verzweiflung aus ihrem Gatter hervor, ich zeigte meinen Mann doch nicht an.
Ich weinte jetzt schon vor der Macht, weinen passiert mir selten. Ich rupfte an meiner Mappe herum, darin hatte mein Taschentuch sich verschlüpft, ich mußte mich bücken. Damit machte ich mich schon verdächtig, eine Waffe konnte ich zücken.
Mit dem Finger plagte er einen Knopf, der sich in Handhöhe anbot, das ging so schnell mit dem Knopf, eine Uniform prellte mir in den Rücken. Kein Wort wurde gesprochen. Hinten hatte ich Augen.
Ich machte mich nicht mehr verdächtig, seitdem ich in der Hand das weibliche Taschentuch knüllte. Die Uniform stiefelte schräg durchs Zimmer nach einer anderen Tür. Der Kreisleiter hat seine Leibwache, verstand ich.
Mich juckte die Gewalttätigkeit nicht, ich wischte an meinen unnützen Tränen herum, beides nützte nicht soviel.
Der Kreisleiter schaute aus seiner gedrängten Welt heraus, als erinnerte ich ihn an eine Erfahrung. Der Kreisleiter hatte so was schon einmal gesehn. Das Unerwartete schob er mir hin wie einen Stecken in reißende Flut.
[S. 278]
»An Ihrer Stelle ließe ich mich von einem Arzt untersuchen.«
Ich stand wie ein Lamm. Vor mir blühte was auf.
Kein zweites Mal geht es gut. Es kann einmal sein wenn überhaupt. Unversehrt schlüpfte ich aus der schnappenden Zange der Macht.
Ich bin viele Spuren gelaufen in meinen Gedanken. Ich weiß nicht, was mich verschonte. Wer wollte, hätte mich auf der Stelle verhaftet, schon die Beschuldigung gegen meinen Mann war ein Grund.
Dabei war ich mehr als einmal im Völkischen Beobachter gestanden, dabei hatten mich die Studenten verbrannt, Feinde saßen mir auf in der Partei, man ließ es mich merken. Dabei verschlang mich die Fama schon, angst und bang mußte mir sein, der Blitz zucke aus dem Gewölk, das gegen mich anschob. Es war unberechenbar.
In der Anstalt mußten sie mich zusammenrichten, daß ich solche Sachen nicht machte. Auffallen war das Letzte für eine wie mich.

»Daß Sie mir das nie wieder tun!«
Sie senkten es in mich hinein und haben mir was genommen zu meinem Schutz, da hatten sie ihre Gründe dafür. Ich durfte die Zange ja nicht überfordern.
Damals teilte ich unerwartete Schläge aus, um mir zu helfen, ich wähnte die Hilfe nur. Der böse Feind schaute aus der Hilfe heraus, ich war schon gefährlich, ich verletzte mich schon. Magisch zog mich die Gefahr an. Über mir wischte der Tod, er beschattete mich.
Der Nickl mußte mich im Geschäftswagen nach München verfrachten, meine Brille war dick voll Staub, ich entdeckte es nicht. Ich nahm nicht daran teil.
Die »Aufnahme« im holzgetäfelten Sprechraum regte mich unsinnig auf, die »Aufnahme«, daran hingen Folgen.
Ich war freiwillig mitgegangen, denn es wuchs mir über den Kopf; ich hatte eine Behandlung erwartet, gewollt. Was wunderte mich? [S. 279]
Mit Worten tat man mir Gewalt an. Da verlangte ich nach dem »Haus der Kunst«, was einfach lächerlich war. Ich verlangte es aber, sie mußten mich halten. Ich mußte zur Kunst, als hätte es die dort gegeben!
Der Chefarzt hatte mich aber auch in die Enge getrieben, nichts anderes kam aus dem Schutt und aus der Drangsal herauf. In Worten zog er mit der Zange.
Es hat immer in mir um Hilfe geschrien, zog er aus mir heraus. Der Mann wollte mich gleich behalten, da half nur die Kunst!
»Ihre Frau ist schwerkrank,« versetzte der Chefarzt dem Nickl.
Woher konnte er es wissen, er hatte mich ja noch nicht untersucht? Es war wie beim Boxen, der Chefarzt machte es grob. Meinen Rauhpatz vor Augen hat er vielleicht was begriffen.
Der Nickl sträubte sich hart, woran hätte es ein Nickl erkannt? Das müßte schon Totschlag sein, seine Frau war verschlossen. Der Nickl konnte nicht daran glauben, der Nickl hatte ja gar nichts gemerkt. Da lieferte er mich doch nicht einer Anstalt aus, er war noch mit mir zufrieden.
Hineingemauert hatte er mich, ich hatte mich hineinmauern lassen, was konnte fehlen?
Da nahm der Arzt ihn in einen anderen Raum mit, wo er ihn zwang.
Dort brachte er Dinge aus ihm heraus, die glaubte der Nickl verborgen wie Sünden, die man nie zugeben wird, Geld kosten sie, wenn man sie zugibt. Dem echten Forscher war er ein gefundenes Fressen.
Im Schock entriß man ihm, was sich sperrte. Da war der Nickl seiner gehüteten Perlen beraubt, da wurde er häßlich. Da wurde er nackt, ungeschützt. Ehebrüche waren auf einmal wahr. Dem Nickl paßte das nicht. Wohin war er ganz ohne sein Zutun geraten? Der Nickl hat es mir nie gestanden, ich kannte ihn gut. Aus seinem Verhalten zog ich meine Schlüsse. [S. 280]

Ein Ehemann ist ein potentieller Schuldiger für die Anstalt, seine Fehltritte kennen sie gern, wenigstens, was ihm bewußt wird, und das ist nur ein schmächtiger Teil. Sie zapfen ihn gleich beim ersten Mal ab, wenn da was geht, da hat der Schreck ihn noch erweicht. Da kann man ihn noch überrumpeln. Beim nächsten Mal hat er sich schon gefaßt.
Den Kopf reißen sie ihm nicht herunter, der Ehemann bringt die Mark, er wird schon aus dem Grund geschont. Aber wissen muß es der Arzt. Der Arzt versetzt sich auch in den leidenden Teil, juristisch geriet er in eine gefährliche Lage. Zu mir sagte er: »Denken Sie daran, wie Ihr Mann jetzt heimfahren muß. Ihr Mann hat jetzt ein sehr schweres Erlebnis.«
Ich war da schon gebadet, ich habe den Nickl nicht mehr gesehn. Sie baden einen nämlich. Dann liegt das schon am Tisch, was man in den Taschen versteckte, vorausgesetzt da war was versteckt. Die Schwester vom Dienst legt alles säuberlich aus.
Nur das Taschentuch geben sie einem wieder. Das Geld nehmen sie einem weg. Die franziskanische Armut tun sie dir an, du hast es ja nicht unter der Zunge.
Sie haben recht, du hast unrecht, dafür bist du hier.
Für die Schwester bist du eine Kranke, du kennst dich die längste Zeit für gesund. Da mußt du nachsichtig sein. Sie hält dich für jemand, mit dem du dich nicht identifizierst. Denn du wirst wieder gesund. Du hast immer noch deinen Auftrieb.
In dieser ersten Nacht war ich nicht einmal erschüttert. Mein Geist war viel zu beschäftigt. Denkfetzen trug es wie eine Windsbraut daher. Ich war erleichtert, als das Phänomen sich entpuppte. Es zerschmetterte mich nicht mehr. Spezialisten fielen ihm in seinen erhobenen Arm, Schlimmstes verhüteten sie.
Die Zelle war kahl, das Fenster vergittert. Die Tür ließ sich nicht zusperren, es war eine Schwingtür. [S. 281]
Wer wollte, drang von den anderen Kranken herein und fuchtelte mir am Gesicht. Mit dem Busen stieß eine Sirene die Tür auf. Sie heulte mir aus einem gesehenen Theaterstück vor. Die Stimme war zu groß für die Zelle, der Kopf zu groß für die Person, und auch die Person war schon groß. Den Platz beengte, die Ohren erschütterte sie. Sie fiel durch die Tür nach vorn, stürzte aber nicht hin. War sie glücklich am Gang, schwenkte sie auf dem Absatz wieder herein, und ich seufzte.
Die Sirene heulte noch vom Büro her, wo sie einen lautstarken Anfall erlitt. Der Zusammenbruch jagte sie noch, eine Spritze hatte ihn noch nicht gedämpft. Sie war der vorläufige Geschmack von allem, worauf ich mich gefaßt machen mußte. In der Unterwelt lebte ich. Mit dem Leiden in den übrigen Zellen war ich wie durch kommunizierende Röhren verbunden.
Aus der geschlossenen Abteilung brach der Nickl mich schon nach zwei Tagen heraus.

Er war hergefahren vor der Zeit. Die Schwingtür riß er auf, sich zu überzeugen, noch im Schritt kehrte er um. Ich saß ihm zu verloren am Tisch. In eine kahle Hand hatte mein Blick sich geflüchtet, dem Nickl konnte das nicht gefallen. Schon draußen am Gang mußte er sehn, was ihm erst recht nicht gefiel.
»Meine Frau verdient das nicht,« beschwerte er sich beim Chef.
»Zur Behandlung gehört der Schock, daß die Kranke die schlimmeren Fälle sieht. Vierzehn Tage geschlossene Abteilung sind nötig.«
Der Nickl ließ es nicht zu und er drohte: »Ich nehme meine Frau aus der Anstalt heraus.«
»Sie können die Kranke nicht mitnehmen. Sie können die Kranke in dem Zustand nicht sich überlassen.«
»Es gibt andere Anstalten,« wußte der Nickl darauf. Da hatte er mit seinem Instinkt den Meister geschlagen, der Chef sparte die grobe Abschreckung aus. Ich wurde in die offene [S. 282] Abteilung versetzt, in den Park konnte ich laufen. Auf den Gängen war es nicht voll, das Zimmer freundlich.
Der Nickl trat an wie ein Rotzbub, der seine Mamma nicht hat. Er war völlig verwahrlost, sein eigener Zustand drückte sich darin aus.
Er hatte mir einen kleinen Ball mitgebracht, weil der Chef es ihm riet. Den Ball nahm ich an, das war ein gutes Zeichen. Ich hatte nichts gegen den Nickl, war er nicht der rauhe Patron, der mich fälschte.
Den Ball schnellte ich in die Wolkenlämmer hinauf und ging unter ihm durch, ich lachte ihn aus. Ich holte ihn mir, kehrte er nicht zurück. Den Ball brauchte ich, mein Arm blieb gelenkig. Eine Nase bekam ich wie ein Hund.
Nur die Beine rutschten unter mir fort und gewannen ihr eigenes Leben, als hätte ich einen Rausch. Ich bewegte mich wie auf Rollen dahin, meiner unteren Partie traute ich nicht. Mit heimtückischer Unregelmäßigkeit riß es mich vom Ort. Andere behaupteten von sich nicht weniger. Die Selbstbeobachtung wurde in dem Haus übertrieben.
Die Medizin tat ihre Arbeit. Ich lag unter der Glocke der Nacht. Aus dem Zwerchfell glühte durchdringende Angst, in ihrer Reichweite blieb ich. Von den Plagen wurde ich solange geschüttelt, bis ich wieder hinausfand, wenn da noch eine Fähigkeit zum Hinausfinden war. Blutunterlaufene Quellaugen warf mir der Spiegel zurück.
»Das treibt die Medizin heraus,« sagte der Chef, wenn sich der Nickl entsetzte.
Die Schwester vom Dienst überwachte mich, ob ich die Medizin wirklich nahm. Manche weigerten sich. »Na,« sagte sie, »Sie schlucken ja prächtig.«
Sie war eine Gans. Natürlich schluckte ich prächtig. Ich sah der Medizin ja nicht an, welche folgenschwer war. Oft machte sie nichts, was ich direkt merkte. Sie liebte es mich zu überraschen. Ich lebte wie auf der Schaukel.

Jeder reagierte nicht gleich, der Chef probierte es aus. Der Chef konnte mir die Persönlichkeit so verändern, daß sie [S. 283] erlosch, meine Initiative mir rauben, meine schöpferische Potenz. Ich mußte mich da ganz auf den Chef verlassen, er füge mir nur das Notwendige zu. Ich hielt ihn für einen gerechten Mann.

Der Chef trug seine Unabhängigkeit vor sich her wie seinen leichten Bauch, mit Festigkeit und gelassen. »Wir haben im letzten Krieg eine Reihe von Leuten gehabt, die nicht krank geworden wären ohne den Krieg,« sagte er freiwillig; jeder durfte sich seinen Vers machen auf die große Zeit. Ich las in seinen Gedanken, daß er dem Hitler mißtraute.

Der Chef stellte mir manche Fallen, Denkfelder tastete er ab, meine Reaktion war in Ordnung. Er konnte mich nicht zu unnötigen Ausgaben verleiten. Ich half dem Nickl sparen, wenn es denn notwendig war. Der Chef legte mir seine Hand auf die Brust und er spähte. »Das dürfen Sie nicht tun,« entschied ich, ich hatte ein wenig gestutzt. Schnell nahm er die Hand weg und er lachte.

Es gab nur zwei Faktoren, die hatten mich in zu dichte Enge getrieben. Wenn er dort hinkam, wurde es heiß. Die Scheißpolitik und das Geschäft. Eigentlich war es dasselbe, das eine kam nur vom anderen.

»Wollen Sie sterben?« fragte er mich.

»Ich kann nicht sterben,« behauptete ich, »ich muß schreiben.« Ich hatte mich da gar nicht besonnen.

»Möglichkeit und Unmöglichkeit liegen bei Ihnen sehr nahe beisammen,« gab er mir zu.

Der Chef konnte noch unterscheiden, wen brachte das Unrecht herein. Mein Fall war nicht einzeln. Unrecht hielt er für Unrecht. In den Anstalten drängten die Menschen sich zusammen zur Traube, sie waren überbelegt.

Der Chef gehörte zu den Begabten, das war sein natürlicher Köder, er kaperte mich. Ich gehorchte mit fliegenden Fahnen, er mußte meinen Willen nicht brechen. Auf Begabung anzusprechen, danach verlangte mich sehr. Sie hatte mir in meiner Umgebung am meisten gefehlt.

Der Chef stellte sich auf eine erreichbare Stufe, das war sein [S. 284] Trick. »Ich leide an Gedankenflucht,« gab er zu, »ich bin so zerstreut.« Schon faßte man das Vertrauen. Man mußte ja nicht vollkommen sein.

Eine Scheinerfüllung schluckte ich, als wäre ich nicht aufs Trockene geworfen, kam ich erst wieder heraus, als wäre ich nicht ausgesetzt wie zuvor.

»Vor dem Heimkommen fürchtet sie sich,« enthüllte der Chef. »Da ist nichts zu fürchten,« triumphierte der Nickl prompt. Nie sah er die Folgen.

Der Chef stellte sich vor seine Kranken. Er gab ihnen nicht recht im Prinzip. Er wußte aber, wo er sie verteidigen mußte.

In der Anstalt wohnten rassisch Verfolgte nach alten Verträgen, auf die sich der Chef berief. Sie hatten sich eingekauft in einer besseren Zeit, das blieb ein juristi-

sches Faktum. Als Lebenslängliche wurden sie in der Anstalt gepflegt. Ihr Platz war kein erschlichener, er war ein bezahlter. Der Chef suchte sie zu behalten, sie mußten ihm ein einziges Zugeständnis machen: sie verließen die Zimmer nicht. Ihre frische Luft holten sie, wenn andere schliefen.
Ich hörte sie rufen, hatten sie ihren schlechten Tag. Dann verlangten sie laut nach Personen, die schon gar nicht mehr lebten, als könnten die ihnen helfen. Die verschollenen Namen riefen sie stundenlang.
Am Sonntag wurden sie von wunderschönen jungen Mädchen getröstet, das waren die Töchter, die Nichten. Die wollten sich schmücken wie alle und konnten noch lachen, weil sie nichts wahrhaben wollten. Wie Rosen glühten ihre Bänder im Haar.
Wie lang kämpfte der Chef mit dem Rücken zur Mauer? Wie lang hielt er es durch, wann verließ ihn der Mut und die Kraft? Schon wurden Unheilbare aus den Häusern verschickt. Die Partei zog ihren strengen Kamm durch jede einzige Anstalt. Sie siebte die Krankenlisten, bedrohte die Ärzte. Rückfällige waren lebensunwert. Die Kranken wußten es nicht offiziell, aber sie hatten Antennen dafür. Das Gerücht flog sie an wie ein Geruch. [S. 285]
»Alle wird man sie holen. In Linz ist Sammelstation,« behauptete der abgemagerte Richter, der sich hinter seiner Krankheit verbarg. Seine Berufserfahrung ließ ihn nicht schlafen, und er fühlte sich als die Figur, der man nicht glaubt.
Er war der Mann, der mit Windmühlenflügeln kämpft, kann sie aber nicht halten. Sie schaufeln gespenstig über ihn weg, ohne daß er sie beeinflussen kann.
Man war ihm auf den Fersen. Er hatte Recht gesprochen, ohne daß er eine Hornhaut bekam. In der Ungnade war er. Krank nannte man, was anderwärts richtig war und lächerlich wurde, wer Kritik sich bewahrte.
»Wir sind zu vertrauensselig,« sprach es aus ihm heraus.
Er wußte zuviel und hatte davon einen Geschmack wie Galle. Sein Pessimismus hatte ihn an diesen Ort gebracht. In die deutsche Rechtsprechung schaute er wie ins Gestrüpp von Fangarmen, die auf den Unvorsichtigen lauern. Denn wen sie einmal streiften, den zogen sie auch schon hinein. Als ein Gebrochener kam er im besten Fall wieder heraus.
Der Richter schwieg von seinem Widerstand, er beschrieb nur die Leiden. Daß er den Mund halten mußte, war ihm in seine Glieder geschossen. Wie Vergiftung fuhr es in seinem Leib herum und manchmal spie er sie weg und suchte mit Sorgfalt seine menschlichen Speitöpfe aus. Er war ein erwachsener Mann, bücherwissend, das alles half ihm nicht mehr. Andere sollten ihm helfen.
Ich ließ mich kaum blicken im Park, da steuerte er mich zielbewußt an, als könne die soviel jüngere Person ihn befreien von seinem Zwang, als fände er bei mir, was seine Erfahrung nicht finden konnte, als schriebe er mir eine heilende Kraft zu.

»Ich kann nicht mehr schlucken,« verriet er mir ohne Scham, die Stimme gickste ihm vor Entsetzen.
»Natürlich können Sie schlucken.«
Ich verbreitete Optimismus, wie es die allgemeine Verabredung war. Er nahm es mir krumm, daß ich ihn nicht [S. 286] verstand, sein Zorn tanzte im Schuh, es hielt ihn nicht still. Der ganze Mann schwirrte vor mir wie die Libelle, so regte es ihn auf.
»Sie verstehn mich nicht,» krächzte er. »Ich will ja schlucken. Um jeden Preis will ich schlucken, ich versuche es ja, ich strenge mich an. Aber es geht nicht. Da ist ein Mechanismus kaputt. Wenn der Mensch nicht schlucken kann, muß er sterben, er ernährt sich nicht mehr. Begreifen sie doch, ich ernähre mich nicht.«
»Man wird Sie künstlich ernähren.«
»Aber doch nicht immer. Dafür reicht mein Geld nicht.«
Er mußte verzweifeln, glaubte ich nicht daran. Dabei wollte er nichts lieber, als daß ich ihm sein jüngstes Leiden aus dem Hals riß wie eine Zangengeburt.
Ich konnte das nur, wußte ich, wenn ich nichts darauf gab. Er nahm sich zu wichtig, das war ein Teil seiner Krankheit. Es gab keine Erleichterung, wenn er sich nicht vergaß.
Morgen würde er wieder schlucken, in zwei Tagen oder in drei. Dann würde sein Leiden ersetzt sein durch ein anderes Leiden. Die gepeinigte Seele griff eine neue Stelle in seinem Organismus an.
Nie wäre er in die Anstalt gekommen ohne die braune Zeit. In einer anderen Zeit hätte er sich ertragen. Er wußte, was wir nicht wußten, und das hielt er nicht aus. Jetzt wurde er abgelenkt, ein Rechtsanwalt war seinem Auto entstiegen und setzte einer entmündigten Durchlaucht den Kopf zurecht. Der Rechtsanwalt schritt durch den Kies, Erkennen zuckte in seinem Gesicht, der Richter war ihm vom Gericht her kein Fremder. Sofort versteifte er sich. Der Rechtsanwalt grüßte den Richter nicht. Gewohnheitsmäßig schnitt er einen Verfemten.
An diesem sicheren Ort war der Richter so wenig darauf gefaßt, es demütigte ihn. Er fuhr zusammen, sein Auge senkte sich scheu, er ließ sich nichts merken. Dann schaute er mich in hoffendem Einverständnis an, ich faßte den hoffenden Blick. Ich hätte ihm schon sagen können, wer hier ein [S. 287] Hammel war. Der Richter versuchte zu lächeln, im Gesicht wurde es nur ein Riß. Er hatte sogar seinen Kehlkopf vergessen. Verwirrt kehrte er auf sein Zimmer zurück, er wollte nicht, daß man ihn darauf ansprach. Er würde drinnen herumlaufen, die Empörung verwinden.
Wir alle trugen Optimismus vor uns her wie eine Attrappe und meinten es mit unserem Nächsten gut. Die Langeweile war der Beginn der Besserung. Bei jedem war es anders, bei keinem das gleiche.

»Ähnlich vielleicht, aber nie gleich«, sagten die Ärzte. »Das Krankheitsbild hat sich noch nie wiederholt.«

Ein Arzt, den seine Familie entmündigen wollte wegen hemmungslosem Egoismus, zeigte sich selten. Er kämfte um seine Überlegenheit über uns, er war hochintelligent. Er frug mich aus, was ich an Heilmitteln bekam.

»Wie? Das wissen Sie nicht? Aber dafür müssen Sie sich interessieren. Sie können das doch nicht einfach schlucken. Sie können sich doch nicht einfach umbringen lassen. Also was bekommen Sie da herin? Bekommen Sie Paraldehyd? Solang Sie kein Paraldehyd bekommen, ist es nicht tragisch. Da müssen Sie aufpassen. Damit müssen Sie sich befassen.«

Er packte mich am Arm, als böte er mir eine Lebenshilfe an.

»Aber vergessen Sies nicht. Das können Sie leicht merken. Denken Sie bloß: paar alte Hüt! Sehen Sie, wie leicht Sie das merken.«

Raubvogelhaft fuhr er auf einen herunter, teilte unerbetene Ratschläge aus und gab sich den Anschein von Macht.

Er mängelte am eigenen Gangwerk.

»Haben Sie schon bemerkt, wie Sie da herin gehn? Als rutschten Ihnen die Beine unter dem Rumpf weg, ganz infam weichen sie unter einem aus. Als ließen sie einen im Stich und wollten sich trennen. Das kommt nur von den Mitteln. Ist Ihnen aufgefallen, wie Sie erwachen? Von einem Augenblick zum anderen sind Sie schon da. Da ist nichts mehr zwischengeschaltet. Als ein Gesunder gleiten Sie ins Aufwachen [S. 288] hinüber durch verschiedene Schichten. Sie durchlaufen eine Reihe von Zuständen, selbst wenn der Ablauf verkürzt ist. Da ist die gewisse Bremse. Sie müssen über einen Widerstand weg. Hier ist das Aufwachen ganz unvermittelt, ein schnöder Ruck. Sie schlafen noch, Sie sind schon wach. Geheimnislos.«

»Na wenn schon.«

»Gar nicht wenn schon. Mit uns wird manipuliert. Es hat keine Würde.«

Die Opfer der Zeit gab es auch anders herum. Leidenschaftliche Mitläufer, die der Geltungsdrang verzehrte, wenn sie nicht herankamen ans fördernde Band.

Der Teufel saß im Gebirg und lachte und blies es einem heißspornigen Pater ein. Da predigte er von seiner katholischen Kanzel herunter: »Den Führer hat uns der Herrgott geschickt.« Sein Orden strafte ihn disziplinarisch.

Er drückte mir den spaltenlangen Ausschnitt seiner Heimatzeitung in die Hand.

»Ich gebe Ihnen meine Leidensgeschichte zu lesen.«

Beim Eintritt ins Kloster hatte er das Gelübde der freiwilligen Armut ablegen müssen. Bei der Ausstoßung hatten sie ihn ausgezogen bis aufs nackte Hemd. Was er anhatte, gehörte alles dem Kloster.

Da ließen sie ihm nur, was seine Blöße bedeckte und warfen es ihm noch vor, daß das Hemd ihm auch nicht gehörte, man werde nur gnadenhalber ihm den Fetzen lassen.

»Ich habe jahrelang für den Orden gearbeitet,« beklagte er sich bei mir, »nicht einmal ein Hemd stand mir zu.«
Es wäre nicht nötig gewesen. Man schuf nur neues Ärgernis. Die Kritik ging seltsame Wege.
»Im Hemd haben sie mich zu Fuß zum Bahnhof geführt, durch die ganze Stadt, wo mich ein jeder kannte. Nur weil ich Zeugnis gab. Hier lesen Sie alles nach!«
Er rannte offene Türen ein und hielt es für Zeugnis. Sein mittelalterlicher Bußgang ließ ihn nicht ruhn. Erst später wurde er untersucht von einem Arzt. Sein Orden wünschte ihn in der Anstalt verborgen. [S. 289]
An seinen guten Tagen merkte man nichts. Man hielt ihn für den Geistlichen, der die Besuche machte. Doch führte er ein doppeltes Leben. Am Morgen verschwand der Pater in die offene Stadt seine Messe zu lesen. Am Vormittag jagte er bei den Parteistellen seiner persönlichen Freiheit nach und zeigte die Zeitung herum, die ihn legitimierte. Man bot ihm eine Stelle an in der Partei. Aber da hätte er seine Priesterschaft ablegen müssen, das lehnte er ab. Er wurde nicht weltlich.
»Ich habe schon sämtliche Weihen, ich bin Priester,« erzählte er jedermann. »Ich werde doch nicht abtrünnig sein.«
Ich beobachtete ihn von fern. Er lechzte nach Anerkennung bei der Partei. Erdbebenhaft erlitt er den Einfluß, es teilte sich ihm mit wie der willenlosen Muschel die Stöße, er konnte dem nicht entfliehn. Gleichzeitig fürchtete er seinen persönlichen Gott, die Berufung fühlte er an sich haften. Er konnte sich nie entschließen, daß er aus seiner Bahn sprang, den Hitler wollte er hineinzwingen in seine Bahn, was es nicht gab, wollte Unvereinbares vereinen. Möglichkeit und Unmöglichkeit stießen niemals zusammen.
Gern wäre er Protestant geworden, dann hätte er heiraten dürfen trotz einer Priesterschaft. Der Chef hatte seine eigene Auffassung vom Zölibat und was es aus Menschen machen kann.
Der Pater durfte sich auch nicht töten, es gab keinen Ausweg. Sein Gedanke klammerte sich an einen Krieg, bevor es zum Münchener Abkommen kam, er hoffte auf den englischen Widerstand.
»Wenn es zum Krieg kommt, melde ich mich am ersten Tag schon ins Feld. Wenn ich dann sterbe, hat Gott es gewollt.« Am meisten beschäftigte sich jeder mit sich allein.
Ich erinnere mich an die ersten Wochen und eine gewaltige Wut, an einen Überdruck, als ob er mich umbringen müsse. Es wollte mich umbringen, gleichzeitig stand ich daneben, beobachtete meine Wut. An das Fallgitter dachte ich, das sie vor meinen Fenstern herunterließen in einer bestimmten Nacht, [S. 290] da fürchteten sie, daß ich sprang. Ich hatte ja nicht die Absicht. Da fing ich ernsthaft zu grübeln an, als wüßten es diese Erfahrenen besser, als könnte es mich im Schlaf überfallen.

Alles war anders geworden, ich war so verarmt. Ich fühlte mich einer Substanz beraubt, die ich ständig vermißte. Die Mittel waren aufs Herz gegangen. Mein Arm schlenkerte weiß, wenn ich durch den Park ging. Die innere Beuge des Ellbogens grinste vor Blässe. Ich war ein schwankendes Rohr geworden, das leicht erschrak. Sie fügen es einem zu, dachte ich.
Ich versuchte Männchen zu zeichnen, alle im Profil und alle sahen mir wie die Ziegen aus, sie machten einen reduzierten Eindruck. Ich zeichne Mangelerscheinungen, fuhr es mir durch den Kopf, da hörte ich mit Zeichnen auf. Meine Männchen gefielen mir nicht.
Ich war so verarmt. Zwar gab ich nicht wirklich nach, das wußte ich immer. Im Wesentlichen gab ich nicht nach. Ich setzte nur aus.
Es gab rätselhafte Kontakte. Ich wußte zum Beispiel, am Staatstheater proben sie die Nibelungen. Ich hatte nirgends darüber gelesen, zu mir kam keine Zeitung. Mit keinem Wort hatte mir wer was gesagt. Ich wußte es aber und verriet es dem Chef, daß er stutzte. Es war eine Verwischung von Grenzen, die man als gesunder Mensch nicht erfuhr.
Nur weil die Grenze verwischt war, war mir im Park der fliegende Vogel vor die Brust geprallt. Wie ein Stein hatte er mich geschlagen mit der Wucht von seinem Flug und war an mir gestürzt und kannte sich flatternd nicht aus. Als ob er durch meinen Leib hindurchfliegen wolle, so zielstrebig war er gekommen.
Er hätte mich eher gespürt, hätte ich den Sperrkreis um mich gehabt, wie ihn der Gesunde sendet, ohne daß er es weiß, und dem ein Tier ausweicht, wenn es nicht angreifen will. Der Vogel wollte mich ja nicht angreifen, er flog einfach in mich hinein.
Die nächtliche Begegnung werde ich nie vergessen, viel später holte sie mich ein, da war sie mir schrecklich klar. [S. 291]
Ich hatte besondere Erlaubnis, daß ich Luft schnappte, bevor ich zu Bett ging, ich durfte spät in der Nacht noch hinaus in den Park. Unter den Bäumen schlug Finsternis über mir zusammen. Wie verschluckt und getarnt bewegte ich mich voran. Die Türen klappten nicht mehr. Ich hatte mich zu lang versäumt, die Leuchtuhr mahnte mich schon. Ich hastete dem Brunnen zu vor dem nachtdunklen Haus.
Da huschte einer vom Brunnen, fledermäusig, als hätte ich ihn über die Entfernung weg alarmiert. Er flüchtete vor mir wie ein Wisch, im Stillstand hatte ich ihn nicht unterschieden.
Den Wisch in Hosen sah ich zickzackig den Lichtschein spalten. Nah am Portal floh er doch ratlos. Ich stutzte, weil der Umnachtete sich an der Hausmauer verfing, sie hielt ihn rätselhaft auf.
An ihm vorbei trat ich Steinstufen hinauf, er klebte zitternd daneben. Er wäre so leicht durch die Glastür in seine Männerabteilung gewischt. Seine panische Verwirrung erlaubte das nicht, er stöhnte. Er ertrug nicht, daß es mich gab. Er

krümmte sich von mir weg und schraubte sich in die unnachgiebige Mauer hinein, vor Entsetzen jagten seine Arme den Stein hinauf. Die Angst wollte ich ihm nehmen.
»Aber lieber Mann,« versuchte ich, »ich tue Ihnen doch gar nichts. Vor mir müssen Sie sich nicht fürchten.«
Schabend wich er nur desto mehr, ich sah sein preisgegebenes dünnes Genick. Ich konnte für den Verstörten nichts tun als schleunigst verschwinden und drehte mich von ihm weg und ließ ihn der leeren Nacht. Blindlings rannte ich meine Stiege hinauf. Ich konnte mir nicht einmal denken, wen er an mir sah.
Für ihn war ich auch nur eine von diesen Deutschen, ich wußte es plötzlich. Ihm taten alle was, er fürchtete alle.
Es war der rassisch Verfolgte, entdeckte ich am anderen Tag, der Mann mit den vierzig Christusbildern in seiner Zelle, vor denen er sich anklagte, den Rock zerriß. Ihn hatte die Religion geschlagen. [S. 292]
Er lebte schon zwei Jahrzehnte hier mit seinen Bildern und war nicht heilbar. Täglich bereute er, als sei er nach zweitausend Jahren unmittelbar an der Kreuzschlagung schuld, und jetzt brach eine braune Zeit über ihn herein und holte den sich schuldig Fühlenden furchtbar ein.
Denn wenn der Richter recht bekam in seiner galligen Ahnung, wenn der Chef aufgeben mußte und wenn er der Gewalt wich an jenem Tag, wo nichts mehr retten kann, weil es dann heißt, entweder er oder ihr beide zusammen, er aber in jedem Fall – dann war dem Verfolgten nicht zu helfen, dann mußte er doch noch nach Linz.
Ich setzte mich auf mein Bett und verlor jede Fassung.
Nach der Behandlung ließ das Gehirn mich im Stich, ich konnte Zusammenhänge nicht bilden. Ratlos stand ich vor dem, was sich entzog, es mußte erst wieder wachsen. Nicht alles wuchs, das Gedächtnis hatte gelitten. Die Konzentration fiel mir schwer.
Du bist es und bist es doch nicht. Wenn einem ein Bein genommen wird, fehlt ihm das Bein, das Bein leugnet man ihm nicht ab. Wenn etwas sich verändern mußte in deinem Gehirn, ein Häutchen hineinwuchs, eine Vernarbung entstand, das hängt dir nach, man siehts nicht von außen. Alles schlägst du heraus aus einem Stein. Du hast dich verlangsamt, damit sollst du in der Manege bestehn.
Außerdem gab es den Nickl, um den ich nicht herumkam.
Wenn du was nicht aushalten kannst, aber aushalten mußt, stellt der Arzt dir die Weiche um, hast du deine Krankenkasse bezahlt, dein Fahrplan wird anders. So bildete der Nickl sich ein. Umkrempeln wollte er meine ganze Person. Da tat der Chef nicht mit, der Nickl begriff das nicht. Der Chef sprach ein vorläufiges Machtwort, der Nickl schwitzte. Er hatte zugegeben unter Männern, was am letzten die Ehefrau weiß, da war er seiner gehüteten Perlen beraubt. Da konnte der Chef ihm

ein Versprechen entreißen, das Versprechen, das er vor der Ehe schon einmal gab. Diesmal wollte ich sorgen, daß er es hielt. [S. 293]

Der Nickl suchte dem Chef zu gefallen, solang er der wichtige Mann war. Das deckte sich nicht mit seinem natürlichen Verhalten. Es überforderte ihn. Unter Heilung hatte der Nickl verstanden, mir werden die Fähigkeiten umgestimmt, ein Geschäftstiger kehre ihm zurück. Jetzt mußte er hören, daß die Menschen nicht gleich sind. Das enttäuschte ihn tief.

Eine meilenlange Reaktion zeigte der Nickl darauf, es stellte sich erst auf die Länge heraus. So schön fing es an, der Nickl versuchte sein Bestes. Unwiderstehlich glitt er in sein Fahrwasser hinein. Er schimpfte auf diese Anstalt, sie gab ihm nicht recht.

Kopf hatte ich nur den einen. Jetzt war es am Nickl. Diesmal probierten wir es anders herum. Unwissender Nickl, einmal wollte er über sich hinaus, sein Widersinn hatte gekuppelt. Wo er B sagen sollte, das konnte er nicht. Essen mußte er, was er sich eingebrockt hatte. Ich fürchtete, was darin schlief. [S. 294]

A11 Literaturwissenschaftliche Anmerkungen (Andreas Betz)

Diese Zeilen beziehen sich ausschließlich auf die Aussagen der Biographie von Reinhard Lampe über Moritz Bendit (im weiteren Verlauf einfach „Biographie") zur Erzählung „Die im Dunkeln" von Marieluise Fleißer. Sie sind ein Kommentar zu der dort gegebenen Deutung dieser Erzählung.

Ich schreibe als Vorsitzender der Marieluise-Fleißer-Gesellschaft Ingolstadt e. V., also aus literaturwissenschaftlicher Sicht.

Daraus folgt natürlich, dass ich den Text von Fleißer als literarischen Text lesen muss, der nicht einfach *auch* fiktive Elemente enthält, wie es in der „Biographie" heißt. Bei dem Text von Marieluise Fleißer handelt es sich ganz grundsätzlich betrachtet nicht um eine Chronik, nicht um einen biographischen Erlebnisbericht (auch wenn McGowan, 1987, diesen Begriff, m. E. zu Unrecht, einmal verwendet, S. 115), nicht um ein Tagebuch oder gar um Geschichtsschreibung, wie es in der „Biographie" richtig heißt. Es liegt uns ein im Jahre 1965 geschriebener **fiktiver Text** vor, der sich auf Erlebnisse der Fleißer aus dem Jahre 1938 bezieht (vgl. Marieluise Fleißer „Meine Biographie", GW IV, S. 523–546, 1994, bes. S. 533, 541), eine Geschichte, „in der sie auf den Nervenzusammenbruch von 38 zurückgeht." (ebd., S. 541)

Ich möchte dieses Problem der biographischen Erinnerung in literarischen bzw. fiktionalen Texten mit den Worten eines wichtigen und sprachgewaltigen deutschsprachigen Schriftstellers der Gegenwart, Christoph Ransmayr, beschreiben (Träger des Fleißerpreises der Stadt Ingolstadt 2017), die er in einem ausführlichen Interview mit der FAZ (10. April 2021) im Bezug zu seinem neuen Roman „Der Fallmeister" (2021) geäußert hat.

> „Wenn wir Menschen und Landschaften kennenlernen, geschieht das klarerweise an bestimmten Koordinaten, auf diesem oder jenem Breitengrad, in jener Höhenlage. Doch dann wenden wir uns ab und sind wieder allein in unseren Erinnerungen. Und dann beginnt ein seltsamer Verwandlungsprozess: Das Reale – eine Art fotografisches Bild der Wirklichkeit – löst sich auf und setzt sich, ähnlich wie im Traum, an anderer Stelle neu zusammen. Wir kennen diesen Prozess ja in Ansätzen etwa von der Idealisierung unserer Ferienreisen oder der Sommertage unserer Kindheit – und auch die daraus entstehende Sehnsucht oder Melancholie. Ich überführe alle konkreten Koordinaten in meine Erzählzeit, in der es dann das Historische nur noch in Gestalt eines Wortes gibt, nicht mehr als Realität. Das eine ist die Welt der Sprache, das andere ist jene Welt, zu der wir uns einen lexikalischen Zugang verschaffen können: durch Kartographie, Wissenschaft, Messtechniken."

Marieluise Fleißer geht im Jahre 1965, in einer Zeit, in der sie als Literatin neu Fuß fassen möchte, nach all den Schwierigkeiten in der NS-Zeit, in der unglücklichen Ehe mit Haindl, nach dessen Tod 1958, den Schwierigkeiten mit der Geschäftsauflösung etc. auf eine Stück Erinnerung zurück, aus der sie – in einem „Verwandlungsprozess" – das Reale (aus der Zeit von Neufriedenheim), „wie im Traum an anderer Stelle" neu zusammensetzt, also in der neuen „Erzählzeit" (Ransmayr) dieser Geschichte „Die im Dunkeln". Natürlich finden sich da historische Erinnerungselemente, die als solche verifiziert werden können, mit aller Vorsicht, wie Reinhard Lampe in der „Biographie" zu Recht schreibt. Aber es ist wohl müßig, alle möglichen Einzelheiten als historisch nachweisen zu wollen, denn das liegt nicht in der Absicht der Autorin. Trotzdem bleibt es faszinierend, wie sich einzelne Details auf die von Herrn Lampe akribisch untersuchte historische und auch örtliche Wirklichkeit zu beziehen scheinen.

Der Text „Die im Dunkeln" behandelt auch nicht nur die (von den Nazis) bedrohten Menschen im Sanatorium, denn es geht offensichtlich auch um Erlebnisse „im Dunkeln", um die Darstellung „parapsychologischer Phänomene" (McGowan, 1987, S. 114) im Unterbewussten, in die z. B. auch Nickl involviert ist, wenn es, vor der nächtlichen Begegnung mit dem Vater der Ich-Erzählerin (GW III, S. 276), heißt: „Der Nickl wußte nicht, mit wem er sich einließ, auch ich wußte es nicht. Es hatte tief in seinem Dunkel geschlafen." (ebd., S. 275)

McGowan verweist zu Recht auf diese unpersönlichen Sprachkonstruktionen (z. B. „es"), die die Bedrohungen der psychischen Persönlichkeit aus unbewussten Bereichen ansprechen (ebd., S. 113). Davon handelt der Text, und die Ich-Erzählerin im Text ist auch nicht einfach identisch mit der Autorin Marieluise Fleißer.

Der Titel der Geschichte „Die im Dunkeln" ist also durchaus mehrdeutig, mehrdimensional zu verstehen, und die Deutung in der „Biographie" hat da sicher ebenfalls teilweise ihr Recht.

Ich denke, dass auch die religiösen Wahnvorstellungen, denen der „rassisch Verfolgte" ausgesetzt ist, nicht durch den kurzen Hinweis – als historisch – abgedeckt sind, der in der „Biographie" bei Moritz Bendit konstatiert wird (Bemerkung gegenüber Feistmann von 1909: „Alle Juden müssten Christen sein."). Auch hier hat die fiktive Darstellung des religiösen Wahns in der Erzählung von Marieluise Fleißer eine neue, deutlich intensivere Dimension und Qualität, die über diese Bemerkung m. E. klar hinausweist. Auch beim Chefarzt, der sicher Erinnerungselemente an Rehm und Baumüller einschließt, findet sich ein wohl irritierendes Detail, das bei den historischen „Vorbildern" nicht erwähnt ist, wenn er nämlich sexuell übergriffig wird und der Ich-Erzählerin an die Brust fasst, was Sie durchaus selbstbewusst zurückweist (GW III, S. 284).

Die nächtliche Begegnung mit dem rassisch Verfolgten (ebd., S. 292 ff) ist eingebettet in den Abschnitt „Es gibt rätselhafte Kontakte" (ebd., S. 291), wo es zunächst um die irritierende Begegnung mit einem Vogel geht. „Es war eine Verwischung von Grenzen, die man als gesunder Mensch nicht erfuhr. Nur weil die Grenze verwischt war, war mir im Park der fliegende Vogel vor die Brust geprallt."

(ebd., S. 291). Das ist sicher eine eigenwillige Deutung durch die Ich-Erzählerin, die sich allerdings in der Beschreibung der nächtlichen Begegnung mit dem rassisch Verfolgten fortsetzt und dem Duktus der Erzählung „Die im Dunkeln" entspricht.

Die Detailanalyse wird hier nicht weiter fortgeführt, sondern es soll eine kleine Zusammenfassung formuliert werden:

Ich finde die Recherchen von Reinhard Lampe zu Neufriedenheim, zu Moritz Bendit, auch zu Fleißers Erzählung „Die im Dunkeln" wirklich spannend und, besonders was die historischen Zusammenhänge und Hintergründe angeht, extrem wichtig und für den Leser sehr erhellend. Als Leser der „Biographie" muss man dem Verfasser wirklich dankbar sein, dass er sich so intensiv auf diese Problematik eingelassen und sie so akribisch untersucht hat. Das ist in vielerlei Hinsicht auch für die Forschung von großer Bedeutung.

Bei der „Auswertung" historischer Elemente im Bezug zur fiktionalen und literarischen Erzählung „Die im Dunkeln" von Marieluise Fleißer wäre ich allerdings deutlich vorsichtiger, wie oben angesprochen.

Spannend finde ich durchaus, dass einige Hinweise auf Moritz Bendit zu verweisen scheinen, aber im Sinne der Erklärung von Ransmayr werden die historischen Elemente in der Erzählung neu zusammengefügt, sie ergeben dadurch eine neue fiktionale Realität „der Worte", in „der Welt der Sprache", in der neuen „Erzählzeit", so Ransmayr.

Ingolstadt, Wettstetten, 22.07.2021
Andreas Betz, 1.Vorsitzender der Marieluise-Fleißer-Gesellschaft Ingolstadt e. V.

A12 Besonderheiten des „jüdischen Sammeltransports" (Nikolaus Braun)

Nikolaus Braun ist Leiter des Archivs des Bezirks Oberbayern. Die folgenden Anmerkungen entstammen privater Korrespondenz vom 31. Juli 2021, die zur Veröffentlichung überarbeitet wurde.

Der so genannte „jüdische Sammeltransport" vom 20. September 1940 unterscheidet sich in wichtigen Punkten von den anderen Transporten der „Aktion T4", die im gleichen Zeitraum stattfanden. Dadurch ist die Recherche nach den Opfern und ihrem Todesort erschwert.

1. Identität der Opfer:

    Die Zahl der Opfer und ihre Namen konnten bisher nicht mit Sicherheit vollständig ermittelt werden, weil das Verfahren beim „jüdischen Sammeltransport" vom regulären Verfahren abwich.

    Zum einen fand kein Begutachtungsverfahren mittels Meldebogen statt: Das einzige Selektionskriterium war, dass für die Patientinnen und Patienten die Zuschreibung „jüdisch" galt. Betroffen waren also auch Personen, die z. B. erst seit kurzem in einer Anstalt oder arbeitsfähig waren.

    Dementsprechend gab es auch bei der Durchführung des Transports Unterschiede. Regulär erstellte die zentrale Stelle in der Tiergartenstr. 4 in Berlin auf Basis der Meldebogen Transportlisten, die dann an die Gekrat (Gemeinnützige Krankentransport-Gesellschaft) und die Anstalten weitergegeben wurden. Im Fall des „jüdischen Sammeltransports" lag die zentrale Koordination und Durchführung bei den Innenministerien (Reichs- und Bayerisches Innenministerium), auch wenn diese für Transport und Kommunikation mit Angehörigen auf die Gekrat zurückgriffen. Dass schon vor dem Transport Listen der verlegten jüdischen Patienten vorlagen, halte ich eher für unwahrscheinlich. Pfannmüller lieferte jedenfalls – im Auftrag des Bayerischen Innenministeriums – nach dem 20. September eine Liste ab, die vermutlich erst in Eglfing-Haar selbst erstellt worden war. Diese Liste ist leider nicht erhalten.

    Zur Erschließung der Opfernamen mussten daher eine aus der Erinnerung gefertigte Liste für die Nürnberger Prozesse und die Abgangsbücher verschiedener bayerischer Anstalten genutzt werden, und noch immer bestehen in Einzelfällen Unsicherheiten.

2. Todesort:

    Der Ort, an dem die Opfer des „jüdischen Sammeltransports" ermordet wurden, war lange unbekannt, und in der älteren Literatur ist häufig der ge-

fälschte Todesort „Cholm" zu lesen. Die Verschleierung des wahren Transportziels und seine spätere Rekonstruktion sind folgendermaßen zu erklären:
In den Zu- und Abgangsbüchern der Anstalt Eglfing-Haar ist für diesen Transport statt einem Transportziel nur „verlegt" vermerkt; bei den regulären Verlegungen der „Aktion T4" wird ganz überwiegend „Reichsanstalt" bzw. in wenigen Fällen „Niedernhart" genannt. Bei Nachfragen von Angehörigen bei Pfannmüller, wohin die Patienten verlegt worden seien, antwortete dieser, dass ihm die Zielanstalt nicht bekannt sei, und verwies die Anfragenden zugleich auf die Gekrat. Schließlich erhielten die Angehörigen Schreiben, die als Todesort „Cholm" oder „Chelm" angaben. Dabei handelte es sich um eine Fälschung: SS-Einheiten hatten schon im Januar 1940 alle Patientinnen und Patienten der Anstalt Chelm bei Lublin ermordet; es gab dort keine Anstalt mehr. Warum für den „jüdischen Sammeltransport" ein anderes Transportziel genannt wurde, kann nur vermutet werden. Die 1933 einsetzenden antijüdischen Diskriminierungs- und Ausgrenzungsmaßnahmen hatten auch die jüdischen Patientinnen und Patienten in den Heil- und Pflegeanstalten betroffen. Eine Verordnung des Reichsinnenministeriums von 1938 sah vor, dass jüdische Patientinnen und Patienten in den Heil- und Pflegeanstalten „räumlich getrennt" von den anderen Patientinnen und Patienten untergebracht werden sollten. Auch vor dem Hintergrund verschiedener Abschiebungsmaßnahmen von Jüdinnen und Juden (etwa in das Generalgouvernement oder in das Lager Gurs in Frankreich) und angesichts der forcierten Auswandung mochte es für die Organisatoren der „Euthanasie" plausibel erscheinen, die Fiktion einer im fernen Generalgouvernement gelegenen eigenen Heil- und Pflegeanstalt für psychisch kranke Jüdinnen und Juden herzustellen und aufrechtzuerhalten. Die Behauptung hatte ferner den weiteren Vorteil, dass so über einen gegenüber den sonstigen Opfern der „Aktion T4" längeren Zeitraum Verpflegsgelder eingefordert und eingezogen werden konnten.
Es ist schwierig zu entscheiden, ob den in den Anstalten tätigen Ärzten und Bediensteten das wahre Ziel des Transports bekannt war. 1946 sagte Pfannmüller in Nürnberg aus, dass er es für möglich halte, dass der Transport vom 20.09.1940 nach „Lublin" gegangen sei. In seinem im Folgejahr beginnenden Strafverfahren wurde diese Aussage wiederholt. Gerhard Schmidts Bericht von Anfang 1946 – der dann die Grundlage für das spätere Buch „Selektion in der Heilanstalt" wurde – nennt, wenn ich recht sehe, im Gegensatz zum späteren Buch kein Ziel, auch nicht das Generalgouvernement.
Die Frage, wohin die einzelnen Transporte der „Aktion T4" bzw. der Transport vom 20. September 1940 gegangen sind, ist aus diesem Grund meiner

Einschätzung nach nicht sicher zu beantworten. Es gibt aber Hinweise, nach denen Hartheim als Transportziel am wahrscheinlichsten erscheint.

Aus den Aussagen des ersten Leiters der Tötungsanstalt Grafeneck, Schumann, weiß man, dass dieser wohl die ersten beiden Transporte (18./20. Januar 1940) persönlich begleitet hat und diese also nach Grafeneck gingen. Hartheim als Ziel der Transporte konnte erst etwa Anfang Mai 1940, nach Abschluss der Umbauarbeiten, zur Verfügung stehen. Die erhaltenen Quellen legen nahe, dass ab Mai 1940 der Großteil der Transporte nach Hartheim ging und nur noch vereinzelte Transporte Grafeneck zum Ziel hatten.

Entscheidend dürfte die Transportlogistik sein: Die Anfang 1940 als erste der Tötungsanstalten eröffnete Tötungsanstalt Grafeneck verfügte über keinerlei bauliche oder räumliche Möglichkeit, eine größere Zahl von Patientinnen und Patienten über mehrere Tage hinweg unterzubringen und zu versorgen. Die nach Grafeneck führenden Transporte waren also relativ klein (etwa maximal 75 Personen) und wurden direkt mit Bussen durchgeführt. Mit der Eröffnung der Tötungsanstalt Hartheim im Mai 1940 stand mit der südlich des Bahnhofs von Linz gelegenen Heil- und Pflegeanstalt Niedernhart eine Zwischenanstalt zur Verfügung, die die Unterbringung auch größerer Transporte möglich machte: Nach Ankunft der Patientinnen und Patienten im Bahnhof Linz wurde nach einer ersten Selektion ein Teil der Patientinnen und Patienten mit Bussen in die Tötungsanstalt Hartheim gebracht; der Rest wurde in der Anstalt Niedernhart für einen oder wenige Tage untergebracht. Von dort aus wurden die Patientinnen und Patienten sukzessive mit Bus nach Hartheim transportiert und dort ermordet. Mit der Eröffnung Hartheims kommen also auch größere Transporte durchgeführt werden, die nunmehr auch mit Zug erfolgen konnten. Ich sehe keinen Hinweis, den Transport vom 20. September 1940, der deutlich mehr als 150 Patienten umfasste (die Zahlenangaben differieren), anders einzuordnen; das wahrscheinlichste Transportziel für den „jüdischen Sammeltransport" ist also Hartheim.

A13 Erinnerungen einer Rehm Enkelin an Moritz Bendit

Das ca. einstündige Gespräch mit der 97-jährigen Elisabeth Piloty fand am 13. Juli 2021 vormittags in einem Münchner Altersheim statt. Frau Piloty (1924–2022) war die letzte noch lebende Enkelin von Ernst Rehm. Rehm hatte vier Töchter. Elisabeth Piloty ist die älteste Tochter der jüngsten Rehm-Tochter. Sie ist in Neufriedenheim aufgewachsen und hat dort bis zur Bombardierung der Kuranstalt im September 1942 gewohnt. Im Jahr 1938, während des Aufenthalts von Marieluise Fleißer (von dem sie nichts mitbekam) war sie 14 Jahre alt. Moritz Bendit kannte sie persönlich und besuchte ihn entgegen den Vorschriften häufiger auf seinem Krankenzimmer. Von Bendits Wahnvorstellungen und ebenso von seiner „Verlegung" nach Eglfing-Haar im September 1940 hat die damals 16-Jährige nichts mitbekommen. Neben Bendit hat Frau Piloty besonders gute Erinnerungen an die jüdische Patientin Julie Weiss. Während unseres Gesprächs kam sie immer wieder auf Julie Weiss zu sprechen. Die Kindheitserinnerungen sprudelten gleichsam aus ihr heraus. Sie konnte sehr genau die Lage des Krankenzimmers von Moritz Bendit wie auch von Julie Weiss angeben. Bendit war auf jeden Fall in seinen letzten Jahren in der *offenen* Männerabteilung. Zu den geschlossenen Abteilungen hatte Elisabeth Piloty keinen Zugang. Im Folgenden ist das Gespräch auf die wichtigsten Aussagen über Bendit und Weiss und den Klinikbetrieb zusammengefasst:

Elisabeth Piloty:
Ich hab ja mal eine Zeitlang in der Wohnung von Baumüllers gewohnt mit den Buben zusammen, weil wir Pilotys keine Bleibe hatten in München, und da ist auch NIE daheim beim Essen oder wo auch immer über die Klinik geredet worden. So dass, wenn die Buben, die waren ja nur ein paar Jahre älter wie ich, dass die Jungen eigentlich nichts von dieser Sache mitgekriegt haben können.[17] Zum Krankenhausteil von der Wohnung Baumüller war nur ein kleiner Gang und da war der große Speisesaal und da war die Musik drin, Klavier usw. usw. und da sind wir Kinder – daneben war der Billardtisch und die Buben haben Billard gespielt – und da sind wir immer von der Wohnung Baumüller heimlich in den Speisesaal und haben zugehört, wenn da Musik war, da hätte man, wenn man fünf Jahre älter oder so gewesen wäre sehr viel lernen und erfahren können. Aber wir alle waren einfach zu jung.

---

17 Diese Sache: die Krankenakten, die Krankengeschichten

... zu den verschollenen Krankenakten ...
Die zweite Frau von meinem Opa die hat keinerlei – Null – Interesse gehabt an allem. Sie hat bestimmt keine Bücher da geholt und bei sich verborgen. Wenn, dann hätte er das mit Hilfe von irgendwelchen Pflegern machen müssen. Aber ich glaube, er war schon zu alt, um zu verstehen, was da wirklich los ist.

Denn so Leute wie z. B. Frau Weiss sind von Dr. Baumüller behandelt worden. Das war, ich würde sagen, eine Privatpatientin – wie das finanziell war, das weiß ich nicht – und der Herr Bendit genauso. Der ist nie unter der Nummer „Station 1, Station 2", sondern der ist immer nur als Herr Bendit behandelt worden. Und der war ja – die Haupttreppe, die wird jetzt auch weg sein[18], denn die Haupttreppe war direkt hinterm Haupteingang. Und wenn er die hinaufgegangen ist, war rechts der Gang, wo die Frau Weiss war am ersten Zimmer. Und links war ein Männergang, und da war im zweiten oder dritten Zimmer der Herr Bendit. Und da sind die Leute – ob der Geheimrat selber noch Krankenbesuche gemacht hat, das weiß ich nicht. ...

Da, wo man rauf kommt, war gleich die große Treppe und war eine große Flügeltür, da ging man durch und da gingen dann die Zimmer an, und da war sofort im ersten Zimmer dann der Frau Weiss ihr Zimmer. Und da ist der Baumüller jeden Tag hinaufgegangen. Das sind die Damen. Und dann, wenn man so rüber geht, ist es dasselbe, und der Bendit war vielleicht im dritten Zimmer. Der hatte ein schönes, ja, so groß wie das Zimmer[19], sehr schön eingerichtet. Er war auch immer picobello angezogen. Nicht so wie manche Kranke sich da runterkommen lassen. War immer picobello angezogen mit Anzug und mit Krawatte, hat genau gewusst, wer wir alle sind, und hat sich immer wahnsinnig gefreut, wenn einer kam. Es war natürlich eigentlich nicht erlaubt. Der Opa hat das bestimmt nie gewusst, dass wir Kinder, Jugendliche – heut sagt man Jugendliche, damals waren wir Kinder – einen Kontakt mit irgendwelchen Patienten haben. Und wir – Baumüllers hatten einen engen Kontakt mit der Frau Weiss, die war ja Handarbeiterin, ich hab jetzt gar keins da, die hat gestrickt und gehäkelt und hat es dann hergeschenkt, oder man hat ihr was gebracht, und sie hat was gemacht. Der Bendit hat gar nichts mehr gemacht außer Zigarren geraucht. Der hat sehr stark geraucht. Er war ja eigentlich ein kleiner Mann, er war ja nicht groß. Aber die Juden sind im Durchschnitt ja nicht sehr groß gewesen, und er war natürlich vom Alter her schon geschrumpft. Wann ist der weggebracht worden?

R.L: Im September 1940.

---

18 Die Kuranstalt (ab 1950 Landesanstalt für Gehörlose) wurde 2021 abgerissen.
19 Deutet auf ihr eigenes Zimmer im Altersheim

Also des kann ich mich nicht erinnern, dass wir oder ich das mitgekriegt hätte. Denn die Julie Weiss war ja bis zum Ende dran, praktisch.[20] Wenn sie noch länger drin geblieben wäre, hätte bleiben können, wär sie tot gewesen, denn genau da sind die Bomben damals gleich zum Anfang des Krieges reingekommen.[21] Da war ja der Teil schon gleich kaputt.

Und er [Bendit] hat immer gewartet, ob jemand kommt, aber er ist nie mit uns aus dem Zimmer rausgegangen. Die Julie Weiss *konnte* nicht. Die hatte einen Geh- ... – Lähmung oder sowas. Aber er ist im Gang spazieren gegangen und so. Aber ich kann mich nicht erinnern, dass er ein einziges Mal mit uns die Treppe runter ist und z. B. im Park – nein. Aber wissen Sie, heute, wo ich alt und erwachsen bin – umgekehrt! –, seh' ich ihn vor mir und sag, das darf ich nicht laut sagen: Er war das Bild des typischen Juden. Typisches Bild eines alten jüdischen Mannes. Typisch. Klein, nicht fett, sondern normale Figur, picobello angezogen; jeden Tag mit Hemd, mit Krawatte, mit Anzug; immer eine Zigarre in der Hand. Wo er die herhatte? Irgendjemand muss ihm Geld gegeben haben. Also, bei uns hat er sie nicht geholt. Während ich kenn' noch einen anderen Patienten da drin, der hat uns immer um Zigaretten dann angehauen. Wir haben daheim Zigaretten gehabt, weil beide Eltern Raucher waren. Aber ich kann mich nicht erinnern, dass einer von uns je eine Zigarette, nicht wahr ... Und er hat nie um irgendwas gefragt. Er hatte da einen großen Stuhl drin. Da ist er immer dringesessen. Und dann ist er wieder aufgestanden, ist im Zimmer rumgegangen oder hat sich wieder eine neue Zigarre angezogen und hat immer uns sein lassen. Er hat *nie*, soviel ich mich heute erinnern kann, irgendwas erzählt, wo er herkommt und dass er eben krank ist, und dass er deswegen hier ist. Das hat er nie erzählt, aber er hat immer gesagt, er ist zufrieden hier und er ist glücklich, dass er die ganzen Leute hat, und vor allem die Familie.[22] Auch der Baumüller und auch der Opa ist regelmäßig schon zu ihm gegangen. Ich glaube, mein Großvater hatte einen gewissen Respekt vor ihm; vor den durchschnittlichen Leuten, die da waren, nicht. Aber der Opa hat ihn vielleicht sogar ein bisschen bewundert. Ob der Opa gewusst hat, dass das ein Jude ist? Musste man damals die Religion angeben, wenn man in eine solche Institution kommt?

R. L.: Ich denke schon. – Sie haben von seiner Krankheit gar nichts mitbekommen? Sie wussten nicht, was er für eine Krankheit hatte?

---

20 Julie Weiss blieb bis zum Sommer 1941 in Neufriedenheim. Die Klinik wurde zum Jahreswechsel 1941/42 verkauft und aufgelöst.
21 Neufriedenheim wurde im September 1942 bombardiert. Die Klinik war bereits aufgelöst. Die Familien Baumüller und Piloty wohnten noch in der Klinik, kamen aber mit dem Schrecken davon.
22 Gemeint ist die Großfamilie: Rehm mit seinen vier Töchtern und zwölf Enkeln.

Also ich, ich muss es ehrlich sagen: Ich wusste nichts. Ich hatte keine Ahnung, was ein Jude ist. Wir Kinder hatten keine Ahnung, dass *der* katholisch, *der* evangelisch und *der* was Anderes ist. Wir waren evangelisch; basta. Wir sind konfirmiert, wir gingen selten in die Kirche nach Laim. Es gab [in der Kuranstalt] keinen evangelischen Gebetsraum und so, es war wohl irgendetwas drin, denn die Leute, die beten wollten, konnten schon irgendwo hingehen;[23] aber natürlich nicht jüdische. Und dieses Wort kannten wir nicht. Es wäre auch kein Begriff für uns gewesen. Für uns gab's die katholische Kirche und unsere kleine evangelische Kirche. Ich glaube nicht, dass das uns einen Eindruck gemacht hätte, hätten wir gewusst, dass das ein anderer ist.

Aber ob meine Mutter oder die Hilda Baumüller gewusst haben, dass des und des Juden sind? Ich bezweifle es; aber ich weiß es nicht. Denn früher, das wissen Sie vielleicht auch, hat man mit den Kindern nicht solche Sachen debattiert. Die Familie war des, und die Arbeit war des. Und dann bin ich sicher, die Baumüller-Buben, die Großen, die beide ja nicht mehr leben, wenn sie mal was gehört haben, haben sie's gehört und dann sind sie wieder in die Schule gegangen oder zum Fußball oder was.

Von der Julie Weiss weiß ich, dass sie kostenlos dort gelebt hat. Weil kein Geld da war. Das hat der Baumüller irgendwie kaschiert einfach; der hat das akzeptiert.

Also ich kann über den Bendit nur sagen, er war ein sehr netter, freundlicher, – ja, Jude war er, das war für mich so, wie Sie dasitzen, Sie sind kein Jude, und der war halt ein Jude. Er war immer höflich, war picobello angezogen hatte gute Manieren, war sauber und hat viel geraucht.[24]

Und ich hab noch einen Fall da draußen, der mich sehr beschäftigt hat, der war auch allein, der war bis zum Schluss auch da draußen. Heute würde ich sagen, ich hatte vor dem Angst, weil er ein Mann ist und ich alleine mit ihm im Zimmer bin. Aber ich wusste nicht, warum ich die Angst habe. Jetzt, heute weiß ich's. Beim Bendit hatte ich nie auch nur fünf Minuten das Gefühl, ich sollte da nicht drin sein. Es war verboten für uns, zu den Patienten zu gehen. Aber wir haben's halt trotzdem ... Ich bin da die einzige, meine Geschwister sind ja noch wesentlich jünger. Von uns dreien war ich die einzige. Ich bin dahingegangen, hab mit denen geredet.

Also, ich kann Ihnen nur sagen: Er war ein Gentleman. – Ich weiß nicht, ob man Juden als Gentleman bezeichnet, heute nimmer aber jetzt wieder.

---

23 Siehe Anhang A14: Im 1. Obergeschoss, Mittelflügel gab es eine „Kapelle" (ee).
24 Im Jahre 1907 hatte Rehm an das Amtsgericht Fürth geschrieben, Bendit sei „unordentlich und schmutzig in seinem Äußeren." S. Kap. 3.3.10. Bendits äußere Erscheinung muss sich also im Laufe der Jahre sehr zum Positiven verändert haben.

Die Julie Weiss, abgesehen von ihrem Bein, die ist nie, nie, nie, nie aus ihrem Zimmer rausgegangen. Und das war ein ganz kleines Zimmer, weil sie kein Geld hatte, um irgendetwas zu bezahlen. Und da hat sie drin gelebt und gehaust und gegessen und geschlafen und den ganzen Tag gehandarbeitet. Manche von den Sachen wurden dann angeboten zum Kauf. Und wir haben haufenweise so Zeug dann immer geschenkt gekriegt, aber – abgesehen von ihrem Bein, sie wollte ihr Zimmer nicht verlassen. Und drum wundert es mich, dass er im Park noch spazieren gegangen sein sollte. Angeboten hätt sich's, der Riesenpark; da hätte ihn auch niemand gesehen. Da wurden ja die Tür und Tore zu gemacht.

A14 Neufriedenheim – Grundriss Obergeschoss und Bauabschnitte

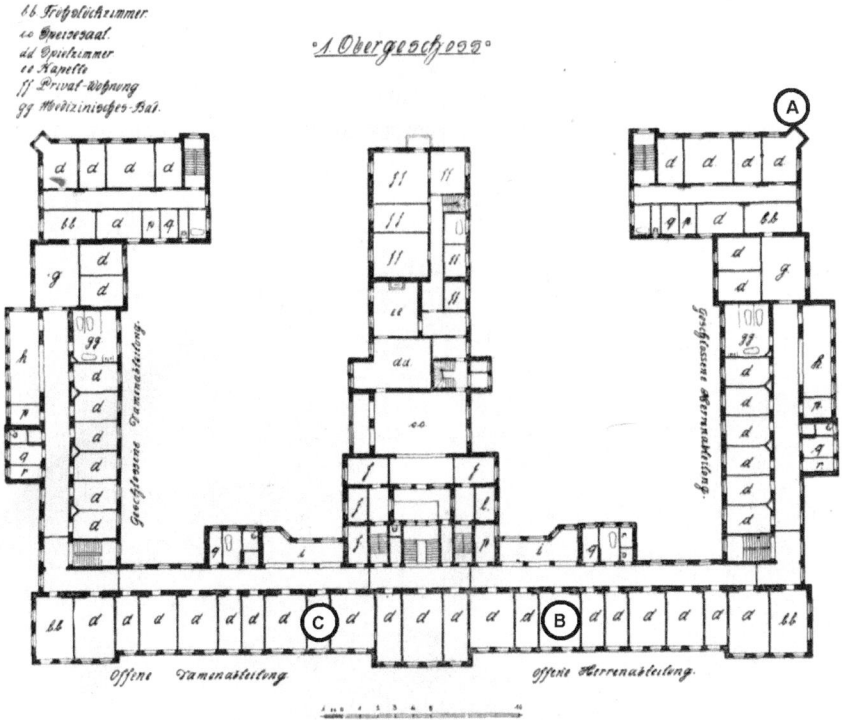

Abb. A3: Grundriss 1. Obergeschoss der Kuranstalt Neufriedenheim, ca. 1912

Im Jahre 1904 beim Besuch von Mauri Wiener bewohnte Moritz Bendit ein „sehr gut ausgestattetes Zimmer mit Erker" in der *geschlossenen* Herrenabteilung. Es muss sich dabei um das Eckzimmer im rechten „Flügelfortsatz" der Anstalt gehandelt haben; Kennzeichnung mit **A**. Ein gleich geschnittenes Zimmer mit Erker befand sich nur noch unmittelbar darunter im Erdgeschoss. Weitere Zimmer mit Erker hat es in der Herrenabteilung der Kuranstalt nicht gegeben. Die „Flügelfortsätze" wurden im Jahr 1899 bei der 2. Erweiterung der Anstalt angebaut (s. u.).

In den 1930er-Jahren bis zu seiner Deportation im September 1940 bewohnte Moritz Bendit nach Aussage von Elisabeth Piloty ein großes Zimmer in der *offenen* Herrenabteilung dicht am Mittelflügel der Kuranstalt, gleich das zweite oder dritte. Frau Piloty zeigte am 13. Juli 2021 auf das Zimmer **B**; eventuell auch das zweite Zimmer daneben links.

Wann Moritz Bendit aus der geschlossenen Herrenabteilung in die offene Abteilung umziehen durfte, ist nicht bekannt.

In der offenen Damenabteilung gegenüber hatte Julie Weiss nach Frau Pilotys Erinnerung ein sehr kleines Zimmer, wahrscheinlich Zimmer **C** oder etwas weiter links davon.

Abb. A4: Lage von Moritz Bendits Zimmer

A14 Neufriedenheim – Grundriss Obergeschoss und Bauabschnitte — 287

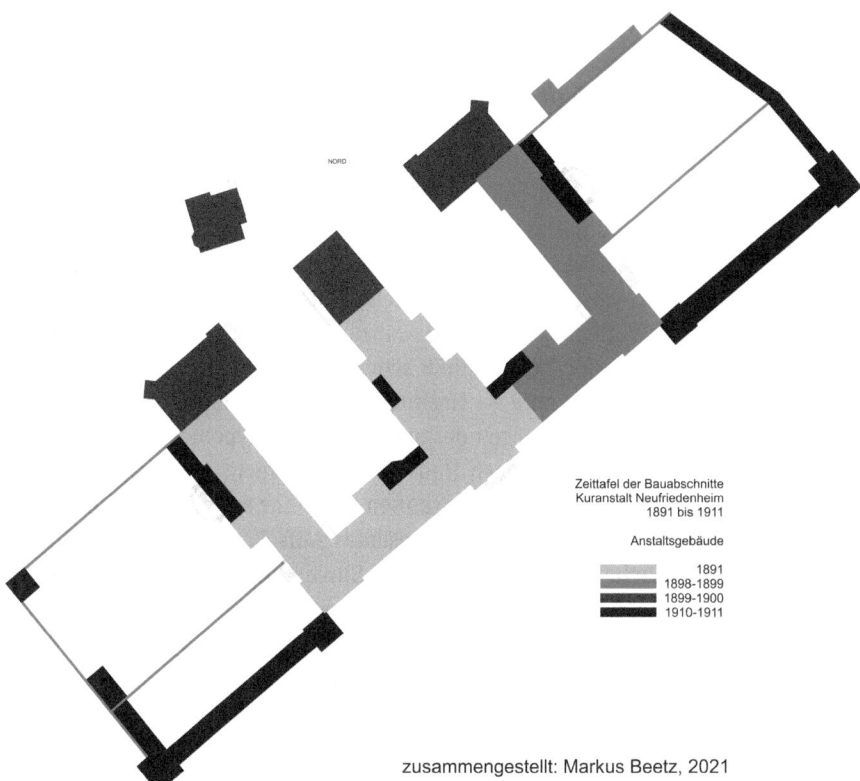

Abb. A5: Bauabschnitte der Kuranstalt Neufriedenheim

A15 Die Verlegung von Rosa Hechinger nach Eglfing

Die jüdische Patientin Rosa Hechinger war auf ihren eigenen Wunsch am 12. August 1940 von Neufriedenheim in die Nervenklinik der Universität München verlegt worden. Am 4. September, also gut drei Wochen später, ordnete das Bayerische Innenministerium an, alle jüdischen Anstaltspatienten aus Bayern bis zum 14. September nach Eglfing-Haar zu verlegen. Rosa Hechinger wurde am 9. September 1940 von der Nervenklinik der Universität München in die Heil- und Pflegeanstalt Eglfing-Haar verlegt. Aus dem zeitlichen Zusammenhang erscheint es naheliegend, dass ihre Verlegung durch die Anordnung des Innenministeriums veranlasst wurde. Ein Arzt der Nervenklinik schrieb allerdings ins Krankenjournal, die Verlegung nach Eglfing von Rosa Hechinger (statt einer Entlassung nach Hause) erfolge zu ihrem Schutz: „Wegen des ausgesprochen hypoman. Zustandes der Patientin kann eine Entlassung nach Hause z.Zt. noch nicht in Betracht gezogen werden. Patientin ist Jüdin und würde draußen durch ihr auffallendes Wesen und unbeherrschtes Auftreten besonders unliebsames Aufsehen erregen. Deshalb erfolgt heute auf ärztliche Veranlassung und im Einverständnis mit dem Ehemann die Verlegung in die Heil- und Pflegeanstalt Eglfing-Haar." Rosa Hechingers Aufenthaltsdauer in der Universitätsklinik betrug also exakt vier Wochen, was einer durchschnittlichen Liegedauer in der Nervenklinik entspricht.[25] Die Verlegung von Rosa Hechinger nach Eglfing-Haar wirft Fragen auf, die in diesem Anhang diskutiert werden sollen.

Einbeziehung der Universitätskliniken in die Sonderaktion für jüdische Patienten

Wir untersuchen zunächst die Fragestellung nach der Einbeziehung der Universitätskliniken im Deutschen Reich am Beispiel der Psychiatrischen und Nervenklinik der Hansischen Universität in Hamburg. Schon Ernst Klee erwähnte, dass die Universitätskliniken nicht oder nicht im vollen Umfang in die „T4-Aktion" involviert waren.[26] Mit einem Erlass aus dem Reichsinnenministerium vom 15. April 1940 waren die Landesregierungen aufgefordert worden, alle jüdischen Patienten zu melden. Bekannt ist, dass die Staatsverwaltung der Hansestadt Hamburg diese Anforderung am 25. Juni 1940 mit einer Liste der jüdischen Patienten aller Hamburger Anstalten beantwortete. Auf dieser Liste sind auch zwei Patienten und drei Patien-

---

25 Kroth 2010, S. 99
26 Klee 1983, S. 123

tinnen der Psychiatrischen und Nervenklinik der Hansischen Universität Hamburg enthalten.[27] Die Hamburger Staatsverwaltung ging also im Juni 1940 davon aus, sie müsse nicht nur die Patienten aus den Heil- und Pflegeanstalten sondern auch die Patienten der Universitätsklinik melden. Am 30. August 1940 folgte ein bei Ernst Klee zitiertes Schreiben aus dem Reichsinnenministerium an die Staatsverwaltung der Hansestadt Hamburg, dessen Betreff und gesamten Wortlaut wir leider nicht kennen. Bekannt ist lediglich, dass die Universitätskliniken „von der Erfassung" ausgeschlossen wurden. Bei Klee wird dieses Schreiben im Kapitel über die Meldebogen bezogene „Euthanasie" zitiert, und nicht im Kapitel über die Sonderaktion für jüdische Anstaltspatienten. Aus dem Zitat geht daher nicht klar hervor, ob sich die Ausnahme bei der Erfassung der Universitätskliniken nur auf die Pflicht zum Ausfüllen von Meldebögen bezog oder auch – oder sogar vor allem – auf die Sonderaktion für jüdische Patienten. Um diese Frage zu klären, müsste das Schreiben mit dem Betreff und vollständigem Wortlaut vorliegen. Ingo Wille hat ein anderes, zeitnahes Schreiben aus dem Reichsinnenministerium an das Mecklenburgische Staatsministerium vom 30. August 1940 mit dem Betreff „Verlegung geisteskranker Juden" im Wortlaut veröffentlicht.[28] Einen Absatz über Psychiatrische Universitätskliniken enthält dieses Schreiben nicht, was aber wohl vor allem daran liegen mag, dass es in Mecklenburg keine Universitätskliniken gab.

Im September 1940 wurden 136 jüdische Patienten aus verschiedenen Hamburger Anstalten in die Sammelanstalt Langenhorn verlegt und von dort in eine Tötungsanstalt deportiert. Die Stammanstalten dieser 136 Patienten sind bekannt. Keiner dieser Patienten kam aus der Psychiatrischen und Nervenklinik der Hansischen Universität. Das mag daran liegen, dass die fünf im Juni gemeldeten jüdischen Patient*innen inzwischen die Universitätsklinik wieder verlassen hatten. Das wäre an sich nichts Ungewöhnliches, denn die Verweildauer in den Universitätskliniken betrug in der Regel nur wenige Wochen. Es kann aber auch bedeuten, dass die jüdischen Patienten der Universitätsklinik von der Sonderaktion (z. B. durch das Schreiben vom 30. August 1940) ausgenommen waren. Die Frage, ob die Psychiatrischen und Nervenkliniken der Universitäten von der Sonderaktion für jüdische Patienten betroffen waren oder nicht, lässt sich also nach dem gegebenen Informationsstand nicht eindeutig klären.

---

27 Wille 2017, S. 45
28 Wille 2017, S. 46 f

Die Nervenklinik der Universität München

Vergleichbare Dokumente wie aus Hamburg liegen für München nicht vor. Wir wissen nicht, ob die Nervenklinik der Universität München im April 1940 aufgefordert wurde, ihre jüdischen Patienten zu melden. Oswald Bumke, Nachfolger von Emil Kraepelin, leitete die Klinik seit 1924. Hippius et al. schreiben ohne Quellenangabe, Bumke habe, nachdem er von den Patientenmorden erfahren habe, Verlegungen nach Eglfing-Haar untersagt. Bumke, der nicht der NSDAP angehörte, wurde nach dem Zweiten Weltkrieg vorübergehend seines Amtes enthoben. Kurz nach dem Krieg verfasste er seine autobiografischen „Erinnerungen und Betrachtungen". In Bezug auf die „Euthanasie" schrieb er, er habe erst im Herbst 1940 von einem seiner Assistenten erfahren, dass von Eglfing-Haar aus Deportationen in Tötungsanstalten organisiert worden seien. Was Bumke in seinen Erinnerungen verschweigt, ist sein Briefwechsel mit Karsten Jaspersen aus dem Juli 1940. Jaspersen leitete eine Abteilung in Bethel. Als er aufgefordert wurde, Meldebögen für seine Patienten auszufüllen, war ihm die Bedeutung sofort klar. Er verfasste Briefe an eine ganze Reihe von Klinikleitern, Professoren und Institutionen, wies auf die Krankenmorde hin und suchte nach Unterstützung für seinen Widerstand. Die Antwort von Oswald Bumke liegt vor. Bumke schrieb, er habe von den ganzen Dingen erst durch den Brief von Jaspersen erfahren. In der Sache könne er ihm leider nicht helfen. Jaspersen solle sich direkt an Ernst Rüdin, den Vorsitzenden der Gesellschaft Deutscher Neurologen und Psychiater wenden. Aus dem Schriftverkehr zwischen Jaspersen mit August Bostroem wissen wir, dass Bostroem und Bumke das Thema bereits am 30. Juli 1940 in München diskutiert hatten, und dass Bumke zuvor schon bei Rüdin „eine Ablehnung erfahren" hatte. Bumke hatte sich also spätestens Ende Juli 1940 mit dem Thema der „Euthanasie" eingehender befasst. Man darf aber wohl annehmen, dass seine Nervenklinik selbst bis dahin nicht betroffen war.

Die Verlegungen nach Eglfing-Haar im September 1940

Rosa Hechinger war nicht die einzige Patientin, die am 9. September 1940 aus der Nervenklinik der Universität München nach Eglfing-Haar verlegt wurde. Eine Auswertung der Diagnosebücher hat ergeben: Am selben Tag wurden zwei weitere Patientinnen nach Eglfing-Haar verlegt. Im Laufe des Monats September wurden insgesamt 43 Patienten von der Nervenklinik nach Eglfing-Haar verlegt.

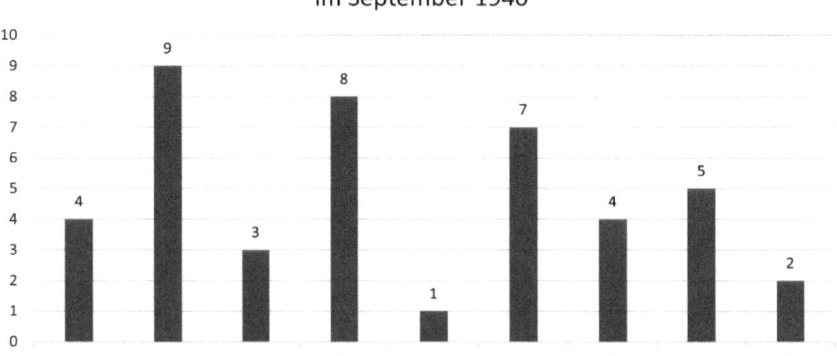

Tab. A9: Entlassungen aus der Nervenklinik nach Haar-Eglfing (eigene Auswertung) Auswertung auf Basis der Diagnosebücher der Nervenklinik der Universität München

Die Grafik lässt eine leicht abnehmende Tendenz bei den Verlegungen nach Eglfing-Haar im Laufe des Monats September 1940 erkennen. Die Diagnosebücher enthalten keine Informationen über die Religionszugehörigkeit oder die „Rasse" der Patienten. Vermerkt sind lediglich der Tag der Aufnahme und der Entlassung, das Alter, das Ziel der Entlassung und eine Diagnose.

Eine umfangreichere Untersuchung von Jähnel et al. kommt zu dem Ergebnis, die Entlassungen aus der Universitätsklinik nach Eglfing-Haar hätten ab September 1940 vorübergehend signifikant nachgelassen. Im November 1940 sei dieser Effekt aber bereits wieder vorbei gewesen. Die Aussage von Hippius et al., Bumke habe, nachdem er von den Krankenmorden über die Sammelanstalt Eglfing-Haar erfahren hatte, Verlegungen dorthin untersagt, lässt sich durch die Fakten nicht aufrecht erhalten. Jähnel et al. bemerken aber auch: Die durchschnittliche Verweildauer der Patienten in der Nervenklinik sei im Herbst 1940 leicht angestiegen und „gefährliche" Diagnosen seien seltener gestellt worden. Beide Beobachtungen seien Hinweise darauf, dass sich die Nervenklinik darum bemühte, Patienten vor der „Euthanasie" zu bewahren. Eine Diagnose sei in diesem Zusammenhang als „gefährlich" zu bezeichnen, wenn sie mit hoher Wahrscheinlichkeit zu einer Selektion in die Tötungsanstalten geführt hätte.

Die Verlegung von Rosa Hechinger nach Eglfing-Haar

Eine klare Antwort auf die Frage, ob die Verlegung vom 12. September 1940 aufgrund der Sonderaktion für jüdische Anstaltspatienten erfolgte, gibt es nicht. Für die aufnehmende Anstalt Eglfing-Haar muss auf jeden Fall klar gewesen sein, dass Rosa Hechinger nicht in Eglfing verbleiben sollte, sondern am 20. September als Teil der Sonderaktion in eine Tötungsanstalt deportiert werden würde. So kam es dann auch. Die abgebende Anstalt, die Nervenklinik der Universität, wusste von der Sonderaktion möglicherweise tatsächlich nichts. Für die Ahnungslosigkeit der Nervenklinik spricht sowohl der Eintrag in Rosa Hechingers Krankenakte als auch die Tatsache, dass die originale Krankenakte in der Nervenklinik zurückblieb. Bei den Verlegungen im Rahmen der Sonderaktion mussten die Patientenakten mitgegeben werden. Diese mitgegebenen Patientenakten aus der Sonderaktion sind offenbar restlos verschollen. Hinz-Wessels hielt fest: „In den heute im Bundesarchiv Berlin verwahrten Unterlagen der ‚T4'-Opfer (Bestand R 179) konnten bisher lediglich 75 Akten von Juden ermittelt werden, die sämtlich nicht im Rahmen der Sonderaktion gegen jüdische Patienten, sondern als Einzelpersonen in die ‚Aktion T4' geraten waren."[29] Auch die Tatsache, dass am 12. September 1940 zwei weitere nicht-jüdische Patientinnen zusammen mit Hechinger nach Eglfing-Haar verlegt wurden, spricht eher für einen – aus Sicht der Nervenklinik – routinemäßigen Vorgang. Auch diese beiden Patientinnen hatten wie Hechinger die Diagnose „Schizophrenie".

Die Meldung der fünf jüdischen Patienten aus der Psychiatrischen und Nervenklinik der Hansischen Universität Hamburg im Juni 1940 belegt allerdings, dass in Hamburg die dortige Universitätsklinik *zumindest in die Erfassung* der jüdischen Patienten einbezogen wurde. Diese Erfassung muss bereits als Vorbereitung bzw. als Start der Sonderaktion angesehen werden. Ob die Münchner Universitätsnervenklinik ebenfalls im Frühjahr 1940 zur Erfassung ihrer jüdischen Patienten aufgefordert wurde, lässt sich aufgrund der vorliegenden Akten nicht beantworten. Eine systematische Analyse der im Universitätsarchiv vorliegenden Krankenakten sowie etwaiger noch vorhandener Dokumente der Nervenklinik aus der NS-Zeit wäre sicherlich eine lohnende Aufgabe.

---

29 Hinz-Wessels 2013, S. 66

A16 Der Tod von Jella Baer in der Nervenklinik der Universität München

Jella Baer[30], die Mutter des „Euthanasie"-Opfers Therese Baer (1895–1940), wurde am 14. Juni 1942 um 13:30 Uhr in bewusstlosem Zustand in die Universitäts-Nerven-Klinik München eingewiesen und verstarb dort noch am selben Tag um 18:15.[31] Als Wohnort ist in der Krankenakte angegeben: „München, Judensiedlung Milbertshofen", was mit der Angabe im Biographischen Gedenkbuch der Münchner Juden übereinstimmt: „Knorrstraße 148 – Barackenlager (seit 24.02.1942)". Das im Frühjahr 1941 errichtete Barackenlager, das in der NS-Zeit als „Judensiedlung Milbertshofen" bezeichnet wurde, diente als Wohn-, Sammel- und Durchgangslager für Juden aus München und Schwaben. Von hier aus wurden im November 1941 die ersten ca. 1000 Männer, Frauen und Kinder nach Kaunas in Litauen deportiert und ermordet. Zwischen Juni und August 1942 wurden in diesem Barackenlager 24 Transporte mit ca. 1.200 Juden aus München und Schwaben zusammengestellt. Genau in diese Zeit fällt die akute Erkrankung von Jella Baer. Im Biographischen Gedenkbuch der Münchner Juden steht zum Tod von Jella Baer die Vermutung: „Da zu diesem Zeitpunkt diverse Deportationen nach Theresienstadt stattfanden, kann man einen Suizid annehmen."[32] Ein Suizid in der Universitäts-Nervenklinik kann allerdings nach Auswertung ihrer Patientenakte ausgeschlossen werden. Es ist aber sehr wahrscheinlich, dass ihre Erkrankung auf die Unterbringung im Barackenlager und auf die Konfrontation mit den Deportationen zurückzuführen ist. Auch die Verlegung ihrer Tochter aus dem Sanatorium Obersendling im September 1940 und die monatelange Ungewissheit über ihren Verbleib muss Jella Baer schwer zugesetzt haben. Therese Baer wurde am 20. September 1940 in Hartheim ermordet. Darüber wurde ihre Mutter nie informiert. Stattdessen wird Jella Baer, wie alle anderen Angehörigen der Betroffenen der „Sonderaktion" für jüdische Anstaltspatienten, vermutlich auch im Frühjahr 1941 eine gefälschte Todesnachricht aus dem fiktiven Standesamt Chelm in Polen erhalten haben.

Aus den Angaben im Anmeldebogen der Krankenakte geht hervor, dass die Aufnahme von Jella Baer in die Universitäts-Nerven-Klinik von Frau Dr. Schwarz[33]

---
30 Gabriele Jella Baer; Schreibweise im Münchner Stadtadressbuch: Jella Bär.
31 Archiv der Universität München: Krankenakte Jella Baer Nr. 738/42
32 Stadtarchiv München: Biographisches Gedenkbuch der Münchner Juden
33 Freundlicher Hinweis von Karin Pohl: Die jüdische Ärztin Dr. Magdalena Schwarz (1900–1971) wurde 1945 von ihrem Kollegen Dr. Kurt Schneider in der geschlossenen psychiatrischen Abteilung des Schwabinger Krankenhauses versteckt und überlebte den Holocaust. Kurzbiografien bei Wertheimer 2008, S. 449 f. und Jäckle 1988, S. 119 f

vom Israelitischen Krankenhaus veranlasst wurde. Jella Baer wurde vom Münchner Rettungsdienst in die nahegelegene Nussbaumstraße gebracht. Als Grund der Einlieferung ist „Schizophrenie" angegeben; in Anführungszeichen gesetzt und mit einem Fragezeichen versehen. Zur Zeit der Aufnahme befand sich die Patientin in einem Tiefschlaf und atmete unregelmäßig. Als klinische Diagnose ist eine „Ungeklärte Psychose" eingetragen. Verbal ist die Krankengeschichte folgendermaßen dokumentiert: „Am Vormittag gegen 12 Uhr wurde von der jüdischen Ärztin Dr. Schwarz (Israel. Krankenhaus) angerufen, sie habe eine jüdische Patientin, die einen schizophrenen Schub bekommen habe und die ambulant mit Scopolamin nicht mehr ruhig zu halten sei. Ich habe ihr am Telefon gesagt, daß sie sie schicken möge, wenn das so sei. Um 13:30 wurde dann die 68 jährige Patientin in tief bewußtlosem, desolaten Zustand gebracht. Anzeichen für eine körperliche organische Erkrankung, durch die sie in diesen Zustand gekommen sein mochte, waren nicht vorhanden. Die Patientin schien im Gegenteil rüstig. Der augenblickliche Zustand schien lediglich die Wirkung des Scopolamins zu sein, welches Dr. Schwarz ihr gegeben hat. Neben der tiefen Bewußtlosigkeit bestand eine schlechte Atmung, der Puls war schlecht, die Patientin war vollkommen ausgekühlt und total reaktionslos. Von Anfang an war der Zustand hoffnungslos. Das Befinden verschlechterte sich zusehends. Exitus um 18 Uhr 15. Ob eine Schizophrenie vorlag, konnte naturgemäß nicht festgestellt werden. Oberarzt Ziehen wurde in Kenntnis gesetzt." Unterzeichnet ist der Bericht mit „Meutler" (?).

Der Tod von Jella Baer zeigt, dass im Juni 1942 noch jüdische Patienten in die Nervenklinik der Universität München aufgenommen werden konnten. Außerdem bestand noch eine Kommunikationsmöglichkeit zwischen der Nervenklinik und dem Israelitischen Krankenhaus. Die Aufnahme erfolgte offenbar völlig unbürokratisch nach einem Telefonat. Neufriedenheim durfte dagegen nach Aussage von Leonhard Baumüller ab dem Sommer 1941 keine jüdischen Patienten mehr aufnehmen oder behandeln (vgl. Anhang A7). Sogar in der Heil- und Pflegeanstalt Eglfing Haar befanden sich 1942 und 1943 noch einzelne jüdische Patienten, obwohl der Leiter Hermann Pfannmüller schon am 20. September 1940 erklärt hatte: „Ich werde künftig die Aufnahme von geisteskranken Volljuden ablehnen." Im Januar 1944 starb eine jüdische Patientin im Hungerhaus für Frauen.[34]

Das Israelitische Krankenhaus in der Hermann-Schmid-Straße wurde kurz nach dem Tod von Jella Baer im Juni 1942 von den NS-Machthabern aufgelöst. Die verbliebenen Kranken und das Personal wurden nach Theresienstadt deportiert, wo die meisten von ihnen ums Leben kamen.

---

34 Von Tiedemann und Eberle in: Cranach et al. 2018, S. 135

Quellenverzeichnis

Online-Quellen

Affidavit concerning the euthanasia program at Eglfing-Haar and a list of victims; Nuremberg Trials Project. Online verfügbar unter: http://nuremberg.law.harvard.edu/documents/1906-affidavit-concerning-the-euthanasia?q=schnidtmann+eglfing#p.2, aufgerufen am 27.04.2021

Biographisches Gedenkbuch der Münchner Juden 1933–1945, Stadtarchiv München 2003/2007. Online verfügbar unter: https://gedenkbuch.muenchen.de/, aufgerufen am 23.10.2023

Blume, Gisela Naomi (Hg.): Jüdisch in Fürth, Memorbuch für die Fürther Opfer der Shoah. Online verfügbar unter: https://juedisch-in-fuerth.repositorium.gf-franken.de/de/personen.html, aufgerufen am 23.10.2023

Der Militärbefehlshaber in Frankreich, Lagebericht Februar 1941. (an den Oberbefehlshaber des Heeres): war 2016 online verfügbar unter: http://www.ihtp.cnrs.fr/prefets/de/d0241mbf.html#_ftn101, aufgerufen am 25.1.2016

Hadry, Sarah: Deutsche Vaterlandspartei (DVLP), 1917/18. In: Historisches Lexikon Bayern. Online verfügbar unter: https://www.historisches-lexikon-bayerns.de/Lexikon/Deutsche_Vaterlandspartei_(DVLP),_1917/18, aufgerufen am 23.10.2023

Heier, Manfred: „Büdingen", eine lange Geschichte. In: kleiner Subkurier: Blätter der Freien Grünen Liste Konstanz April 2018. Online verfügbar unter: https://www.swp.de/suedwesten/landkreise/ermstal/kuren-am-waldesrand-23035437.html aufgerufen am 26.04.2021

Jenner, Harald: Quellen zur Geschichte der „Euthanasie"-Verbrechen 1939–1945 in deutschen und österreichischen Archiven – Ein Inventar (im Auftrag des Bundesarchivs 2003/2004). Online verfügbar unter: https://www.bundesarchiv.de/geschichte_euthanasie/Inventar_euth_doe.pdf, aufgerufen am 23.10.2023

Gedenken an die Opfer der NS-„Euthanasie" – Erinnerungskultur des kbo-Isar-Amper-Klinikums. kbo-Isar-Amper-Klinikum München-Ost 2020. Online verfügbar unter: https://kbo-iak.de/fileadmin/Erinnerungskultur/Erinnerungskultur_kbo_IAK_2020.pdf, aufgerufen am 17.07.2021

Heimat- und Bergbaumuseum Erbendorf: Online verfügbar unter: http://heimatmuseum.erbendorf.de/107bw.htm, aufgerufen am 23.10.2023

Kaesler, Dirk: Am Scheitelpunkt eines bewegten Lebens. April 2016. Online verfügbar unter: https://literaturkritik.de/id/21743, aufgerufen am 23.10.2023

Kaesler, Dirk: Max Weber und Edgar Jaffé. Zwei Wissenschaftler inmitten der Bayerischen Revolution 1918/19. Vortrag, den Kaesler am 19. April 2018 im Center for Advanced Studies der LMU München im Rahmen der Vortragsreihe „Wissenschaft Macht Politik. Die Münchener Räterepublik". Online verfügbar unter: https://literaturkritik.de/max-weber-und-edgar-jaffe-zwei-wissenschaftler-inmitten-der-bayerischen-revolution-von-191819,25073.html, aufgerufen am 23.10.2023

Kriegstote verzeichnet auf Denkmal, Gedenktafeln und Grabsteinen. Denkmal: Ursberg. Online verfügbar unter: https://www.kriegstote.org/cgi-bin/baseportal.pl?htx=/Kriegsopfer/vtsxausgabe&beschreibung=Kriegsopfer_1914-1918_/_1939-1945&max_anzahl=2&append=56142;56143, aufgerufen am 14.01.2024

Lötsch, Gerhard: Als die grauen Busse anrollten. Baden online, 25.08.2006. Online verfügbar unter: https://www.bo.de/lokales/achern-oberkirch/als-die-grauen-busse-anrollten, aufgerufen am 23.10.2023

Materialien Grafeneck 1940 – NS-„Euthanasie" im deutschen Südwesten. Landeszentrale für politische Bildung Baden-Württemberg. Online verfügbar unter: http://www.gedenkstaette-grafeneck.de/site/Grafeneck-Gedenkstaette/get/documents_E-230184795/grafeneck/Grafeneck_Gedenkstaette_Mediathek/material_grafeneck2011.pdf, aufgerufen am 24.10.2023

Mitgliederverzeichnis des Deutschen Verbandes für Psychische Hygiene vom 1. Juni 1933. Online verfügbar unter; https://docplayer.org/51054396-Mitgliederverzeichnis-des-deutschen-verbandes-fuer-psychische-hygiene-1-juni.html, aufgerufen am 23.10.2023

Müller, Michael: Seligman Bendit & Söhne Spiegelglas- und Fensterglas-Fabriken – Aufstieg und Niedergang einer jüdischen Unternehmer-Familie der Fürther Spiegelglas-Industrie. In: Fürther Geschichtsblätter, Heft 2/2006 und 3/2006, 56. Jg. Online aufrufbar unter: https://geschichtsverein-fuerth.de/index.php/menuetitel2/fgb-download/category/11-fgb-jahrgang-2006, aufgerufen am 06.01.2024

Offenbacher, Lily: Bericht über Gnadentod, 1941. Übersetzung aus dem Englischen ins Deutsche von Erica Fischer. Online verfügbar unter https://ghdi.ghi-dc.org/pdf/deu/German38.pdf, aufgerufen am 21.11.2022

Peglau, Andreas: Sigmund Freud in Weimar. Ein Foto aus dem Jahr 1911 – und eine Momentaufnahme der psychoanalytischen Bewegung. Online verfügbar unter: https://andreas-peglau-psychoanalyse.de/sigmund-freud-in-weimar/, aufgerufen am 23.10.2023

Personalstand der LMU, Sommerhalbjahr 1915. Online verfügbar unter: https://epub.ub.uni-muenchen.de/9678/, aufgerufen am 23.10.2023

Personalstand der LMU, Winterhalbjahr 1916/17. Online verfügbar unter: https://epub.ub.uni-muenchen.de/9681/, aufgerufen am 23.10.2023

Rieger, Susanne und Jochem, Gerhard: Das Berufsverbot für jüdische Rechtsanwälte in Bayern im Dezember 1938. 2010. Online verfügbar unter: http://www.rijo.homepage.t-online.de/pdf/DE_BY_JU_anwalt01.pdf, aufgerufen am 19.04.2021

Schäfer, Heiko und Hinz, Christiane (Redaktion): WDR. Vorfahren gesucht: Ann-Kathrin Kramer. Ann-Kathrin Kramer (2010). https://programm.ard.de/TV/Programm/Sender/?sendung=2810813778467862, aufgerufen am 23.10.2023

Sonneberg: Leben und Wohnen in Sonneberg, Heft 2/2006. Die Zeitschrift der Stadt Sonneberg. Das Heft 2/2006 ist online nicht mehr abrufbar.

T4-Tötungsanstalt Grafeneck (Gedenkstätte Grafeneck). Online verfügbar unter: https://www.gedenkort-t4.eu/historische-orte/t4-toetungsanstalt-grafeneck-gedenkstaette-grafeneck, aufgerufen am 24.10.2023

Wenzl, Barbara: Dr. Friedrich Crusius. Koordinierungsstelle Erinnerungszeichen beim Stadtarchiv München. Online verfügbar unter: https://stadt.muenchen.de/dam/jcr:92c10d78-2af4-4421-b298-f245af274c01/Crusius_Erinnerungszeichen.pdf, aufgerufen am 23.10.2023

Zeitungen

Ärzteblatt für Bayern, Nr. 49 vom 07.12.1935
Augsburger Postzeitung No. 341: „Die ‚Nationalisten' in Bayern bei der Arbeit" vom 27.6.1916
Bayerische Ärztezeitung Nr. 49 vom 03.12.1932
Hochland-Bote: „Entlarvter Nazi begeht Selbstmord. Der Fall Prof. Wuth" vom 16.03.1946
Konstanzer Zeitung – Beilage zu Nr.70 I.: „Dr. Georg Fischers neue Heilanstalt für Nervenkranke im ‚Konstanzer Hof' in Konstanz" vom 23.03.1890

Kreisamtsblatt für Oberbayern 1914, S. 41
Münchener Amtsblatt 1913, Ärzteverzeichnis
Münchner Neueste Nachrichten vom 12.05.1912
Offenburger Tageblatt, Baden Online, 25.06.2006
SÜDWEST PRESSE „Kuren am Waldesrand" vonWalter Röhm. Ausgabe vom 24.08.2016
Völkischer Beobachter, Ausgaben von 1941, 1942 und 1945

Archive

Archiv der Freiwilligen Feuerwehr Neuried – ohne Signatur
Archiv des Landschaftsverbands Rheinland: Erbbiologisches Institut Bonn, Patientenakte Moritz Bendit 1892–1898. ALVR 103.353. Auch die Fotos von Moritz Bendit (1893): ALVR Nr. 103.353
Archives & Collections, Daimler AG: Auskunft vom 25.02.2016
Arolsen Archiv: Deutsche Juden aus Fürth, 1948. Signatur 69921630
Bayerisches Hauptstaatsarchiv: MInn 46958, MKr 13876, MA 95148, MA Ordensakten 1147, OP 18673, OP 30736, OP 41655, MJu 13709, MInn 46815, MInn 46958, Stv_GKdo_II_AK_1450, NL Adolf Wagner, KA L II 14, KA L II 62, KA L II 63
Bezirksarchiv München: Jahresberichte Kreisirrenanstalt München 1886 und 1888
Bundesarchiv: NSDAP-Gaukarte R 9361-IX Kartei / 25881250, VBS 307; 820000-3521, R9361 I / 43682, NSDAP-Zentralkartei, R 22 Pers. 59469, Akten der Reichskanzlei, Die Kabinette Marx I/II, Parteistatistische Erhebung; Ernst Rehm vom 1.7.1939, VBS 307; 820000-3521, NSDAP-Gaukarte R 9361-IX Kartei / 25881250, R9361 I / 43682, R9361 I / 43682; BA REM; NSDAP-Zentralkartei. Leo Baumüller, Parteistatistische Erhebung 1939
Gemeindearchiv Neuried: A 611/2, A72/1, A753/2
Monacensia Bibliothek der Münchner Stadtbibliothek: Nachlass Wolfgang Bächler
Oberösterreichisches Landesarchiv: Krankenakte Wagner-Jauregg-Krankenhaus, Stammnummer 15859
Staatsarchiv Bremen: Spruchkammerakte Otto Rehm
Staatsarchiv Ludwigsburg: E 162 I Bü 1592 (Heilanstalt Dr. Fischer)
Staatsarchiv München: Plakatsammlung Nr. 213, NSDAP 239, Kataster 12288, Kataster 12313, SpKA K 93: Leo Baumüller, Polizeidirektion München 10041, Polizeidirektion München 8282
Staatsarchiv Nürnberg: AG Fürth Vormundschaftsakten V. V. 307/1899; Moritz Bendit
Stadtarchiv Bad Reichenhall: Sterbeurkunde Hugo Heinzelmann
Stadtarchiv Fürth: Meldebogen Moritz Bendit
Stadtarchiv Garmisch-Partenkirchen: Sterbebucheintrag 117/1946 (Otto Wuth)
Stadtarchiv Konstanz: Email vom 04.04.2023 zur Heilanstalt Dr. Georg Fischer
Stadtarchiv München: AFO-90, PMB R139, PMB H346, Sterbeurkunde Ernst Rehm. Standesamt IV, Nr. 1702, Familienbogen Leo Baumüller, BuR 452/15, Sterbeurkunden Nr. 99/1941, 164/1941, 231/1941, 1702/1945, 449/1952, SWM-WAS-0322, BuR 452/15, Biographisches Gedenkbuch der Münchner Juden, Kennkarten-Doppel und Einwohnermeldekarte Moritz Bendit,
Stadtarchiv Regensburg: Daten Familie Heinrich und Crescenzia Rehm
Stadtarchiv Saarbrücken: Email-Auskunft vom 22.12.2015 zu Meldedaten Paul Schwemann
Universitätsarchiv Berlin: Personalakte Otto Wuth
Universitätsarchiv der LMU: Personalakte Otto Wuth, Patientenakten Rosa Hechinger und Jella Baer
Waldfriedhof München: Grabbuch Alter Teil unter der Nummer 34 – W – 13

Literaturverzeichnis

Adler, Alfred (Hg.): Internationale Zeitschrift für Individualpsychologie. (1926) 4(1).
Aretin, Cajetan Freiherr von: Die Erbschaft des Königs Otto von Bayern. Höfische Politik und Wittelsbacher Vermögensrechte 1916 bis 1923. München 2007.
Arnold, K. F.: Nachruf Heinrich Rehm. In: Berichte der Bayerischen Botanischen Gesellschaft. Band 16 (1917), S. 10–13.
Aschaffenburg, Gustav (Hg.) Handbuch der Psychiatrie, Leipzig/Wien 1911.
Baumann, Ursula: Soldatensuizid und Militärpsychiatrie im ‚Dritten Reich'. In: Die Psychotherapeutin. Psychotherapie und Sozialpsychiatrie 10; Bonn 1999.
Baumüller, Leonhard: Tagebuch (Tachenkalender) 1942, unveröffentlicht. München 1942.
Betz, Andreas: Wiedergelesen: Marieluise Fleißer *Die im Dunkeln*. In: Schriftenreihe der Marieluise-Fleißer-Gesellschaft, Heft 14. Ingolstadt 2022, S. 136–157.
Beyme, Ingrid, Hohnholz, Sabine: Vergissmeinnicht – Psychiatriepatienten und Anstaltsleben um 1900. Aus Werken der Sammlung Prinzhorn. Heidelberg 2018.
Bieling, Kurt (Hg.): Adreßbuch der deutschen Sanatorien und Privatkliniken. Berlin 1937.
Bilteryst, Damien, Defrance, Olivier, van Loon, Joseph: Les Biederstein, cousins oubliés de la reine Elisabeth. Années 1907–1973. In: museuMDynasticum, XXXIV, 2022-2. Brüssel 2022.
Brandl, Karl: Jahresversammlung des Vereins bayerischer Psychiater am 3. und 4. August [1919] zu München. In: Allgemeine Zeitschrift für Psychiatrie und psychisch-gerichtliche Medizin 76 (1920) S. 248–266.
Bresler, Johannes: Deutsche Heil- und Pflegeanstalten für Psychischkranke in Wort und Bild, Band 2. Halle a. S. 1912.
Bresler, Johannes: Geh. Sanitätsrat Dr. Ernst Rehms 80. Geburtstag. In: Psychiatrisch-Neurologische Wochenschrift Nr. 6 (1940) S. 51–52.
Bruder-Bezzel, Almuth: Die Geschichte der Individualpsychologie. Frankfurt am Main 1991.
Brundke, Astrid: Psychotherapie ohne Freud? In: Psychoanalyse in München – Eine Spurensuche (2008) S. 27–109.
Bumke, Oswald: Erinnerungen und Betrachtungen – Der Weg eines Deutschen Psychiaters. München 1952.
Burgmair, Wolfgang und Weber, Matthias M.: König Otto von Bayern und die Münchner Psychiatrie um 1900. In: Sudhoffs Archiv, Bd. 86. (2002).
Christians, Annemone: Amtsgewalt und Volksgesundheit – Das öffentliche Gesundheitswesen im nationalsozialistischen München. Göttingen 2013.
Cranach, Michael von (Hg.) und Siemen, Hans-Ludwig: Psychiatrie im Nationalsozialismus – Die Bayerischen Heil- und Pflegeanstalten zwischen 1933 und 1945. 2. Auflage, München 2012.
Cranach, Michael von, Eberle, Anette, Hohendorf, Gerrit und Tiedemann, Sibylle von: Gedenkbuch für die Münchner Opfer der nationalsozialistischen „Euthanasie"-Morde. Göttingen 2018.
Degener, Ludwig: Wer ist's? – Unsere Zeitgenossen. 4. Ausgabe. Leipzig 1909, S. 339.
Deubler, Marie und Mayer, Heinrich (Hg.): Fliegeralarme und Luftangriffe auf München vom 5. September 1939 bis 29. April 1945. Neuried 2016 (im Gemeindearchiv Neuried).
Dittrich, Karin A.: Zur Vor- und Frühgeschichte der Psychoanalyse in München. Versuch einer Institutionalisierung und deren Scheitern. In: Jahrbuch der Psychoanalyse 36 (1996), S. 227–248.
Dollinger, Hans: Die Münchner Straßennamen. 6. Auflage. München 2007.
Elferich, Christa: Aus dem Vereinsarchiv. 120 Jahre Verein für Graueninteressen e. V. In: Verein für Graueninteressen. Jahresbericht 2014, S. 31.

Fischer, Georg: Zweiter ärztlicher Semestralbericht der Privatheilanstalt Maxbrunn. München 1878.
Fischer, Hans: Gangraen der Weichteile beider Füsse bei einem Paralytiker. In: Münchner Medicinische Wochenschrift Nr. 12 (1899).
Fleißer, Marieluise: Die im Dunkeln. In: Gesammelte Werke Dritter Band: Erzählungen. 3. Auflage, Frankfurt am Main 2016 (1972), S. 279–294.
Fleißer, Marieluise: Meine Biographie. In: Gesammelte Werke Vierter Band: Aus dem Nachlaß. Frankfurt am Main 1994, S. 533.
Forel, August, Hans H. Walser (Hg.): Briefe – Correspondance, 1864–1927. Bern, Stuttgart 1968.
Friedhofen, Barbara (Hg.), Dietrich Schabow, Brigitta Lenz, Stefan Elsner, Linda Orth, Wolfgang Klenk: Die Heil- und Pflegeanstalten für Nerven- und Gemütskranke in Bendorf. Bendorf-Sayn 2008.
Friedlander, Henry: Der Weg zum NS-Genozid – Von der Euthanasie zur Endlösung (Deutsche Übersetzung). Berlin 1997.
Frommer, Jörg und Frommer, Sabine: Max Weber und das psychologische Verstehen. Göttingen 2021.
Geschichtsverein Hadern e. V. (Hg.): Schlaglichter – Kurt Eisners Haderner Zeit (Ausstellungskatalog). München 2018, S. 32.
Giefer, Michael (Hg.): Korrespondenzblatt der Internationalen Psychoanalytischen Vereinigung 1910–1941. Bad Homburg 2007.
Goldmann, Stefan: Eine Kur aus der Frühzeit der Psychoanalyse. Kommentar zu Freuds Briefen an Anna v. Vest. In: Jahrbuch der Psychoanalyse 17. (1985), S. 296–337.
Graf, Friedrich Wilhelm (Hg.): Ernst Troeltsch. Kritische Gesamtausgabe, Band 19/20, Briefe II und III, Berlin, Boston 2014/2016.
Gröner, Horst: Individualpsychologie in München. In: Zeitschrift für Individualpsychologie, 18. Jahrgang. München Basel (1993), S. 202–223.
Häfner, Heinz: Ein König wird beseitigt. Ludwig II. von Bayern. München 2008.
Häntzschel, Hiltrud: Marieluise Fleißer – Eine Biographie. Frankfurt am Main und Leipzig 2007.
Haerendel, Ulrike: KulturGeschichtsPfad 25 Laim. 3. Auflage. München 2009.
Heinzelmann, Hugo, Bernhard Spatz (Hg.): Die Psyche der Tuberkulösen. In: Münchner Medicinische Wochenschrift Nr. 5 (1894). München 1894.
Heinzelmann, Hugo: Gardone Riviera am Gardasee. München 1895.
Henkel, Moritz (Hg.): Verzeichnis des bei der K. Polizeidirektion zur Praxis angemeldeten Sanitätspersonals und der Sanitätsangestellten in München für das Jahr 1913 nach dem Stande vom 1. Februar 1913. Beilage zum Münchener Amtsblatt Nr. 21 (1913).
Hinz-Wessels, Annette: Antisemitismus und Krankenmord – Zum Umgang mit jüdischen Anstaltspatienten im Nationalsozialismus. In: Vierteljahresheft für Zeitgeschichte 61 (2013) Nr. 1, S. 65–92.
Hippius, Hanns, Möller, Hans-Jürgen, Müller, Norbert, Neundörfer, Gabriele: Die Psychiatrische Klinik der Universität München 1904–2004. Heidelberg 2005.
Hohendorf, Gerrit, Rotzoll, M., Richter, P., Eckart, W., und Mundt, C.: Die Opfer der nationalsozialistischen „Euthanasie-Aktion T4" – Erste Ergebnisse eines Projekts zur Erschließung von Krankenakten getöteter Patienten im Bundesarchiv Berlin. In: Der Nervenarzt 73 (2002), S. 1065–1074.
Holitscher, Arnold: Eine Trinkerheilstätte in Oberbayern. In: Psychiatrisch-Neurologische Wochenschrift Nr. 15. Halle an der Saale 1913, S. 330 f.
Hunze, Michael: Die Entwicklung der Psychiatrie als akademisches Lehrfach an der Ludwig-Maximilians-Universität München bis zur Eröffnung der Psychiatrischen Universitätsklinik 1904 (Dissertation). München 2010.
Jäckle, Renate: Schicksale jüdischer und „staatsfeindlicher" Ärztinnen und Ärzte nach 1933 in München. München 1988.

Jähnel, Daniela, Mair, A. und Müller, Norbert: Die Nervenklinik München während der „Aktion T4" – Entlassungsdiagnosen, Verweildauer und Verlegungsverhalten. In: Nervenheilkunde 4/2015, S. 285–292.
Klee, Ernst: „Euthanasie" im NS-Staat – Die „Vernichtung lebensunwerten Lebens". Frankfurt am Main 1983.
Klee, Ernst (Hg.): Dokumente zur „Euthanasie", Frankfurt am Main 1985.
Kraepelin, Emil: Compendium der Psychiatrie. Leipzig 1883.
Kraepelin, Emil: Psychiatrische Randbemerkungen zur Zeitgeschichte. In: Süddeutsche Monatshefte 16, S. 171–183. München 1919.
Kraepelin, Emil, Hippius, Hans (Hg.), Peters, Gerd (Hg.), Ploog, Detlef (Hg.): Lebenserinnerungen. Berlin, Heidelberg 1983.
Kraepelin, Emil, Weber, Matthias M. (Hg.), Holsboer, Florian (Hg.), Hoff, Paul (Hg.), Ploog, Detlev (Hg.), Hippius, Hanns (Hg.): Edition Emil Kraepelin. Briefe I, 1868–1886. München 2002.
Kraepelin, Emil, Weber, Matthias M. (Hg.), Holsboer, Florian (Hg.), Hoff, Paul (Hg.), Ploog, Detlev (Hg.), Hippius, Hanns (Hg.): Edition Emil Kraepelin. Kraepelin in Heidelberg, 1891–1903. München 2005.
Kraepelin, Emil, Weber, Matthias M. (Hg.), Holsboer, Florian (Hg.), Hoff, Paul (Hg.), Ploog, Detlev (Hg.), Hippius, Hanns (Hg.): Edition Emil Kraepelin. Kraepelin in München I, 1903–1914. München 2006.
Kraepelin, Emil, Weber, Matthias M. (Hg.), Holsboer, Florian (Hg.), Hoff, Paul (Hg.), Ploog, Detlev (Hg.), Hippius, Hanns (Hg.): Edition Emil Kraepelin. Kraepelin in München II, 1914–1921. München 2009.
Kraepelin, Emil, Burgmair, Wolfgang (Hg.), Engstrom, Eric J. (Hg.), Weber, Mattias M. (Hg): Edition Emil Kraepelin. Kraepelin in München III. 1921–1926. München 2013.
Kreuter, Alma: Deutschsprachige Neurologen und Psychiater. Ein biographisch-bibliographisches Lexikon von den Vorläufern bis zur Mitte des 20. Jahrhunderts. München, New Providence, London, Paris 1996.
Kroth, Daniela A.: Untersuchungen zum Verlegungsverhalten der Nervenklinik München während des Zeitraumes der „Aktion T 4" (Dissertation). München 2010.
Laehr, Hans und Ilberg, Georg (Hg.): Die Anstalten für Psychisch-Kranke in Deutschland, Österreich, der Schweiz und den baltischen Ländern. 6. Auflage 1907, 7. Auflage 1912, 9. Auflage 1937.
Laehr, Hans und Ilberg, Georg (Hg.): Die Anstalten für Psychisch- und Nervenkranke, Schwachsinnige, Epileptische, Trunksüchtige usw. in Deutschland, Österreich, der Schweiz und den baltischen sowie anderen Grenzländern. 8. Auflage. Berlin und Leipzig 1929.
Lampe, Reinhard: Ernst Rehm und die Kuranstalt Neufriedenheim. In: Luzifer-Amor, Zeitschrift zur Geschichte der Psychoanalyse Heft 57 (2016), S. 158–165.
Landkreis München (Hg.): Zur Geschichte des Landkreises München. In: Lebensraum Landkreis München. München 1985, S. 176–186.
Liepold, Dieter: Die Kurparksiedlung damals und heute. München 2003.
Lilienthal, Georg: Jüdische Patienten als Opfer der NS-„Euthanasie"-Verbrechen, Ausgabe 5/2009. In: Medaon: Magazin für jüdisches Leben in Forschung und Bildung. Dresden, Ausgabe 3/2009.
Litten Freddy: Max Dingler – Die andere Seite. In: Literatur in Bayern, Nr. 43 (1996), S. 10–23.
Maier, Heinrich und Wolowicz, Ladislaus (Hg.): Hausbuch von Joseph Doll – Goribauer zu Neuried. Beiträge zur Neurieder Geschichte, Heft 7. Neuried 1998.
Maier, Wendelin: Neuried wie es in den 30er-Jahren war. Neuried 1990.
Masson, Jeffrey M. (Hg.): Sigmund Freud. Briefe an Wilhelm Fliess 1887–1904. Deutsche Fassung von Michael Schröter (1986).
McGowan, Moray: Marieluise Fleißer. München 1987.

Menges, Franz: Edgar Jaffé (1866–1921), Nationalökonom und Finanzminister im Kabinett Kurt Eisner. In: Geschichte und Kultur der Juden in Bayern. Treml, Manfred (Hg.) und Weigand, Wolf (Hg.), Brockhoff, Evamaria. München 1988, S. 225–230.
Müller, Franz Carl: Die letzten Tage Ludwigs II. – Der letzte Bericht eines Augenzeugen. Nachdruck der Originalausgabe von 1929. Hamburg 2013.
Müller, Karl Alexander von: Mars und Venus – Erinnerungen 1914–1919. Stuttgart 1954.
Müller, Michael: Seligman Bendit & Söhne Spiegelglas- und Fensterglas-Fabriken – Aufstieg und Niedergang einer jüdischen Unternehmer-Familie der Fürther Spiegelglas-Industrie. In: Fürther Geschichtsblätter, Heft 2/2006 und Heft 3/2006, 56. Jg.
Panizza, Oskar: Selbstbiographie. In: Tintenfisch 13. Alltag des Wahnsinns. Berlin 1979, S. 13–22.
Peters, Uwe Henrik: Karsten Jaspersen – 1940. Der einzige deutsche Psychiater, der alles riskierte, um den Krankenmord zu verhindern. Köln 2013.
Pohl, Karin: KulturGeschichtsPfad 19 Thalkirchen-Obersendling-Forstenried-Fürstenried-Solln. München 2024.
Raim, Edith: „Es kommen kalte Zeiten" – Murnau 1919–1950. München 2021.
Ranke, Karl: Erinnerungen Band 4. Unveröffentlicht. Ohne Jahresangabe, ca. 1935.
Rehm, Ernst: Über die künftige Ausgestaltung der Irrenfürsorge in Bayern. Vortrag, gehalten in der Versammlung des Vereins bayrischer Psychiater zu Erlangen, 1908. In: Zentralblatt für Nervenheilkunde und Psychiatrie. Zweites Augustheft 1908, 19. Band, S. 601–627.
Rehm, Ernst: Kuranstalt Neufriedenheim bei München für Nerven- und Gemütskranke beider Geschlechter. In: Bresler, Johannes (Hg): Deutsche Heil- und Pflegeanstalten für Psychischkranke in Wort und Bild, Halle a. d. Saale 1912, S. 381–399.
Rehm, Ernst: Kuranstalt Neufriedenheim bei München für Nerven- und Gemütskranke beider Geschlechter. In: Das Land Bayern. Seine kulturelle und wirtschaftliche Bedeutung für das Reich. München, Augsburg 1927, S. 417–418.
Rehm, Ernst: König Ludwig II. und Professor von Gudden. In: Psychiatrisch-Neurologische Wochenschrift 45. 1936, S. 568–571.
Rehm, Hilda: Beiträge zur Kenntnis der Sklerodermie. Inaugural-Dissertation. München 1918.
Rehm, Otto: Fall H. und Fall Schr. In: Zeitschrift für die gesamte Neurologie und Psychiatrie 37. (1919), S. 270–330.
Rehm, Otto: Soziale Psychiatrie – Ein Arbeitsprogramm. In: Zeitschrift für die gesamte Neurologie und Psychiatrie 104. (1926), S. 737–744.
Roeder, Fritz, Rehm, Otto: Die Cerebrospinalflüssigkeit – Untersuchungsmethoden und Klinik. Für Ärzte und Tierärzte. Berlin 1942.
Sand, Hermann: Martha-Maria 1946–2006. In: Sollner Hefte Nr. 48, München 2006.
Schmidt, Gerhard: Selektion in der Heilanstalt 1939–1945. Berlin, Heidelberg 2012.
Schmuhl, Hans-Walter: Die Gesellschaft Deutscher Neurologen und Psychiater im Nationalsozialismus. Berlin 2016.
Schrenck-Notzing, Albert von (Hg.): Dritter internationaler Congress für Psychologie in München, 4.-7. August 1896. München 1897.
Schweiggert, Alfons: Bayerns unglücklichster König – Otto I., der Bruder Ludwigs II. München 2015.
Steger, F., Görgl, A., Strube, W., Winckelmann, H.-J. und Becker, T.: Die „Aktion-T4" – Erinnerung an Patientenopfer aus der Heil- und Pflegeanstalt Günzburg. In: Der Nervenarzt 2011, S. 1476–1482.
Trimborn, Jürgen: Riefenstahl – Eine deutsche Karriere. Biographie. Berlin 2002.
Vinçon, Hartmut (Hg.): Frank und Tilly Wedekind. Briefwechsel 1905–1918. Briefe. Göttingen 2018.
Voswinckel, Peter (Hg.): Isidor Fischer: Biographisches Lexikon hervorragender Ärzte. Unveröffentlichter Ergänzungsband.

Wahrig, Gerhard, Wahrig-Burfeind, Renate (Hg.): Deutsches Wörterbuch, 6. Auflage 1997.
Weber Max, Krumeich, Gerd (Hg.), Lepsius, Rainer (Hg.): Max Weber Gesamtausgabe, Band II/10,2: Briefe 1918-1920, Tübingen 2012.
Weber Max, Aldenhoff-Hübinger, Rita (Hg.), Hinz, Uta (Hg.): Max Weber Gesamtausgabe, Band II/10,3: Briefe 1895-1902, Tübingen 2015.
Weber, Reinhard: Das Schicksal der jüdischen Rechtsanwälte in Bayern nach 1933. München 2006.
Wedekind, Tilly: Lulu – die Rolle meines Lebens. München 1969.
Wertheimer, Waltraut: Magdalena Schwarz. In: Macek, Ilse (Hg.): ausgegrenzt – entrechtet – deportiert. Schwabing und Schwabinger Schicksale 1933 bis 1945. München 2008.
Wille, Ingo: Transport in den Tod – Von Hamburg-Langenhorn in die Tötungsanstalt Brandenburg – Lebensbilder von 136 jüdischen Patientinnen und Patienten. Hamburg 2017.
Wolters, Gereon: Mach I, Mach II, Einstein und die Relativitätstheorie: Eine Fälschung und ihre Folgen. Berlin 1987.
Wuth, Otto: Untersuchungen über körperliche Störungen der Geisteskranken. Habilitationsschrift. München 1921.
Zielke, Willy: Kurze Beschreibung meiner Freiheitsberaubung im Dritten Reich. München 1988.

Personen- und Ortsregister

Adelgunde, Herzogin von Modena 22, 235
Adler, Alfred 38–39, 71–72, 81, 97
Amalie, Herzögin 115
Ansbach 2
Antigone 29
Attl 191
Augsburg 50, 136, 251
Augspurg, Anita 43

Bacharach, Jakob 167
Bächler, Else 127
Bächler, Rudolf 127
Bächler, Wolfgang 127
Baer, David 209
Baer, Jella 209, 293–294
Baer, Therese 191, 209–211, 217, 226, 293
Baltimore 88–89
Bandorf, Melchior 12, 26
Baumüller, Ernst 96, 229
Baumüller, Heinrich 96, 229
Baumüller, Hilda **95–100**
Baumüller, Hugo 96
Baumüller, Leonhard **95–100**, 250–251
Baumüller, Marie 96
Baumüller, Peter 72, 96, 229
Bayreuth 75, 124, 129, 167
Bayrisch Gmain 9, 132
Beetz, Markus 53, 287
Bellevue, Kuranstalt 90
Belli, Else 176
Bendit, Abraham 148
Bendit, Carl 147–148, 154, 156–157, 160–161, 163, 252
Bendit, Fanny 147, 157, 252
Bendit, Josef 168, 173
Bendit, Ludwig (Louis) 148, 150, 168, 170, 178–180, 182–183, 195, 215, 227, 252
Bendit, Meier Max 148, 150, 179–182, 252
Bendit, Seligman 148, 160, 163, 252
Bendit, Siegfried 147–148, 150, 168, 170, 173, 178–180, 252
Bendorf 149, 151, 154–159, 161–162, 165, 167, 169, 172–173, 175, 204, 212, 227
Berchtesgaden 9, 132, 154

Berg, Schloss 25, 27
Berlin 46, 50–51, 81–82, 90–91, 93–95, 98, 134, 186, 188, 190, 197, 212, 215, 218–220, 224, 249, 277, 292
Bethel 91, 290
Bethmann-Hollweg, Theobald von 50–51
Betz, Andreas 274–276
Beyhl, Alexander (?) 43
Bichlmair, Paul 56
Bieling, Kurt 76, 114, 177
Bierner, Stefan 48–49
Binding, Karl 104, 184
Binswanger, Ludwig 90
Birnheim 105
Blessing, Karl jun. 245
Bleuler, Eugen 165
Bock, Anton 254
Bonn 149
Bormann, Martin 134, 146
Bostroem, August 290
Bouhler, Philipp 134, 146, 188
Brack, Viktor 186, 221
Brandt, Karl 188, 221
Branka, Wilhelm von 19, 234–235
Brattler, Wilhelm Karl 19
Braun, Nikolaus 219, 222, 277–279
Braunmühl, Anton von 224
Brecht, Bertolt 197, 199
Bredauer, Vincenz 115
Bremen 82, 102–106, 121, 184
Breslau 107
Bresler, Johannes 52, 60, 68, 70, 164, 166
Bruder-Bezzel, Almuth 98
Brundke, Astrid 35, 80–81
Buch, Walter 91, 93
Büchenbacher, Justus 181
Buenos Aires 194
Bühl, Christa 176
Bumke, Oswald 92, 108, 145, 251, 290–291
Bumm, Anton 24, 26, 33
Burghölzli 3
Burgmair, Wolfgang 17–22, 24, 32, 89

Chelm 190, 211, 219–223, 225, 278, 293
China, Flottenexpedition 157
Cholm 221–223, 225, 278
Christ, Franz 251
Christians, Annemone 130, 185–187, 216
Christoph, Herzog in Bayern 119
Clausthal 96
Cohen, Regina 254
Cranach, Michael von 120, 129, 175, 186, 188–189, 191, 195, 198, 205, 207, 211, 215, 217–218, 221, 223, 294
Curtius, Ludwig 43

Dachau 144, 194
Darchinger, Josef 127
Davos 90
Defrance, Olivier 119
Delbrück, Anton 103
Deubler, Marie 143
Dingler, Elisabeth 137, 229–230
Dingler, Ernst 229–230
Dingler, Hedwig 7, 52, 59, 65, 79, 137, 229–230
Dingler, Heinrich 7, 52, 58, 137, 229–230, 240
Dingler, Max 52, 58
Dittrich, Karin 36–37
Dobriner, Paul Pinkus Aron 255
Dollinger, Hans 59
Dorpat 5, 12
Dortmund 50
Dösen 102
Dresden 124

Ebenhausen 126
Eberle, Anette 215, 218, 294
Ebert, Heinrich 167, 169, 181
Ebner, Stabsarzt 101
Ecksberg 191
Egger, Georg 24
Eglfing-Haar 33, 44, 101, 119–120, 128, 133, 141, 185, 187–192, 195, 205–213, 215, 217–226, 277–278, 280, 288, 290–292, 294
Eichner, Eduard 220–221
Eigelsberger, Peter 222
Einstein, Albert 50
Eisenhart, August von 18
Eisner, Kurt 50, 126, 176

Elisabeth, Königin von Belgien 119
Emmendingen 84
Engels, Wladimir 83
Eppendorf 102
Erbendorf 132
Erdmann, Willy 168, 173–175, 177–178, 181–182, 203
Erlangen 11, 100, 115, 154
Erlenmeyer, Adolph Albrecht 154, 159
Erlenmeyer, Albrecht jun. 155, 161
Euler, Elisabeth 105

Faessler, Eva 100, 251
Falkenberg, Maria 119, 192, 209, 215, 254
Feistmann, Josef 167–173, 175, 179, 181, 202, 275
Feuchtwanger, Lion 197, 199
Fiehler, Karl 131, 139, 146
Fischer, Georg 62, 151, 153
Fischer, Hans 81–82
Fischer, Notar 64
Fischer, Otto 135
Fleißer, Marieluise 70, 127, 193, 196–203, 250, 274–276, 280
Fließ, Wilhelm 34
Forel, August 15, 24, 26, 34, 36, 109
Frankfurter, David 90
Frauendorfer, Heinrich von 50
Freiburg 85
Freising 48–49
Frenkl, Alfons 123
Freud, Sigmund 34–39, 71–72, 81
Friedhofen, Barbara 62, 154–155, 162
Friedlander, Henry 184, 193, 219, 221–222, 225
Funke, Linus 49
Fürstenried 5, 13–25, 62–63, 102, 169, 233–245
Fürth 1, 147–150, 155–156, 159, 161, 167–170, 173, 179, 181, 183, 194–195, 203, 209, 220–221, 224, 226–227, 252, 283

Gabersee 12, 44, 129, 191
Ganser, Siegbert 13, 26, 29
Gardasee 65
Gardone 65
Garmisch-Partenkirchen 95, 248
Giesing 4–5, 11, 13–14, 20, 33, 44, 62–63, 68, 154
Giesler, Paul 143

Gietl, Franz Xaver 32
Goldmann, Stefan 37–38
Golgatha 177
Göring, Hermann 91
Göring, Matthias H. 80, 91
Goslar 5, 19
Göttingen 46
Grafeneck 85, 189–190, 211, 217, 219–220, 222–224, 279
Grashey, Hubert von 18–19, 23, 26–34, 62, 69, 123, 151, 159, 161
Grey, Edward 51
Gröner, Horst 39, 81, 97
Großhadern 56, 59, 64, 140, 177
Grubmühle 46–48
Gudden, Bernhard von 3, 11–16, 18, 24–27, 29–30, 33–34, 69, 72, 79, 123, 156, 171, 183
Gudden, Clarissa 26
Gudden, Clements 19
Gudden, Hans 171
Gumbel, Berta 254
Gumppenberg, Baron von 234
Günzburg 89
Gurs 278
Gustloff, Wilhelm 90, 93

Hadry, Sarah 51–52
Häfner, Hans 16, 25, 115
Hagemann, Manuel 149
Haindl, Josef 274
Halbey, Hermann 155–156
Hamburg 102, 121, 192, 288–290, 292
Hamminger, Franz 80–81, 100, 121–123, 174
Hannover 4, 104
Häntzschel, Hiltrud 196–197, 199
Hartheim 189–190, 195, 198, 202, 205–206, 210–212, 217, 219, 221–224, 226, 254, 279, 293
Hauptmann, Elisabeth 197
Hechinger, Julius 206
Hechinger, Paul 206, 288
Hechinger, Rosa 184, 192, 206–209, 217, 254, 288, 290, 292
Hefelmann, Hans 55, 186
Heidelberg 5, 12, 14, 28, 33, 91, 102, 121, 153
Heidenheimer, Leo 182–183, 193–195
Heider, Otto 103

Heine, Heinrich 59
Heinzelmann, Hugo 19, 24, 29–30, 32, 55, 62–65, 68, 77–79
Heißler, Oberstabsarzt 135
Heldburg 149
Henkel, Moritz 42, 80–81, 83
Henoch, Gertrud 254
Herzoghöhe 75, 124, 167
Heyde, Werner 91
Hildesheim 3, 5–6, 82
Hilgenfeldt, Erich 131, 134, 136, 138, 146
Hinz-Wessels, Anette 189–190, 209, 211, 220–221, 292
Hippius, Hanns 3, 6, 11–12, 68, 72, 88, 123, 154, 290–291
Hirschberg, Charlotte 254
Hitler, Adolf 52, 146, 182, 186, 188, 198, 200, 257, 261, 266, 270
Hoche, Alfred 104, 184
Hoeßlin, Rudolf von 123
Hohendorf, Gerrit 188, 198
Holnstein, Maximilian von 25
Hopkins, John 88

Illenau 84–85
Ilten 5
Immler, Gerhard 119–120
Ingolstadt 196–197, 274, 276
Irschenhausen 126
Isserlin, Max 36–37

Jacoby, Meier 155, 167
Jaffé, Edgar 50, 125, 153, 176
Jähnel, Daniela 291
Janowsky, Karl 131, 133, 135, 138
Jaspersen, Karsten 91–92, 290
Jenner, Harald 190–191
Jung, Carl Gustav 35–36, 38, 81
Jung, Michael 87

Kaesler, Dirk 126, 153
Kaiser, Amtsgerichtsrat 136–137, 145
Kaiser, Joseph 241
Kaiser, Margarete 82
Kaiser, Margarete jun. 82

Kaiser, Otto 38, 60, 72, 80, 82–83, 97, 106, 114, 119, 138, 179
Kamnik 60, 244
Kandinsky, Wassily 9
Karlsruhe 84
Karthaus-Prüll 121
Kaufmann, Max 255
Kaunas 293
Kerschensteiner, Josef von 74
Kiel 96, 100
Klee, Ernst 85, 186, 188, 192, 212, 215, 219, 221, 288–289
Klingenmünster 191
Klüpfel, Otto 152
Klüpfel, Richard 152–154, 156, 203–204, 214
Koblenz 154, 156
Koch, Robert 28
Köchler, Wilhelmine Minna 123
Kolb, Gustav 48
Königsberger, Charlotte 254
Konstanz 62, 84, 151–153
Kraepelin, Emil 5–6, 12–15, 17, 21, 23, 26, 28–29, 33, 36–37, 39–40, 44, 46–48, 50–52, 83–84, 88–90, 102, 109, 151, 153, 171–172, 175–176, 290
Kramer, Ann Kathrin 128
Kraus, Frau 63, 77–78
Kraus, Karl 1, 32, 40, 55, 62–64, 76–79
Krenzer, Lotte 114
Kreuter, Alma 33, 85, 95
Kreuzlingen 90
Kreyssig, Lothar 221
Kronheimer, Samuel 254
Kußmaul, Adolf 153

Laehr, Hans 83, 113–114
Laim 1, 53, 55–56, 61–62, 64, 75–77, 94, 100, 166, 183, 186, 226, 283
Lamsdorff, Dimitri Graf 8, 66, 82, 123
Landauer, Mathilde 191, 211, 217
Landmann, Paul 148, 150, 154–155
Langenhorn 289
Lehmann, Georg 12–14, 21
Leipzig 12, 102, 104, 121
Lemmermann, Johann 105
Lenbach, Franz von 7

Liguori, Giovanni 84
Liguori-Hohenauer, Hanna 83–85, 125
Linde, Carl von 57, 63, 68, 110
Linde, Frieda 110
Lindemann, Ferdinand von 154
Linden, Herbert 192
Lindner, Ilse 91
Linz 198, 201–202, 210–212, 217, 219, 224, 267, 272, 279
Lippstadt 9, 232
Lissabon 210
Loeb, James 39
Lohr 2, 100, 229
London 154, 157, 161, 168, 170, 174, 178–179, 182, 195, 215, 227, 252
Lötsch, Gerhard 84
Löwenfeld, Leopold 34, 38, 40
Löwenstein, Otto 149
Lublin 190, 219–220, 225, 278
Ludendorff, Erich 52
Ludwig I., König 16, 235
Ludwig II., König 3, 14, 16, 18, 21–23, 25–27, 33, 183, 233, 236
Ludwig III., König 26, 116–117
Ludwig, Heidemarie 11
Ludwig, Magdalena 11, 60–61, 109, 138, 232
Luitpold, Herzog in Bayern 119
Luitpold, Prinzregent 16, 22, 23, 26, 40, 115, 162
Lüneburg 82

Mach, Felix 124
Malsen, Ludwig Freiherr von 19
Manchester 86
Mangfall 47
Mannheimer, Max 100, 251
Marie, Königin von Bayern 22, 236
Maximilian, Herzog 115
Mayr, Joseph 57
Mayr, Roderich 121
Mayser, Paul 14–15, 24
McGowan, Moray 198, 274–275
Meiningen 149
Meltzer, Ewald 104
Memmingen 92
Menges, Franz 126
Meran 150

Meyer, Adolf 88–89
Mikorey, Max 207
Milbertshofen 293
Milker, Hilda 90
Miltner, Ferdinand von 117–118
Mülberger, Friedrich 151, 153
Müller, Christian Friedrich (Arzt) 83
Müller, Franz Carl 14, 18, 21, 24, 26–27, 34, 40
Müller, Friedrich (Fotograf) 109
Müller, Karl Alexander von 50
Müller, Michael 149–150, 161, 181, 252–253
Münter, Gabriele 9
Murnau 39, 58, 79, 240

Nachtigall, Hans 194–195, 203, 205, 213, 215–216, 220–221, 224–227
Naumann, Friedrich 42
Neuburger, Josef 255
Neuhaus, Moritz 254
Neuötting 191
Neuried 7, 22–23, 56–58, 60, 79, 109, 114, 137–138, 177, 240–244
Neuschwanstein 18, 21, 25
Neuwied 159
Neuwittelsbach, Kuranstalt 123, 125
New York 148
Niedernhart 198, 211, 219, 278–279
Nieper, Herbert 19
Nissl, Franz 14, 24–26, 28–29, 102
Nitsche, Paul 91
Nürnberg 2, 36, 101, 182, 192, 194, 221, 227, 277–278
Nützel, Rechtsanwalt 137
Nymphenburg 125

Obersendling, Kuranstalt 52, 57, 63, 67, 70, 74–76, 99, 110–111, 114, 119–120, 133, 141–143, 191–192, 210–211, 217, 226, 293
Offenbacher, Lily 192, 205, 208, 210–212, 217–218
Ostermeier, Cilly 197
Oswald, Wilhelm 135–136
Otto, Caroline 3
Otto, Ernst 4–6, 24–25, 27
Otto, Friedrich Wilhelm 3
Otto, Günther 4

Otto, König von Griechenland 16
Otto, Max 4
Otto, Prinz 3, 5, 13–14, 16–18, 21–22, 25–26, 32, 62, 102, 161, 169, 233, 236
Otto, Rudolf 4, 124

Panizza, Oskar 12, 123–124
Pasing 83
Pearce, Richard M. 89
Peine 4, 128
Peters, Uwe Henrik 85, 92
Pfannmüller, Hermann 121, 188, 220–221, 277–278, 294
Pfronten 251
Pierson, Reginald 15
Piloty, Brigitte 229–230
Piloty, Carl Theodor von 8
Piloty, Elisabeth 82, 89–90, 142, 193, 199–200, 205, 208–209, 218, 229–230, 280–284, 286
Piloty, Eugenie 7, 230
Piloty, Gertrud 5, 7–8, 59, 79, 83, 88, 99–100, 106, 139, 229–230
Piloty, Hannes Ernst 229–230
Piloty, Hildegard 229–230
Piloty, Oskar 7
Piloty, Otto 7–8, 97, 99–100, 105–106, 139, 229–230
Pirna 15
Planck, Max 50
Pohl, Karin 191, 293
Popp, August 123
Prankh, Sigmund von 25
Prinzhorn, Hans 121–124

Ramsbottom 86
Ranke, Fritz 63–64, 110
Ranke, Julius 29
Ranke, Karl 5, 17–21, 23–25, 27–32, 34, 40, 47, 52, 57, 62–64, 67–69, 74–75, 77–79, 110–111, 114–115, 119, 133, 171, 210–211, 226
Ranke, Maria 64
Ransmayr, Christoph 274–276
Rapp, Adam 150
Redwitz, Philipp Freiherr von 24
Regensburg 2, 23–24, 121–123, 229, 231
Rehm, Anna 102, 106–107

Rehm, Creszenzia 2, 6, 10, 228, 231
Rehm, Elisabeth 3-6, 8, 59-60, 64-66, 77-78, 82, 87, 116, 144, 176, 228, 230-231
Rehm, Emma 2, 6, 59, 65-66, 88, 106, 119, 128, 228, 231
Rehm, Ernst Wunibald 2
Rehm, Heinrich 2-3, 6, 10, 60, 228, 231-232
Rehm, Karl 2, 10, 229, 231
Rehm, Martin 102, 107
Rehm, Otto 2, 6, 53, 72, 80, 82, 97, 100-108, 121, 123, 127-128, 174, 184, 187, 207, 209, 229, 231
Rehm, Sophie 2, 6, 8, 78, 88, 106-107, 119, 128, 229, 231
Rehm, Wilhelm (Bruder von Ernst Rehm) 2, 10, 228
Rehm, Wilhelm (Sohn von Otto Rehm) 102, 105, 107
Rehm, Wolfgang 102, 107
Reichenau 84
Reichenhall, Bad 65, 132, 150
Reis, Josephine 207
Reventlow, Ernst Graf zu 50
Richter, Sanitätsrat 150
Riefenstahl, Leni 127-128
Ries, Dr. 123
Ringseis, Johann Nepomuk von 32
Roeder, Fritz 107
Röhrl, Lotte 58
Röhrl, Stefan 58, 242
Rom 84-85, 108, 180
Römer, Hans 84
Rommel, Erwin 94
Rösch, Albert 136
Rosenau, Renate 162
Rüdin, Ernst 290
Rühle, Günther 197
Rumpelt, Hedwig 124
Rupprecht, Kronprinz 120

Saarbrücken 9, 132, 232
Sandtner, Amt für Volkswohlfahrt 139
Sayn 155, 162, 167
Schabow, Dietrich 155, 162
Schäftlarn 126-127
Schätz, Ludwig 136

Schleitheim, General 19
Schmidt, Gerhard 129, 188, 215, 217-218, 221-222, 224-225, 278
Schmidt, Stabsarzt 101
Schmuhl, Hans-Walter 84
Schneider, Kurt 293
Schneider, Mathilde 60, 98, 130, 205, 218, 250
Schnidtmann, Moritz 221, 223-224
Scholz, Willibald 137, 145
Schönbrunn 188, 191
Schreck, Josef 85
Schul(t)zen, Prof. 5
Schult(z)en, Anna 5, 66
Schultze, Walter 134, 186-187, 218
Schumann, Horst 279
Schwabing 9, 89, 100, 119, 121, 128, 140, 206, 251, 293
Schwarz, Franz Xaver 131, 133-135, 139, 146
Schwarz, Magdalena 293-294
Schweiggert, Alfons 17-18, 23-25
Schwemann, Marimargret 9-11, 60-61, 109, 128-129, 131-133, 144, 231
Schwemann, Paul 9-11, 61, 109, 132, 231
Seeshaupt 116-117
Seif, Leonhard 34-36, 38-39, 66, 80-81, 98, 123
Seiling, Jakob 65
Siegfried, Herzog in Bayern 78, 115-121, 133, 169-170, 174, 177, 179-180, 182, 191
Siemen, Hans-Ludwig 129, 175
Sieveking, Heinrich 43
Snell, Otto 17, 19, 24
Solbrig, August von 21, 25-26
Sonneberg 150
Sophokles 28-29
Spanier, Julius 209, 250
Spatz, Bernhard 65
Specht, Gustav 23
Sprauer, Ludwig 85
St. Jürgen-Asyl 102-103, 105, 184
Starnberger See 15, 25, 116
Steger, F. 185
Steger, Max 114
Streicher, Otto 108, 139
Stuttgart 86, 151, 220
Sudholt, Karl 131, 135, 138-139
Sugenheim 2-3, 161, 228-229

Taufkirchen 191, 217
Teneriffa 6
Therese, Prinzessin 22, 24, 235
Theresienstadt 98, 250, 293-294
Thoma, Lorenz 130-131
Tiedemann, Sibylle von 188, 195, 198, 210, 215, 218
Tobruk 94
Trakl, Grete 124-125
Traub, Gottfried 50-51
Troeltsch, Ernst 4, 124
Tübingen 96

Ufer, Rechtsanwalt 134-135
Urach 152-154
Ursberg 89, 92, 94, 185, 190-191, 225

Vest, Anna v. 37-38
Victoria, Königin von Großbritannien 162
Vocke, Friedrich 23-25, 33, 123
Vogel, Dr. 95
Vornheim, Johann Baptist 12, 15
Voswinckel, Peter 95

Wacker, Anton 19, 63, 79-80, 82, 123, 165
Wagner, Adolf 129-136, 138-139, 146
Wagner, Cosima 20
Walter, Friedrich Karl 103, 105-106
Wasserburg 12, 44
Weber, Alfred 126
Weber, Christian 131
Weber, Marianne 126, 153
Weber, Matthias 17-20, 22, 24-25, 32
Weber, Max 50, 126, 151-153
Weber, Reinhard 194
Wedekind, Frank 125

Wedekind, Tilly 70, 125, 207
Weigel, Helene 197
Weil, Ludwig 254
Weil, Stefan 181
Weimar 35, 38
Weisenborn, Franz-Josef 84
Weiss, Julie 98, 119, 192, 208-209, 215, 218, 250, 254, 280-284, 286
Werneck 3, 129
Westpark 1
Wien 34, 81
Wiener, Mauri 164-168, 171, 173, 202, 285
Wille, Ingo 190, 226, 289
Winkler, Norbert 53-54
Witzig, Fritz 72
Wonhas, Klara 140
Würzburg 27, 43
Würzburger, Simon 75, 167
Wuth, Ernst 60, 89, 92, 94, 229-230
Wuth, Georg 60, 89, 91-92, 94, 229-230
Wuth, Georg Josef Alfred 86
Wuth, Hans 89, 93-94, 229-230
Wuth, Hilda 90, 94-95
Wuth, Karoline 5-9, 59-60, 65, 79, 87, 89-90, 92-94, 99-100, 108, 139, 145-146, 185, 229-230
Wuth, Otto 6-8, 53, 79, 85-95, 97, 99-100, 146, 229-230, 248-249

Zaulzer, Friedrich 162, 165
Zell 126
Ziegler, Friedrich von 238
Ziehen, Vult 294
Zielke, Willy 127-128
Zuber, Brigitte 132
Zürich 3, 15, 26, 35-36, 43, 81